GERHARD BERGHOLZ

VERHALTENSMODELLE VON PROZESSRECHNERN

ELEKTRONISCHES RECHNEN UND REGELN

Herausgegeben von

Prof. Dr. HANS FRÜHAUF · Prof. Dr. WILHELM KÄMMERER
Prof. Dr. HELMUT THIELE · Prof. Dr. HORST VÖLZ

Band 14

VERHALTENSMODELLE VON PROZESSRECHNERN

von

Dr.-Ing. GERHARD BERGHOLZ

VERHALTENSMODELLE VON PROZESSRECHNERN

von

GERHARD BERGHOLZ, Dresden

Mit 132 Abbildungen und 20 Tabellen

AKADEMIE-VERLAG · BERLIN
1980

Erschienen im Akademie-Verlag, DDR-108 Berlin, Leipziger Straße 3–4
Lektor: Dipl.-Phys. Gisela Lagowitz

Lizenznummer: 202 · 100/418/79
Gesamtherstellung: VEB Druckerei „Thomas Müntzer", 582 Bad Langensalza
Bestellnummer: 762439 8 (6424) · LSV 1085
Printed in GDR
DDR 42,– M

VORWORT

Mit der immer breiteren Anwendung der Rechentechnik gewinnt die effektive Nutzung der durch sie bereitgestellten Ressourcen eine zunehmende Bedeutung. Sowohl die Anwender von Rechenanlagen als auch die Geräte- und Systemunterlagenentwickler benötigen eine komplexe Bewertung einer Rechenanlage bezüglich ihrer Effektivität. Mehr noch, sie brauchen den Zusammenhang zwischen Faktoren, die sie beeinflussen können, und Bewertungsgrößen, die eine komplexe Einschätzung der gesamten Rechenanlage gestatten. Die Herstellung eines solchen Zusammenhangs ist nicht allein auf der Grundlage des „gesunden Menschenverstandes" möglich, sondern erfordert die Aufstellung und Nutzung von Verhaltensmodellen.

Wenn wir eine Rechenanlage in der Phase ihrer Nutzung mit dem Ziel der Effektivitätserhöhung betrachten, dann steht der Verhaltensaspekt im Vordergrund. Wir untersuchen die Rechenanlage in ihrer Einheit von Geräten, Systemprogrammen und Anwenderprogrammen. Dabei abstrahieren wir

— bezüglich der gerätespezifischen Besonderheiten
— bezüglich der programmierungsspezifischen Besonderheiten und
— bezüglich der anwendungsspezifischen Besonderheiten.

Auf dieser Grundlage entsteht etwas Einheitliches, das die allgemeinen Verhaltenseigenschaften der Rechenanlage beschreibt. Dieses Einheitliche heißt Verhaltensmodell der Rechenanlage.

Die Aufstellung von Verhaltensmodellen dient der Herausarbeitung einer Theorie der Betriebssysteme oder bei einer breiteren Betrachtung, einer Theorie der Rechnersysteme.

Dieses Buch hat die Aufgabe, durch die Ausarbeitung und Nutzung von Verhaltensmodellen für Prozeßrechner einen Beitrag zu diesem Gebiet zu leisten.

Nach der Betriebsart werden in der Rechentechnik drei Klassen von Rechenanlagen unterschieden, die Stapelverarbeitungssysteme, die Teilnehmersysteme und die Prozeß-Echtzeitrechner.

Diese Arbeit ist auf Prozeßrechner orientiert. Dadurch, daß Prozeßrechner im Gegensatz zu Stapelverarbeitungs- und Teilnehmersystemen in den verschiedenen Einsatzfällen sehr unterschiedliche gerätetechnische Konfigurationen und Echtzeitoperationssysteme besitzen, ergibt sich für die Prozeßrechner die Aufgabe, Methoden der strukturellen Modellbildung zu entwickeln. Da andererseits dieses Gebiet in der Literatur bisher vernachlässigt wurde, nimmt in diesem Buch die strukturelle Modellbildung einen relativ breiten Raum ein. Einen Schlüssel für die strukturelle Modellbildung stellt der vom Autor geschaffene Forderungslaufplan dar.

Als Untersuchungsmethoden für die Effektivitätserhöhung von Rechnersystemen verwendet man

— die Messung der Bewertungsgrößen und bestimmter Einflußfaktoren am genutzten Rechnersystem; man spricht hier auch von Systemmessungen

— die Messung der Bewertungsgrößen am simulierten Rechnersystem (Simulation) und
— die Berechnung der Bewertungsgrößen mit Hilfe der analytischen Theorie.

Im Vordergrund der Arbeit stehen analytische Untersuchungen unter sinnvoller Einbeziehung der Simulation und von Systemmessungen. Dabei kann auf den mathematischen Apparat der Wahrscheinlichkeitstheorie und mathematischen Statistik, insbesondere der Bedienungstheorie, der Theorie stochastischer Netze und der Simulationstechnik aufgebaut werden. Über Ähnlichkeitsbetrachtungen wird im Buch die Verbindung zur Theorie der Signalübertragungssysteme hergestellt.

Die Anregung zu dieser Arbeit erhielt der Autor aus seiner langjährigen Tätigkeit auf dem Gebiet des Prozeßrechnereinsatzes. Die Ergebnisse dieser Arbeit entstammen der eigenen Forschungstätigkeit. Einen Einfluß auf die Gestaltung des Buches hatte die seit 1973 vom Autor gehaltene Vorlesung „Echtzeitoperationssysteme" vor Studenten des letzten Studienjahres für Informationsverarbeitung.

Gerhard Bergholz

INHALTSVERZEICHNIS

A. Prozeßrechner 1

1. Zur Anwendung von Prozeßrechnern 1

2. Echtzeitaufträge 2
2.1. Begriffe 2
2.2. Ankunftszeitabstände 4
2.3. Auftragsverweilzeit und Reaktionszeit 4
2.4. Echtzeitbetrieb 8

3. Aufbau einer Prozeßrechenanlage 11
3.1. Multiprogrammbetrieb des Prozessors 12
3.2. Parallelbetrieb der Informationsaustauschkanäle und des Prozessors 18
3.2.1. Gerätetechnischer Aufbau der verschiedenartigen Informationsaustauschkanäle
3.2.2. Programmtechnische Ergänzung der Informationsaustauschkanäle
3.3. Multiprogrammbetrieb mit externspeicherresidenten Applikationsprogrammen 24

4. Parallele und quasiparallele Abfertigung der Forderungen eines Echtzeitauftrags 26
4.1. Algorithmen und Algorithmennetz 26
4.2. Forderungsverband eines Echtzeitauftrags 29

B. Modell der Zustandsänderungen eines Prozeßrechners 32

5. Systemelemente und ihre Zustände 32
5.1. Bedienungsressourcen als Systemelemente 32
5.2. Forderungen als Systemelemente 33

6. Forderungslaufplan 34
6.1. Prozesse 34
6.2. Operationen für Zustandsänderungen 35
6.3. Forderungslaufplan von m kopplungsfreien Applikationsprogrammen. . . . 37
6.4. Wechselwirkung zwischen den Applikationsprogrammen eines Prozessors über Forderungen 38
6.5. Synchronisation der Forderungsläufe von Applikationsprogrammen 40
6.6. Wechselwirkung eines Applikationsprogrammes mit einem parallelen Informationsaustauschkanal 42
6.7. Kopplung eines Applikationsprogrammes mit dem Informationsaustauschkanal bei Programmauslagerung 45
6.8. Zur Synchronisation der ereignisorientierten Reaktionsaufträge und der Prozeßereignisforderungen 47

7. Steuerung der Bedienungsressourcen 48
7.1. Austragungsfreie Steuerung der Applikationsprogramme 49

7.2. Steuerung der Applikationsprogramme mit Austragung 55
7.3. Steuerung des parallelen Informationsaustauschs 59

C. Stochastische Rechnermodelle 61

8. Stochastische Modelle des Prozeßrechners 61
8.1. Stochastische Systeme 61
8.2. Verschiedene Modellansätze für die Prozeßrechenanlage 64
8.3. Einflußfaktoren und Bewertungsgrößen für den Echtzeitbetrieb eines Prozeßrechners 69

9. Ankunftsprozesse der Echtzeitaufträge und der Prozeßereignisse einer Prozeßrechenanlage 72
9.1. Prozeßrechner als offene und als geschlossene Bedienungssysteme 73
9.2. Eigenschaften der Ankunftsströme für die Prozeßrechenanlage als offenes Bedienungssystem 75
9.3. Eigenschaften der Quellverweilzeiten für die Prozeßrechenanlage als geschlossenes Bedienungssystem 83

10. Eigenschaften der Bedienungsprozesse einer Prozeßrechenanlage 85
10.1. Eigenschaften der Programmläufe als Bedienungsprozesse 85
10.2. Eigenschaften der Zeitverzögerungsprozesse eines Prozeßrechners 92
10.3. Eigenschaften der Informationsaustauschprozesse eines Prozeßrechners . . 92

11. Simulationsmodelle 95
11.1. Ereignisorientierte Simulation 95
11.2. Zum Aufbau eines Simulationsprogrammsystems für die ereignisorientierte Simulation 97
11.3. Zur Anwendung des VOPS SIMDIS für die Untersuchung des Echtzeitbetriebs eines Prozeßrechners 100
11.3.1. SIMDIS-Forderungslaufplan
11.3.2. Statistische Bestimmung der Bewertungsgrößen
11.3.3. Zur Programmierung in SIMDIS
11.4. Zur Simulationsversuchsplanung 107

D. Effektivitätsanalyse einer Prozeßrechenanlage als Einkanalbedienungssystem . . 110

12. Prioritätsfreie Bedienung der Echtzeitaufträge 110
12.1. Untersuchung eines Prozeßrechners mit Hilfe des M/M/1/N-Bedienungsmodells 111
12.2. Untersuchung eines Prozeßrechners mit Hilfe des D/M/1-Bedienungsmodells . 113
12.3. Untersuchung eines Prozeßrechners mit Hilfe des M/G/1-Bedienungsmodells . 118
12.4. Vergleich von drei prioritätsfreien Bedienungsmodellen 124

13. Bedienung der Echtzeitaufträge mit Prioritäten 124
13.1. Untersuchung eines Prozeßrechners mit relativer Prioritätsdisziplin 125
13.2. Untersuchung eines Prozeßrechners mit programmierter Prioritätsdisziplin . 131
13.3. Untersuchung eines Prozeßrechners mit absoluter Prioritätsdisziplin 139
13.4. Allgemeine Eigenschaften verschiedener Bedienungsdisziplinen des Multiprogrammbetriebs 141
13.5. Optimale Prioritätszuordnung 143

14. Einkanalsysteme mit Mehrphasenbedienung 143
14.1. Einstromsystem mit Mehrphasenbedienung durch m Applikationsprogramme ohne Verzweigungen 144

14.2. Einstromsystem mit Mehrphasenbedienung durch m Applikationsprogramme mit Verzweigungen . . . 151
14.3. Zur optimalen Prioritätszuordnung für Einstromsysteme mit Mehrphasenbedienung . . . 158
14.4. Mehrstromsysteme mit Mehrphasenbedienung . . . 158
14.4.1. Mehrstromsysteme der Mehrphasenbedienung mit relativer und programmierter Prioritätsdisziplin
14.4.2. Mehrstromsysteme der Mehrphasenbedienung mit absoluter Prioritätsdisziplin

E. Effektivitätsanalyse einer Prozeßrechenanlage als stochastisches Netz . . . 162

15. Leistungsanalyse für das stochastische Netz einer Prozeßrechenanlage . . . 162
15.1. Gegenstand der Leistungsanalyse . . . 163
15.2. Intensitätsübertragung in einem stochastischen Netz . . . 168
15.3. Anwendungsergebnisse der Leistungsanalyse . . . 173
15.4. Schlußfolgerungen für die Gestaltung eines Prozeßrechners . . . 176

16. Verweilzeitanalyse für das stochastische Netz einer Prozeßrechenanlage . . . 177
16.1. Verweilzeitmodelle . . . 177
16.2. Zur Bestimmung der Verweilzeitverteilung für typische Forderungslaufplanabschnitte . . . 182

17. Nutzung der Ähnlichkeiten zwischen Verweilzeitmodellen und analogen Signalübertragungssystemen . . . 189
17.1. Ähnlichkeiten zwischen der Verteilungsfunktion der Verweilzeit und der Übertragungsfunktion analoger Signalübertragungssysteme . . . 189
17.2. Rationale Verweilzeitblöcke . . . 190
17.3. Grundtypen von Verweilzeitblöcken . . . 192
17.4. Approximation der Verteilungsfunktion eines Verweilzeitblockes . . . 193
17.5. Darstellung von Verweilzeitsystemen durch kontinuierliche Signalübertragungssysteme . . . 195
17.6. Diskontinuierliche Verweilzeitmodelle . . . 198

F. Effektivitätsanalyse einer Prozeßrechenanlage als Bedienungsnetz . . . 201

18. Untersuchung des Prozeßrechners als Bedienungsnetz mit unbegrenzten Bedienungsressourcen . . . 201
18.1. Annahmen und ihre Konsequenzen . . . 201
18.2. Zur Bestimmung der Verweilzeitverteilung bei exponentiellen Bedienungszeitverteilungen der elementaren Verweilzeitblöcke . . . 203
18.3. Zur Bestimmung der Verweilzeitverteilung bei konstanten Bedienungszeiten der elementaren Verweilzeitblöcke . . . 205
18.4. Anwendungsbeispiel für die Meßwerterfassung und -verarbeitung . . . 208

19. Untersuchung des Prozeßrechners als Bedienungsnetz mit mehreren Prozessoren . . . 218
19.1. Modelle der Bedienungsanlagen des Bedienungsnetzes . . . 219
19.2. Bedienungsnetze mit mehreren Prozessoren . . . 220
19.3. Serienkopplung von mehreren Prozessoren . . . 222
19.4. Zur Optimierung eines linearen Bedienungsnetzes von M/M/1-Wartesystemen 226
19.5. Optimale Aufteilung der mittleren Bedienungszeit auf zwei Prozessoren bei einfacher Parallelkopplung . . . 230

20. Untersuchung des Prozeßrechners als Bedienungsnetz mit einem Prozessor . 232

Literaturverzeichnis 240

Symbolverzeichnis 245

Sachwortverzeichnis 247

A. Prozeßrechner

1. ZUR ANWENDUNG VON PROZESSRECHNERN

Anwendung eines Prozeßrechners

Prozeßrechner werden in automatisierten Systemen für die Leitung und Steuerung ASU (автоматизированные системы управления) eingesetzt. Ein ASU besteht aus zwei Teilsystemen: dem Informationssystem und dem Basissystem. Speziell bei der Anwendung eines Prozeßrechners ist dieser Kernstück des Informationssystems, und das Basissystem enthält technische oder technologische Prozesse. Wenn im Basissystem nur technologische Prozesse vorkommen, dann wird auch die Abkürzung ASUTP (автоматизированные систему управления технологическими процессами) verwendet (s. [STA]). Die wichtigsten Anwendungen von Prozeßrechnern sind in ASUTP zu finden. Außerdem gibt es noch Anwendungen von Prozeßrechnern, in deren Basissystemen technische Prozesse nichttechnologischer Form auftreten.

Ein Prozeßrechner hat die Aufgabe die Prozesse in technischen und technologischen Basissystemen zu überwachen, zu steuern bzw. Informationen von diesen Prozessen zu verdichten. Aus diesem Grunde wurde auch der Begriff Prozeßrechner eingeführt und wird heute allgemein verwendet.

Man bezeichnet den Prozeßrechner auch noch als Prozeßrechenanlage (PRA). In diesem Buch wird immer, wenn von einem Prozeßrechner (oder einer Prozeßrechenanlage) die Rede ist, vorausgesetzt, daß er sich im Echtzeitbetrieb in der Anwendung befindet.

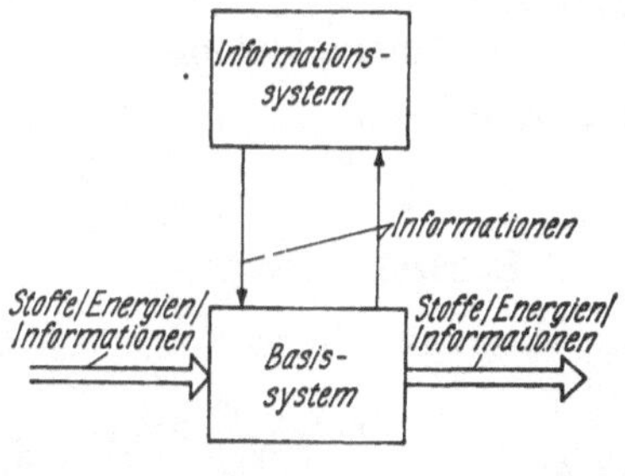

Abb. 1.1. Symbolische Darstellung der Anwendung eines Prozeßrechners

Vom Standpunkt der Steuerungstechnik werden technische und technologische Basissysteme auch Strecken und Prozeßrechner auch Einrichtungen genannt (s. [REI]). In Abb. 1.1 ist die Anwendung eines Prozeßrechners symbolisch dargestellt.

Anwendungsgebiete von Prozeßrechnern

Prozeßrechner werden heute in allen Bereichen der Volkswirtschaft und darüber hinaus angewendet. Die wichtigsten Anwendungsgebiete sind

- verfahrenstechnische Produktionsprozesse
- Prozesse der Energieerzeugung und -verteilung
- Fertigungsprozesse
- Transportprozesse
- Meß- und Prüfprozesse
- Prozesse in großen Informationsverarbeitungssystemen
- ausgewählte Prozesse im Gesundheitswesen und
- ausgewählte Lehr- und Lernprozesse im Hochschulwesen und in der Volksbildung.

Allgemein handelt es sich um stoffliche, energetische oder informationelle Prozesse.

2. ECHTZEITAUFTRÄGE

2.1. Begriffe

Wir führen jetzt den Begriff Echtzeitauftrag ein (s. auch [BER 1]). Dabei verstehen wir unter einem Echtzeitauftrag die einmalige Anforderung an die Prozeßrechenanlage zur Bearbeitung von Programmen und zum Austausch der zugehörigen Informationen mit dem Basissystem. Dieser Anforderung ist die Lösung einer Prozeßrechneraufgabe zugeordnet.

Jeder Echtzeitauftrag besitzt einen Ankunftszeitpunkt t_a und einen Erledigungszeitpunkt t_v. Der Ankunftszeitpunkt t_a ist dabei der Zeitpunkt, zu dem der Echtzeitauftrag über ein Unterbrechungssignal beim Prozeßrechner ankommt. Der Erledigungszeitpunkt t_v ist der Zeitpunkt, zu dem der durch den Echtzeitauftrag bewirkte Lösungsprozeß der Prozeßrechneraufgabe abgeschlossen wird. Dabei kann dieser Lösungsprozeß zwischenzeitlich unterbrochen werden.

Auftragsströme

In einer PRA treffen während des Echtzeitbetriebs zeitlich nacheinander ständig neue Echtzeitaufträge ein.

Echtzeitauftragsstrom

Die nach den Ankunftszeitpunkten geordnete Folge von Echtzeitaufträgen

$$E1, E2, \dots, Ei, \dots \tag{2.1}$$

heißt Echtzeitauftragsstrom $\boldsymbol{E}$.

Man kann eine Teilfolge aus dem Echtzeitauftragsstrom auswählen und eine solche nach den Ankunftszeitpunkten geordnete Teilfolge der Echtzeitaufträge wieder zu einem Auftragsstrom zusammenfassen.

Klassifizierung der Echtzeitaufträge

Wir klassifizieren die Echtzeitaufträge nach folgenden Gesichtspunkten: nach der Regelmäßigkeit ihrer Ankunft, nach der Auftragsquelle und nach der Auftragssenke. Nach der Regelmäßigkeit ihrer Ankunft teilen wir die Echtzeitaufträge in regelmäßige oder deterministische Echtzeitaufträge und in unregelmäßige oder stochastische Echtzeitaufträge ein.

Nach der Auftragsquelle unterscheiden wir Basisaufträge und Zeitgeberaufträge. Bei den Basisaufträgen ist unmittelbar das Basissystem die Auftragsquelle, während bei Zeitgeberaufträgen der Zeitgeber, der auch Echtzeituhr genannt wird, die Auftragsquelle ist. Die Erteilung der Zeitgeberaufträge erfolgt gewöhnlich zeitzyklisch, d. h. regelmäßig. Demgegenüber wird die Auftragserteilung bei Basisaufträgen meist unregelmäßig vorgenommen, so daß wir diese als stochastisch ansehen. Somit können wir die Klassifizierung nach der Regelmäßigkeit ihrer Ankunft und nach der Auftragsquelle zusammenfassen.

Nach der Auftragssenke unterscheiden wir Verdichtungsaufträge und Reaktionsaufträge. Für Verdichtungsaufträge ist der Prozeßrechner selbst Auftragssenke. Das trifft z. B. zu, wenn die Ergebnisse des durch den Echtzeitauftrag bewirkten Lösungsprozesses einer Prozeßrechneraufgabe in einem durch einen anderen Echtzeitauftrag ausgelösten Lösungsprozeß genutzt werden. Für Reaktionsaufträge ist das Basissystem die Auftragssenke. Der Prozeßrechner reagiert, indem er ein Steuersignal an das Basissystem oder eine Information an den Prozeßbediener im Basissystem ausgibt. Der Zeitpunkt dieser Reaktion wird Reaktionszeitpunkt genannt und mit t_r bezeichnet.

Die Reaktionsaufträge können wir weiter in regelmäßige und ereignisorientierte Reaktionsaufträge unterteilen. Die regelmäßigen Reaktionsaufträge sind eine Teilfolge der regelmäßigen Echtzeitaufträge. Dabei werden regelmäßig mit jedem n-ten regelmäßigen Echtzeitauftrag Reaktionen an das Basissystem gegeben. Jeder ereignisorientierte Reaktionsauftrag ist genau einem Ereignis im Basissystem zugeordnet, auf das er reagieren muß. Dabei kann ein Strom ereignisorientierter Reaktionsaufträge entweder ein Strom stochastischer Echtzeitaufträge sein oder zu einem Strom regelmäßiger Echtzeitaufträge gehören. Im ersten Fall sind die Ereignisse selbst Quelle der Reaktionsaufträge, während im zweiten die Ereignisse erst durch die regelmäßigen Echtzeitaufträge überwacht und entdeckt werden.

In Abb. 2.1 wird die oben durchgeführte Klassifizierung der Echtzeitaufträge zusammenfassend dargestellt.

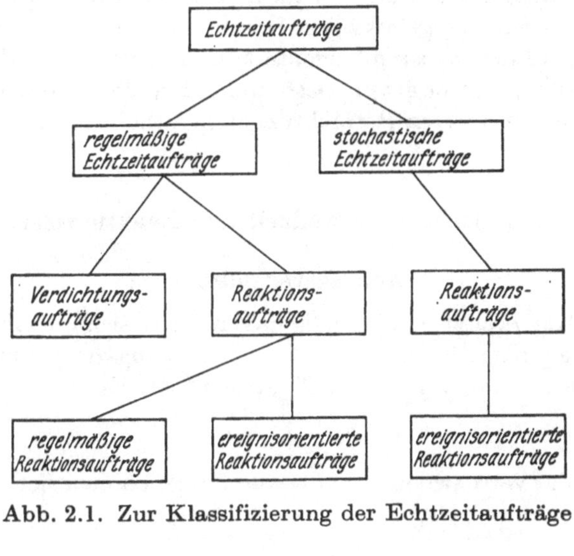

Abb. 2.1. Zur Klassifizierung der Echtzeitaufträge

Echtzeitaufgaben

Bei einer Prozeßrechenanlage bleiben — im Gegensatz zu Stapelverarbeitungssystemen und Teilnehmersystemen — die in einem Einsatzfall zu lösenden Aufgaben über lange Zeiträume (Monate, Jahre) konstant. Dabei kann man davon ausgehen, daß eine bestimmte Prozeßrechneraufgabe immer wieder durch dieselben Programme (Algorithmen) gelöst wird.

Wir nehmen an, daß es möglich ist, alle Reaktionsaufträge eines Einsatzfalles nach funktionellen Gesichtspunkten in eine endliche Zahl von Klassen aufzuteilen. Jeder Klasse ist also immer ein Strom von Reaktionsaufträgen und manchmal auch ein Strom von Verdichtungsaufträgen zugeordnet. Da die Klasseneinteilung nach funktionellen Gesichtspunkten erfolgt, entspricht jede Klasse einer Prozeßrechneraufgabe, die wir in diesem Zusammenhang Echtzeitaufgabe nennen wollen. Eine PRA löst also in einem bestimmten Einsatzfall eine Zahl von L Echtzeitaufgaben. Da jeder Echtzeitaufgabe je ein Echtzeitauftragsstrom zugeordnet ist, sprechen wir auch von einem Mehrstromsystem.

2.2. Ankunftszeitabstände

Die Ankunftszeitpunkte der Echtzeitaufträge bilden einen Ereignisstrom, den Ankunftsstrom

$$t_{a1}, t_{a2}, \dots, t_{ai}, \dots$$

Es gilt für den i-ten Echtzeitauftrag Ei

$$T_{ai} = t_{ai} - t_{ai-1}, \tag{2.2}$$

wobei T_{ai} der Ankunftsabstand der benachbarten Echtzeitaufträge ist. Bei stochastischer Auftragserteilung sind die Ankunftszeitabstände T_{ai} Zufallsgrößen, während bei regelmäßiger Auftragserteilung die Ankunftszeitabstände T_{ai} deterministische Größen sind. Im letzteren Fall haben gewöhnlich alle Zeitabstände den gleichen Wert $T_{ai} = T_a$, und wir haben es mit einem regelmäßigen Ankunftsstrom der Echtzeitaufträge zu tun. Bei zufälligen T_{ai} werden meist rekurrente Ströme betrachtet, die für alle T_{ai} die gleiche Verteilungsfunktion besitzen. Deshalb kann auch dann der Index i entfallen. Somit verzichten wir in unseren Betrachtungen gewöhnlich auf den Index i.

2.3. Auftragsverweilzeit und Reaktionszeit

Auftragsverweilzeiten

Jeder Echtzeitauftrag besitzt, unabhängig davon, ob es sich um einen Reaktions- oder Verdichtungsauftrag handelt, einen Auftragserledigungszeitpunkt t_v. Jedem Echtzeitauftrag ist eine Auftragsverweilzeit T_v zugeordnet. Es gilt

$$T_v = t_v - t_a . \tag{2.3}$$

Die Verweilzeiten der verschiedenen Echtzeitaufträge können sich zeitlich überlappen (s. Abb. 2.2).

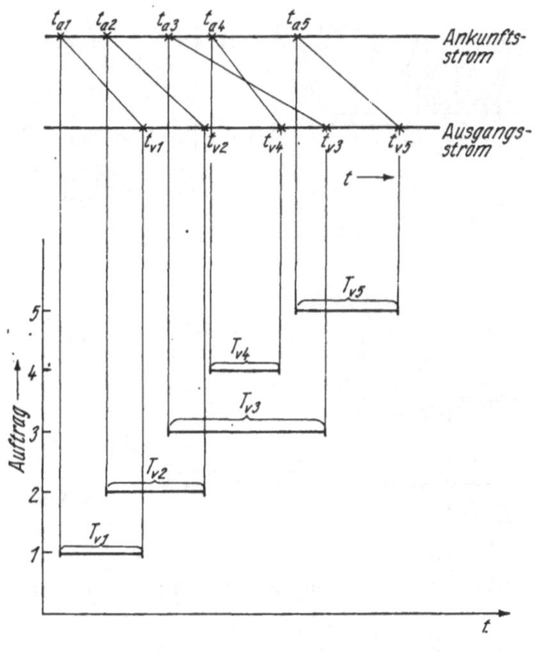

Abb. 2.2. Zeitliche Überlappung der Abfertigung der Echtzeitaufträge einer PRA

Reaktionszeiten für ereignisorientierte Reaktionsaufträge

Jedem Reaktionsauftrag kann eine Reaktionszeit zugeordnet werden. Ein Verdichtungsauftrag besitzt keine Reaktionszeit, aber eine Verweilzeit. Wir definieren jetzt die Reaktionszeit für einen ereignisorientierten Reaktionsauftrag als die Differenz

$$T_r = t_r - t_e , \tag{2.4}$$

wobei t_e der Zeitpunkt des Prozeßereignisses und t_r der Zeitpunkt der Reaktion der Prozeßrechenanlage auf das Prozeßereignis sind (s. Abb. 2.3a). Dabei wird angenommen, daß der Reaktionszeitpunkt eines Reaktionsauftrages mit dessen Erledigungszeitpunkt zusammenfällt, d. h., für einen Reaktionsauftrag gilt

$$t_v = t_r . \tag{2.5}$$

Wir betrachten zunächst die zeitzyklische Überwachung von Ereignissen im Basissystem. Es handelt sich also um ereignisorientierte Reaktionsaufträge. Da die Überwachung zeitzyklisch erfolgt, haben wir es mit einem Strom von regelmäßigen Echtzeitaufträgen zu tun, der den Strom der ereignisorientierten Reaktionsaufträge als Teilfolge enthält. Zwischen einem Ereignis t_e im Basissystem, auf das der Prozeßrechner zu reagieren hat, und dem Ankunftszeitpunkt t_a des Reaktionsauftrages, der auf dieses Ereignis reagiert, besteht kein Zusammenhang, da beide Ereignisformen völlig unabhängig voneinander auftreten. Bei der zeitzyklischen Überwachung von Prozeßereignissen entsteht zwischen dem Prozeßereigniszeitpunkt t_e und dem Ankunftszeitpunkt t_a des entsprechenden Reaktionsauftrages im allgemeinen eine

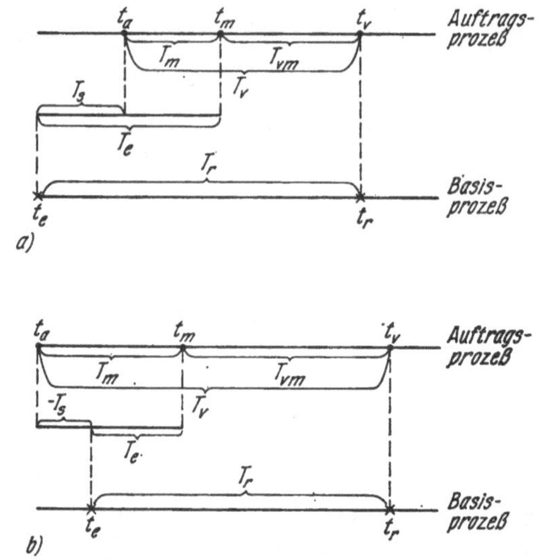

Abb. 2.3. Zusammenhang zwischen der Reaktionszeit und der Auftragsverweilzeit bei zeitzyklischer Überwachung von Prozeßereignissen

Zeitdifferenz, die wir Auftragsverschiebungszeit T_s nennen wollen, wobei gilt

$$T_s = t_a - t_e \tag{2.6}$$

(s. Abb. 2.3a).
Folglich besitzt die Reaktionszeit bei der zeitzyklischen Überwachung von Prozeßereignissen zwei Summanden (s. Abb. 2.3a)

$$T_r = T_s + T_v \,. \tag{2.7}$$

Ein Prozeßereignis zum Zeitpunkt t_e muß erst durch den entsprechenden Überwachungsalgorithmus in der PRA entdeckt werden. Wir bezeichnen den Entdeckungszeitpunkt des Prozeßereignisses mit t_m (s. Abb. 2.3a). Erst durch die Entdeckung des Prozeßereignisses zum Zeitpunkt t_m wird eine Synchronisierung der Arbeit der PRA mit dem Prozeß des Basissystems erreicht. Wir führen die Ereignisentdeckungszeit T_e ein, die als Differenz zwischen dem Entdeckungszeitpunkt t_m und dem Ereigniszeitpunkt t_e festgelegt wird, mit

$$T_e = t_m - t_e \tag{2.8}$$

(s. Abb. 2.3a). Dabei müssen wir davon ausgehen, daß i.a. der Entdeckungszeitpunkt t_m des Prozeßereignisses nicht mit dem Beginn des Reaktionsauftrages übereinstimmt, sondern um die Anfangsverweilzeit T_m verschoben ist. Es gilt (s. Abb. 2.3a)

$$T_m = t_m - t_a \,. \tag{2.9}$$

Aus (2.6), (2.8) und (2.9) folgt (vergleiche Abb. 2.3a)

$$T_e = T_s + T_m \,. \tag{2.10}$$

Wir nehmen an, daß der Entdeckungszeitpunkt eines Prozeßereignisses mit dem Erfassungszeitpunkt des entsprechenden Meßwertes zusammenfällt und die Meßwerterfassungszeit dabei gleich 0 ist. Somit besteht die Möglichkeit, daß ein Prozeßereignis, das von einem regelmäßigen Reaktionsauftrag entdeckt wird, erst nach dem Ankunftszeitpunkt dieses Echtzeitauftrages liegen kann, d. h., daß in diesem Fall

$$T_s < 0 \tag{2.11}$$

und

$$T_e < T_m \tag{2.12}$$

gilt (s. Abb. 2.3b).

Bei einer durch ein Prozeßereignis bedingten Auftragserteilung fällt der Auftragsankunftszeitpunkt mit dem Prozeßereigniszeitpunkt und dem Ereignisentdeckungszeitpunkt zusammen, d. h., es gilt in diesem Fall

$$t_e = t_a = t_m \,. \tag{2.13}$$

Folglich verschwinden die Auftragsverschiebungszeit, die Anfangsverweilzeit und die Ereignisentdeckungszeit

$$T_s = T_m = T_e = 0 \,, \tag{2.14}$$

und die Reaktionszeit stimmt mit der Auftragsverweilzeit überein

$$T_r = T_v \,. \tag{2.15}$$

Reaktionszeiten für regelmäßige Reaktionsaufträge

Wie bereits angeführt, gibt es bei den Reaktionsaufträgen mit regelmäßiger Reaktion kein signifikantes Prozeßereignis, auf das die PRA zu reagieren hat. Hier führt jeder n-te Echtzeitauftrag, wobei n eine deterministische Größe ist, zu einer Reaktion an das Basissystem.

Für $n = 1$ ist jeder Echtzeitauftrag ein Reaktionsauftrag, und dem Ankunftszeitpunkt t_a des Echtzeitauftrages kann ein Reaktionszeitpunkt t_r zugeordnet werden. Die Reaktionszeit ist dann gleich der Auftragsverweilzeit entsprechend Gleichung (2.15).

Für $n > 1$ ergibt sich

$$i = (j - 1)\, n + l \,, \tag{2.16}$$

wenn mit i die laufende Nummer des Echtzeitauftrags, mit l die Nummer des Echtzeitauftrags innerhalb eines Reaktionszyklus und mit n die Nummer des Reaktionszyklus bezeichnet werden. Dabei ist

$$1 \leqq l \leqq n \,. \tag{2.17}$$

Jedesmal wenn

$$i = jn \tag{2.18}$$

und

$$l = n \tag{2.19}$$

gelten, handelt es sich um einen Reaktionsauftrag. Sind die Beziehungen (2.18) und (2.19) nicht gültig, dann haben wir es mit Verdichtungsaufträgen zu tun. Man kann auch in diesem Fall die Reaktionszeit jedes Reaktionsauftrags mit der Auftragsverweilzeit entsprechend Formel (2.15) ansetzen.

Beispiele für regelmäßige Reaktionsaufträge sind die bei einer Tastregelung (s. z. B. [BER 2]) oder einer zeitzyklischen optimierenden Steuerung (s. z. B. [KAP]) auftretenden Reaktionsaufträge.

In einer Tastregelung ist $n = 1$, und jeder von der Echtzeituhr erzeugte Echtzeitauftrag ist ein Reaktionsauftrag. Dabei wird mit jedem Echtzeitauftrag ein analoges Signal an das Basissystem gegeben.

Bei einer zeitzyklischen optimierenden Steuerung erfolgt die Optimierungsrechnung meist auf der Grundlage von zeitlichen Mittelwerten der Meßgrößen. In jedem Zyklus der Meßwerterfassung wird somit dem Prozeßrechner ein Echtzeitauftrag erteilt, und in jedem n-ten Erfassungszyklus, in dem die Optimierungsrechnung mit den Mittelwerten der Meßgrößen ausgeführt wird, ergibt sich ein Reaktionsauftrag, da im Anschluß an die Optimierungsrechnung die PRA in das Basissystem eingreift. Die deterministische Größe n ist dabei die Zahl der für jeden Mittelwert über die Zeit gesammelten Meßwerte.

2.4. Echtzeitbetrieb

Begriffsbestimmung

Unter Echtzeitbetrieb eines Prozeßrechners verstehen wir die Betriebsweise des Prozeßrechners, bei der die Lösungsprozesse der Echtzeitaufgaben schritthaltend mit den Prozessen im Basissystem ablaufen. In den nachfolgenden vereinfachten Beispielen wird gezeigt, was wir mit schritthaltendem Ablauf der Lösungsprozesse der Echtzeitaufgaben meinen.

Vereinfachte Beispiele

1. Wir betrachten die Füllstandssteuerung eines Behälters (s. Abb. 2.4a) und setzen voraus, das daß Zuflußventil V geöffnet ist und über die Zuflußleitung Flüssigkeit in den Behälter strömt.

Die Aufgabe des Prozeßrechners besteht darin, das Ventil V der Zuflußleitung zu schließen, wenn der Füllstand h den Wert h_0 erreicht hat. Dazu wird der Füllstand mit Hilfe eines Füllstandskontaktes in der Höhe h_0 außerhalb des Prozeßrechners überwacht. Es sei angenommen, daß das Ereignis „Erreichen des Füllstandes h_0“ zum Zeitpunkt t_e eintritt. Zu diesem Zeitpunkt erfolgt durch das Meßgerät eine Unterbrechungsmeldung, die dem Prozeßrechner über einen entsprechenden digitalen Eingang zugeführt wird. Während h eine analoge Größe ist, stellt die Größe x am Ausgang des Füllstandskontaktes eine digitale Größe dar, mit der Zuordnung

$$x = \begin{cases} 0 & \text{für} \quad h < h_0\,, \\ \mathrm{L} & \text{für} \quad h \geqq h_0\,. \end{cases} \tag{2.20}$$

In Abb. 2.4b ist der mögliche zeitliche Verlauf von h und x dargestellt. Hier ist erkennbar, daß zum Zeitpunkt t_e die Größe x von 0 in L sprungartig übergeht. Um eine rechtzeitige Reaktion der Prozeßrechenanlage auf das Ereignis „Erreichen des Füllstandes h_0“ zu erhalten, wird die Bearbeitung des gerade laufenden Programmes unterbrochen. Nach dieser Unterbrechung wird die Unterbrechungsmeldung übernommen und festgestellt, welches Maßnahmeprogramm zu aktivieren ist. In unserem Fall ist das ein Programm zum Schließen des Ventils V. Dieses Maßnahmeprogramm wird sofort bearbeitet, wenn es wichtiger als das unterbrochene Programm ist. Trifft das nicht zu, dann wird das Maßnahmeprogramm zur Abarbeitung vorgemerkt und das unterbrochene Programm fortgesetzt. Das Maßnahmeprogramm wird entsprechend der Vormerkung abgearbeitet, wenn alle wichtigeren Programme abgearbeitet sind. Wir nehmen an, daß die Reaktion des Prozeßrechners durch Schließen des Ventils V zum Zeitpunkt t_r erfolgt und die Reaktionszeit wie vereinbart

$$T_r = t_r - t_e$$

ist.

Vom Standpunkt des Echtzeitbetriebes ist es notwendig, daß das Maßnahmeprogramm rechtzeitig bearbeitet wird und das Ventil geschlossen ist, bevor der Behälter überlaufen kann. Das bedeutet in Übereinstimmung mit Abb. 2.4, daß in diesem

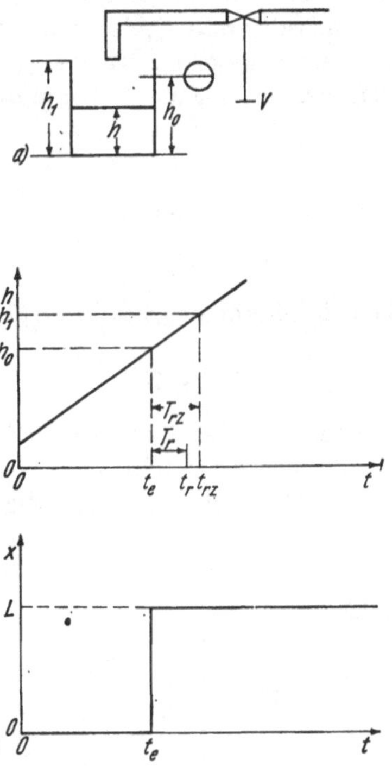

Abb. 2.4. Zur Füllstandssteuerung eines Behälters
a) Technologisches Schema, b) Signaldarstellung

Fall die Reaktionszeit der PRA einen bestimmten Wert T_{rz}, der durch die Höhe des Behälters h_1 und die Durchflußmenge des Zuflusses bestimmt ist, nicht überschreiten darf

$$T_r \leqq T_{rz} . \tag{2.21}$$

2. Es ist wieder eine Füllstandssteuerung nach Abb. 2.4 gegeben. Jedoch wird jetzt im Unterschied zum Beispiel 1 die Größe h mit einem analogen Meßgerät gemessen, und dem Prozeßrechner wird ein entsprechendes Signal über die zeitzyklische Meßwerterfassung zugeführt. Der Prozeßrechner übernimmt also zusätzlich zur Aufgabe der Füllstandssteuerung noch die Aufgabe der Füllstandsüberwachung. Dazu muß im Prozeßrechner ein Überwachungsprogramm vorhanden sein. Im Überwachungsprogramm werden die Meßwerte von h zeitzyklisch erfaßt und die Überschreitung des

Grenzwertes h_0 überwacht. Die regelmäßige Auftragserteilung für das Überwachungsprogramm erfolgt durch eine Unterbrechungsmeldung von der zur PRA gehörenden Echtzeituhr. Auch hier wird ähnlich wie bei der Prozeßmeldung im Beispiel 1 nach erfolgter Unterbrechung entschieden, ob das angeforderte Programm oder das unterbrochene Programm als nächstes zu bearbeiten ist.

In diesem zweiten Beispiel wird bei Feststellung, daß die Bedingung

$$h > h_0 \tag{2.22}$$

erfüllt ist, durch das Überwachungsprogramm sofort das Maßnahmeprogramm zum Schließen des Ventils der Zuflußleitung angefordert.

Hier fallen der Prozeßereigniszeitpunkt t_e, der dem „Erreichen des Füllstandes h_0" entspricht, und der Ankunftszeitpunkt t_a, welcher der Auftragserteilung für das Überwachungsprogramm zugeordnet ist, nicht zusammen. Es ist also eine Auftragsverschiebungszeit

$$T_s = t_a - t_e \tag{2.23}$$

ungleich 0 vorhanden, und die Reaktionszeit ist

$$T_r = T_s + T_v \,. \tag{2.24}$$

Auch hier gilt wieder, daß das Maßnahmeprogramm rechtzeitig das Ventil V schließen muß mit der Bedingung

$$T_r \leqq T_{rz} \,. \tag{2.25}$$

3. In Abb. 2.5a ist das technologische Schema der Füllstandsregelung dargestellt. Im Unterschied zur Füllstandssteuerung (Beispiel 1) besitzt der Behälter auch eine Abflußleitung, die wir in unserer Betrachtung als ständig geöffnet annehmen. Dadurch

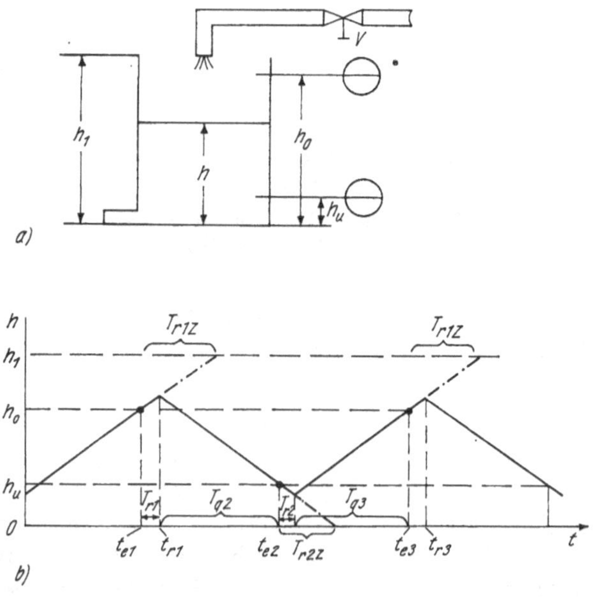

Abb. 2.5. Zur Zweipunktregelung eines Behälters
a) Technologisches Schema, b) Signalverlauf

verringert sich der Behälterfüllstand h bei geschlossenem Ventil V. Wir nehmen an, daß sich der Füllstand h erhöht, wenn das Ventil V geöffnet ist. Das ist der Fall, wenn die Menge der pro Zeiteinheit zufließenden Flüssigkeit größer ist als die pro Zeiteinheit durch die Abflußleitung abfließende Flüssigkeitsmenge. Außerdem ist im Behälter ein zweiter Füllstandskontakt in der Nähe des Bodens in der Höhe h_u installiert.

Die Aufgabe des Prozeßrechners besteht darin, den Füllstand des Behälters so zu regeln, daß der Behälter weder überläuft noch leer wird. Dazu erhält die PRA über das Unterbrechungssystem zwei Arten von Echtzeitaufträgen erteilt. Wenn der Behälterstand den Wert h_0 erreicht, dann wird der Echtzeitauftrag „Schließen des Ventils V" erteilt, und wenn der Behälterstand den Wert h_u erreicht, wird der Echtzeitauftrag „Öffnen des Ventils V" erteilt. Es handelt sich hier um eine Zweipunktregelung.

In Abb. 2.5b ist der zeitliche Verlauf des Füllstandes h dargestellt. Nach jedem Schließen und jedem Öffnen des Ventils V zu den Zeitpunkten t_{ri} vergeht immer eine bestimmte Zeit T_{qi+1} bis der Füllstand h_u bzw. h_0 erreicht ist, d. h., bis ein neuer Echtzeitauftrag erteilt wird. Zur Einhaltung des Echtzeitbetriebes der PRA müssen nach Abb. 2.5 die Bedingungen

$$\left.\begin{aligned} T_{r1} &\leqq T_{r1z}\,, \\ T_{r2} &\leqq T_{r2z} \end{aligned}\right\} \tag{2.26}$$

eingehalten werden.

Echtzeitbedingung

Oben wurden für drei Beispiele von ereignisorientierten Reaktionsaufträgen die Echtzeitbedingungen eingeführt. In diesen Beispielen haben wir den Fall mit nur einem Reaktionsstrom, d. h. mit einer Echtzeitaufgabe, betrachtet. Wenn wir jetzt zu L Echtzeitaufgaben übergehen, müssen wir für jeden Reaktionsauftragsstrom eine Echtzeitbedingung

$$T_{rl} \leqq T_{rlz} \qquad (1 = 1, 2, \ldots, L) \tag{2.27}$$

ansetzen.

Wir können jetzt den Begriff Echtzeitbetrieb präzisieren, indem wir als schritthaltenden Ablauf der Lösungsprozesse in der PRA mit den Prozessen im Basissystem die Einhaltung der Echtzeitbedingung (2.27) verstehen.

3. AUFBAU EINER PROZESSRECHENANLAGE

Die Echtzeitaufträge werden durch die PRA bedient. An dieser Bedienung sind verschiedene gerätetechnische und programmtechnische Komponenten der PRA beteiligt, die für den Echtzeitbetrieb ständig als Einheit verfügbar sind. Diese Komponenten werden vom Standpunkt ihrer Belegung auch Ressourcen (s. a. [KAT] [SOL]) der PRA genannt.

Unter den gerätetechnischen Komponenten der PRA unterscheiden wir die Zentraleinheit (ZE) und die Peripherie. Die Zentraleinheit besteht aus der Zentralen Verarbeitungseinheit (ZVE), die auch Prozessor heißt, dem Haupt- oder Arbeitsspeicher und den Kanalsteuereinheiten. Die Peripherie eines Prozeßrechners unterteilt sich in erste Periphierie und Prozeßperipherie.

In einem Prozeßrechner führen i. a. verschiedene gerätetechnische Komponenten parallel asynchron verschiedene informationelle Operationen aus. Die Programme laufen im Multiprogrammbetrieb, d. h., zu einem bestimmten Zeitpunkt liegen meist mehrere Verarbeitungsforderungen für verschiedene Programme vor. Dabei können auch Programmläufe unterbrochen werden, wenn höherrangige Verarbeitungsforderungen vorhanden sind. In jedem Zeitpunkt kann aber nur eine Verarbeitungsoperation durch die ZVE ausgeführt werden. Man spricht hier auch von Simultanbetrieb oder Quasiparallelbetrieb der Programme. Die Programme der PRA sind Algorithmen und jedem Verarbeitungsalgorithmus kann genau ein Programm der PRA zugeordnet werden.

3.1. Multiprogrammbetrieb des Prozessors

Echtzeitoperationssysteme

Wir verstehen unter einem Echtzeitoperationssystem (EOS) die Gesamtheit aller während des Echtzeitbetriebs in der PRA ständig abgespeicherten Programme, wobei die einzelnen Programme automatisch, d. h. ohne Zutun des Menschen, der Abarbeitung zugeführt werden. Die Komponenten des EOS sind also Programme, die sich während des Echtzeitbetriebs ständig in der PRA befinden. Außerhalb der PRA auf visuell oder maschinell lesbaren Datenträgern aufbewahrte Programme, die nicht automatisch der Abarbeitung zugeführt werden können, sind nicht Bestandteil des EOS. Wir betrachten also das EOS als Hauptbestandteil einer im Echtzeitbetrieb wirkenden PRA, deren anderer Hauptbestandteil die gerätetechnische Konfiguration ist. Dabei gehören, z. B. bei einem Prozeßrechner ohne externen Speicher, gewöhnlich Compiler nicht zum Echtzeitoperationssystem, da diese sich aus Speicherplatzgründen während des Echtzeitbetriebs außerhalb der PRA auf einem Datenträger befinden.

Wir können die Bestandteile eines Echtzeitoperationssystems nach zwei Gesichtspunkten in verschiedene Programmklassen einordnen. Einmal klassifizieren wir nach der Aktivierungsart die Programme in direkt und indirekt aufrufbare Programme. Die direkt aufrufbaren Programme heißen Rufprogramme (RP), und die indirekt, d. h. über Anmeldung, aufrufbaren Programme heißen Hauptprogramme (HP). Ein zweiter Klassifizierungsgesichtspunkt ist die allgemeine Funktion, welche die Programme ausführen. Dabei unterscheiden wir Steuerprogramme (SP) und Verarbeitungsprogramme (VP). Auf dieser Grundlage ergeben sich insgesamt 4 Programmklassen (s. Tab. 3.1)

— Unterbrechungsbehandlungsprogramme (UBP)
— Steuerrufprogramme (SRP)
— Applikationsprogramme (AP) und
— Unterprogramme (UP) (s. Tab. 3.1).

Die Steuerprogramme, d. h. die Unterbrechungsbehandlungsprogramme und die Steuerrufprogramme, steuern den Multiprogrammbetrieb der Verarbeitungsprogramme (einschließlich Zeitorganisation), den Informationsaustausch und die Belegung des transienten Arbeitsspeicherbereichs. Außerdem führen sie die Selbstüberwachung der PRA durch. Sie werden zum Steuerprogrammsystem (SPS) zusammengefaßt.

Tabelle 3.1. Zur Klassifizierung der Programme eines Echtzeitoperationssystems

		nach der Aktivierungsart	
		Hauptprogramme (HP)	Rufprogramme (RP)
nach der Funktion	Steuer-programme (SP)	Unterbrechungs-behandlungs-programme (UBP)	Steuerruf-programme (SRP)
	Verarbeitungs-programme (VP)	Applikations-programme (AP)	Unterprogramme (UP)

Die Verarbeitungsprogramme, d. h. die Applikationsprogramme und Unterprogramme, lösen die Aufgaben der Steuerung und Überwachung des Basissystems und sind in starkem Maße einsatzspezifisch.

Da die Unterprogramme von AP aufgerufen werden, beginnt und endet die Abarbeitung jedes Verarbeitungsprogrammes immer mit dem entsprechenden AP. Deshalb verwenden wir in den weiteren Betrachtungen die Bezeichnung AP, wenn es sich um ein AP mit oder ohne Unterprogramme handelt.

Das Unterbrechungssystem

Jede PRA besitzt ein ausgebautes gerätetechnisches Unterbrechungssystem (s. a. [KOS], [BER 3], [DIE]), durch das Programmläufe der AP unterbrochen werden können. Ein solches Unterbrechungssystem ist für die Steuerung des Multiprogrammbetriebs und die Steuerung des Parallelbetriebs zwischen der ZVE und den peripheren Geräten erforderlich. Die wichtigsten Funktionen des Unterbrechungssystems sind

— Aktivieren eines UBP und
— Unterbrechen eines laufenden AP.

Zunächst betrachten wir das Aktivieren eines UBP. Wir gehen davon aus, daß nur eine ZVE vorhanden ist. Außerdem wird vorausgesetzt, daß die Programmläufe von UBP und SRP nicht unterbrochen werden dürfen. Aus diesen Annahmen folgt, daß sich zu einem Zeitpunkt nur ein UBP im Abarbeitungszustand befinden kann. Es können jedoch zu einem Zeitpunkt mehrere Anforderungen für UBP vorliegen. Die Bedienung von mehreren vorliegenden Anforderungen für UBP muß zeitlich nacheinander erfolgen, und es muß im Unterbrechungssystem ein Mechanismus vorhanden sein, der eine Speicherung der Anforderungen zur Bearbeitung von UBP enthält. Wir können jedoch für PRA annehmen, daß die Wahrscheinlichkeit für das Vorliegen von einer oder mehreren Anforderungen zur Abarbeitung von UBP zusätzlich zu einem gerade laufenden SP verschwindend klein ist. In diesem Fall beginnt mit großer Wahrscheinlichkeit (nahe 1) sofort mit der Anforderung eines UBP dessen Abarbeitung. Deshalb gehen wir hier nicht näher auf den Mechanismus zur Speicherung von UBP-Anforderungen ein.

Bei den Anforderungsarten der UBP unterscheiden wir
- Echtzeitaufträge
- Fertigmeldungen von der Peripherie und
- Fehlermeldungen.

Die Echtzeitaufträge wurden bereits ausführlich behandelt.

Die Fertigmeldungen von den peripheren Geräten sichern, daß bestimmte Programme abgearbeitet werden, wenn der Informationsaustausch abgeschlossen ist. Die Fehlermeldungen sind mit der Selbstüberwachung der Geräte und Programme der PRA verbunden und aktivieren Fehlermaßnahmeprogramme. Zu den Fehlern, die bei der Selbstüberwachung festgestellt werden, gehören z. B. Netzausfall, Paritätsfehler bei Informationstransport, unerlaubter Sprung in den geschützten Speicherbereich, Überlauf des Zahlenbereichs usw. Wie später gezeigt wird, wirken die Unterbrechungsbehandlungsprogramme i. a. auf die Programmläufe der Applikationsprogramme über Forderungen oder über Steuersignale ein.

Wir gehen jetzt zur Betrachtung der Unterbrechung eines laufenden Applikationsprogrammes über. Dabei nehmen wir an, daß zum Zeitpunkt, zu dem ein UBP angefordert wird, sich gerade ein AP Ai (i = 1, 2, ... m) in Abarbeitung befindet. Durch die Anforderung eines UBP wird der Programmlauf von Ai unterbrochen. Der Grund

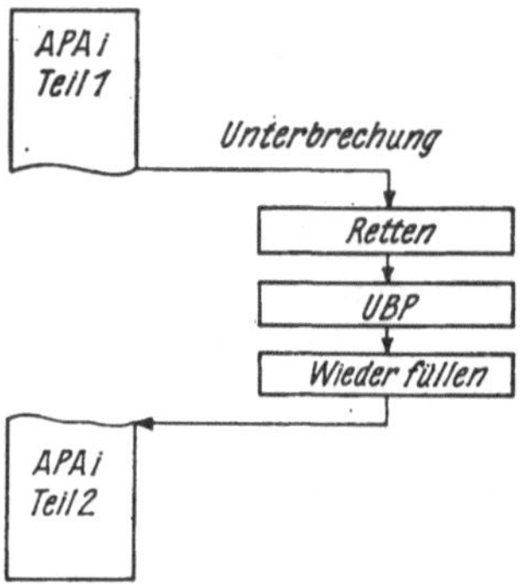

Abb. 3.1. Zur Unterbrechung eines AP-Laufes

hierfür besteht darin, daß ein UBP nicht solange mit der Bearbeitung warten kann, bis das laufende AP Ai abgearbeitet ist. Die Unterbrechung eines Programmlaufes muß dabei so erfolgen, daß später die Abarbeitung des unterbrochenen AP an der Unterbrechungsstelle richtig fortgesetzt wird. Eine Ausnahme bilden hierbei nur die durch Fehler hervorgerufenen Unterbrechungen. Diese werden in diesem Buch nicht näher behandelt. Um den Programmlauf später an der Unterbrechungsstelle ordnungsgemäß fortsetzen zu können, müssen der Befehlszählerinhalt und die Inhalte der Register der ZVE (z. B. des Akkumulators), die von allen Programmen während der Abarbeitung genutzt werden, gerettet werden. Danach erst kann die Anfangsadresse des UBP in den Befehlszähler eingetragen werden, stehen die Register für das UBP zur Verfügung, und es kann in das UBP eingesprungen werden. Nach der Abarbeitung des UBP werden der Befehlszähler und die Register der ZVE mit deren geretteten Inhalten wieder gefüllt. Erst danach kann in das unterbrochene AP zurückgesprungen werden (s. Abb. 3.1).

Abarbeitungsreihenfolge in der ZVE

Wir behandeln jetzt die Programmabarbeitung als Ereignisfolge. Dabei gibt es verschiedene Ereignisse, die im Echtzeitbetrieb mit dem Programmlauf zusammenhängen, z. B. Ereignisse im Basissystem, Fertigmeldungen von den peripheren Geräten oder die Beendigung der Abarbeitung eines Befehls.

Vom Standpunkt des Programmlaufs eines bestimmten AP Ai unterscheidet man zwei Ereignisarten, nämlich programmbestimmte Ereignisse und programmunabhängige Ereignisse. Dabei ist das Ende einer Befehlsabarbeitung ein programmbestimmtes Ereignis, während Ereignisse im Basissystem, Fertigmeldungen von den peripheren Geräten und das Ende der Befehlsabarbeitung eines anderen AP Aj programmunabhängige Ereignisse sind. Das Unterbrechungssystem sorgt dafür, daß eine PRA auf programmunabhängige Ereignisse reagieren kann.

Zunächst betrachten wir den Programmlauf ohne Unterbrechung. In diesem Fall haben wir es nur mit programmbestimmten Ereignissen zu tun, wenn wir vom Beginn des Programmes absehen. In Abb. 3.2 wird der Programmablaufplan für ein AP mit

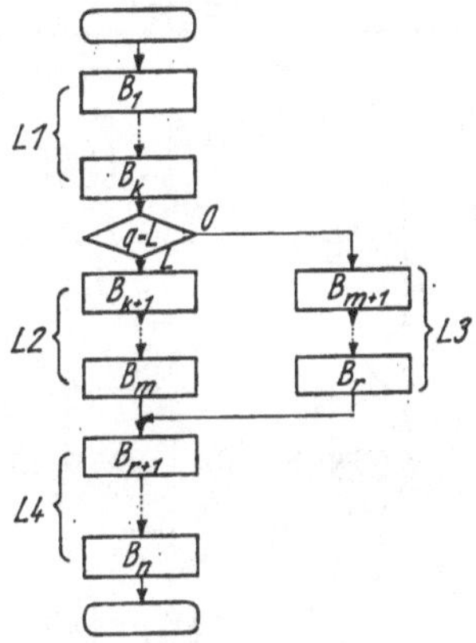

Abb. 3.2. Zur Betrachtung des Programmlaufs ohne Unterbrechung

Verzweigung dargestellt. Dabei gibt es zwei Möglichkeiten des Programmlaufs, nämlich mit der Befehlsfolge

$$B_1, \dots, B_k, B_{k+1}, \dots, B_m, B_{r+1}, \dots, B_n$$

und mit der Befehlsfolge

$$B_1, \dots, B_k, B_{m+1}, \dots, B_r, B_{r+1}, \dots, B_n .$$

Die erste Befehlsfolge wird realisiert, wenn $q = \mathrm{L}$ ist und die zweite, wenn $q = 0$ ist. Somit wird der Programmlauf bestimmt durch den Programmablaufplan und durch den Wert der Verzweigungsvariablen q. Die einzelnen Befehle werden dabei sequentiell abgearbeitet. Bei einem Programmlauf ohne Unterbrechung kann man die ZVE als Aktivitätszentrum ansehen und sagen, daß die ZVE die einzelnen Befehle sequentiell nacheinander ausführt.

Als nächstes wird der Programmlauf eines AP mit Unterbrechung behandelt. Dabei berücksichtigen wir, daß eine Unterbrechungsmeldung ein programmunabhängiges Ereignis ist. Die Unterbrechungsmeldung führt zum Verlassen des laufenden AP und zum Übergang zu einem UBP. Man kann also die Unterbrechung in gewisser Weise als einen „externen" Sprungbefehl auffassen. Dabei wird am Ende jeder Befehlsabarbeitung geprüft, ob eine Unterbrechungsmeldung vorliegt. Da die Unterbrechung programmunabhängig ist, ist aber der Befehl, nach dem eine Unterbrechung auftritt, vor dem Auftreten der Unterbrechung nicht bekannt. Wenn wir jetzt auch beim Programmlauf mit Unterbrechung die ZVE als Aktivitätszentrum betrachten und verfolgen, welche Reihenfolge der Befehlsabarbeitung in der ZVE stattfindet, dann erhalten wir ein unübersichtliches Bild. Die Reihenfolge der Befehlsabarbeitung in der ZVE erhält einen zufälligen Charakter, und eine graphische Darstellung ist nur bedingt möglich. Wir wollen das jetzt für das gesamte Echtzeitoperationssystem erläutern.

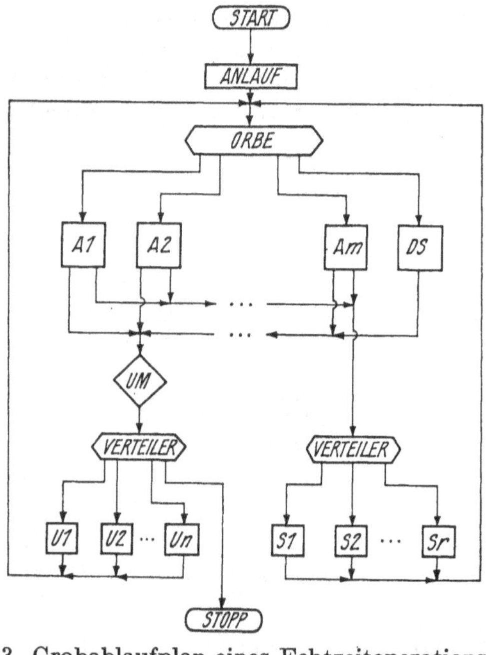

Abb. 3.3. Grobablaufplan eines Echtzeitoperationssystems

In Abb. 3.3 ist der Grobablaufplan eines EOS für die Betrachtungsweise dargestellt, daß die ZVE als Aktivitätszentrum angenommen wird (s. a. [BER 4] [BER 5]). Außer den mit A1, A2, ... , Am bezeichneten m Applikationsprogrammen sind alle anderen im Bild dargestellten Programmblöcke Bestandteile des Steuerprogrammsystems. Die Aktivierung der Applikationsprogramme erfolgt nicht direkt, sondern über ihre Anmeldung auf der Grundlage einer Verarbeitungsforderung. Dabei wird die Anmeldung durch ein entsprechendes Unterbrechungsbehandlungsprogramm oder Steuerrufprogramm vorgenommen. Eine Anmeldung wird als erledigt angesehen, wenn durch das entsprechende Steuerrufprogramm das betreffende AP abgemeldet wird. Gewöhnlich erfolgt die Anmeldung durch Setzen eines Bit in einem Anmeldungsfeld (Warteraum) für das betreffende AP. Wenn mehrere Anmeldungen für ein AP gespeichert werden sollen, muß das Anmeldungsfeld mehrere Bit umfassen. Nach Beendigung eines Unterbrechungsbehandlungsprogrammes oder eines Steuerrufprogrammes wird in das Programm ORBE (Organisation der Bedienungsreihenfolge der AP-Anmeldungen) gesprungen. Dieses Programm hat die Aufgabe, die Anmeldungsfelder aller AP zu entschlüsseln, entsprechend der Bedienungsdisziplin der AP zu entscheiden, welches AP nach Verlassen von ORBE als nächstes abgearbeitet wird, und den entsprechenden Übergang zum ausgewählten AP zu sichern. Wenn kein AP zu bearbeiten ist, wird von ORBE aus in den dynamischen Stopp (DS) gesprungen, der eine Warteschleife darstellt und keine Nutzrechnungen ausführt. Der DS wird erst wieder durch eine Unterbrechung verlassen, indem bei Unterbrechung sofort zum entsprechenden Unterbrechungsmaßnahmeprogramm gesprungen wird.

Ein in Abarbeitung befindliches AP kann entweder durch das Erreichen eines im betreffenden AP stehenden Steuerprogrammrufes oder durch eine von außerhalb der ZVE in die PRA gelangende Unterbrechungsmeldung verlassen werden. Nach dem Verlassen eines AP durch einen Steuerprogrammruf wird das entsprechende SRP Si ($i = 1, 2, \ldots, r$) unbedingt durch die ZVE vollständig abgearbeitet. In diesem Fall gibt es keine Probleme, da man den Steuerprogrammruf als MAKRO und die Steuerrufprogramme als zum Steuerprogrammsystem gehörige Unterprogramme auffassen kann. Wenn ein AP Ai dagegen durch das Eintreffen einer Unterbrechungsmeldung verlassen wird, dann treten Probleme auf. Die Unterbrechungsmeldung muß als externe Sprungoperation aufgefaßt werden, wobei nicht bekannt ist, an welcher Stelle von Ai die Unterbrechung erfolgt. In Abb. 3.3 ist das mit Hilfe des Blockes UM dargestellt. Anschließend an die Unterbrechung wird eines der Unterbrechungsbehandlungsprogramme Ui ($i = 1, 2, \ldots, n$) abgearbeitet.

Während der Grobablaufplan in Abb. 3.3 noch gewisse Vorstellungen über die Abarbeitungsreihenfolge vermittelt, ist eine Verfeinerung, in der die Programmablaufpläne der AP auftreten, praktisch nicht möglich, da nicht bekannt ist, an welche Stelle ein AP durch Unterbrechung verlassen wird. Man müßte an jedem Befehl diese Möglichkeit offen lassen und damit jeden Befehl als Verzweigungsstelle ansehen, wodurch die Übersicht verloren geht. Beim Multiprogrammbetrieb der AP in der ZVE unterscheidet sich also i. a. die Abarbeitungsreihenfolge der Befehle eines AP von der Abarbeitungsreihenfolge der Operationen in der ZVE, was beim Einzelprogrammbetrieb nicht der Fall ist.

Verarbeitungsforderungen

Aus den oben angeführten Gründen ist es zweckmäßig, von der ZVE als dem einzigen Aktivitätszentrum beim Multiprogrammbetrieb abzugehen. In der Literatur über Stapelverarbeitungs- und Teilnehmerbetriebssysteme wurde dafür ein Element eingeführt. Für dieses Element gibt es die Bezeichnung Prozeß (s. [KRAY], [COL], [HAN], [DEN], [COF], [TRA], [POL]).

In [DEN] wird der Begriff Prozeß wie folgt definiert: „Ein Prozeß ist ein Punkt der Steuerung (locus of control) in einer Befehlsfolge. Das bedeutet, ein Prozeß ist jene abstrakte Größe, die sich durch die Befehle einer Prozedur bewegt, wenn diese Prozedur durch einen Prozessor abgearbeitet wird".

Nach dieser Begriffsbestimmung ist der Prozeß ein bewegtes Element. In diesem Zusammenhang sei vermerkt, daß in Bedienungssystemen das bewegte Element Forderung (s. z. B. [KRA], [KOE], [GNEI 1]) heißt, und in Systemen der ereignisorientierten Simulation heißt das bewegte Element Prozeß (s. [GLU], [DAH]), transaction (s. [GOR]) oder Aktivator (s. [SIM]). Dabei wird jedem bewegten Element sowohl bei der Betrachtung von Betriebssystemen als auch bei der ereignisorientierten Simulation ein Zustandsvektor zugeordnet, dessen Werte sich in Abhängigkeit von der Zeit ändern und somit einen Prozeß beschreiben.

Die fehlende Unterscheidung zwischen dem bewegten Element und dem Prozeß, dessen Träger das bewegte Element ist, führt häufig zu Mißverständnissen. Wir bezeichnen deshalb das bewegte Element in Anlehnung an die Bedienungstheorie allgemein als Forderung und innerhalb der ZVE als Verarbeitungsforderung. Dabei ist jede Forderung Träger eines stochastischen Prozesses, der durch Zustandsänderungen charakterisiert ist (s. Abschnitt 6.).

3.2. Parallelbetrieb der Informationsaustauschkanäle und des Prozessors

Wir führen jetzt den Begriff Informationsaustauschkanal (IAK) ein. Darunter verstehen wir die Gesamtheit aller am Informationsaustausch beteiligten gerätetechnischen und programmtechnischen Komponenten, die für eine Klasse von Austauschforderungen benötigt werden. Die Klasseneinteilung der Austauschforderungen ist durch den Aufbau des Steuerprogrammsystems bestimmt, wobei die gerätetechnische Konfiguration beeinflussend wirkt. Meist wird jeder Kanalsteuereinheit (KSE), auch Anschlußsteuereinheit (ASE) genannt, ein Informationsaustauschkanal zugeordnet.

3.2.1. Gerätetechnischer Aufbau der verschiedenartigen Informationsaustauschkanäle Hauptaufgaben der Organisation des Informationsaustauschs

Die Zentraleinheit tauscht während ihres Betriebes mit einer großen Anzahl verschiedenartiger peripherer Geräte Informationen aus. Dabei kann sich die Art dieses Informationsaustauschs (Stellenzahl des Übertragungskanals, Datenformat, Übertragungsgeschwindigkeit, Dauer der Informationsspeicherung usw.) für die verschiedenen Geräte wesentlich unterscheiden. Außerdem arbeitet die Mehrzahl der peripheren Geräte asynchron zueinander und zur ZVE, wobei die Operationsgeschwindigkeit der ZVE wesentlich höher liegt als die Arbeitsgeschwindigkeit der peripheren Geräte. Deshalb besteht eine der Hauptaufgaben der Organisation des Informationsaustauschs in der Koordinierung der in ihrer Geschwindigkeit unterschiedlichen Prozesse der Programmabarbeitung in der ZVE und des Betriebes der peripheren Geräte während des Informationsaustauschs. Hier ist eine hohe Effektivität der Informationsaustauschfunktionen unter Berücksichtigung der im betreffenden Prozeßrechner vorhandenen Beschränkungen für den Durchsatz der einzelnen Informationsaustauschkanäle und für die Zeitbeschränkungen der Informationsspeicherung in den verschiedenen gerätetechnischen Einrichtungen zu sichern.

Eine zweite Hauptaufgabe der Organisation des Informationsaustauschs besteht darin, die Abhängigkeit der durch die ZVE bearbeiteten Programme von der für den betreffenden Einsatzfall festgelegten Gerätekonfiguration des Prozeßrechners möglichst ering zu halten.

Die Lösung dieser komplizierten Aufgaben erfolgt sowohl durch gerätetechnische als auch durch programmtechnische Mittel mit einer engen Wechselwirkung der

Gerätetechnik und der Programme des Steuerprogrammsystems. So wird z. B. das gerätetechnisch realisierte Unterbrechungssystem zur Signalisierung über die Beendigung einer Informationsaustauschoperation in einem peripheren Gerät an die ZVE genutzt (Fertigmeldung).

Kanalsteuereinheiten

Die gerätetechnische Kopplung der Zentraleinheit mit den peripheren Geräten geschieht über Kanalsteuereinheiten. Diese KSE erhalten eine Reihe von Steuersignalen aus der ZVE, die durch entsprechende Steuerprogrammrufe in den AP ausgelöst werden. Außerdem besitzen sie auch eigene Steuerblöcke und arbeiten parallel zum Betrieb der ZVE. Dabei erfolgt der Informationsaustausch zwischen der KSE und dem Hauptspeicher mit der Operationsgeschwindigkeit der ZVE und der Informationsaustausch zwischen der KSE und den peripheren Geräten mit der Arbeitsgeschwindigkeit dieser Geräte.

Informationsaustausch zwischen der Zentraleinheit und der KSE

Bei Prozeßrechnern werden hauptsächlich zwei Prinzipien des Informationsaustauschs zwischen den KSE und dem Hauptspeicher der ZE angewendet:

- der programmierte Informationsaustausch über die ZVE und
- der direkte Speicherzugriff, bei dem die KSE selbständig den Informationsaustausch mit dem Hauptspeicher durchführt.

Beim programmierten Informationsaustausch über die ZVE heißt die KSE programmierter Kanal (PK), und beim direkten Speicherzugriff wird die KSE direkter Speicherkanal (DSK) genannt. Beim programmierten Kanal ist Hauptelement für die Steuerung des Informationsaustauschs die ZVE, während beim direkten Speicherkanal die Steuerung des Informationsaustauschs unmittelbar zwischen Hauptspeicher und KSE durch den Steuerteil der KSE erfolgt (s. Abb. 3.4 und Abb. 3.5).

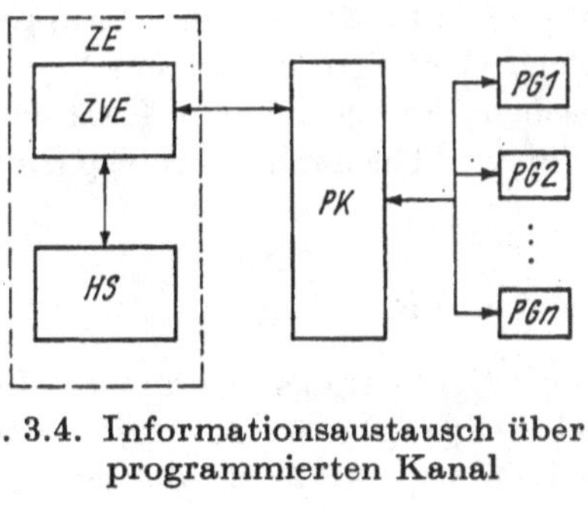

Abb. 3.4. Informationsaustausch über den programmierten Kanal

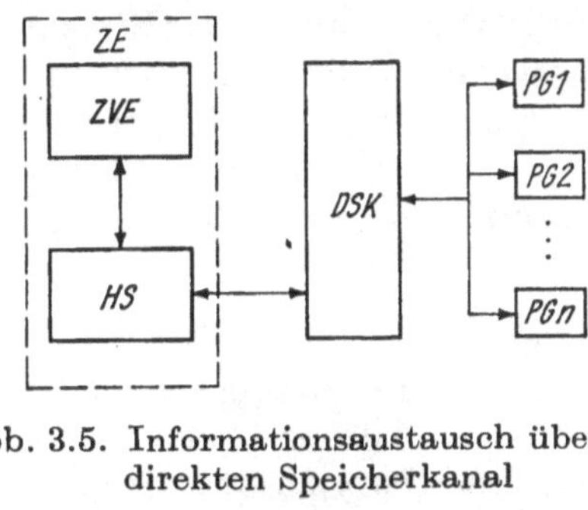

Abb. 3.5. Informationsaustausch über den direkten Speicherkanal

In diesen Betrachtungen gehen wir davon aus, daß es vom Standpunkt der Anwendung i. a. wünschenswert ist, durch einen Übertragungsvorgang einen ganzen aus einer Anzahl von Übertragungsworten bestehenden Übertragungsblock auszutauschen. Ein Übertragungswort kann dabei in Abhängigkeit vom peripheren Gerät (PG) ein Zeichen oder ein Speicherwort sein. Der programmierte Informationsaustausch über den PK ist so realisiert, daß die Übertragung jedes Übertragungswortes programmtechnisch angestoßen werden muß. Wir sprechen in diesem Fall auch von Einzelwortverkehr. Demgegenüber erfolgt die Informationsübertragung über den DSK blockweise, d. h., der programmtechnische Anstoß tritt für einen ganzen Übertragungsblock nur einmal auf. Deshalb spricht man in diesem Fall auch noch von direktem Blockverkehr. Beim PK sendet die KSE nach jedem Übertragungswort an die ZVE eine Fertigmeldung und beim DSK nach jedem Übertragungsblock.

Informationsaustausch zwischen der KSE und den peripheren Geräten

Beim programmierten Kanal ist der Informationsaustausch zwischen der KSE und den peripheren Geräten bereits durch die wortweise Übertragung zwischen ZE und KSE festgelegt. Er muß auch wortweise stattfinden.

Anders ist das beim direkten Speicherkanal. Hier können wir in Abhängigkeit davon, wie die Wechselwirkung zwischen KSE und peripheren Gerät erfolgt, zwei Arten von DSK unterscheiden: Selektorkanäle und Multiplexkanäle.

Bei einem Selektorkanal bleibt die KSE während der Zeit der Übertragung eines ganzen Übertragungsblockes mit dem peripheren Gerät, dem der Übertragungsblock zugeordnet ist, verbunden, und während dieser Zeit können keine Übertragungsworte anderer peripherer Geräte übertragen werden. Selektorkanäle werden meist genutzt, wenn die peripheren Geräte eine genügend große Übertragungsgeschwindigkeit besitzen (z. B. externe Speicher).

Ein Multiplexkanal gestattet die gleichzeitige Realisierung von Informationsaustauschoperationen für mehrere periphere Geräte. Dies wird durch zeitgeschachtelte Zuteilung des Multiplexkanals zu den einzelnen peripheren Geräten erreicht. Dabei erhält beim Vorliegen von Austauschanforderungen für mehrere periphere Geräte des Multiplexkanals nach jedem Übertragungswort ein anderes peripheres Gerät die KSE zugeteilt. Multiplexkanäle werden gewöhnlich für den Anschluß langsamerer peripherer Geräte, wie Datenübertragungseinrichtungen, Bedieneinheiten usw., angewendet. Die langsamsten peripheren Geräte sind an den PK angeschlossen.

Häufig werden an die KSE mehrere gleichartige Geräte, die zu einer Gruppe zusammengefaßt sind, angeschlossen. Für eine solche Gerätegruppe ist eine spezielle Gerätesteuereinheit (GSE) vorhanden, die zwischen den peripheren Geräten der Gruppe und der KSE liegt. Die Gerätesteuereinheit übernimmt gerätespezifische Steuerfunktionen für die ganze Gruppe.

Typische Konfigurationen einer PRA

An die ZE eines Prozeßrechners müssen verschiedenartige periphere Geräte anschließbar sein. So sind die einzelnen Geräte der Meß- und Stellperipherie (z. B. ursadat 4010, s. [PEA]), der Prozeßbedienperipherie (z. B. daro 1600, s. [DAR]) und der langsamen ersten Peripherie über PK anschließbar. Die Geräte der schnellen ersten Peripherie (s. [GRA]) werden über den DSK mit der ZE verbunden.

In Abb. 3.6 ist für den Prozeßrechner PRS 4000 eine typische gerätetechnische Konfiguration mit Meß- und Stellperipherie dargestellt. Abb. 3.7 enthält für den Prozeßrechner KRS 4200 eine typische gerätetechnische Konfiguration mit Prozeßbedienperipherie. In beiden Fällen wurde aus Übersichtsgründen die langsame erste Peripherie minimal gehalten. Die Bezeichnungen für die verschiedenen gerätetechnischen

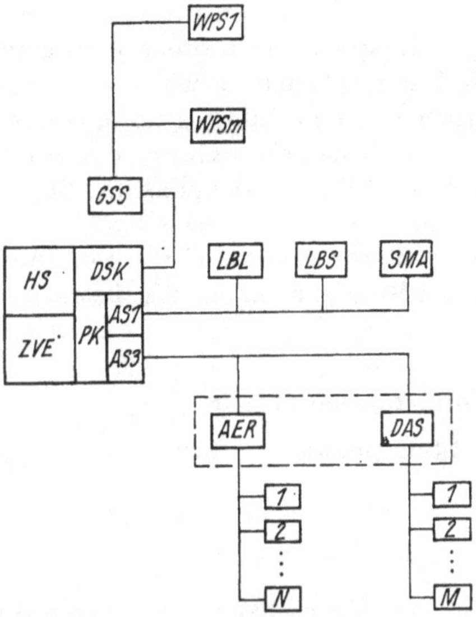

Abb. 3.6

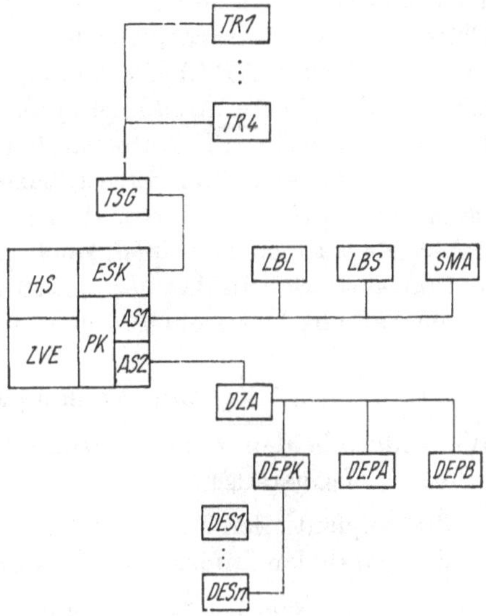

Abb. 3.7

Abb. 3.6. Typische Konfiguration einer PRA mit Meß- und Stellperipherie

Bezeichnungen: HS — Hauptspeicher, ZVE — zentrale Verarbeitungseinheit, DSK — direkter Speicherkanal, PK — programmierter Kanal, AS 1 — Anschlußsteuereinheit für die langsame erste Peripherie, AS 3 — Anschlußsteuereinheit für die Meß- und Stellperipherie, GSS — Großraumspeichersteuergerät, WPSi — Wechselplattenspeicher Nr i, LBL — Lochbandleser, LBS — Lochbandstanzer, SMA — Schreibmaschine, AER — Analogwerterfassungseinrichtung mit Relaisdurchschaltung, DAS — statische Digitalausgabe

Abb. 3.7. Typische Konfiguration mit Prozeßbedienperipherie

Bezeichnungen: HS — Hauptspeicher, ZVE — zentrale Verarbeitungseinheit, ESK — abgerüsteter direkter Speicherkanal, PK — programmierter Kanal, As 1 — Anschlußsteuereinheit für die langsame erste Peripherie, AS 2 — Anschlußsteuereinheit für die Prozeßbedienperipherie, TSG — Trommelsteuergerät, TRi — Trommel Nr i, LBL — Lochbandleser, LBS — Lochbandstanzer, SMA — Schreibmaschine, DZA — dezentrale Abfrageeinheit; DEPK, DEPA, DEPB — Datenendplätze vom Typ K, A, B; DESi — Datenendstelle Nr i.

Komponenten sind in den beiden Abbildungen angegeben. Einzelheiten über die Funktionen der einzelnen Komponenten können z. B. [GRA] entnommen werden.

3.2.2. Programmtechnische Ergänzung der Informationsaustauschkanäle

Im Abschnitt 3.2.1. haben wir den Aufbau der gerätetechnischen Seite des Informationsaustauschs betrachtet. Hier geht es um die programmtechnische Ergänzung, die Bestandteil des Steuerprogrammsystems ist. Vom programmtechnischen Standpunkt kann der Informationsaustausch im Einzelwortverkehr und im direkten Blockverkehr völlig gleich behandelt werden. Für den Informationsaustausch existieren geeignete Steuerprogrammrufe mit den entsprechenden SRP. Die Steuerprogrammrufe werden als MAKRO-Anweisungen in den AP genutzt. Wir gehen also davon aus, daß mit dem Eintreffen einer Verarbeitungsforderung bei einem entsprechenden Steuerprogrammruf im laufenden AP über ein entsprechendes SRP der Informationsaustausch angefordert wird. Diese Annahme schließt die Möglichkeit, den Informationsaustausch von außerhalb der PRA anzustoßen, nicht aus. In diesem Fall muß das durch eine Unterbrechungsmeldung angestoßene UBP ein solches AP anmelden, das den Steuerprogrammruf für den Informationsaustausch enthält.

Natürlich ist es prinzipiell auch möglich, den Steuerprogrammruf für den Informationsaustausch in das von außen angestoßene UPB aufzunehmen. Wir betrachten diesen Fall aus Übersichtsgründen hier nicht.

Sequentieller und paralleler Informationsaustausch

Wir unterscheiden vom programmtechnischen Standpunkt hier zwei Formen des Informationsaustauschs

— den sequentiellen Informationsaustausch und
— den parallelen Informationsaustausch.

Der sequentielle Informationsaustausch hat folgende Eigenschaften. Nach dem Anstoß des Informationsaustauschs wartet die ZVE, bis der Informationsaustausch beendet ist, d. h., bis die Fertigmeldung von der KSE vorliegt. Danach kann die ZVE erst die nächste Verarbeitungsoperation ausführen. Somit wartet das SRP, das den Informationsaustausch angestoßen hat, auf die Fertigmeldung, und während der ganzen Wartezeit ist die ZVE blockiert. Man kann also das SRP vom Standpunkt der sequentiellen Abarbeitungsreihenfolge in der ZVE als eine lange Verarbeitungsoperation auffassen.

Die Blockierung der ZVE während der Informationsübertragung hat zur Folge, daß der sequentielle Informationsaustausch nur bei schnellen Informationsaustauschkanälen anwendbar ist. Bei den Rechnern PRS 4000 und KRS 4200 wird der sequentielle Informationsaustausch für die schnelle Meß- und Stellperipherie angewendet. Für schnelle Analog- und Digitalmeßstellen steht z. B. der PROE-Ruf zur Verfügung, auf desssen Grundlage der sequentielle Informationsaustausch in diesem Fall abgewickelt wird. Ebenso erfolgt bei den genannten Rechnern die Ausgabe von Stellgrößen mit Hilfe des PROA-Rufs als sequentieller Informationsaustausch.

Der sequentielle Informationsaustausch ist vom Standpunkt der Bedienung von Forderungen einfach, weil man in diesem Fall keinen parallelen Informationsaustauschkanal als Bedienungsressource einzuführen braucht, sondern so tun kann, als ob der Informationsaustausch durch die ZVE erfolgt. Die ZVE ist ja während der gesamten Informationsübertragung belegt.

Wir betrachten jetzt den parallelen Informationsaustausch, bei dem die ZVE nicht darauf wartet, bis die Informationsübertragung beendet ist. In diesem Fall geht die ZVE sofort nach dem Anstoß des Informationsaustauschs zur Abarbeitung der nächsten Verarbeitungsoperation über. Das SRP wartet also nicht, bis die Fertigmeldung über die abgeschlossene Informationsübertragung von der KSE in der ZVE eintrifft. In diesem Fall sind mindestens zwei Steuerprogramme zur Abwicklung des Informationsaustauschs erforderlich, das den Informationsaustausch anstoßende SRP und ein den Informationsaustausch abschließendes UBP. Dieses UBP wird durch die Fertigmeldung von der KSE über das Unterbrechungssystem der PRA aktiviert.

Das die Informationsübertragung abschließende UBP wirkt meist auf ein mit dem betreffenden Informationsaustausch im Zusammenhang stehendes AP ein. Beispielsweise kann das UBP ein AP anmelden. Da in diesem Fall der Informationsaustausch parallel zur Informationsverarbeitung abläuft, sprechen wir von parallelem Informationsaustausch. Der parallele Informationsaustausch ist für zeitlich lange Austauschoperationen zweckmäßig.

Beim parallelen Informationsaustausch müssen wir vom Standpunkt der Bedienung der Forderungen einen parallelen Informationsaustauschkanal als Einkanalbedienungsressource einführen, die parallel zur ZVE Forderungen bedient. Da hier der Informationsaustausch parallel zur Informationsverarbeitung abläuft, muß zusätzlich zur Verarbeitungsforderung zum Zeitpunkt der Anforderung des Informationsaustauschs eine Austauschforderung erzeugt werden. Die Austauschforderung wird also im betreffenden SRP erzeugt. Nach der Informationsübertragung wird die Austauschforderung vernichtet.

Paralleler Informationsaustausch im direkten Blockverkehr

Als Beispiel für den Informationsaustausch im direkten Blockverkehr können wir den Informationsaustausch mit einem externen Speicher, z. B. beim KRS 4200 mit Trommel über einen abgerüsteten DSK (s. [HET]), betrachten. Die Austauschforderung für einen Übertragungsblock wird dabei durch ein SRP erzeugt, das durch einen TREA-Ruf aktiviert wird. Das SRP hat außerdem die Funktion, die Übertragung eines Übertragungsblock wahlweise vom Hauptspeicher zur Trommel bzw. von der Trommel zum Hauptspeicher anzufordern. Der Abschluß der Übertragung des Übertragungsblockes erfolgt durch das entsprechende UBP, das durch die Fertigmeldung vom DSK über das Unterbrechungssystem angestoßen wird. Neben dem Steuerprogrammruf TREA kann das den Informationsaustausch anfordernde AP Ai noch einen Steuerprogrammruf WTEA enthalten, der ein Aussetzen der im AP laufenden Verarbeitungsforderung bewirkt, wenn diese den WTEA-Ruf erreicht. Die Hauptfunktion des den Informationsaustausch abschließenden UBP besteht hier in der Freigabe der ausgesetzten Verarbeitungsforderung.

Paralleler Infromationsaustausch im programmierten Blockverkehr

Im Abschnitt 3.2.1. wurde der direkte Speicherkanal behandelt, der den direkten Blockverkehr gerätetechnisch sicherstellt. Wir wollen jetzt den Fall betrachten, bei dem nur ein programmierter Kanal zur Verfügung steht, aber trotzdem auf der Grundlage nur eines Steuerprogrammrufs die Übertragung eines ganzen Übertragungsblockes angestoßen wird. Dabei muß die Blockübertragung programmtechnisch durch das Steuerprogrammsystem realisiert werden. Deshalb spricht man hier auch von Informationsaustausch im programmierten Blockverkehr. Nach der Übertragung eines jeden Übertragungswortes aus dem Übertragungsblock erfolgt von der KSE eine Fertigmeldung über das Unterbrechungssystem und die Aktivierung eines UBP, das die Übertragung des nächsten Übertragungswortes anfordert. Dieser Vorgang wiederholt sich so oft, bis das letzte Übertragungswort des angeforderten Übertragungsblockes zu übertragen kist. Das sich an die Übertragung des letzten Übertragungswortes an. schließende UBP beendet die Übertragung des Übertragungsblockes und hat die gleiche Funktion wie das UBP beim parallelen Informationsaustausch mit einem UBP.

Als Beispiele in den Steuerprogrammsystemen für die Rechner PRS 4000 und KRS 4200 können hier der Steuerprogrammruf ANAL für die blockweise Analogwerterfassung über die AER (s. [URS]) bzw. der Steuerprogrammruf STEA für die Protokollausgabe über eine Protokollschreibmaschine genannt werden.

3.3. Multiprogrammbetrieb mit externspeicherresidenten Applikationsprogrammen

Residenz der Programme

Wegen der harten Zeitforderungen des Echtzeitbetriebs fanden bei den anfänglichen Prozeßrechnereinsätzen vorwiegend PRA ohne externe Speicher Verwendung. Auch heute befinden sich noch eine große Zahl von Prozeßrechnern ohne externe Speicher im Einsatz. Es ist jedoch die Tendenz vorhanden, daß auch bei PRA in zunehmenden Maße solche mit externen Speichern genutzt werden.

Bei einer PRA ohne externen Speicher müssen sich alle Programme des Echtzeitoperationssystems während des Echtzeitbetriebs ständig im Hauptspeicher befinden. Die Residenz des gesamten EOS ist also dabei der Hauptspeicher.

Mit der Anwendung von externen Speichern ist die Auslagerung von Daten und die Auslagerung von Programmen des Echtzeitoperationssystems zur Zwischenspeicherung verbunden. Folglich befinden sich Teile des EOS nur zeitweilig im Hauptspreicher. Wir sprechen in diesem Zusammenhang von hauptspeichertransienten Programmen. Die hauptspeichertransienten Programme befinden sich beim Echtzeitbetrieb von PRA die meiste Zeit in einem externen Speicher. In diesem Sinne heißen sie externspeicherresidente Programme. Die ständig im Hauptspeicher befindlichen Programme nennt man hauptspeicherresidente Programme.

Beispiel: ESPO 4000

Wir betrachten jetzt eine Speicherorganisation, wie sie vom Steuerprogrammsystem ESOP 4000 (s. [ESP]) realisiert wird. Der Hauptspeicher ist in den residenten und in den transienten Bereich aufgeteilt. Dabei sind sowohl Bestandteile des Steuerprogrammsystems als auch Applikationsprogramme für die Auslagerung vorgesehen. Der residente Bereich enthält also den hauptspeicherresidenten Teil des Steuerprogrammsystems, der ESPO-Kern heißt, und die residenten Applikationsprogramme, für die der residente AP-Bereich vorgesehen ist (s. Abb. 3.8).

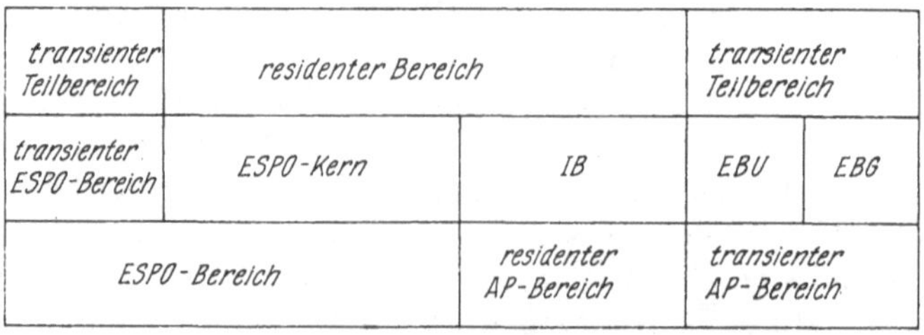

Abb. 3.8. Zur Aufteilung des Arbeitsspeichers des PRS 4000 bei ESPO 4000
Bezeichnungen: EBU — transienter ungerader AP-Bereich, EBG — transienter gerader AP-Bereich

Der transiente Bereich enthält den transienten Teilbereich AEB für den transienten Teil des Steuerprogrammsystems und 2 gleichgroße Bereiche EBU und EBG für die hauptspeichertransienten Applikationsprogramme. Dabei umfaßt jeder der Bereiche EBU und EBG einen Speicherplatz von je 4 K Worten. Alle AP sind prioritätsmäßig in Programmebenen und innerhalb einer Ebene auf einen bestimmten Platz einzuordnen. In jeden der Bereiche EBU und EBG können Programmpakete von einem oder mehreren huptspeichertransienten AP einer Programmebene zur Abarbeitung vom externen Speicher (Platte) hereingeholt werden. Dabei gilt, daß jedes Programmpaket einem der Bereiche EBU oder EBG zugeordnet ist, d. h., ein Programmpaket wird bei mehrmaliger Einlagerung in den Hauptspeicher jedesmal in den gleichen Bereich, z. B. EBU, geholt.

Auswechseln von Applikationsprogrammen

Bei den hauptspeichertransienten und damit externspeicherresidenten Applikationsprogrammen unterscheiden wir u.a. zwei Formen des Auswechselns in den transienten AP-Bereichen

— die Programmsegmentierung und
— das Auswechseln von Programmpaketen.

Bei der Programmsegmentierung werden nur Teile eines im Hauptspeicher befindlichen transienten AP ausgewechselt. Wir gehen davon aus, daß für ein AP in einem der transienten Bereiche EBU oder EBG ein Speicherplatz von 4 K Worten zur Verfügung steht. Dabei muß ein Grundsektor von 0,5 K Worten als Arbeitsbereich abgezweigt werden, so daß für ein hauptspeichertransientes AP ein Speicherplatz von

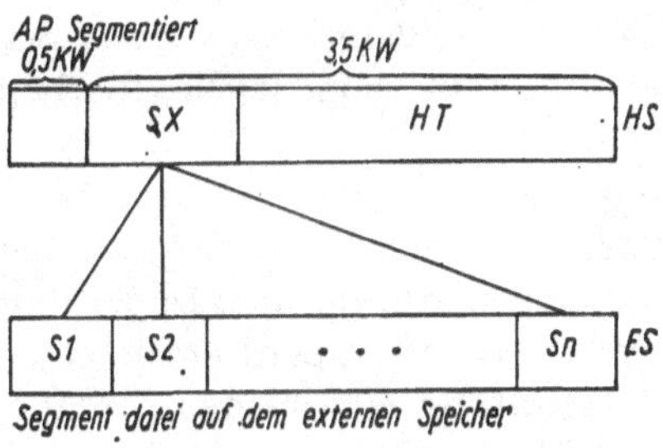

Abb. 3.9. Zur Programmsegmentierung

3,5 K Worten zur Verfügung steht. Ist ein AP größer als 3,5 K Worte, so muß es segmentiert werden. Es besteht dann aus einem Hauptteil (HT) und mehreren Segmenten (SX). Die Segmente befinden sich in einer Segmentdatei im externen Speicher und werden bei Bedarf in den SX-Abschnitt eingelesen (s. Abb. 3.9).

Beim Auswechseln von Programmpaketen (PP) gehen wir davon aus, daß insgesamt n Programmpakete für AP als Bestandteil des Echtzeitoperationssystems existieren. Davon sind s Programmpakete für die hauptspeicherresidenten AP vorhanden, wodurch der residente AP-Bereich in s Abschnitte unterteilt wird. Die restlichen $(n\text{-}s)$ Programmpakete der AP haben ihre Residenz im externen Speicher, und für sie stehen die beiden Bereiche EBU und EBG zur Verfügung. Wenn wir jetzt alle externspeicherresidenten Programmpakete durchnumerieren und annehmen, daß s und n gerade sind, dann können wir die ungeraden externspeicherresidenten PP dem Bereich EBU und die geraden externspeicherresidenten PP dem Bereich EBG zuordnen. In Abb.3.10 ist diese Möglichkeit des Wechselns der PP dargestellt. Dabei kann jedes PP eine Anzahl von AP enthalten.

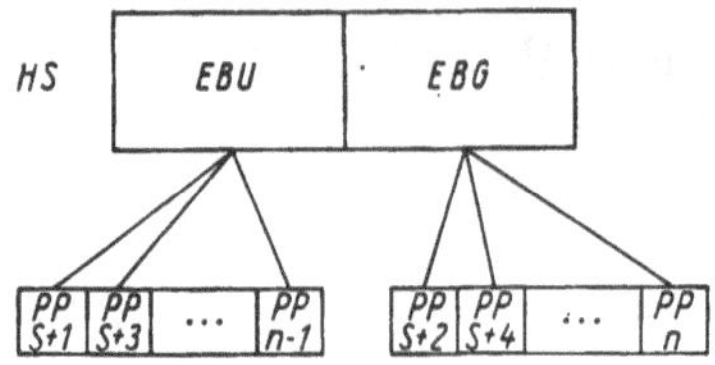

Abb. 3.10. Zum Auswechseln von Programmpaketen

4. PARALLELE UND QUASIPARALLELE ABFERTIGUNG DER FORDERUNGEN EINES ECHTZEITAUFTRAGS

4.1. Algorithmen und Algorithmennetz

Die Vorstellungen über das Verhalten von Systemen sind bei denjenigen, die sich mit Echtzeitrechnern beschäftigen, gegenwärtig noch durch zwei Extreme geprägt. Einerseits herrschen die Vorstellungen der Signalübertragungssysteme vor, in denen ständig oder synchron getaktet die Übertragungsoperationen der einzelnen Übertragungsglieder parallel ausgeführt werden. Andererseits werden bei der Programmierung von Rechnern die Vorstellungen durch die sequentielle Abarbeitung der einzelnen Operationen des Algorithmus beeinflußt.

Die Nutzung von Echtzeitrechnern und von modernen Rechnern mit ausgebautem Unterbrechungssystem insgesamt macht aber die Betrachtung der sequentiell-parallelen Abarbeitung der Operationen erforderlich. Dabei stellen wir uns die sequentiell-parallele Abarbeitung so vor, daß die Operationen eines Algorithmus sequentiell abgearbeitet werden, die Abarbeitung verschiedener Algorithmen auf einem Prozeßrechner dagegen parallel realisiert wird.

Man kann jedem AP Ai (i = 1, 2, ... , m) und jedem IAK Ik (k = 1, 2, ... , n) je einen Algorithmus zuordnen. Einem AP entspricht ein Verarbeitungsalgorithmus und einem IAK ein Austauschalgorithmus. Ein System mit Algorithmus als Elemente wird Algorithmennetz genannt.

Zwischen den Algorithmen eines Algorithmennetzes treten gewöhnlich Wechselwirkungen auf. Dabei unterscheiden wir zwei Formen der Wechselwirkung

— die passive Wechselwirkung und
— die aktive Wechselwirkung.

Bei der passiven Wechselwirkung nutzt ein Algorithmus des Algorithmennetzes von einem anderem auch zum Netz gehörenden Algorithmus Ergebnisse, die in einem beiden zugänglichen Speicherbereich stehen. Die passsive Wechselwirkung wird in dieser Arbeit nicht weiter betrachtet.

Bei der aktiven Wechselwirkung wird die Aktivität eines Algorithmus durch einen anderen auch zum Algorithmennetz gehörenden Algorithmus über Kopplungen beeinflußt. Dabei gehen wir davon aus, daß es zwei Formen der Kopplung zwischen zwei Algorithmen gibt: die Kopplung über Forderungen, die im Zusammenhang mit dem Forderungslauf auftritt, und die Kopplung über Signale, die im Zusammenhang mit dem Aussetzen des Forderungslaufs vorhanden ist.

Wenn ein Algorithmennetz nur einen Algorithmus enthält, dann sprechen wir von einem kopplungsfreien oder autonomen Algorithmus. Ein echtes Algorithmennetz, bei dem die kopplungsfreien Algorithmen ausgeklammert sind, enthält zwischen den einzelnen Algorithmen immer Kopplungen.

Das Algorithmennetz kann mit Hilfe eines Graphen dargestellt werden, in welchem die Algorithmen Knoten und die zur Kopplung vorhandenen Forderungsströme und Signalströme die Kanten sind. Dabei werden die Forderungsströme als ausgezogene und die Signalströme als gestrichelte Pfeile gezeichnet. Der so aufgebaute gerichtete Graph wird Algorithmennetzplan genannt. In Tabelle 4.1 sind die in einem Algorithmennetzplan verwendeten Symbole zusammengestellt. Die einzelnen Algorithmen eines Algorithmennetzes werden durch den Prozeßrechner parallel oder quasiparallel abgearbeitet.

Tabelle 4.1. Symbole für die Darstellung von Algorithmennetzen mit Hilfe von Algorithmennetzplänen

Symbol	Bedeutung
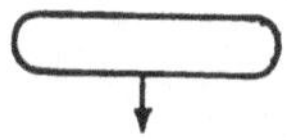	Forderungsquelle
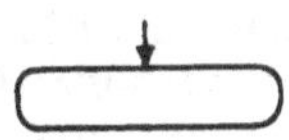	Forderungssenke
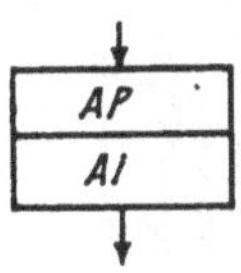	Verarbeitungsalgorithmus
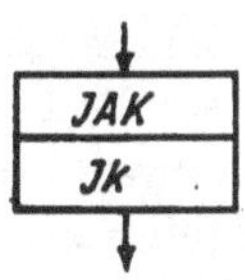	Austauschalgorithmus

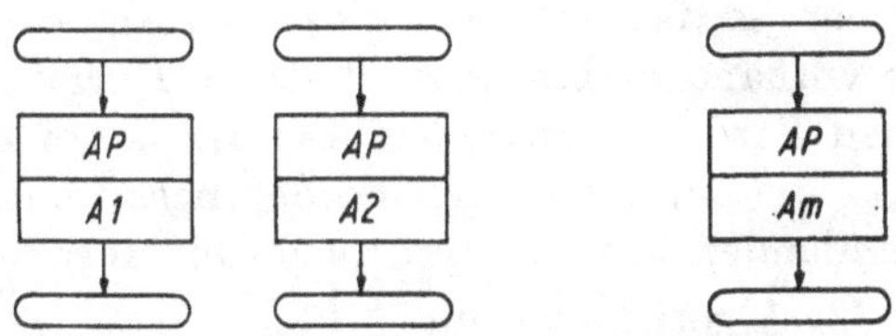

Abb. 4.1. Algorithmennetzplan eines kopplungsfreien Systems von Applikationsprogrammen

Hierbei kann auf einem Prozeßrechner auch eine Menge kopplungsfreier Algorithmen ausgeführt werden. In Abb. 4.1 wird für L nichtgekoppelte von einem Prozeßrechner abgearbeitete Algorithmen eine graphische Darstellung gegeben. Dabei wird angenommen, daß die Algorithmen durch Applikationsprogramme realisiert werden. Die Pfeile am Eingang und am Ausgang der Applikationsprogramme stellen Forderungsströme dar. Die Blöcke vor dem Eingang und hinter dem Ausgang jedes Applikationsprogrammes sind Quellen und Senken von Echtzeitaufträgen. Somit ist in diesem Fall jedem Echtzeitauftrag genau eine Forderung zugeordnet, so daß hier die Begriffe Auftragsstrom und Forderungsstrom synonym angewendet werden können. Wir können die Menge der Applikationsprogramme als Algorithmennetz auffassen. Für dieses Algorithmennetz sind die beiden Relationsmengen leere Mengen.

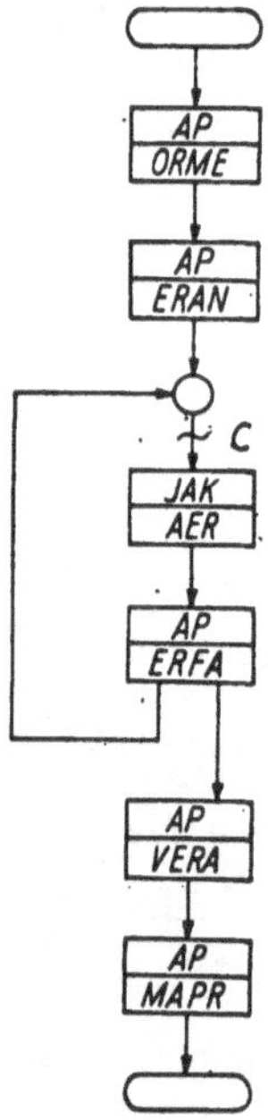

Abb. 4.2. Beispiel eines Algorithmennetzplanes für die Bedienung der Forderungen der Echtzeitaufgabe UNIMEP

Wir nehmen jetzt an, daß an der Bedienung der Echtzeitaufträge einer Echtzeitaufgabe mehrere Algorithmen beteiligt sind. In diesem Fall besteht eine Kopplung zwischen verschiedenen Algorithmen. Dabei beschränken wir uns darauf, daß zwischen den Algorithmen nur eine Kopplung über Forderungen zugelassen ist. In Abb. 4.2 ist das Beispiel eines Algorithmennetzplanes für die Bedienung der Forderungen einer Echtzeitaufgabe angegeben, in dem zwischen einzelnen Algorithmen nur Kopplungen über Forderungsströme vorhanden sind. Alle Pfeile am Eingang und am Ausgang der Algorithmen entsprechen Forderungsströmen. Der Kreis vor dem Block IAK AER stellt eine Mischstelle für die einmündenden Forderungsströme dar. In dieser Mischstelle werden die einmündenden Forderungsströme zum Ausgangsstrom überlagert.

Wenn wir die Menge der Algorithmen mit

$$\mathrm{VBA} = \{\mathrm{orme, eran, aer, erfa, vera, mapr}\} \tag{4.1}$$

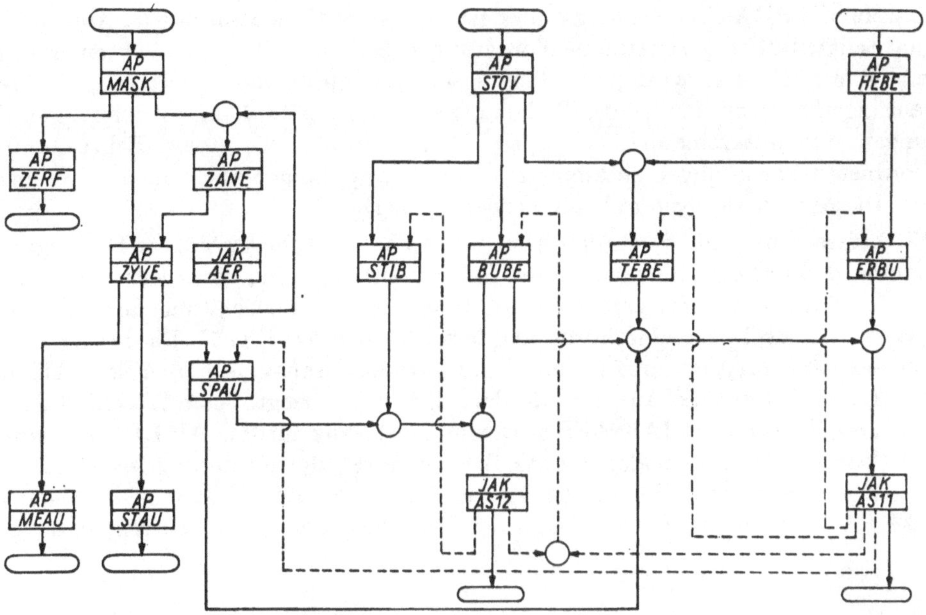

Abb. 4.3. Algorithmennetzplan für den Prozeßrechnereinsatz Tandemwalzstraße (reduzierter Aufgabenumfang)

angeben, dann ist die Menge der Forderungsstrom-Relationen des Algorithmennetzplanes mit

$$\text{FBN} = \{(\text{orme, eran}), (\text{eran, aer}), (\text{aer, erfa}), (\text{erfa, aer}), (\text{erfa, vera}), (\text{vera, mapr})\} \tag{4.2}$$

festgelegt.

Als Beispiel betrachten wir den stark reduzierten Aufgabenumfang eines Prozeßrechnereinsatzes für die Steuerung einer Kaltbandtandem-Walzstraße. Der entsprechende Algorithmennetzplan ist in Abb. 4.3 angegeben. Aus dieser Abbildung erkennen wir, daß hier neben der Kopplung über Forderungsströme von den IAK ASE 12 und ASE 12 zu den AP SPAU, STIB, BUBE, TEBE und ERBU Kopplungen über Signalströme auftreten. In Abb. 4.3 sind für den betreffenden Prozeßrechnereinsatz 3 Auftragsquellen und 4 Auftragssenken zu sehen. Unter Berücksichtigung der Struktur des Algorithmennetzplanes erhalten wir für dieses Beispiel insgesamt 6 Echtzeitaufgaben mit 3 Aufgaben zwischen der ersten Quelle und den ersten 3 Senken, mit 2 Aufgaben zwischen der zweiten Quelle und den Senken 3 und 4 und mit einer Aufgabe zwischen der Quelle 3 und der Senke 4.

Man kann wieder den Algorithmennetzplan als formales System darstellen, wobei hier 2 Klassen von Relationen zwischen den Algorithmen unterschieden werden müssen.

4.2. Forderungsverband eines Echtzeitauftrags

Wir betrachten jetzt einen Echtzeitauftrag (keinen Auftragsstrom!). Dabei gehen wir davon aus, daß jeder Echtzeitauftrag von Forderungen getragen wird. Im einfachsten

Fall, wenn die PRA eine Menge kopplungsfreier Algorithmen enthält (s. Abb. 4.1), ist jedem Echtzeitauftrag genau eine Forderung zugeordnet. In einem echten Algorithmennetz (s. Abb. 4.2) wird jeder Echtzeitauftrag durch die Abfertigung mehrerer Forderungen bedient. Die bei der Bedienung eines Echtzeitauftrags abgefertigten Forderungen sind untereinander gekoppelt. Man kann also die einem Echtzeitauftrag zugeordneten Forderungen zusammen mit ihren Kopplungen als formales System ansehen. Dieses formale System heißt Forderungsverband.

Wir befassen uns mit dem Algorithmennetzplan in Abb. 4.2 näher. Dabei gilt die Annahme, daß mit der Erzeugung eines Echtzeitauftrags eine Verarbeitungsforderung forme für das AP ORME erzeugt wird. Während der Abarbeitung des AP ORME generiert der STRT-Ruf eine Forderung feran für das AP ERAN. Da das AP ERAN durch den Steuerprogrammruf AWEA den Informationsaustausch über den IAK AER anfordert, wird dort eine Austauschforderung faer 1 erzeugt. Nach Abschluß des Informationsaustauschs im IAK AER wird eine Forderung für das AP ERFA generiert: ferfa1. Das AP ERFA meldet das AP VERA durch die Forderung ferfa1 und den IAK AER erneut durch die Forderung faer2 an. Der IAK AER meldet wieder das AP ERFA über ferfa2 an usw. Nach der Erfassung von N Meßwerten, d. h., nach

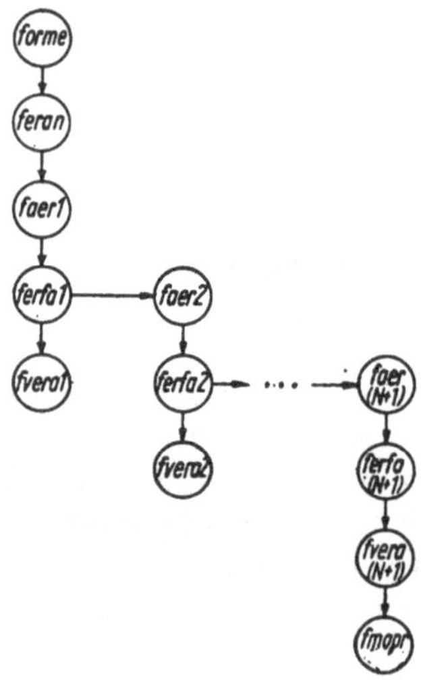

Abb. 4.4. Graph des Forderungsverbands eines Echtzeitauftrags für die Echtzeitaufgabe UNIMEP

$(N + 1)$ Durchläufen der Algorithmen AER, ERFA und VERA, wird die Forderung fmapr für das AP MAPR erzeugt, und mit dem Abschluß der Bedienung dieser Forderung ist auch der Echtzeitauftrag zu Ende bedient. Die Menge der Forderungen des Forderungsverbands liegt somit durch

$$\text{FOR} = \{\text{forme, feran, faer1, ferfa1, fvera1, \ldots , faer(N + 1),}$$
$$\text{ferfa(N + 1), fvera(N + 1), fmapr}\} \tag{4.3}$$

fest und die Menge der zugehörigen Relationen durch

$$\begin{aligned}\text{RFOR} = \{&(\text{forme, feran}), (\text{feran, faer1}), (\text{faer1, ferfa1}), (\text{ferfa1, faer2}),\\ &(\text{ferfa1, fvera1}), \dots, (\text{faer}(N+1), \text{ferfa}(N+1)),\\ &(\text{ferfa}(N+1), \text{fvera}(N+1)), (\text{fvera}(N+1), \text{fmapr})\} . \end{aligned} \quad (4.4)$$

Der entsprechende Graph des Forderungsverbandes ist in der Abb. 4.4 angegeben. Wir erkennen beim Vergleich der Mengen VBA und FBN einerseits und der Mengen FOR und RFOR andererseits, daß formal ein Unterschied zwischen den beiden Systemen Forderungsverband und Algorithmennetz besteht.

Man kann den zeitlichen Ablauf für die Bedienung der verschiedenen Forderungen eines Forderungsverbandes graphisch darstellen.

Die Begründung dafür, warum die Algorithmen AER, ERFA, und VERA $(N + 1)$-mal durchlaufen werden, kann erst anhand des Forderungslaufplanes (s. Abb. 16.1) gegeben werden.

B. Modell der Zustandsänderungen eines Prozeßrechners

5. SYSTEMELEMENTE UND IHRE ZUSTÄNDE

Wir wollen jetzt eine Verallgemeinerung durchführen. Diese besteht in der Einführung von allgemeinen Systemelementen, die den Echtzeitaufträgen und Komponenten der PRA zugeordnet werden können. In diesem Sinne betrachten wir als die Hauptelemente eines Prozeßrechners die Forderungen und die Bedienungsressourcen. Dabei sind die Forderungen bewegte Elemente und die Bedienungsressourcen nichtbewegte Elemente.

Die Hauptelemente des Prozeßrechners besitzen Zustände. Ein solches System, das Forderungen und Ressourcen einer Rechenanlage als Elemente enthält, bezeichnet man als Rechnermodell. Die Elemente dieses Systems sind verschiedenartig (inhomogen), und die Relationen zwischen diesen Elementen werden über Zustandsoperationen realisiert. Deshalb führen wir in diesem Abschnitt zur Beschreibung des Rechnermodells den Forderungslaufplan ein, der ein gerichteter Graph mit Zustandsoperationen als Knoten ist. Wenn wir uns auf die Betrachtung der Zustandsänderungen beschränken, sprechen wir vom Modell der Zustandsänderungen eines Prozeßrechners.

5.1 Bedienungsressourcen als Systemelemente

Begriffsbestimmung: Unter einer Bedienungsressource wollen wir eine Komponente der PRA verstehen, die an der Bedienung einer Verarbeitungs- oder Austauschforderung beteiligt und während der Belegungszeit vollständig oder teilweise belegt ist. Wir unterscheiden Einkanal- und Mehrkanalbedienungsressourcen. Bei einer Einkanalbedienungsressource ist diese durch die Bedienung einer Forderung vollständig belegt. Bei einer Mehrkanalbedienungsressource mit n Kanälen ist diese vollständig belegt, wenn von ihr parallel n Forderungen bedient werden.

In einer PRA haben wir als Bedienungsressourcen die Prozessoren V1, V2, ... , Vl, die Applikationsprogramme A1, A2, ... , Am, die Informationsaustauschkanäle I1, I2, ... , In und die transienten Hauptspeicherbereiche B1, B2, ... , Bp. Dabei betrachten wir die Verarbeitungseinheiten, die Applikationsprogramme, die Informationsaustauschkanäle und die transienten Hauptspeicherbereiche meist als Einkanalbedienungsressourcen.

Wir können ohne Berücksichtigung der obigen Klassifizierung die Bedienungsressourcen einer PRA durchnumerieren und erhalten dann die q Bedienungsressourcen R1, R2, ... , Rq, wobei gilt

$$\mathrm{q} = \mathrm{m} + \mathrm{l} + \mathrm{n} + \mathrm{p}\,. \tag{5.1}$$

Für jede Bedienungsressource Ri[1] (i = 1, 2, ... , q) wird jetzt der Belegungszustand R_i[1] ($i = 1, 2, \ldots, q$) eingeführt. Dadurch erhalten wir für alle Bedienungsressourcen

[1]) Für die Ressourcen und ihre Belegungszustände wird der gleiche Buchstabe R genutzt. Die Numerierung erfolgt aber bei den Ressourcen in gleicher Höhe mit R und bei den Belegungszuständen durch Index.

den Vektor für den Belegungszustand

$$\boldsymbol{R} = (R_1, R_2, \dots, R_q) . \qquad (5.2)$$

Als Wertebelegung für den Belegungszustand einer Bedienungsressource kann angesetzt werden

$$R_i = \begin{cases} 0 & \text{Ri frei} \\ 1 & \text{Ri einfach belegt} \\ 2 & \text{Ri zweifach belegt } (\mathrm{i} = 1, 2, \dots, q) \\ \vdots & \\ \mathrm{Ki} & \text{Ri } Ki\text{-fach belegt.} \end{cases} \qquad (5.3)$$

Für den Belegungszustand einer Bedienungsressource Ri (i = 1, 2, ..., q) gilt die Zustandsänderung

$$R_i := R_i + \Delta R_i \qquad (i = 1, 2, \dots, q) , \qquad (5.4)$$

wobei für die Belegung der Bedienungsressource Ri

$$\Delta R_i = 1 \qquad (5.5)$$

und für die Freigabe der Bedienungsressource Ri

$$\Delta R_i = -1 \qquad (5.6)$$

angesetzt werden muß. In Abb. 5.1 ist der entsprechende Zustandsgraph einer Bedienungsressource angegeben.

Neben den Bedienungsressourcen gibt es noch Steuerressourcen, die für die Steuerung der Bedienungsressourcen verwendet werden. Letztere werden im Abschnitt 7. behandelt.

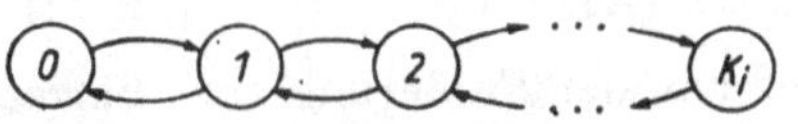

Abb. 5.1. Zustandsgraph des Belegungszustandes einer Bedienungsressource

5.2. Forderungen als Systemelemente

Im Abschnitt 3. wurden für die Arbeit der ZVE und der IAK eines Prozeßrechners die Verarbeitungs- und Austauschforderungen eingeführt. Wir bezeichnen eine Forderung unabhängig von ihrer Klassenzugehörigkeit allgemein mit Fj (j = 1, 2, ...) und führen für jede Forderung Fj den Existenzzustand EZ_j (j = 1, 2, ...) ein. Der Existenzzustand EZ_j einer Forderung Fj besitzt die Zustandswerte: 0 — nicht existent,

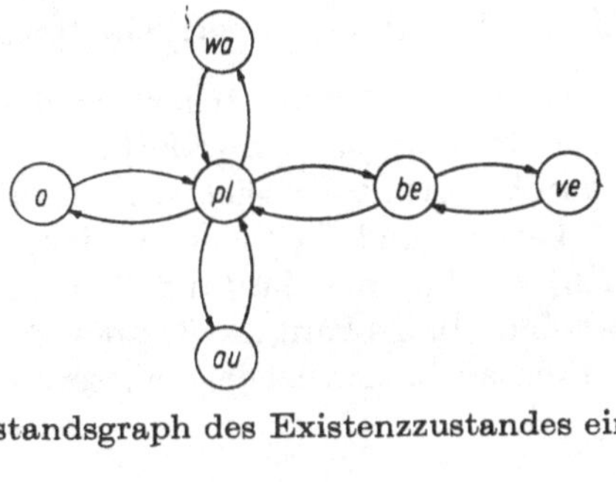

Abb. 5.2. Zustandsgraph des Existenzzustandes einer Forderung

Tabelle 5.1. Änderung des Existenzzustandes einer Forderung

Zustandsänderung	Wirkung
0 → pl	Erzeugen oder Abspalten der Forderung
pl → 0	Vernichten der Forderung
pl → au	Aussetzen des Forderungslaufes
au → pl	Fortsetzen des Forderungslaufes
pl → wa	Wartebeginn der Forderung
wa → pl	Warteende der Forderung
pl → be	Bedienungsbeginn der Forderung
be → pl	Bedienungsende der Forderung
be → ve	Verdrängen der Forderung
ve → be	Bedienungsfortsetzung einer verdrängten Forderung

pl — eingeplant, wa — wartend, be — in Bedienung, au — ausgesetzt und ve — verdrängt. In Abb. 5.2 ist der Zustandsgraph des Existenzzutandes EZ_j dargestellt. Für den Existenzzustand einer Forderung gelten die in der Tabelle 5.1 erläuterten Zustandsänderungen.

Wir führen noch den Laufzustand W_j ($j = 1, 2, \ldots$) der Forderung Fj ein und erhalten den Zustand einer Forderung durch den Vektor

$$\boldsymbol{F}_j = (EZ_j, W_j) \qquad (j = 1, 2, \ldots)\,. \tag{5.7}$$

Dem Laufzustand wird der von der Froderung zum Betrachtungszeitpunkt erreichte Operationsblock zugeordnet. Dazu werden im Forderungslaufplan die Operationsblöcke einfach durchnumeriert (s. Abschnitt 6. Abb. 6.1).

6. FORDERUNGSLAUFPLAN

6.1. Prozesse

Der Echtzeitbetrieb eines Prozeßrechners ist mit dem Grundbegriff Prozeß verbunden. Deshalb sei zunächst für diesen Begriff eine Begriffsbestimmung angegeben.

Begriffsbestimmung: Unter einem Prozeß verstehen wir die Zustandsänderung eines Systems in Abhängigkeit von der Zeit (s. auch [REI]).

Meist wird ein Prozeß durch $\{X(t), t\}$ bezeichnet, wobei $t \in T$ die Zeit aus einer Menge von Zeitpunkten T besteht und $X(t)$ eine Funktion der Zeit ist. $X(t)$ heißt Zustand des Prozesses $\{X(t), t\}$. Für den Zustand X muß ein entsprechender Zustandsraum S definiert werden. In Abhängigkeit vom Zeitparameter T und vom Zustandsraum können die Prozesse in verschiedene Klassen eingeteilt werden (s. z. B. [KAR]).

Prozesse laufen in Systemen ab. Bei der Anwendung eines Prozeßrechners sprechen wir von einem Basisprozeß, wenn das Basissystem Träger des Prozesses ist, und von einem Rechnerprozeß, wenn der Prozeßrechner Träger des Prozesses ist. Uns interessieren hier in erster Linie die Rechnerprozesse.

Die Rechnerprozesse sind vor allem durch die Änderungen

— des Belegungszustandes der Bedienungsressourcen und
— des Existenzzustandes der Forderungen

bestimmt.

6.2. Operationen für Zustandsänderungen

In den Abschnitten 5.1. und 5.2. wurde gezeigt, wie der Belegungszustand der Ressourcen und der Existenzzustand der Forderungen geändert werden können. Wir wollen jetzt Operationen einführen, die Zustandsänderungen realisieren, und jeder Operation einen Operationsblock zuordnen. Mit Hilfe der Operationsblöcke kann für den Prozeßrechner ein Forderungslaufplan aufgestellt werden. Dabei enthält jeder Forderungslaufplan als Elemente Operationsblöcke für Zustandsänderungen und Verbindungen zwischen diesen Operationsblöcken. Ein Forderungslaufplan ist ein gerichteter Graph.

Dem Forderungslaufplan liegt folgende Betrachtungsweise zugrunde (s. a. [BER 8]). Die Forderungen durchlaufen bestimmte Operationsblöcke nacheinander und in Abhängigkeit von Zuständen. Beim Durchlauf einer Forderung durch einen Operationsblock wird die zugehörige Operation ausgeführt.

Im Forderungslaufplan gibt es zwei Arten der Verbindung zwischen den Operationsblöcken

— Forderungsverbindungen und
— Signalverbindungen im Zusammenhang mit dem Aussetzen des Forderungslaufes.

Durch einen Forderungslaufplan kann die sequentiell-parallele Abarbeitung der Operationsblöcke für Zustandsänderungen nachgebildet werden. Jeder sequentielle Abschnitt eines Forderungslaufplans entspricht dabei einem oder mehreren seriell gekoppelten Algorithmen eines Algorithmennetzes.

In Tabelle 6.1 sind die Symbole für die in einem Forderungslaufplan verwendeten Operationsblöcke mit den entsprechenden Änderungen des Forderungszutandes angegeben. Tabelle 6.2 enthält die Symbole für die Operationsblöcke zur Änderung der Ressourcenzustände. Diese Blöcke werden auch bei der Änderung der Zustände der Steuerressourcen benutzt.

Der Operationsblock BELEGEN führt zu gegenseitigen Störungen (mutual exclusion) verschiedener Forderungen, welche dieselben Ressourcen belegen wollen. Mit Hilfe des Operationsblockes SPALTEN werden Forderungsverbindungen zwischen den Algorithmen eines Algorithmennetzes hergestellt. Die Operationsblöcke AUSSETZEN und FORTSETZEN dienen zur Synchronisation der Forderungsläufe in verschiedenen Algorithmen des Algorithmennetzes.

Unter diesen Operationen gibt es komplementäre Operationspaare, bei denen zur reibungslosen Funktion des Rechnermodells nach Ausführung der ersten Operation die zweite folgen muß. Dabei ist genau vorgeschrieben, welche von beiden zuerst ausgeführt werden darf. Solche komplementären Operationspaare sind ERZEUGEN —

Tabelle 6.1. Symbole für die Operationsblöcke zur Änderung des Forderungszustandes

Laufende Nummer	Symbol	Zustandsänderung
1		0 → pl (für erzeugte Forderung)
2	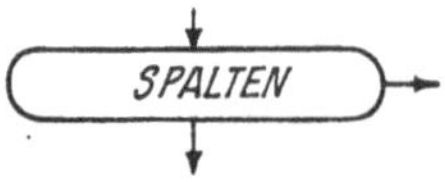	
3		pl → 0
4		P — Verzweigungswahrscheinlichkeit W_j — Laufzustand der Forderung F_j
5	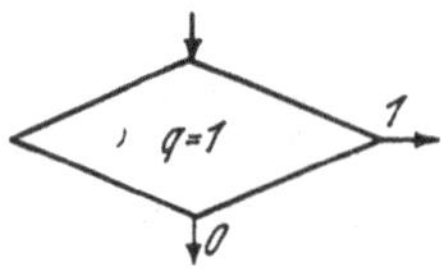	$W_j := \begin{cases} W_j + 1 \\ Wk \end{cases}$
6	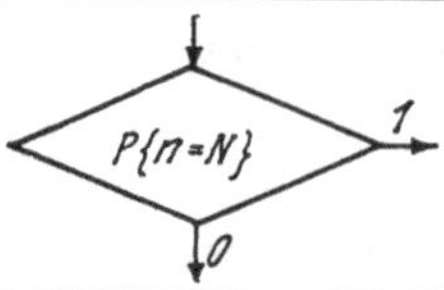	
7		Eintritt: pl → au Austritt: au → pl
8		—
9	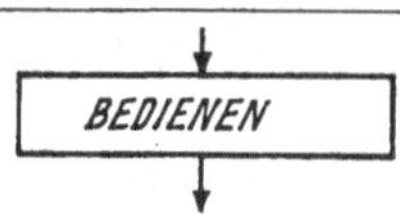	Eintritt: pl → be Austritt: be → pl
10	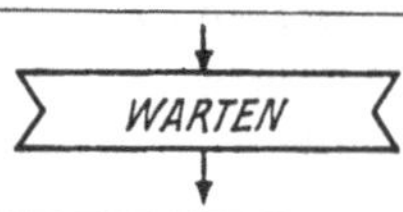	Eintritt: pl → wa Austritt: wa → pl
11	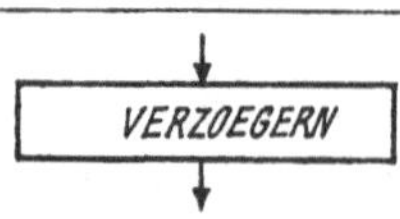	—

Tabelle 6.2. Symbole für die Operationsblöcke zur Änderung des Ressourcenzustandes

Laufende Nummer	Symbol	Zustandsänderung
1	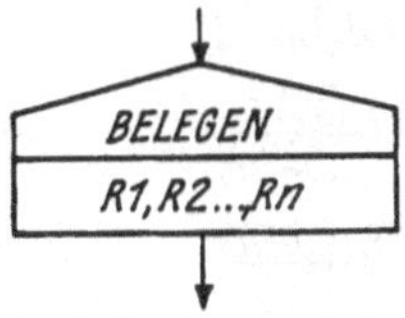	$R_i := R_i + 1$ $(i = 1, 2, \dots, n)$
2	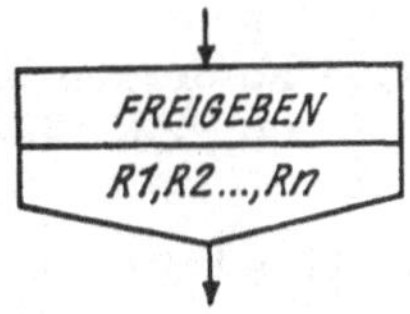	$R_i := R_i - 1)$ $(i = 1, 2, \dots, n)$

VERNICHTEN, AUSSETZEN – FORTSETZEN, und BELEGEN – FREIGEBEN. Die Operation SPALTEN kann im ersten dieser Paare die Operation ERZEUGEN ersetzen.

In den Operationsblöcken WARTEN, BEDIENEN, AUSSETZEN und VERZOEGERN verweilen die Forderungen gewöhnlich eine Zeit ungleich 0. Demgegenüber ist in den Operationsblöcken ERZEUGEN, SPALTEN, VERNICHTEN, VERZWEIGEN, FORTSETZEN, BELEGEN und FREIGEBEN die Verweilzeit aller Forderungen gleich 0.

6.3. Forderungslaufplan von m kopplungsfreien Applikationsprogrammen

Wir betrachten L Auftragsströme mit m Echtzeitaufgaben, wobei jede Echtzeitaufgabe durch je ein AP zu lösen ist. Im betrachteten Einsatzfall sind also auch $m = L$ Applikationsprogramme vorhanden. Wir nehmen weiterhin an, daß zwischen dem m AP keine Kopplungen vorhanden sind. In diesem Fall durchlaufen die jedem AP Ai zugeordneten Verarbeitungsforderungen jeweils folgende Operationsblöcke. Sie werden im Block ERZEUGEN generiert. Anschließend versuchen sie den Block BELEGEN von V und Ai zu betreten, werden aber gewöhnlich im Block WARTEN aufgehalten, und zwar dann, wenn die Belegung von V und Ai nicht möglich ist. Wenn die entsprechende Bedingung für die Belegung von V und Ai erfüllt ist (s. Abschnitt 7.), verläßt die nächste im Block WARTEN verweilende Forderung diesen Block, belegt im Belegungsblock V und Ai und betritt den Block BEDIENEN. Das Verweilen im Bedienungsblock bedeutet die Abarbeitung des AP Ai in der Verarbeitungseinheit V. Wenn die Abarbeitung des AP Ai abgeschlossen ist, dann wird der Bedienungsblock verlassen, der Block FREIGEBEN von V und Ai durchlaufen und der Block VERNICHTEN betreten. Das führt zur Beendigung des AP Ai, zur Freigabe von V und Ai und zur Vernichtung der Forderung.

In Abb. 6.1 ist der Forderungslaufplan von m kopplungsfreien AP einer Verarbeitungseinheit dargestellt. Im Forderungslaufplanabschnitt zwischen BELEGEN und

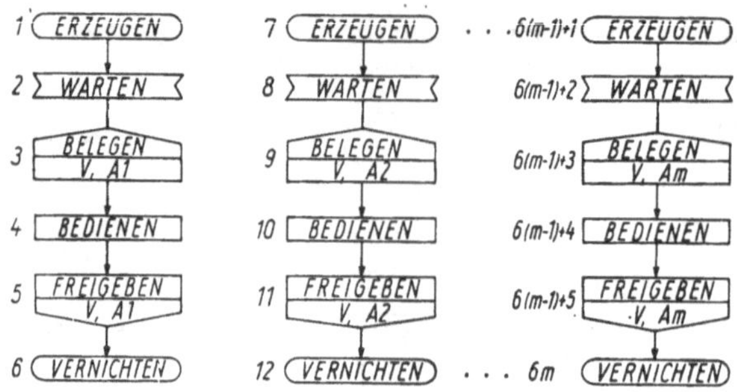

Abb. 6.1. Forderungslaufplan von m kopplungsfreien AP einer ZVE

VERNICHTEN kann sich jeweils nur eine Forderung befinden. Im Block WARTEN können sich in Abhängigkeit von der Kapazität des Warteraumes mehrere Forderungen aufhalten.

Die Bedienung einer im Block BEDIENEN befindlichen Forderung kann bei absoluter Prioritätsdisziplin durch das Eintreffen einer höherrangigen Forderung unterbrochen werden (Verdrängen). Das ist explizit nicht aus dem Forderungslaufplan erkennbar.

Der Forderungslaufplan von m kopplungsfreien AP besitzt zwar keine Wechselwirkung über Kopplungen, aber trotzdem ist hier eine Wechselwirkung über Störeinflüsse (mutual exclusion) zwischen den Forderungen der verschiedenen AP vorhanden. Diese Störeinflüsse entstehen durch gemeinsame Benutzung der ZVE durch die Forderungen der verschiedenen AP (Ressourcenteilung), indem Forderungen eines AP auf den Bedienungsabschluß von Forderungen anderer AP warten müssen oder von diesen verdrängt werden. Auch die Forderungen eines AP können sich gegenseitig stören, indem eine eintreffende Forderung solange warten muß, bis die Bedienung der vorher angekommenen Forderungen dieses AP abgeschlossen ist.

6.4. Wechselwirkung zwischen den Applikationsprogrammen eines Prozessors über Forderungen

Wechselwirkung zwischen den AP einer ZVE

Bei der gegenseitigen Beeinflussung der Bedienung der Verarbeitungsforderungen verschiedener AP einer ZVE können wir zwei Einflußarten unterscheiden

— Störeinflüsse, die durch die beschränkte Zahl von Ressourcen auftreten, und
— programmiertes Einwirken eines AP auf ein anderes AP.

Hier wollen wir uns mit dem programmierten Einwirken eines AP auf ein anderes AP beschäftigen. Dabei betrachten wir zwei Arten des programmierten Einwirkens

— das Einwirken über einen Forderungsstrom und
— das Einwirken über Signalfolgen im Zusammenhang mit dem Aussetzen.

Anmeldung eines Applikationsprogrammes durch ein anderes Applikationsprogramm

In Echtzeitoperationssystemen ist es üblich, daß ein AP durch ein anderes AP angemeldet wird. Wenn ein AP Aj durch ein anderes AP Ai anzumelden ist, dann muß im AP Ai ein entsprechender Steuerprogrammruf enthalten sein. Bei den PRA KRS 4200 und PRS 4000 heißt dieser Ruf STRT (s. [ESK 1] [ESK 2]). Man kann sich vorstellen, daß durch das vom STRT-Ruf angeforderte SRP zunächst eine Verarbeitungsforderung erzeugt und von dieser neuen Verarbeitungsforderung das AP Aj angemeldet wird. Dabei bleibt die alte Forderung solange erhalten, bis sie im AP Ai den Programmlauf von Ai beendet hat. Die neu erzeugte Forderung für das AP Aj bildet zusammen mit der im AP Ai weiter laufenden Forderung einen Forderungsverband (s. Abschnitt 4.2.).

Für die Anmeldung eines AP Aj durch ein AP Ai mit Hilfe des STRT-Rufes kann im Forderungslaufplan der Operationsblock SPALTEN verwendet werden. Dieser hat die Funktion, bei Eintreffen einer Forderung des AP Ai eine Forderung für das AP Aj zu erzeugen. Dabei bleibt die Forderung des AP Ai erhalten und setzt ihren Lauf über die Operationsblöcke des AP Ai fort.

Abb. 6.2 zeigt den Forderungslaufplan für zwei über die Spaltung in Wechselwirkung stehende AP Ai und Aj. Die Spaltung ermöglicht eine quasiparallele Bedienung der Forderungen verschiedener AP. In diesem Fall können außer in den Warteblöcken noch bis zu 2 Forderungen im Forderungslaufplan vorhanden sein.

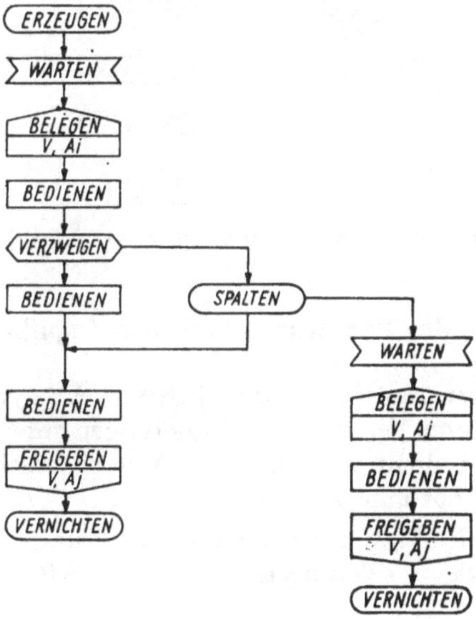

Abb. 6.2. Zur Anmeldung eines AP Aj durch ein AP Ai

Zeitverzögerte Anmeldung eines Applikationsprogrammes durch ein anderes Applikationsprogramm

In manchen Fällen ist es zweckmäßig die Anmeldung eines AP durch ein anderes AP nicht sofort mit Erreichen des entsprechenden Steuerprogrammrufes, sondern zeitverzögert durchzuführen. Bei den Prozeßrechnern PRS 4000 und KRS 4200 besteht die Möglichkeit, durch einen Steuerprogrammruf VEPS im AP Ai ein AP Aj anzumelden.

In Abb. 6.3 ist der Forderungslaufplan von zwei über die zeitverzögerte Anmeldung gekoppelte AP Ai und Aj aufgetragen. Hier verbleibt die im Block SPALTEN neu erzeugte Forderung für das AP Aj während der Verzögerungszeit im Block VERZOEGERN und geht danach erst zum Block WARTEN über. Während der Verweilzeit der Forderung im Block VERZOEGERN befindet sich die Forderung im Zustand pl.

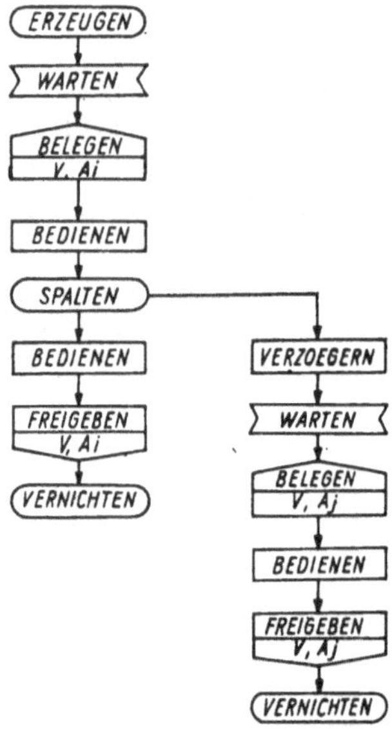

Abb. 6.3. Zur zeitverzögerten Anmeldung eines AP Aj durch ein anderes AP Ai

6.5. Synchronisation der Forderungsläufe von Applikationsprogrammen

Wir gehen jetzt dazu über, daß Forderungsläufe von AP synchronisiert werden können. Das ist der Fall, wenn Verarbeitungsforderungen für eine bestimmte Zeit programmiert nicht weiter bedient werden sollen. Wir unterscheiden 2 Arten der Synchronisation der Forderungsläufe von AP

— die Zeitverzögerung des Forderungslaufs eines AP und
— die Synchronisation der Forderungsläufe von zwei AP.

Zeitverzögerung des Forderungslaufes eines AP

Bei der Zeitverzögerung des Forderungslaufes eines AP ist jede Verarbeitungsforderung, die einen bestimmten Abschnitt eines AP Ai durchläuft, für eine vorgegebene Zeit zu verzögern. Durch Nutzung des Steuerprogrammrufs WTZE kann bei den Rechnern PRS 4000 und KRS 4200 im AP Ai eine Zeitverzögerung des Forderungslaufs dieses AP erreicht werden.

In Abb. 6.4 ist der Forderungslaufplan für die Zeitverzögerung eines Forderungslaufes angegeben. An der Zeitverzögerung sind im Forderungslaufplan die Blöcke FREIGEBEN V, VERZOEGERN, WARTEN, BELEGEN V beteiligt. Nach der Verzögerungszeit tritt also normalerweise eine Wartezeit auf, die damit zusammenhängt, daß zwischenzeitlich die Verarbeitungseinheit durch Forderungen anderer AP belegt worden sein kann. Damit eine solche zwischenzeitliche Belegung durch andere Forderungen möglich ist, wird vor der Zeitverzögerung die ZVE V freigegeben und muß vor der Weiterbedienung der Forderung des AP Ai wieder belegt werden. Während der Verzögerungs- und Wartezeit ist somit die Verarbeitungseinheit V nicht durch die Forderung des AP Ai belegt. Da das AP Ai beim Durchlauf einer Forderung durch den Abschnitt zwischen BELEGEN V, Ai und FREIGEBEN V, Ai ständig belegt ist, kann sich im Block WARTEN dieses Abschnittes maximal nur eine Forderung befinden.

Abb. 6.4. Zur Zeitverzögerung des Forderungslaufs eines AP

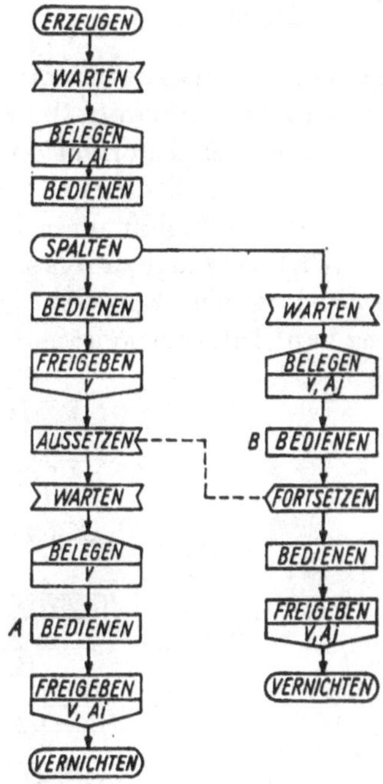

Abb. 6.5. Zur Synchronisation der Forderungsläufe von zwei AP

Synchronisation der Forderungsläufe von zwei AP

Bei der Synchronisation der Forderungsläufe von zwei AP geht es darum, daß ein bestimmter Programmabschnitt *A* des AP Ai erst abgearbeitet wird, wenn ein bestimmter Programmabschnitt *B* des AP Aj bereits abgeschlossen ist. Das erreicht man, indem das AP Ai vor der Abarbeitung des Abschnittes *A* ausgesetzt und im AP Aj nach der Abarbeitung des Abschnittes B die Fortsetzung des AP Ai erlaubt wird. Bei den Steuerprogrammsystemen der Rechner PRS 4000 und KRS 4200 gibt es für das Aussetzen: den Steuerprogrammruf PAUS und für die Fortsetzungserlaubnis den Steuerprogrammruf FORT.

In Abb. 6.5 ist ein Forderungslaufplan für die Synchronisation der Forderungsläufe von zwei AP angegeben. Dabei haben wir angenommen, daß das AP Aj durch das AP Ai angemeldet wird. Für die Synchronisation der Forderungsläufe der beiden AP werden die Operationsblöcke AUSSETZEN und FORTSETZEN genutzt. Nach der

Beseitigung des Aussetzens muß die Forderung des AP Ai erst in den Block WARTEN, weil während der Aussetzungszeit die Verarbeitungseinheit V durch Forderungen anderer AP belegt worden sein kann. Während der Aussetzungs- und Wartezeit ist die Verarbeitungseinheit V nicht durch die Forderung des AP Ai belegt.

6.6. Wechselwirkung eines Applikationsprogrammes mit einem parallelen Informationsaustauschkanal

Anforderung und Ausführung des Informationsaustauschs

Wir gehen davon aus, daß der Informationsaustausch durch einen Steuerprogrammruf angefordert wird (s. Abschnitt 3.2.2.). Das bedeutet jedoch nicht, daß sofort nach dem Erreichen des den Informationsaustausch anfordernden Rufes der angeforderte Informationsaustausch beginnt. Beim parallelen Informationsaustausch wird i. a., ähnlich wie bei der Anmeldung eines AP, für jeden parallelen Informationsaustauschkanal eine Warteschlange aufgebaut. Als parallelen Informationsaustauschkanal (IAK) verstehen wir eine Einrichtung der PRA, die in einem Zeitpunkt höchstens eine Anforderung zum Informationsaustausch erledigen kann.

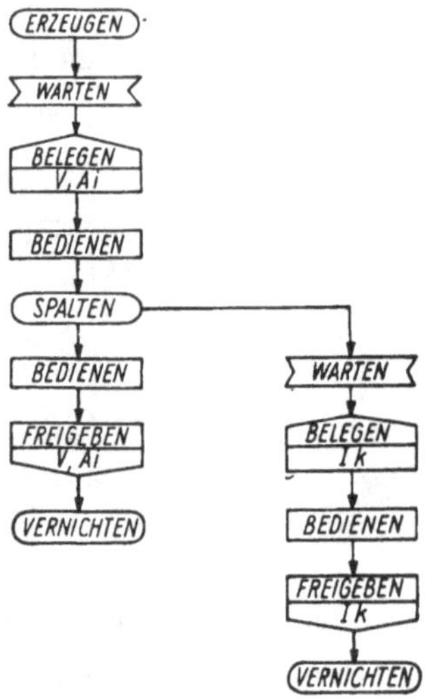

Abb. 6.6. Paralleler Informationsaustausch ohne Rückwirkung auf Applikationsprogramme

In Abb. 6.6 ist der Informationsaustausch mit Hilfe eines Forderungslaufplans für den Fall ohne Rückwirkung des Informationsaustauschs auf ein Applikationsprogramm dargestellt. Dabei wird im den Informationsaustausch anstoßenden AP Ai der Operationsblock SPALTEN für diesen Anstoß genutzt. Die im Block SPALTEN neu erzeugte Forderung betritt anschließend den Block WARTEN und verbleibt in diesem Block solange, bis der parallele Informationsaustauschkanal Ik frei ist. Nach dieser Wartezeit durchläuft diese Forderung den Block BELEGEN Ik und belegt damit auch den IAK Ik. Ohne Zeitverzögerung betritt die Forderung dann den Block BEDIENEN und verläßt diesen erst nach der Bedienungszeit. Danach werden sofort die beiden Blöcke FREIGEBEN Ik und VERNICHTEN durchlaufen und damit der IAK Ik freigegeben und die Forderung vernichtet.

Anmeldung eines AP über die Fertigmeldung eines IAK

Häufig wirkt die Austauschforderung auf ein AP zurück. Dabei unterscheiden wir

— die Anmeldung eines AP über die Fertigmeldung eines parallelen IAK und
— die Synchronisation von Forderungsläufen eines AP und eines parallelen IAK.

Die Anmeldung eines AP über die Fertigmeldung eines parallelen IAK bedeutet, daß nach Abschluß der Informationsübertragung auf der Grundlage der Fertigmeldung vom IAK Ik ein AP Aj angemeldet wird.

Wir betrachten als Beispiel für den parallelen Informationsaustausch mit anschließender Anmeldung eines AP die Erfassung eines einzelnen Analogwertes über einen AER-Block (s. Abschnitt 3.2.1. Abb. 3.6). In diesem Fall erfolgt die Anforderung des Informationsaustauschs durch einen Steuerprogrammruf AWEA im AP Ai. Ein entsprechender Forderungslaufplan für den parallelen Informationsaustausch mit anschließender AP-Anmeldung ist in Abb. 6.7 dargestellt. Dabei wird im Anschluß an den Informationsaustausch das AP Aj angemeldet.

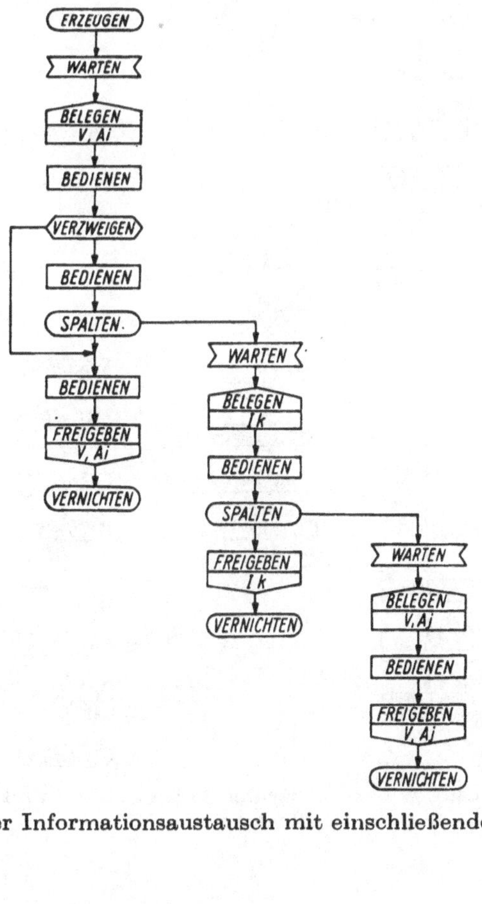

Abb. 6.7. Paralleler Informationsaustausch mit einschließender AP-Aktivierung

Der Fall mit Anmeldung eines AP über die Fertigmeldung eines AP unterscheidet sich vom Fall ohne Rückwirkung des Informationsaustauschs auf ein AP dadurch, daß nach der Bedienung der Austauschforderung über den Block SPALTEN eine Verarbeitungsforderung für das AP Aj erzeugt wird, welche die Blöcke WARTEN, BELEGEN V, Aj, BEDIENEN, FREIGEBEN V, Aj, VERNICHTEN nacheinander, durchläuft. Dabei ist nicht ausgeschlossen, daß i = j gilt und in diesem Fall durch die Fertigmeldung des IAK Ik das Informationsaustausch anfordernde AP Ai angemeldet wird.

Synchronisation der Forderungsläufe eines Applikationsprogrammes und eines parallelen Informationsaustauschkanals

Beim Informationsaustausch sind häufig Programmabschnitte im anfordernden AP Ai vorhanden, die auf die Beendigung des Informationsaustauschs warten müssen. In diesem Fall ist eine Synchronisation der Forderungsläufe des AP Ai und des IAK Ik erforderlich. Dazu nutzt man den Block AUSSETZEN. Auch hier wird wieder die Verarbeitungseinheit während des Aussetzens und der anschließenden Wartezeit freigegeben.

In den Abb. 6.8 und 6.9 sind zwei Varianten der Synchronisation beim Informationsaustausch dargestellt. Die erste Variante in Abb. 6.8 beschreibt den Forderungslauf-

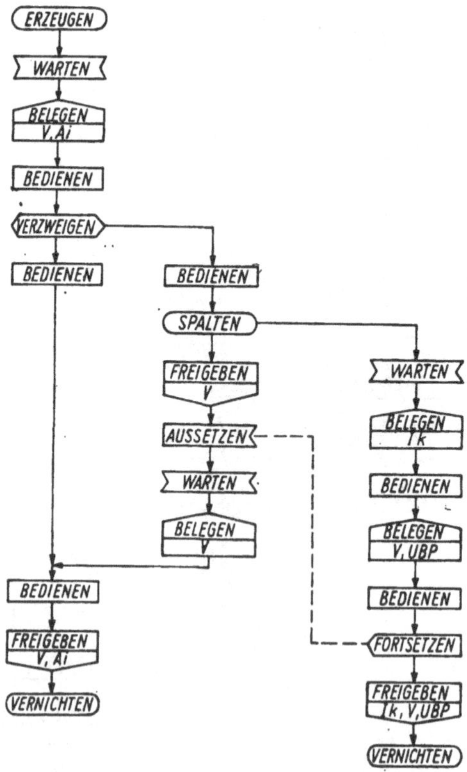

Abb. 6.8. Zur Synchronisation der Forderungsläufe eines AP und eines IAK im direkten Blockverkehr

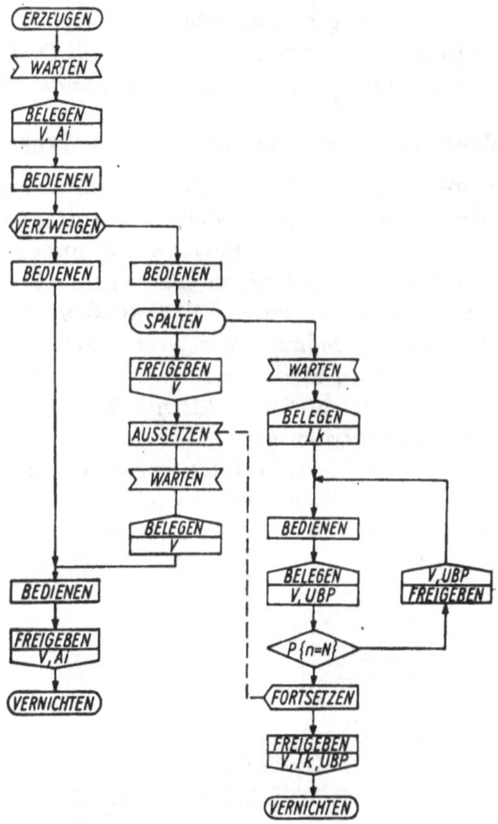

Abb. 6.9. Zur Synchronisation der Forderungsläufe eines AP und eines IAK im programmierten Blockverkehr

plan für den direkten Blockverkehr und die zweite Variante in Abb. 6.9 den Forderungslaufplan für den programmierten Blockverkehr.

6.7. Kopplung eines Applikationsprogrammes mit dem Informationsaustauschkanal bei Programmauslagerung

Wir gehen jetzt zur Auslagerung von Programmen über. Im Abschnitt 3.3 wurde als Beispiel für ein Steuerprogrammsystem mit Programmauslagerung das ESPO 4000 kurz beschrieben. Dabei haben wir die beiden Fälle der Programmauslagerung unterschieden

— Programmsegmentierung und
— Auswechseln von Programmpaketen.

Wir betrachten die entsprechenden Forderungslaufpläne für diese beiden Fälle.

Forderungslaufplan eines AP bei Programmsegmentierung

Bei der Programmsegmentierung werden die einzelnen Segmente nacheinander ausgewechselt. In diesem Sinne kann man das Hereinholen eines Segments in den Hauptspeicher und die Wiederauslagerung in den externen Speicher jeweils als einen Informationsaustausch im direkten Blockverkehr auffassen. Dementsprechend ist hier der Forderungslaufplan aus Abb. 6.8 in geeigneter Abwandlung nutzbar.

Forderungslaufplan für das Auswechseln eines Programmpakets

Wir behandeln das Auswechseln von Programmpaketen. Dabei nehmen wir an, daß jedes Programmpaket aus genau einem AP besteht. Die Aufteilung des Arbeitsspeicherplatzes für das SPS lassen wir in unserer Betrachtung unbeachtet. Für die arbeitsspeicherresidenten AP sei der entsprechende residente AP-Bereich vorhanden (s. Abb. 3.8). In Verallgemeinerung der beim ESPO 4000 vorhandenen 2 transienten AP-Bereiche des Arbeitsspeichers nehmen wir jetzt p arbeitsspeichertransiente AP-Bereiche Bl (l = 1, 2, ... , p) an. Dabei wird ebenso wie bei ESPO 4000 vorausgesetzt, daß jedes arbeitsspeichertransiente AP nur in einen der p arbeitsspeichertransienten AP-Bereiche geholt werden kann.

Das Belegen von Bl (l = 1, 2, ... , p) erfolgt, wenn bei der Entschlüsselung das betreffende arbeitsspeichertransiente AP Ai das höchstrangigste transiente AP ist. Das Freigeben des Bereiches Bl (l = 1, 2, ... , p) wird mit dem Abschluß des entsprechenden AP Ai realisiert.

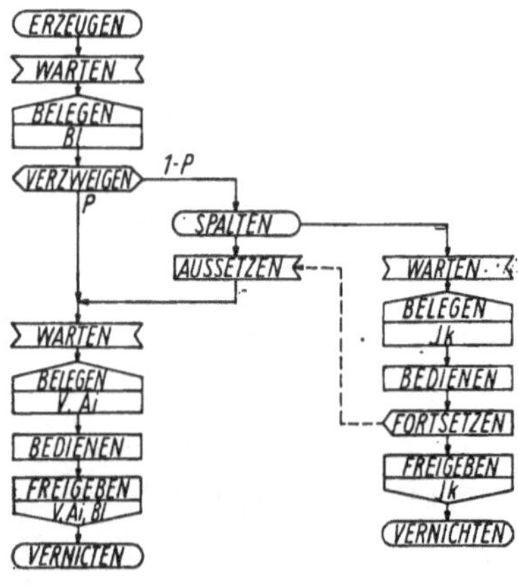

Abb. 6.10. Zur Aktivierung eines ausgelagerten Applikationsprogrammes

In Abb. 6.10 ist der Forderungslaufplan für die Aktivierung eines ausgelagerten AP dargestellt. Wir sehen, daß der eigentliche Abschnitt der Programmabarbeitung sich vom Programmabarbeitungsabschnitt eines hauptspeicherresidenten AP nur dadurch unterscheidet, daß im Block FREIGEBEN noch der entsprechende transiente Hauptspeicherbereich freigegeben wird. Der Hauptunterschied zum hauptspeicherresidenten AP ergibt sich durch das Hereinholen des AP selbst. Deshalb enthält der Forderungslaufplan einen Abschnitt der Anforderung des Informationsaustauschs mit Synchronisation analog zu Abb. 6.8. Dabei ist aber zu beachten, daß ein Informationsaustausch nur durchgeführt wird, wenn das AP noch nicht im Arbeitsspeicher ist und wenn der entsprechende transiente Hauptspeicherbereich Bl auch frei ist. Wenn das AP Ai bereits im Hauptspeicher vorhanden ist, dann braucht es nicht mehr hereingeholt zu werden. Wir nehmen an, daß die Wahrscheinlichkeit dafür P ist.

Somit wird das AP mit der Wahrscheinlichkeit P wie ein hauptspeicherresidentes AP behandelt. Mit der Wahrscheinlichkeit $1 - P$ muß also das AP Ai hereingeholt werden. Demgegenüber muß die Verarbeitungsforderung im ersten Warteblock warten, wenn der transiente Arbeitsspeicherbereich Bl bei Anmeldung des AP Ai belegt ist.

6.8. Zur Synchronisation der ereignisorientierten Reaktionsaufträge und der Prozeßereignisforderungen

Im Abschnitt 2.4. wurden die Reaktionszeiten für ereignisorientierte Reaktionsaufträge betrachtet. Bei zeitzyklischer Überwachung von Ereignissen im Basissystem mußten neben der Reaktionszeit T_r und der Auftragsverweilzeit T_v noch die Auftragsverschiebungszeit T_s, die Ereignisentdeckungszeit T_e und die Anfangsverweilzeit T_m eingeführt werden. Zur Vervollständigung führen wir jetzt noch die Restverweilzeit T_{vm} ein (s. Abb. 2.3a)

$$T_{vm} = T_v - T_m . \tag{6.1}$$

Wir können auf dieser Grundlage die Reaktionszeit als Summe der Ereignisentdeckungszeit und der Restverweilzeit bestimmen

$$T_r = T_e + T_{vm} \tag{6.2}$$

(vgl. Abb. 2.3a). Mit Hilfe des Forderungslaufplans läßt sich dieser Zusammenhang noch besser veranschaulichen.

Bei der zeitzyklischen Überwachung treffen die Echtzeitaufträge zeitzyklisch, von der Echtzeituhr erzeugt, ein. Der Einfachheit halber nehmen wir an, daß die Echtzeitaufträge durch ein einziges AP Ai abgefertigt werden (s. Abb. 6.11). Die Aufteilung der Echtzeitaufträge in Reaktionsaufträge und Verdichtungsaufträge erfolgt am Block VERZWEIGEN. An dieser Stelle wird das Prozeßereignis entdeckt, falls es

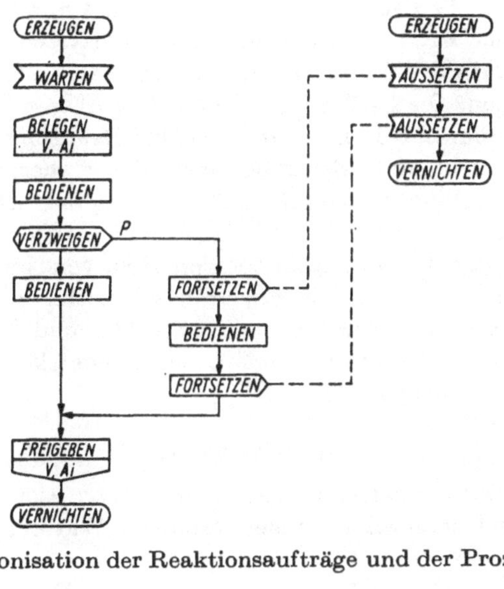

Abb. 6.11. Zur Synchronisation der Reaktionsaufträge und der Prozeßereignisforderungen

seit der letzten Überwachung aufgetreten ist. Wir nehmen an, daß die Wahrscheinlichkeit für das Auftreten eines Prozeßereignisses in einem Überwachungszyklus gleich P ist. Mit dieser Wahrscheinlichkeit wird auch der Echtzeitauftrag zu einem Reaktionsauftrag. Der Zweig innerhalb des AP Ai mit der Verzweigungswahrscheinlichkeit P ist der Zweig der Reaktionsaufträge, während der andere Zweig der Zweig der Verdichtungsaufträge ist.

Wir führen zusätzlich die Prozeßereignisforderungen ein, wobei jeweils eine erzeugt wird, wenn ein Prozeßereignis eintritt. Es ergibt sich also für eine Folge von Prozeßereignissen ein Prozeßereignisstrom und auf dieser Grundlage ein Forderungsstrom der Prozeßereignisse. Für diesen Forderungsstrom bilden wir einen gesonderten Abschnitt des Forderungslaufplans, der die Erzeugung der Ereignisforderungen als Eingangsquelle besitzt. Dieser Abschnitt des Forderungslaufplans wird mit dem Abschnitt für die Echtzeitaufträge synchronisiert, damit die Prozeßereignisforderungen synchron mit den Reaktionsaufträgen laufen. Dazu wird eine Prozeßereignisforderung nach ihrer Erzeugung solange ausgesetzt, bis das Prozeßereignis entdeckt wurde. Dabei gleicht diese Aussetzungszeit der Ereignisentdeckungszeit T_e. Wenn für die Prozeßereignisforderung danach wieder ein Block AUSSETZEN, der von einem Block FORTSETZEN hinter dem Bedienungsblock der Restverweilzeit T_{vm} ein Fortsetzungssignal erhält, eingefügt wird, dann ist im Abschnitt des Forderungslaufplans für die Prozeßereignisforderungen die Gesamtdurchlaufzeit gleich der Reaktionszeit T_r des Systems (s. Abb. 6.11).

7. STEUERUNG DER BEDIENUNGSRESSOURCEN

Zum Aufbau einer PRA als Steuerungssystem

Wir betrachten die PRA als Steuerungssystem. Dabei muß beachtet werden, daß es uns hier nicht um die Steuerung des Basissystems durch die PRA geht, sondern um die interne Steuerung der Bedienungsressourcen der PRA durch das Steuerprogrammsystem. Innerhalb einer PRA ist das Steuerprogrammsystem die Steuereinrichtung und die AP, die IAK, die ZVE und die transienten Arbeitsspeicherbereiche sind die einzelnen Steuerstrecken. Die PRA gehört zu einem größeren Steuerungssystem, was hier durch Ankunftsströme der Echtzeitaufträge und Reaktionsströme der Reaktionsaufträge zum Ausdruck kommt. Die Programme des Steuerprogrammsystems sind also realisierte Steuerungsalgorithmen für die Steuerung der AP-Abarbeitung und des Informationsaustauschs.

Für die Steuerung der Bedienungsressourcen sind verschiedene Steuerungsalgorithmen möglich. Hier haben wir die Steuerungsalgorithmen in Anlehnung an die Steuerprogrammsysteme der Prozeßrechner PRS 4000 und KRS 4200 ausgewählt. Der Übergang zu anderen Steuerungsalgorithmen bereitet keine Schwierigkeiten. Er wurde aus Platzgründen weggelassen.

Steuerressourcen

Zur Steuerung der Bedienungsressourcen sind Steuerressourcen erforderlich. Bei Prozeßrechnern unterscheiden wir als Steuerressourcen: Warteräume und Austragungsschalter.

Warteräume liegen vor den *m* Applikationsprogrammen. Wir nehmen dabei an, daß vor jedem AP Ai ein Warteraum Zi (i = 1, 2, ... , m) vorhanden ist. Auch vor jedem parallelen Informationsaustauschkanal Ik befindet sich ein Warteraum Uk (k = 1, 2, ... , N). Für jedes AP Ai ist jeweils ein Austragungsschalter Xi (i = 1, 2, ... , m) vorhanden. Dieser Austragungsschalter ermöglicht, daß der Warteraum Zi aus der Entschlüsselung für die Belegung der Verarbeitungseinheit ausgetragen werden kann. Die Warteräume sind Mehrkanalressourcen und die Austragungsschalter Einkanalressourcen. Allgemein gilt auch für die Steuerressourcen der Belegungszustandsgraph nach Abb. 5.1. Die Warteräume Zi (i = 1, 2, ... , m) können zur Warteeinrichtung Z und die Austragungsschalter Xi (i = 1, 2, ... , m) zur Austragungseinrichtung X zusammengefaßt werden.

7.1. Austragungsfreie Steuerung der Applikationsprogramme

Funktionen der Steuerungsalgorithmen für die austragungsfreie Steuerung der Applikationsprogramme

Wir betrachten zunächst die austragungsfreie Steuerung der AP durch das Steuerprogrammsystem. Austragungsfreie Steuerung bedeutet, daß diese nur mit Hilfe der Warteeinrichtung erfolgt. Eine Austragungseinrichtung ist in diesem Fall nicht vorhanden.

In das Steuerprogrammsystem treten Verarbeitungsforderungen ein, durch die es aufgefordert wird, ein AP nach Möglichkeit zu aktivieren. Das Steuerprogrammsystem führt Buch über den Zustand des Prozessors und der AP, es meldet die AP an und aktiviert bei Vorliegen von AP-Anmeldungen immer das AP, das entsprechend der Bedienungsdisziplin zu bearbeiten ist. Der Steuerungsalgorithmus für die Steuerung austragungsfreier AP besitzt also folgende Funktionen

- Anmelden des entsprechenden AP Ai, d. h. Belegen des Platzes im Warteraum Zi
- Entschlüsseln der Warteeinrichtung Z, das zur Auswahl des als nächstem abzuarbeitenden AP führt
- Aktivieren des ausgewählten AP.

Das Steuerprogrammsystem wird dabei durch eine Verarbeitungsforderung aktiviert, die entweder gegenüber dem Prozessor extern erzeugt wird und über das Unterbrechungssystem in den Prozessor gelangt oder in einem AP durch einen entsprechenden Steuerprogrammruf innerhalb der ZVE erzeugt wird.

Die Entschlüsselung der Warteeinrichtung Z und die damit verbundene Auswahl des als nächstes zu bearbeitenden AP erfolgt auf der Grundlage einer Bedienungsdisziplin der Verarbeitungsforderungen.

Bedienungsdisziplinen der Verarbeitungsforderungen

Eine wichtige Eigenschaft eines SPS ist die zugehörige Bedienungsdisziplin. Wir unterscheiden zwei Grundklassen von Bedienungsdisziplinen, und zwar die prioritätsfreien Disziplinen und die Prioritätsdisziplinen. Die prioritätsfreien Disziplinen werden unterteilt in

- FIFO (first in — first out), die auch FCFS (first come — first served) genannt wird
- LIFO (last in — first out), die auch LCFS (last come — first served) heißt und
- SIRO (service in random order), die auch RANDOM heißt.

Dabei erfolgt bei FIFO die Bedienung entsprechend der Ankunftsreihenfolge. Bei LIFO wird die zuletzt ankommende Forderung immer als erste bedient und bei SIRO erfolgt eine zufällige Auswahl der als nächste zu bedienenden Forderung aus den in der Warteeinrichtung befindlichen.

Die Prioritätsdisziplinen werden unterteilt in

— relative Prioritätsdisziplin
— absolute Prioritätsdisziplin
— programmierte Prioritätsdisziplin und
— gemischte Prioritätsdisziplinen.

Bei allen Prioritätsdisziplinen werden die Forderungen in verschiedene Prioritätsklassen unterteilt, und die Bedienung erfolgt entsprechend den Prioritäten der einzelnen Forderungen. Bei der relativen Prioritätsdisziplin wird die Bedienung einer im Abfertigungsprozeß befindlichen Forderung grundsätzlich nicht unterbrochen, so daß eine höherrangige Forderung warten muß, bis der laufende Abfertigungsprozeß abgeschlossen ist. Bei absoluter Prioritätsdisziplin wird bei Ankunft einer höherrangigen Forderung der Bedienungsprozeß einer in Abfertigung befindlichen niederrangigen Forderung sofort unterbrochen und mit der Bedienung der höherrangigen Forderung begonnen. Bei der programmierten Prioritätsdisziplin wird bei Ankunft einer höherrangigen Forderung genau wie bei der relativen Prioritätsdisziplin die Bedienung einer gerade abgefertigten Forderung nicht unterbrochen, aber es wird auch vor Abschluß des Bedienungsprozeses einer Forderung die Entschlüsselung der Warteeinrichtung erzwungen, indem an einer programmierten Stelle innerhalb des AP durch Steuerprogrammruf zu einem entsprechenden SRP gesprungen wird, das die Entschlüsselung durchführt. Bei gemischten Prioritätsdisziplinen treten mehrere der Prioritätsdisziplinen parallel auf. Z. B. ist in den Steuerprogrammsystemen des PRS 4000 und des KRS 4200 die absolute Prioritätsdisziplin zwischen Programmebenen und die programmierte Prioritätsdisziplin zwischen den AP einer Programmebene vorhanden.

Prioritätsdisziplinen für die Bedienung der Verarbeitungsforderungen

In Echtzeitoperationssystemen von PRA finden gewöhnlich als Bearbeitungsstrategien der AP Prioritätsdisziplinen Anwendung. Wir nehmen wieder an, daß im EOS m AP vorhanden sind. Bei der Prioritätsdisziplin erhält jedes AP Ai (i $= 1, 2, \dots, m$) eine Ordnungszahl d_i $(i = 1, 2, \dots, m)$ mit $d_i = 1, 2, \dots, m$ zugeordnet, die Priorität des AP Ai heißt. Diese Prioritätszuordnung wird bei statischer Prioritätsdisziplin während des Echtzeitbetriebs nicht geändert. Die Zuordnung kann durch die Matrix

$$\boldsymbol{Pr} = \begin{pmatrix} A_1 & A_2 & A_3 \dots A_m \\ d_1 & d_2 & d_3 \dots d_m \end{pmatrix} \tag{7.1}$$

dargestellt werden. Für den Fall von 5 AP kann z. B. gelten

$$\boldsymbol{Pr} = \begin{pmatrix} A_1 & A_2 & A_3 & A_4 & A_5 \\ 2 & 5 & 3 & 1 & 4 \end{pmatrix}, \tag{7.2}$$

wobei $d_1 = 2$, $d_2 = 5$, $d_3 = 3$, $d_4 = 1$ und $d_5 = 4$ sind. Dabei wird mit 1 die höchste Priorität nud mit 5, im allgemeinen Fall mit m, die niedrigste Priorität bezeichnet. Mathematisch stellt die Prioritätszuordnung eine Permutation der Indizes dar. Man kann diese Zuordnung auch durch eine Matrix der Form

$$\boldsymbol{X}^{n\times m} = ||x_{ij}|| \tag{7.3}$$

darstellen, mit den Variablenwerten

$$x_{ij} = \begin{cases} 1 & \text{wenn Ai die Priorität } j \text{ hat ,} \\ 0 & \text{wenn Ai nicht die Priorität } j \text{ hat .} \end{cases} \tag{7.4}$$

Aktivierung der AP über Verarbeitungsforderungen

Die Applikationsprogramme einer Prozeßrechenanlage werden indirekt über ihre Anmeldung aktiviert. Dabei beginnt die Abarbeitung eines AP i.a. nicht sofort mit seiner Anmeldung, sondern die Anmeldung wird gespeichert. Die Anmeldung eines AP stellt folglich bedienungstheoretisch die Einordnung einer Forderung in eine Warteschlange dar. Die Abarbeitung eines angemeldeten AP beginnt dann, wenn das angemeldete AP entsprechend der Bedienungsdisziplin zu aktivieren ist. Zur Speicherung der Anmeldungen für die AP muß die PRA eine Warteeinrichtung besitzen.

Eine Besonderheit bei der indirekten Aktivierung der AP über ihre Anmeldung besteht darin, daß jede Anmeldung solange in der Warteeinrichtung gespeichert bleiben muß, bis die Abarbeitung des entsprechenden AP auf der Grundlage der Anmeldung abgeschlossen ist. Im Gegensatz dazu wird in der Bedienungstheorie gewöhnlich angenommen, daß eine Forderung nur bis zum Bedienungsbeginn und nicht bis zum Bedienungsabschluß in der Warteeinrichtung gespeichert ist. Der Grund für die Speicherung einer AP-Anmeldung bis zu ihrem Bedienungsabschluß besteht darin, daß während der Abarbeitung jedes AP Unterbrechungsmeldungen in der PRA eintreffen können, die zur Unterbrechung des Programmlaufs der AP und zur Bearbeitung eines UBP führen. Während dieser Unterbrechung des Programmlaufs eines AP muß das unterbrochene AP angemeldet bleiben, damit es nach der Beendigung des UBP später entsprechend der Bedienungsdisziplin fortgesetzt werden kann. Diese Besonderheit muß im Interesse der Genauigkeit der Untersuchung beachtet werden, erschwert aber die theoretische Behandlung der PRA als Bedienungsanlage nicht.

Aufbau der Warteeinrichtung

Wenn wir davon ausgehen, daß die PRA für den betrachteten Anwendungsfall m AP besitzt, dann müssen wir die Anmeldungen verschiedener AP Ai ($i = 1, 2, \dots, m$) unterscheiden. Wir haben es in diesem Fall mit einem inhomogenen Forderungsstrom zu tun. Dabei wird für jedes AP ein gesonderter Warteraum Zi eingeführt. Wir erhalten also eine Warteeinrichtung, die aus m Warteräumen besteht, wobei jedem Warteraum ein skalarer Anmeldungszustand Z_i ($i = 1, 2, \dots, m$) zugeordnet wird (s. [BER 5]). Folglich ergibt sich für die Warteeinrichtung als Zustand der Anmeldungszustandsvektor

$$\boldsymbol{Z} = (Z_1, Z_2, \dots, Z_m)\,. \tag{7.5}$$

Dabei können i. a. die einzelnen den verschiedenen Warteräumen Zi zugeordneten Komponenten Z_i ($i = 1, 2, \dots, m$) wieder ganzzahlige Werte in den Bereichen

$$0 \leqq Z_i \leqq r_i \qquad (i = 1, 2, \dots, m) \tag{7.6}$$

annehmen. Die Kapazitäten der einzelnen Warteräume Zi sind gewöhnlich für alle Warteräume gleich, so daß gilt

$$r_i = r = \text{const} . \tag{7.7}$$

Die Wertezuordnung kann in Analogie zu Formel (5.3) erfolgen, mit

$$Z_i = \begin{cases} 0 & \text{AP Ai nicht angemeldet} \\ 1 & \text{AP Ai 1mal angemeldet} \\ 2 & \text{AP Ai 2mal angemeldet} \\ \vdots & \\ r & \text{AP Ai } m\text{mal angemeldet} \\ & (i = 1, 2, \dots, m) . \end{cases} \tag{7.8}$$

Die Steueroperationen für die Anmeldungszustände Z_i $(i = 1, 2, \dots, m)$, d. h. für die An- und Abmeldung eines AP Ai, führen zu folgenden Änderungen der Anmeldungszustände

$$Z_i := Z_i + \Delta Z_i \qquad (i = 1, 2, \dots, m) \tag{7.9}$$

$$\Delta Z_i = \begin{cases} 1 & \text{Anmeldung von Ai} \\ -1 & \text{Abmeldung von Ai} . \end{cases} \qquad (i = 1, 2, \dots, m) \tag{7.10}$$

In Abb. 7.1 ist der Zustandsgraph für den Warteraum Zi dargestellt mit den Werten des Anmeldungszustandes $Z_i = 0, 1, 2, \dots, r$ als Knoten und den Steueroperationen als Kanten.

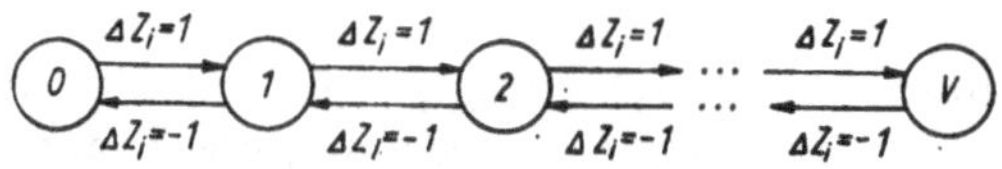

Abb. 7.1. Zustandsgraph des Warteraumes Zi

Auswahl und Start der AP

Bei der Auswahl des abzuarbeitenden AP beschränken wir uns hier auf die Prioritätsdisziplinen. Wir führen jetzt den Bearbeitungszustand der ZVE ein, der durch die skalare Größe Y bezeichnet wird. Dabei soll Y nur ganzahlige Werte in den Grenzen

$$1 \leqq Y \leqq m + 1 \tag{7.11}$$

annehmen. Die Bedeutung der einzelnen Zahlenwerte von Y ist mit

$$Y = \begin{cases} 1 & \text{AP mit } d_i = 1 \text{ in Bearbeitung} \\ 2 & \text{AP mit } d_i = 2 \text{ in Bearbeitung} \\ \vdots & \\ m & \text{AP mit } d_i = m \text{ in Bearbeitung} \\ m + 1 & \text{ZVE im dynamischen Stopp} \end{cases} \tag{7.12}$$

gegeben. In den weiteren Betrachtungen wird gleichgesetzt

$$d_i = i . \tag{7.13}$$

Dabei wurde vorausgesetzt, daß die Steuerprogramme die ZVE zeitlich nicht belasten. Falls man die zeitliche Belastung der ZVE durch die Steuerprogramme berücksichtigen will, muß man $Y = 0$ für den Steuerprogrammzustand einführen.

Durch die Entschlüsselung des Anmeldungszustandsvektors $\boldsymbol{Z}$ wird zu bestimmten Zeitpunkten der Bearbeitungszustand nach den Prioritäten ermittelt und anschließend das dem ermittelten Bearbeitungszustand zugeordnete AP aktiviert. Bei dieser Aktivierung kann es sich um den Start oder um die Fortsetzung des ausgewählten AP handeln. Durch die Prioritätsdisziplin wird eine Funktion zwischen den Werten der Anmeldungszustände und den Werten des Bearbeitungszustandes

$$Y = F(Z_1, Z_2, \dots, Z_m) \tag{7.14}$$

beschrieben, die tabellarisch angebbar ist. Für ein Beispiel von 3 AP ergibt sich der in der Tabelle 7.1 angegebene funktionelle Zusammenhang.

Tabelle 7.1. Funktionelle Abhängigkeit des Bearbeitungszustandes vom Anmeldungszustandsvektor

Z_1	Z_2	Z_3	Y
0	0	0	4
0	0	$\geqq 1$	3
0	$\geqq 1$	0	2
0	$\geqq 1$	$\geqq 1$	2
$\geqq 1$	0	0	1
$\geqq 1$	0	$\geqq 1$	1
$\geqq 1$	$\geqq 1$	0	1
$\geqq 1$	$\geqq 1$	$\geqq 1$	1

$1 \leqq Y \leqq 4$
$Y = 4$ dynamischer Stopp

Prinzipiell ist eine Entschlüsselung des Anmeldungszustandsvektors nur notwendig, wenn eine Änderung des Anmeldungszustandes stattgefunden hat. Somit braucht bei austragungsfreier Steuerung der AP nur nach der Anmeldung und der Abmeldung eine Prioritätsentschlüsselung durchgeführt werden. Wann wirklich innerhalb dieser Schranke eine Entschlüsselung des Anmeldungszustandsvektors erfolgt, hängt von der konkreten Prioritätsdisziplin ab. Wir betrachten jetzt verschiedene Prioritätsdisziplinen.

Bei einem EOS mit absoluter Prioritätsdisziplin wird die Entschlüsselung des Anmeldungszustandsvektors und die damit verbundene Neuberechnung des Bearbei-

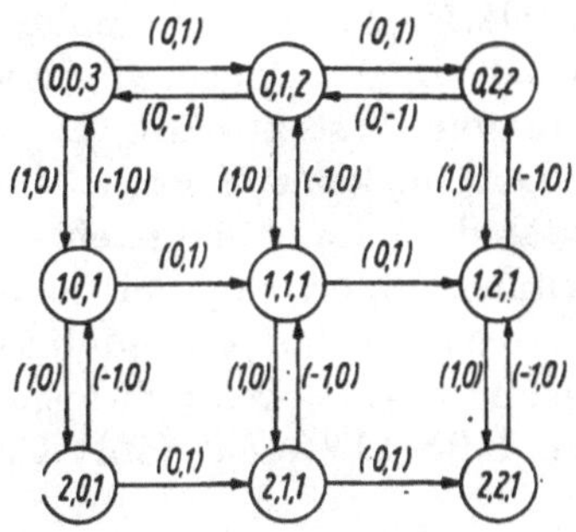

Abb. 7.2. Zustandsgraph der PRA mit absoluter Prioritätsdisziplin ($m = 2$, $r_1 = r_2 = 2$)

tungszustandes mit anschließender Aktivierung des entsprechenden AP nach jeder Änderung des Anmeldungszustandes vorgenommen, d. h. sowohl nach jeder Anmeldung als auch nach jeder Abmeldung. In Abb. 7.2 ist der Zustandsgraph der PRA mit absoluter Prioritätsdisziplin für ein EOS mit 2AP, wobei für die Warteraumkapazitäten $r_1 = r_2 = 2$ gilt, angegeben.

In der Abb. 7.3 ist für die absolute Prioritätsdisziplin der Forderungslaufplan zur Steuerung des AP Ai dargestellt. Dabei wurde mit $Y = f(\boldsymbol{Z})$ die Prioritätsentschlüsselung entsprechend Gleichung (7.14) eingebaut. In den Warteblock ist die Wartebedingung eingetragen. Außerdem wurde die Belegung und Freigabe des Warteraumes Zi zusätzlich in den Forderungslaufplan aufgenommen.

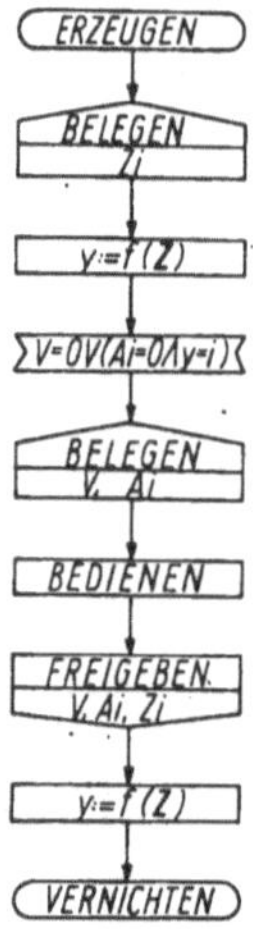

Abb. 7.3. Forderungslaufplan für die Steuerung der ZVE und des AP Ai mit absoluter Prioritätsdisziplin

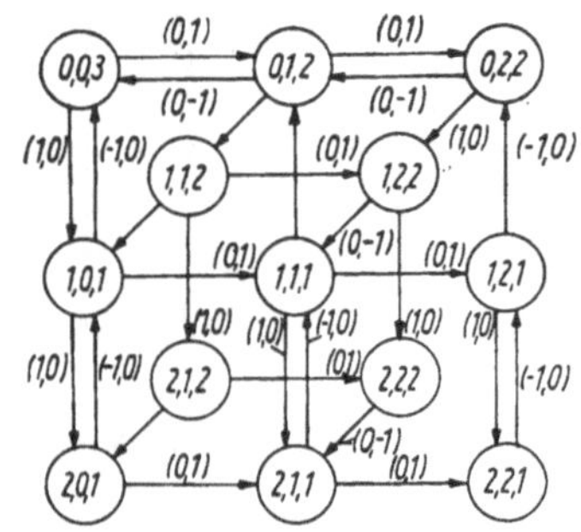

Abb. 7.4. Zustandsgraph der PRA mit relativer Prioritätsdisziplin ($m = 2$, $r_1 = r_2 = 2$)

Bei einem EOS mit relativer Prioritätsdisziplin erfolgt die Entschlüsselungsoperation nur nach einer Abmeldung am logischen Ende eines AP (beim PRS 4000 und KRS 4200 nach dem Steuerprogrammruf PEND). In der Abb. 7.4 ist der Zustandsgraph der PRA für die relative Prioritätsdisziplin eines EOS mit 2 AP dargestellt, wobei die Kapazitäten der Warteräume mit $r_1 = r_2 = 2$ festgelegt sind.

In der Abb. 7.5 ist für die relative Prioritätsdisziplin der Forderungslaufplan zur Steuerung des AP Ai angegeben. Der Unterschied dieses Forderungslaufplanes zu dem der absoluten Prioritätsdisziplin besteht darin, daß nach dem Block BELEGEN Zi bei der relativen Prioritätsdisziplin keine Prioritätsentschlüsselung stattfindet.

Die programmierte Prioritätsdisziplin nimmt eine Zwischenstellung zwischen absoluter und relativer Prioritätsdisziplin ein. Bei ihr erfolgt eine Entschlüsselung des Anmeldungszustandsvektors nach jeder Abmeldung und an vom Programmierer durch Aufruf von Entschlüsselungsoperationen erzwungenen Stellen des AP. Bei den SPS der Rechner PRS 4000 und KRS 4200 steht dafür der WIPE-Steuerprogrammruf zur Verfügung.

In der Abb. 7.6 ist für die programmierte Prioritätsdisziplin der Forderungslaufplan dargestellt. Gegenüber der relativen Prioritätsdisziplin kommt hier ein Abschnitt der

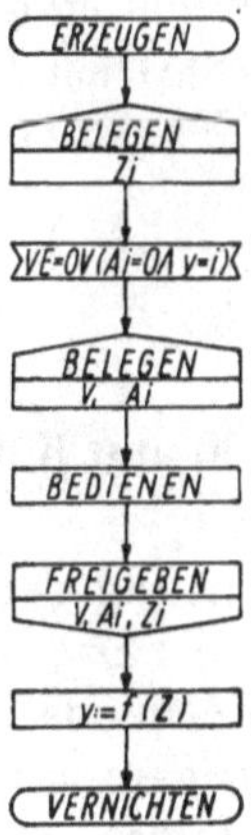

Abb. 7.5. Forderungslaufplan für die Steuerung der ZVE und des AP Ai mit relativer Prioritätsdisziplin

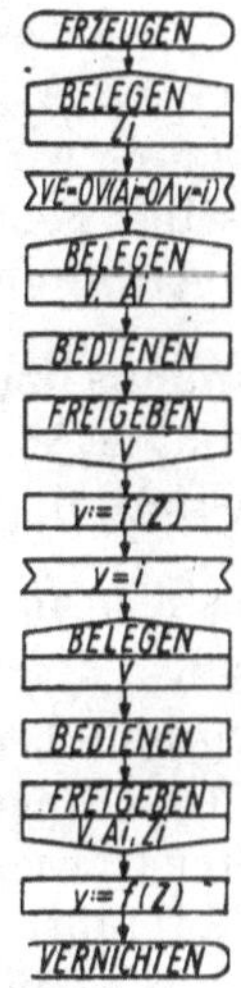

Abb. 7.6. Forderungslaufplan für die Steuerung der ZVE und des AP Ai mit programmierter Prioritätsdisziplin

Entschlüsselungsoperation dazu. Dieser Abschnitt besteht aus den Blöcken FREIGEBEN V, Entschlüsselungsblock mit $Y = f(\boldsymbol{Z})$, Warteblock mit der Bedingung $Y = i$ und BELEGEN V.

7.2. Steuerung der Applikationsprogramme mit Austragung

Austragung eines Applikationsprogrammes

In vielen Einsatzfällen von PRA wird zur Synchronisation der Wechselwirkung zwischen den einzelnen Forderungen die Austragung eines AP aus der Bearbeitung genutzt (s. [BER 12]). Dabei bedeutet die Austragung eines AP aus der Bearbeitung, daß das ausgetragene AP Ai auf ein bezüglich dieses AP Ai externes Ereignis wartet. Wenn dieses Ereignis eintritt, wird das ausgetragene AP Ai wieder zur Bearbeitung zugelassen. Dabei bedeutet die Zulassung nach einer Austragung nicht, daß das zugelassene AP Ai sofort seine Bearbeitung fortsetzt. Diese Bearbeitungsfortsetzung, die von der Stelle des AP an erfolgt, an der im Forderungslaufplan die Austragung durchgeführt wurde, wird zeitlich dann vorgenommen, wenn das betreffende AP nach der Zulassung entsprechend der Bedienungsdisziplin zu bearbeiten ist.

Vom Standpunkt des Existenzzustandes der beteiligten Verarbeitungsforderung (s. Abb. 5.2) bedeutet eine Austragung, daß die Forderung an der Austragungsstelle im AP Ai ausgesetzt wird und während der gesamten Austragungszeit ausgesetzt bleibt. Vom Standpunkt der Entschlüsselung des Anmeldungszustandsvektors $\boldsymbol{Z}$ bedeutet eine Austragung, daß während der Austragungszeit das ausgetragene AP Ai von der Entschlüsselung ausgeschlossen ist.

Die Austragung eines AP Ai erfolgt grundsätzlich durch einen Austragungsruf im auszutragenden AP Ai, das zum Zeitpunkt der Austragung das gerade laufende AP ist. Die Austragung wird also im Gegensatz zu einer Unterbrechung durch das auszutragende AP selbst geplant. In Abhängigkeit von dem AP-externen Ereignis, das die Zulassung des AP Ai auslöst, unterscheiden wir drei Arten der Austragung

— die programmbedingte Austragung
— die zeitbedingte Austragung und
— die peripheriebedingte Austragung.

Wir lehnen uns hier an die in den SPS der Rechner PRS 4000 und KRS 4200 erfolgte Realisierung an.

Bei der programmbedingten Austragung erfolgt die Zulassung des ausgetragenen AP Ai durch ein Ereignis in einem anderen AP Aj ($j \neq i$). Das laufende AP Ai enthält den Steuerprogrammruf PAUS, wodurch das entsprechende SRP aufgerufen wird. Dieses SRP führt die Austragung des AP Ai aus. Die Zulassung von Ai realisiert ein SRP, das durch den im AP Aj enthaltenen Steuerprogrammruf FORT aufgerufen wird. Praktisch findet also die Zulassung statt, wenn im AP Aj der Steuerprogrammruf FORT erreicht wurde.

Bei der zeitbedingten Austragung wird in dem die Austragung bewirkenden Steuerprogrammruf WTZE die Austragungszeit explizit angegeben. Das durch den Ruf WTZE aufgerufene SRP trägt das diesen Ruf enthaltende AP Ai aus der Bearbeitung aus und sichert durch Parameterversorgung für das UBP UHRP, daß nach der angegebenen Austragungszeit die Zulassung des AP Ai erfolgt. Die Zulassung selbst wird auf der Grundlage einer Unterbrechungsmeldung von der Echtzeituhr im UBP UHRP vorgenommen.

Bei der peripheriebedingten Austragung hängt die Austragung mit dem parallelen Informationsaustausch zusammen. Die Austragung erfolgt gewöhnlich in einem AP Ai, das einen Steuerprogrammruf für den parallelen Informationsaustausch enthält und in dem die Ergebnisse des Informationsaustauschs bei der weiteren Verarbeitung benötigt werden. Da der parallele Informationsaustausch meist wesentlich langsamer abläuft als die Informationsverarbeitung, muß vor dem Programmabschnitt der die Ergebnisse des Informationsaustauschs benötigt, gesichert werden, daß dieser erst nach abgeschlossenem Informationsaustausch begonnen wird. Das wird durch eine peripheriebedingte Austragung mit Hilfe des Steuerprogrammrufs WTEA erreicht. Das den Ruf WTEA enthaltende AP Ai bleibt nach Erreichen dieses Rufes solange ausgetragen, bis vom betreffenden IAK Ik die Fertigmeldung über das Unterbrechungssystem erfolgt. Die Fertigmeldung führt zur Bearbeitung eines UBP, das die Zulassung des AP Ai vornimmt.

Die Austragung eines AP aus der Bearbeitung besitzt Ähnlichkeit mit der AP-Abmeldung und die Zulassung mit der AP-Anmeldung. Aber es bestehen auch wesentliche Unterschiede in der Wirkung des Austragungsmechanismus gegenüber dem Anmeldungsmechanismus. Bezüglich der anderen AP Aj ($j \neq i$) wirkt die Austragung genau wie eine Abmeldung und die Zulassung genau wie eine Anmeldung des AP Ai. Bezüglich des ausgetragenen AP Ai selbst ist aber die Wirkung von Austragung und Zulassung anders als die der von Abmeldung und Anmeldung. Bei der Austragung bleibt der Platz im Warteraum des AP Ai belegt, d. h., Z_i ändert sich nicht, und bei

Neuanmeldung, d. h. bei Erhöhung von Z_i, während der Austragungszeit des AP Ai wird das betreffende AP Ai auch für diese neue Anmeldung nicht bearbeitet. Bei einer Abmeldung bedeutet dagegen der Steuerprogrammruf PEND das logische Ende des betreffenden AP Ai und nach dem Erreichen dieses Rufes kann das AP Ai auf der Grundlage einer noch vorhandenen Anmeldung erneut bearbeit werden. Bei der Austragung stehen die Steuerprogrammrufe PAUS, WTZE und WTEA nicht am logischen Ende des AP Ai.

Austragungsschalter und Austragungszustand

Wir führen den Austragungsschalter Xi (i = 1, 2, ... , m) ein, wobei jedem Xi ein Austragungszustand X_i zugeordnet ist. Dabei nehmen wir an, daß X_i nur die beiden Werte 0 und 1 annehmen kann. Es bedeutet dabei

$$X_i = \begin{cases} 1 & \text{Ai nicht ausgetragen ,} \\ 0 & \text{Ai ausgetragen .} \end{cases} \qquad (i = 1, 2, \dots, m) \tag{7.15}$$

Für alle AP der PRA erhalten wir den Austragungszustandsvektor

$$\boldsymbol{X} = (X_1, X_2, \dots, X_m) . \tag{7.16}$$

Wir betrachten jetzt Steueroperationen, die zur Änderung des Austragungszustandes führen. Diese Steueroperationen sind das Belegen und die Freigabe. Dabei erfolgen die Änderungen des Austragungszustandes

$$X_i := X_i + \Delta X_i \qquad (i = 1, 2, \dots, m) \tag{7.17}$$

mit

$$\Delta X_i = \begin{cases} 1 & \text{Belegen} \\ -1 & \text{Freigeben} \end{cases} \qquad (i = 1, 2, \dots, m) \tag{7.18}$$

Dementsprechend wird in den durch die Steuerprogrammrufe PAUS, WTZE und WTEA aufgerufenen SRP das Freigeben mit der Zustandsänderung $\Delta X_i = -1$ ($i = 1, 2, \dots, m$) realisiert. Im SRP, das durch den Steuerprogrammruf FORT aufgerufen wird, und in den belegenden UBP für die zeitbedingte und die peripheriebedingte Austragung wird die Zustandsänderung $\Delta X_i = 1$ ausgeführt.

Mit der Austragung des AP Ai aus der Bearbeitung, die mit der Zustandsänderung $\Delta X_i = -1$ ($i = 1, 2, \dots, m$) verbunden ist, wird gleichzeitig die Änderung des Existenzzustandes der entsprechenden Forderung von pl nach au AUSSETZEN (s. Abb. 5.2) realisiert. Vor der Weiterbearbeitung des AP Ai, die mit einer Zustandsänderung $\Delta X_i = 1$ ($i = 1, 2, \dots, m$) verbunden ist, wird die Änderung des Existenzzustandes der im AP Ai aktiven Verarbeitungsforderung FORTSETZEN von au nach pl (s. Abb. 5.2) realisiert.

Prioritätssteuerung mit Austragung

Im Abschnitt 7.1. wurde die Prioritätssteuerung der AP ohne Austragung behandelt. Jetzt geht es darum, die Prioritätssteuerung der AP auf den Fall mit Austragung zu erweitern. Alles im Abschnitt 7.1. dargelegte bleibt erhalten nur, daß zur Prioritätsentschlüsselung neben dem Anmeldungszustandsvektor auch der Austragungszustandsvektor zu berücksichtigen ist.

Zur Vereinfachung der Betrachtung führen wir den Entschlüsselungszustand E_i $(i = 1, 2, \dots, m)$ für jedes AP Ai ein und erhalten den Entschlüsselungszustandsvektor

$$\boldsymbol{E} = (E_1, E_2, \dots, E_m)\,. \tag{7.19}$$

Der Entschlüsselungszustand E_i $(i = 1, 2, \dots, m)$ kann nur die beiden Werte 0 und 1 annehmen und wird mit Hilfe einer Funktion f

$$E_i = f(Z_i, X_i) \tag{7.20}$$

aus dem Anmeldungszustand Z_i $(i = 1, 2, \dots, m)$ und dem Austragungszustand X_i $(i = 1, 2, \dots, m)$ gewonnen. Dabei gilt die Zuordnungstabelle 7.2. Die Wertekombination des Entschlüsselungszustandsvektors $\boldsymbol{E}$ bildet jetzt die Grundlage für die Prioritätsentschlüsselung, die in Abhängigkeit von der Prioritätsdisziplin analog zu der im Abschnitt 7.1. realisiert wird. Für ein Beispiel von 3 AP erhalten wir die in der Tabelle 7.3 angegebene Wertezuordnung zwischen $\boldsymbol{E}$ und Y.

In Abb. 7.7 ist der Forderungslaufplan für die Steuerung der ZVE und eines AP Ai mit absoluter Prioritätsdisziplin und AP-Austragung angegeben. Der Unterschied

Tabelle 7.2. Zuordnung zwischen den Wertebereichen von Z_i und X_i und den Werten von E_i

Werte von E_i	Wertebereiche von Z_i und X_i
0	$Z_i = 0 \vee (1 \leqq Z_i \leqq r \wedge X_i = 0)$
1	$1 \leqq Z_i \leqq r \wedge X_i = 1$

Tabelle 7.3. Wertezuordnung zwischen $\boldsymbol{E}$ und Y für 3 AP

E_1	E_2	E_3	Y
0	0	0	4
0	0	1	3
0	1	0	2
0	1	1	2
1	0	0	1
1	0	1	1
1	1	0	1
1	1	1	1

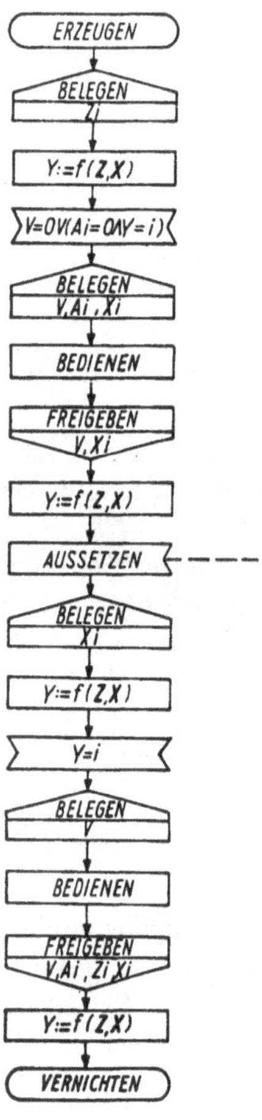

Abb. 7.7. Forderungslaufplan für die Steuerung der ZVE und des AP Ai mit absoluter Prioritätsdisziplin und AP-Austragung

gegenüber der absoluten Prioritätsdisziplin ohne AP-Austragung besteht in der Entschlüsselung mit $Y := f(\boldsymbol{Z}, \boldsymbol{X})$. An der Austragungsstelle tritt jetzt die Operationsfolge FREIGEBEN V, Xi; Entschlüsselung $Y := f(\boldsymbol{Z}, \boldsymbol{X})$; AUSSETZEN; BELEGEN Xi; Entschlüsselung $Y := f(\boldsymbol{Z}, \boldsymbol{X})$; Warten auf $Y = i$; BELEGEN V. Außerdem kommt an den entsprechenden Stellen noch BELEGEN Xi und FREIGEBEN Xi dazu.

Entsprechende Forderungslaufpläne können auch für die relative und programmierte Prioritätsdisziplin mit AP-Austragung aufgestellt werden.

7.3. Steuerung des parallelen Informationsaustauschs

Im Abschnitt 3.2.2. wurde der parallele Informationsaustausch betrachtet. Die entsprechenden Forderungslaufpläne sind im Abschnitt 6.6. dargestellt worden (s. Abb. 6.6, 6.7, 6.8, 6.9).

Für die Steuerung eines parallelen IAK Ik wird ein Warteraum Uk ($k = 1, 2, \ldots, K$) benötigt.

Neben dem Belegungszustand des IAK muß zur Erfassung der auf Austausch wartenden Forderungen der Austauschzustand U_k für jeden Warteraum eingeführt werden (s. [BER 6]). Dabei bedeutet

$$U_k = \begin{cases} 0 & \text{IAK Ik ist frei} \\ 1 & \text{IAK Ik ist belegt, Warteraum ist frei} \\ 2 & \text{IAK Ik ist belegt, 1 Platz im Warteraum belegt} \\ \vdots & \\ R_k + 1 & \text{IAK Ik belegt, Warteraum voll belegt.} \end{cases} \tag{7.21}$$

dabei ist R_k die Kapazität des Warteraumes vor dem IAK Ik.

Durch das den Informationsaustausch anfordernde SRP wird der Austauschzustand des IAK Ik um 1 erhöht und nach Beendigung des Informationsaustauschs im entsprechenden UBP der Austauschzustand um 1 erniedrigt. Somit gilt

$$U_k := U_k + \Delta U_k \tag{7.22}$$

$$\Delta U_k = \begin{cases} 1 & \text{bei IA-Anforderung} \\ 0 & \text{bei IA-Fertigmeldung}\,. \end{cases} \qquad (k = 1, 2, \ldots, K) \tag{7.23}$$

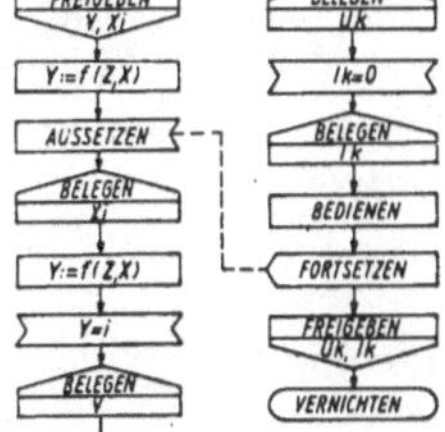

Abb. 7.8. Ausschnitt aus dem Forderungslaufplan für die Steuerung des parallelen Informationsaustauschs

In Abb. 7.8 ist für die Steuerung des parallelen Informationsaustauschs ein Abschnitt des Forderungslaufplans angegeben. Die durch die Steuerung bedingte Erweiterung des Forderungslaufplanes bewegt sich im Rahmen der bisher betrachteten Erweiterungen.

Am Schluß dieses Abschnitts sei vermerkt, daß wir bei der Beschreibung der Steuerung der Bedienungsressourcen mit Hilfe des Forderungslaufplans in den Abb. 7.3, 7.5, 7.6, 7.7 und 7.8 geringe Abweichungen von den Operationsblöcken der Tabellen 6.1 und 6.2 vorhanden sind. Diese Abweichungen führen bei der Steuerung der Bedienungsressourcen zu einer größeren Klarheit. Sie sind aber sonst nicht notwendig.

C. Stochastische Rechnermodelle

Im Abschnitt B wurde das allgemeine Modell der Zustandsänderungen des Prozeßrechners eingeführt. Dieses allgemeine Modell der Zustandsänderungen bildet die Grundlage für die weiteren Betrachtungen. In der oben beschriebenen Form ist es aber noch nicht geeignet, Effektivitätsuntersuchungen durchzuführen. Dazu müssen noch mathematische Ergänzungen mit Hilfe der Wahrscheinlichkeitstheorie und mathematischen Statistik vorgenommen werden. Im Ergebnis dieser Vervollständigung erhalten wir stochastische Verhaltensmodelle des Prozeßrechners.

Im Abschnitt 8. werden verschiedene stochastische Modellansätze gemacht, die in den Abschnitten D, E, und F als Grundlage für die Effektivitätsanalyse dienen. Anschließend werden im Abschnitt 9. die Ankunftsprozesse der Echtzeitaufträge und im Abschnitt 10. die Bedienungsprozesse im Prozeßrechner mathematisch beschrieben. Der Abschnitt 11. beschäftigt sich mit den Problemen, die bei der Nutzung von Simulationsmodellen auftreten.

8. STOCHASTISCHE MODELLE DES PROZESSRECHNERS

8.1. Stochastische Systeme

Wir betrachten als nächstes die stochastischen Verhaltensmodelle des Prozeßrechners, wobei Bedienungsmodelle eine große Rolle spielen. Aus diesem Grund führen wir einige Grundbegriffe der Bedienungstheorie ein, die für die weiteren Betrachtungen benötigt werden. In der Literatur wird die Bedienungstheorie in breitem Umfang behandelt. Hier sei nur auf die Arbeiten [KRA], [GNE1], [GNE2], [BRO], [CON], [KOE], [EGI], [JAI], [KAU], [KUSM], [NOW], [SAA], [SAI], [OWT], [WEN] verwiesen. Zunehmend findet sie auch für Verhaltensmodelle von Rechnersystemen Anwendung (vgl. [LOE1], [LOE2], [TSCH], [KLE], [COF], [KRAY], [HAN], [LIP1], [LIP2], [KOL], [TRA], [WIL], [WOR]).

Bedienungssysteme

Bedienungssysteme fertigen Forderungen ab. Wenn wir die PRA als Bedienungssystem ansehen, dann treten die Echtzeitaufträge als Forderungen in das Bedienungssystem ein. Ein Bedienungssystem besteht i. a. aus folgenden Elementen

— den Forderungsquellen
— den Forderungssenken
— den Bedienungsanlagen und
— den Forderungen.

Dabei sind Forderungsquellen, Forderungssenken und Bedienungsanlagen nichtbewegte Elemente. Die Forderungen sind bewegte Elemente, die in den Forderungsquellen erzeugt werden, die Bedienungsanlagen durchlaufen und in den Forderungssenken vernichtet werden. Eine Bedienungsanlage enthält i. a. eine Warteeinrichtung und einen Bedienungsknoten (s. Abb. 8.1).

Jeder Bedienungsknoten besitzt einen oder mehrere Bedienungskanäle. Dementsprechend heißen sie Einkanal- oder Mehrkanalbedienungsknoten und die entsprechenden Bedienungsanlagen Einkanal- oder Mehrkanalbedienungsanlagen. Es wird angenommen, daß jeder Bedienungskanal zur gleichen Zeit nur eine Forderung bedienen kann. Eine Bedienungsanlage mit N Bedienungskanälen kann also maximal N Forderungen gleichzeitig abfertigen. Dabei wird vorausgesetzt, daß alle Kanäle gleichberechtigt sind und für das Bedienungssystem nur die Kanalzahl N von Bedeutung ist.

Die Warteeinrichtung enthält einen oder mehrere getrennte Warteräume, wobei jeder Warteraum für die Speicherung einer Klasse von Forderungen vorgesehen ist. Durch mehrere Warteräume vor einem Bedienungsknoten können Mehrstromsysteme aufgebaut werden.

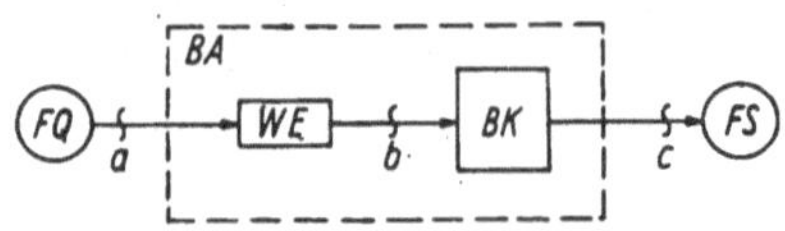

Abb. 8.1. Zum Aufbau eines aus einer Bedienungsanlage bestehenden Bedienungssystems
Bezeichnungen: FQ — Forderungsquelle, FS — Forderungssenke, WE — Warteeinrichtung, BK — Bedienungsknoten, BA — Bedienungsanlage

In unseren Betrachtungen müssen wir davon ausgehen, daß in einer Forderungsquelle i. a. nicht nur eine Forderung, sondern in gewissen Zeitabständen nacheinander eine Anzahl von Forderungen Fj (j = 1, 2, ... , n) erzeugt werden, die wir mit Forderungsstrom $\boldsymbol{F}$ bezeichnen. Dabei durchläuft jede der Forderungen Fj $\in \boldsymbol{F}$ die Bedienungsanlage. Den Pfeilen a, b, c (s. Abb. 8.1) entsprechen verschiedene Zeitpunkte zu denen eine bestimmte Forderung diese durchläuft. Der Forderungsstrom erzeugt somit an den Pfeilen a, b, c Ereignisströme, wobei a der Ankunftsstrom oder Eingangsstrom, b der Aktivierungsstrom und c der Ausgangsstrom der Forderungen zugeordnet sind.

Im Abschnitt B. haben wir den Forderungslaufplan eingeführt. Dabei werden ebenfalls 2 Elementeklassen genutzt: die Forderungen und die Ressourcen. Der dort eingeführte Forderungsbegriff stimmt voll mit dem Forderungsbegriff der Bedienungstheorie überein. Die Bedienungsknoten und Warteräume sind im Sinne der Betrachtungen des Abschnitts B. Ressourcen. Jeder Bedienungsknoten ist eine Bedienungsressource, und jeder Warteraum ist eine Steuerressource.

Ein Bedienungssystem, das mehrere Bedienungsanlagen enthält, heiße Bedienungsnetz. Dabei sind Ausgangsströme einer Bedienungsanlage Eingangsströme einer anderen (s. [KAU], [BUSA], [KUSI]). Wir unterscheiden bei den Bedienungsnetzen

— Mehrphasenbedienungssysteme und
— vermaschte Bedienungsnetze.

Ein N-Phasenbedienungssystem enthält N in Serie geschaltete Bedienungsanlagen, wobei der Ausgangsstrom der $(i - 1)$-ten Bedienungsanlage der Eingangsstrom der i-ten Bedienungsanlage für $i = 2, 3, \ldots, N$ ist. Vermaschte Bedienungsnetze sind so aufgebaut, daß zur Serienkopplung der Bedienungsanlagen noch zumindest Verzweigungen dazu kommen.

Wir bezeichnen eine Bedienungsanlage innerhalb eines Bedienungsnetzes zusammen mit ihren Ein- und Ausgangsströmen als Teilsystem des Bedienungsnetzes und manchmal einfach als Bedienungssystem. Man unterscheidet homogene und inhomogene Bedienungsnetze. Homogene Bedienungsnetze enthalten nur gleichartige Bedienungssysteme als Elemente. In einem inhomogenen Bedienungsnetz sind bei den im Netz enthaltenen Bedienungssystemen bestimmte Eigenschaften verschieden. Im Gegensatz zu der in der Bedienungstheorie üblichen Darstellung der Bedienungssysteme mit Hilfe der Bedienungsanlagen als Knoten des Graphen, sind bei der Darstellung des Systems durch einen Forderungslaufplan die Blöcke für die Zustandsänderungsoperationen die Knoten. In beiden Fällen werden die Knoten von den Forderungen durchlaufen.

Die Bedienungstheorie berücksichtigt nicht die gleichzeitige Nutzung mehrerer Bedienungsressourcen, die nicht immer gleichzeitig belegt bzw. freigegeben werden. In diesem Sinne stellen die bekannten Bedienungsmodelle i. a. eine Einschränkung gegenüber den durch Forderungslaufpläne beschreibbaren Rechnermodellen dar. Die Systemdarstellung mit Hilfe von Forderungslaufplänen bedeutet also eine Erweiterung der Beschreibungsmöglichkeiten gegenüber der in der Bedienungstheorie üblichen, die für die Beschreibung von Rechnersystemen i. a. notwendig ist. Natürlich können die bekannten Bedienungsmodelle ebenfalls durch Forderungslaufpläne angegeben werden.

Stochastische Netze

Parallel zur Bedienungstheorie hat sich die Theorie stochastischer Netze entwickelt (s. [GOL], [REN], [WEN], [BUSA]). In dieser Theorie stochastischer Netze wird u. a. mit den Begriffen der Bedienungstheorie ausgedrückt, die Gesamtverweilzeit aus den Verweilzeiten der zum Netz gehörenden Verweilzeitblöcke bestimmt. Dabei wird vorausgesetzt, daß die Verweilzeiten der Verweilzeitblöcke bekannt sind.

Wenn wir als Verweilzeitblöcke Bedienungsanlagen ansetzen können, dann erhalten wir ein Bedienungsnetz. In diesem Fall entstehen zwei Aufgaben bei der Bestimmung der Gesamtverweilzeit

— Ermittlung der Verweilzeiten in den einzelnen Bedienungsanlagen
— Ermittlung der Gesamtverweilzeit aus den Verweilzeiten der Bedienungsanlagen.

Der Begriff des stochastischen Netzes ist aber weiter gefaßt, als der des Bedienungsnetzes, weil nicht unbedingt Bedienungsanlagen als Verweilzeitblöcke genutzt werden müssen. Wenn wir das im Abschnitt 9. eingeführte allgemeine Modell der Zustandsänderungen in das entsprechende stochastische Modell ohne Einschränkungen überführen, dann erhalten wir kein Bedienungsnetz. Wie wir später sehen werden, kann die Gesamtverweilzeit aus den Verweilzeiten der einzelnen Abschnitte für jedes stochastische Netz bestimmt werden, das sich aus dem Modell der Zustandsänderungen entsprechend Abschnitt B. ergibt. Deshalb betrachten wir das stochastische Netz ohne Einschränkungen gegenüber dem Abschnitt B. als gesondertes Modell.

Im stochastischen Modell des Prozeßrechners treten zwei Aspekte in Erscheinung: der Bedienungsaspekt und der Netzaspekt. Ein Einknotenbedienungssystem enthält nur den Bedienungsaspekt. Demgegenüber wird im stochastischen Netz an erster Stelle der Netzaspekt behandelt. Der Bedienungsaspekt kommt dabei durch Einführung von Bedienungsnetzen dazu.

8.2. Verschiedene Modellansätze für die Prozeßrechenanlage

Das allgemeine stochastische Netz, das wir als erstes Grundmodell ansehen, ist mit den gegenwärtig vorhandenen Methoden nicht vollständig analysierbar. Deshalb machen wir für die PRA verschiedene Modellansätze unter einschränkenden Annahmen. Diese eingeschränkten Grundmodelle bieten die Möglichkeit der analytischen und Simulationsuntersuchung und liefern dabei überschaubare Ergebnisse. Dafür ist nicht in jedem Einsatzfall garantiert, daß die in einem dieser Modelle getroffenen Annahmen erfüllt sind. Andererseits können diese Modelle bei der Betrachtung bestimmter Einflußfaktoren als Näherungsmodelle für fast jeden Prozeßrechnereinsatzfall angenommen werden.

In allen hier noch zu betrachtenden Modellansätzen wird Ergodizität vorausgesetzt. Das gilt auch für die Simulationsmodelle. Die Bedienungsmodelle werden außerdem grundsätzlich als Wartesysteme, d. h. mit unendlichen Warteraumkapazitäten, angenommen. Beide Annahmen führen zu wesentlichen Vereinfachungen, und gegenwärtig erscheint es nur auf dieser Grundlage möglich, durchgängige Modellvorstellungen für den gesamten Prozeßrechner zu gewinnen. Andererseits wird durch diese Modellannahmen die Adäquatheit der erzielten Modelle in der Praxis meist nicht beeinträchtigt.

Bezüglich der Ergodizität kann zunächst von der allgemeinen Erfahrung ausgegangen werden, daß ergodische Prozesse in der Praxis wesentlich häufiger sind als nichtergodische (s. a. [WEN]). Jeder ergodische Prozeß mit einer endlich oder abzählbaren Zahl von Zustandswerten besitzt ein stationäres Grenzregime, das nach einem hinreichend großen Zeitabschnitt τ des Prozeßverlaufs eintritt. Dieses Grenzregime wird als stationärer Prozeß und das Regime vom Anfangszustand bis zum Beginn des stationären Regimes wird als Übergangsprozeß bezeichnet.

Dabei ist zu beachten, daß sich die Echtzeitaufgaben eines Prozeßrechners über Monate und Jahre nicht ändern. Für uns ist also das Verhalten des Prozeßrechners über diese langen Zeiträume interessant. Demgegenüber schließt der Übergangsprozeß eines Bedienungssystems gewöhnlich nach einigen mittleren Bedienungszeiten ab. Die mittleren Bedienungszeiten liegen bei Prozeßrechnern meist im Sekundenbereich. Folglich ist der Übergangsprozeß im Vergleich zum stationären Prozeß sehr kurz, und die Beschränkung auf den stationären Prozeß bringt bei einem ergodischen System keine wesentlichen Fehler. Aus diesem Grund betrachten wir in diesem Buch nur den stationären Prozeß.

Die Voraussetzung der Ergodizität hat für die Simulation des stationären Prozesses eine große Bedeutung. Man kann nämlich auf dieser Grundlage die statistische Mittelwertbildung über die Gesamtheit der Realisierungen durch die Mittelwertbildung über den stationären Abschnitt einer zeitlich hinreichend langen Realisierung ersetzen.

Die Überprüfung der Ergodizität ist mit Hilfe der Simulation durch Annahme verschiedener Anfangszustände und unterschiedlicher Beobachtungszeiten möglich. Bei der Änderung des Beobachtungszeitraumes ist allerdings zu beachten, daß dadurch auch der Stichprobenumfang für die Bestimmung der statistischen Charakteristiken geändert wird und sich folglich die statistischen Fehler bei verschiedenen Beobachtungszeiten unterscheiden.

Bezüglich der unendlichen Warteraumkapazitäten darf man nicht davon ausgehen, daß diese nicht realisierbar sind, sondern man muß die sich unter realen Bedingungen ergebenden Konsequenzen der Annahme zu Rate ziehen. Wir müssen betrachten mit welcher Wahrscheinlichkeit $P\{n \leqq r\}$ die real existierende Warteraumkapazität r eingehalten wird. Wenn diese Wahrscheinlichkeit $P\{n \leqq r\}$ nahezu gleich 1 ist, dann ist die Annahme des unendlichen Warteraumes adäquat. Aus theoretischen und Simulationsuntersuchungen für Warteverlustsysteme, d. h. für Bedienungsmodelle mit endlichem Warteraum, ist bekannt, daß bei praktisch realisierbaren Warteraumkapazitäten die Wahrscheinlichkeit $P\{n \leqq r\}$ nahe bei 1 liegt. Dabei ist außerdem zu beachten, daß POISSONsche Ankunftsströme und exponentielle Bedienungszeitverteilungen, für die diese Untersuchungen zum Teil angestellt wurden, im Vergleich zu anderen real vorhandenen Verteilungsfunktionen kleinere Werte für $P\{n \leqq r\}$ liefern.

Für jedes offene Einkanal-Wartesystem muß als notwendige Bedingung für die Sicherung der Stationarität die Ungleichung

$$\varrho < 1 \tag{8.1}$$

eingehalten werden. Dabei wird mit ϱ der Verkehrswert bezeichnet, für den gilt

$$\varrho = \lambda E(T_b)\,. \tag{8.2}$$

Hier sind $\lambda = 1/E(T_a)$ die Ankunftsrate der Forderungen, $E(T_a)$ der Erwartungswert der Ankunftszeitabstände T_a und $E(T_b)$ der Erwartungswert der Bedienungszeit T_b.

Die oben geführten Überlegungen sind natürlich kein exakter Beweis für die Adäquatheit der beiden Modellannahmen für alle Anwendungsfälle. Aus diesem Grund ist trotz der obigen optimistischen Aussagen beim gegenwärtigen Stand der Erfahrungen eine Überprüfung der sich aus den getroffenen Annahmen ergebenden Konsequenzen für jeden Anwendungsfall erforderlich. Die Unterlassung einer solchen Kontrolle kann zu unliebsamen Überraschungen führen.

In den nachfolgenden Betrachtungen orientieren wir uns auf folgende Grundmodelle:

- Einkanalmodelle und
- Bedienungsnetze.

Bei den Einkanalmodellen unterscheiden wir

- Einkanal-Einphasen-Bedienungsmodelle und
- Einkanal-Mehrphasen-Bedienungsmodelle.

Die Bedienungsnetze werden unterteilt in

- Bedienungsnetze mit unbeschränkten Bedienungsressourcen
- Bedienungsnetze mit mehreren Prozessoren und
- Bedienungsnetze mit einem Prozessor.

Diese insgesamt 5 Bedienungsmodelle werden bezüglich ihrer Einschränkungen gegenüber dem allgemeinen stochastischen Netz hier anschließend erläutert.

Einkanal-Einphasen-Bedienungsmodell

Gegenüber dem im Abschnitt B beschriebenen allgemeinen Aufbau eines Prozeßrechners werden bei diesem Modell die beiden einschränkenden Annahmen gemacht:

— für den Prozeßrechner ist nur sequentieller Informationsaustausch zugelassen
— an der Bedienung eines Echtzeitauftrags ist nur ein Applikationsprogramm beteiligt.

Die ausschließliche Zulassung des sequentiellen Informationsaustauschs führt dazu, daß keine parallelen Informationsaustauschkanäle vorhanden sind und daß die ZVE solange warten muß, bis der Informationsaustausch abgeschlossen ist. Während des Informationsaustauschs findet also keine Informationsverarbeitung statt.

Die zweite Annahme beinhaltet, daß die Aktivierung eines AP durch ein anderes ausgeklammert wird. Wenn wir die zeitverzögerte Austragung noch ausschließen, dann ist außerdem in den beiden Annahmen enthalten, daß die Austragung eines AP aus der Bearbeitung nicht vorkommt. Es handelt sich also um einen Prozeßrechner mit kopplungsfreien AP. Bekanntlich kann für diesen Fall jedem AP genau ein Auftragsstrom zugeordnet werden. Für diesen Fall gilt auch, daß jedem AP genau eine Echtzeitaufgabe entspricht und der Forderungsverband zu einer Forderung zusammenschrumpft. Das bedeutet, jeder Echtzeitauftrag umfaßt eine Forderung, und die Begriffe Echtzeitauftrag und Forderung können in diesem Fall synonym gebraucht werden.

Wenn die obigen Annahmen gelten, dann kann der Prozeßrechner durch ein Einkanalbedienungsmodell beschrieben werden, wobei der Bedienungsknoten der ZVE des Prozeßrechners entspricht. Es handelt sich somit um ein Einkanalsystem. In dem Moment in dem die ZVE belegt wird, wird gleichzeitig ein AP belegt. Mit der Freigabe der ZVE erfolgt gleichzeitig die Freigabe des entsprechenden AP. In Abb. 6.1 wurde der Forderungslaufplan für m kopplungsfreie AP, die von einer ZVE bearbeitet werden, dargestellt. Vom Standpunkt der Bedienungstheorie kann auf die Angabe der Applikationsprogramme im Belegungsblock und im Freigabeblock verzichtet werden, weil mit Angabe des Bedienungskanals ZVE alle Einflüsse der Bedienungsressourcen auf die Wartezeit erfaßt sind.

Einkanal-Mehrphasen-Bedienungsmodell des Prozessors

Jetzt wird gegenüber dem Einkanal-Einphasen-Bedienungsmodell des Prozessors die Bedienung eines Echtzeitauftrags im Prozessor durch nur ein AP fallen gelassen. Es wird also angenommen, daß an der Bedienung eines Echtzeitauftrags mehrere AP beteiligt sind. Die Beschränkung auf einen Prozeßrechner mit ausschließlich sequentiellem Informationsaustausch bleibt erhalten.

Als Ausgangspunkt für dieses Modell kann der Forderungslaufplan in Abb. 6.2 genommen werden. Dabei werden häufig Modelle betrachtet, bei denen sich der Block SPALTEN am Ende des AP vor FREIGEBEN im Hauptzweig des AP Ai befindet. In diesem Fall ergeben sich zwei Bedienungsphasen, wobei jedem AP je eine der Phasen zugeordnet ist. Es handelt sich hier praktisch um die Serienkopplung von zwei AP. Dementsprechend können n AP in Serie gekoppelt werden, wodurch eine n-Phasenbedienung erreicht wird.

Die PRA als Bedienungsnetz mit unbeschränkten Ressourcen

Im Gegensatz zum Einknotenmodell gehen wir jetzt zum Bedienungsnetz über. Es sind also parallele IAK und Kopplungen zwischen den AP sowohl durch Aktivierung eines AP durch ein anderes als auch durch AP-Austragung zugelassen. Die Einschränkungen gegenüber dem allgemeinen stochastischen Netz besteht darin, daß jedem AP ein Bedienungsknoten zugeordnet wird, wobei jeder Knoten eine unbeschränkte Kanalzahl besitzen soll: $N \to \infty$. Genauso enthält jeder IAK eine unbeschränkte Kanalzahl. Demzufolge steht zum Erzeugungszeitpunkt für jede Verarbeitungsforderung eine Verarbeitungseinheit und für jede Austauschforderung ein Informationsaustauschkanal zur Verfügung. In jedem der Verarbeitungseinheiten ist das entsprechende AP abarbeitungsbereit. Durch diese Annahme wird bewirkt, daß sich die einzelnen Forderungen bei ihrer Abfertigung gegenseitig nicht stören und daß folglich keine Wartezeiten der Forderungen auftreten.

Die oben getroffenen Voraussetzungen treffen annähernd zu, wenn die Bedienungsressourcen wenig ausgelastet sind. In diesem Fall werden die Wartezeiten und die gegenseitigen Störungen der Forderungen tatsächlich klein. In der Praxis gibt es gegenwärtig noch viele Prozeßrechnereinsätze, in denen die Mehrzahl der Ressourcen wenig ausgelastet sind. Der Modellansatz, den Prozeßrechner als Bedienungsnetz mit unbeschränkten Ressourcen zu betrachten, hat den Vorteil, daß alle strukturellen Möglichkeiten der PRA, nämlich parallele IAK, die Aktivierung der AP durch innere Quellen und die AP-Austragung, keine Schwierigkeiten bei der analytischen Behandlung bereiten.

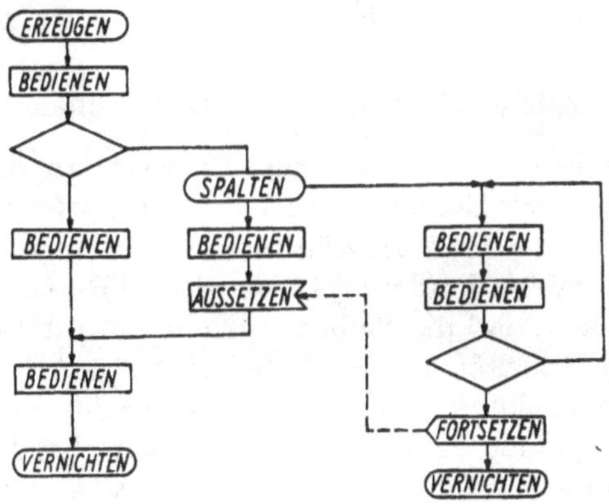

Abb. 8.2. Forderungslaufplan eines Bedienungsnetzes mit unbeschränkten Bedienungsressourcen — Beispiel

Wir betrachten jetzt den Forderungslaufplan für diesen Modellansatz. Hier ist eine Vereinfachung des Foderungslaufplanes gegenüber dem allgemeinen stochastischen Netz möglich. In diesem Fall sind keine Belegungsblöcke und keine Freigabeblöcke nötig, da die Ressourcen unbeschränkt sind. Abb. 8.2 enthält für ein aus 1 AP und einem IAK bestehendes Bedienungsnetz den Forderungslaufplan. In Abb. 6.9 ist bereits der entsprechende Forderungslaufplan für das das allgemeine stochastische Netz, bestehend aus 1 AP und einem IAK dargestellt.

Der Prozeßrechner als Bedienungsnetz mit mehreren Prozessoren

Auch jetzt setzen wir wieder voraus, daß parallele IAK und beliebige Kopplungen zwischen den AP möglich sind. Wir nehmen auch an, daß jedem AP ein eigener Bedienungsknoten zugeordnet ist. Aber die unbeschränkte Zahl von Bedienungskanälen lassen wir fallen. Jedem AP und jedem IAK wird genau ein Bedienungskanal zugewiesen. Für jedes AP steht somit eine eigene Verarbeitungseinheit zur Verfügung.

Gegenüber dem Modell mit unbeschränkten Ressourcen stören sich die Forderungen jedes AP und jedes IAK jeweils gegenseitig. Eine gegenseitige Störung der Forderungen verschiedener Ressourcen tritt nicht auf. Vor jedem AP und jedem IAK sind Warteräume vorhanden und jede Forderung besitzt im allgemeinen eine von 0 verschiedene Wartezeit.

Bei der Darstellung des Prozeßrechners als Bedienungsnetz mit mehreren Prozessoren braucht jedes AP nur als Prozessor angesehen zu werden; die zusätzliche Belegung und Freigabe des Prozessors entfällt. In Abb. 6.7 ist der Forderungslaufplan für ein stochastisches Netz mit einem Prozessor und einem IAK angegeben, in welchem 2 AP enthalten sind. Der Übergang zum Bedienungsnetz mit zwei Prozessoren ist in diesem Forderungslaufplan durch Weglassen der Bedienungsressource V in den Blöcken BELEGEN und FREIGEBEN möglich.

Der Prozeßrechner als Bedienungsnetz mit einem Prozessor

Wir nehmen für das Bedienungsnetz mit einem Prozessor an, daß für alle AP nur ein Prozessor zur Verfügung steht. Zwischen den Verarbeitungsforderungen verschiedener AP besteht im Normalfall die Prioritätsdisziplin.

Bei der Synchronisation der Forderungsläufe eines AP und eine IAK (s. Abb. 6.8 und 6.9) wird angenommen, daß die Bedienungszeiten des AP Ai sehr kurz sind und daß dieses AP eine hohe Priorität besitzt. Dabei kann das AP praktisch zum Steuerprogrammsystem zugerechnet und seine Laufzeit vernachlässigt werden. Somit tritt für einen Forderungslaufplanabschnitt der Form entsprechend der Abb. 6.8 und 6.9 nur der IAK als Bedienungsknoten auf. Der Prozessor wird bei diesem Modell durch einen solchen Abschnitt nicht beeinflußt.

In unserem Modell werden im Prozessor also nur AP berücksichtigt, die keine Synchronisation mit IAK enthalten. Wenn wir außerdem jede sonstige AP-Auftragung ausschließen, dann kann der Prozessor als Einkanalmodell, so wie es im Abschnitt D behandelt wird, angesehen werden. Dabei handelt es sich also meist um ein Prioritätsmodell. Es können auch mehrere Bedienungsphasen in der ZVE auftreten. Zwischen den verschiedenen Bedienungsphasen in der ZVE können Informationsaustauschphasen mit dem IAK als Einknotenmodell ohne Prioritäten liegen. (In Abb. 6.7 ist der Forderungslaufplan für das Beispiel mit 2 AP und einem IAK dieses Modells mit einem Prozessor dargestellt.)

Zur Grobauswahl des Modellansatzes

Oben wurden verschiedene Modellansätze für den Prozeßrechner beschrieben, die später noch untersucht werden. Die einzelnen Modellansätze gelten jeweils nur für ein eingeschränktes Spektrum von Einsatzfällen. Dabei ist folgende Grobauswahl des Modellansatzes für einen bestimmten Einsatzfall sinnvoll.

Man kann die Einsatzfälle von Prozeßrechnern in zwei Hauptklassen einteilen, nämlich

- in verarbeitungsintensive Einsatzfälle und
- in austauschintensive Einsatzfälle.

Verarbeitungsintensive Einsatzfälle kommen vor allem bei schnellen Meßwerterfassungen über sequentielle IAK vor. Die sich an die schnelle Meßwerterfassung anschließende Verarbeitung der Meßwerte belastet die ZVE erheblich, weil die Ankunftsrate sehr hoch ist. Ein Beispiel für die schnelle Meßwerterfassung über einen sequentiellen IAK ist die Patientenüberwachung (s. Tab. 9.1). Für verarbeitungsintensive Einsatzfälle kann häufig des Einknotenbedienungsmodell genutzt werden.

Austauschintensive Einsatzfälle enthalten unmittelbar am Echtzeitbetrieb beteiligte parallele IAK. Die Belastung der ZVE ist bei dieser Klasse von Einsatzfällen gering, weil der langsame Informationsaustausch eine geringe Verarbeitungsintensität erfordert. Beispiel für einen solchen Anwendungsfall ist die Tandemwalzstraße (s. Tab. 9.1). Für austauschintensive Einsatzfälle ist ein stochastisches Netz als Modellansatz zu wählen, das in Abhängigkeit von den konkreten Gegebenheiten des Einsatzfalles auf eines der drei angeführten Arten von Bedienungsnetzen weiter eingeschränkt werden kann.

8.3. Einflußfaktoren und Bewertungsgrößen für den Echtzeitbetrieb eines Prozeßrechners

Unabhängige Einflußfaktoren

In der PRA laufen eine Reihe von Prozessen mit stochastischem Charakter ab, wie wir aus den bereits geführten Betrachtungen erfuhren. Diese Prozesse können für den stationären Fall durch die Verteilungsfunktionen einer Reihe von Zufallsgrößen und durch andere Faktoren der PRA modellmäßig beschrieben werden. Dabei unterscheiden wir unabhängige Einflußfaktoren und Bewertungsgrößen.

Unabhängige Einflußfaktoren müssen bei der Untersuchung der PRA als bekannte Merkmale vorgegeben werden. Im einzelnen haben wir bei der Analyse einer PRA folgende unabhängige Einflußfaktoren

- Verteilungsfunktionen des Ankunftsprozesses einschließlich der zugehörigen Parameterwerte
- Verteilungsfunktionen der Bedienungszeiten einschließlich der zugehörigen Parameterwerte
- Kanalzahl der Bedienungsressourcen (wir nehmen bei der ZVE und den JAK meist einen Kanal an)
- Verzweigungswahrscheinlichkeiten der Verzweigungsstellen
- Eigenschaften der Warteeinrichtung einschließlich der Kapazitäten der Warteräume
- Forderungslaufplan und
- Bedienungsdisziplinen.

Unter den unabhängigen Einflußfaktoren können wir zwischen den unbeeinflußbaren Faktoren und den Entwurfsfaktoren unterscheiden. Unbeeinflußbare Faktoren sind für einen Einsatzfall fest vorgegeben. Demgegenüber sind die Entwurfsfaktoren für einen Einsatzfall im Rahmen eines möglichen Wertebereichs frei wählbar. Bei systematischen Untersuchungen, die am Modell durchgeführt werden, können auch die unbeeinflußbaren Faktoren variiert werden.

Die Einordnung der oben angeführten Einflußfaktoren für die Analyse einer PRA in diese beiden Klassen hängt von der konkreten Entwurfsphase mit den entsprechenden Bedingungen ab. In vielen Fällen werden die Verteilungsfunktionen der Ankunftsprozesse und der Bedienungszeiten, die Kanalzahl des Bedienungsknotens und die Eigenschaften der Warteeinrichtung als unbeeinflußbare Faktoren angesehen und nur die Bedienungsdisziplin, bzw. innerhalb einer Prioritätsdisziplin, die Zuordnung der Prioritäten zu den AP als Entwurfsfaktoren betrachtet.

Kurzsymbolik zur Kennzeichnung eines Einknotenbedienungssystems

Von Kendall wurde eine Kurznotierung für die Kennzeichnung eines Einknotenbedienungssystems eingeführt, die eine weite Verbreitung gefunden hat. In der Literatur gibt es dabei kleine Unterschiede. Wir verwenden hier die in [GNEZ] eingeführte Symbolik. Die Kurznotierung besteht aus vier durch Schrägstrich getrennte Buchstaben a/b/n/N. Dabei kennzeichnet

a — die Ankunftsabstandsverteilung oder die Verteilung der Quellverweilzeit
b — die Verteilung der Bedienungszeit
n — die Kanalzahl des Bedienungsknotens
N — die Kapazität der Forderungsquelle.

Für a und b werden Werte zur Bezeichnung der verschiedenen Verteilungsfunktionen eingeführt. Dabei gilt

M — exponentielle Verteilung
D — deterministische Verteilung (regelmäßiger Ankunftsstrom oder konstante Laufzeit)
E_k — Erlangsche Verteilung k-ter Ordnung
G — allgemeine Verteilung ohne Festlegung der Verteilungsfunktion.

Für ein geschlossenes Bedienungssystem mit L Bedienungskanälen, einer Kapazität der Forderungenquelle von N Forderungen, einer exponentiellen Verteilung der Ankunftszeitabstände und einer allgemeinen Verteilung der Bedienungszeit gilt die Kurznotierung

$$M/G/L/N\,.$$

Wenn in diesem Fall $N \to \infty$ angenommen, d. h. ein offenes Bedienungssystem angesetzt wird, dann kann die Rubrik für N auch weggelassen werden, so daß z. B. notiert wird

$$M/G/L\,.$$

Auch auf Bedienungsnetze läßt sich diese Symbolik gut anwenden, wenn ein homogenes Bedienungsnetz vorhanden ist, d. h., wenn die einzelnen Bedienungssysteme des Netzes alle die gleichen Eigenschaften besitzen. Andernfalls bereitet die Anwendung der Kurzsymbolik auf Bedienungsnetze Schwierigkeiten.

Zur Bewertung der Effektivität des Echtzeitbetriebs

Bereits in der Einleitung wurde darauf verwiesen, daß die Effektivitätsanalyse der PRA für den Entwickler und für den Anwender eines Prozeßrechners von großer

Bedeutung ist. Dabei geht es um die Effektivität der PRA als Ganzes, d. h. als Einheit von Geräte- und Programmtechnik. Nur wenn geeignete Bewertungsgrößen für die Einschätzung der Effektivität des Echtzeitbetriebs vorhanden sind, kann z. B. geprüft werden, ob ein bestimmter Algorithmus des Steuerprogrammsystems besser ist als ein anderer, der die gleiche Funktion erfüllt, oder ob eine bestimmte Einordnung der AP in das Prioritätssystem die günstigste ist.

Die Effektivität eines Prozeßrechners muß vor allem in zweierlei Hinsicht bewertet werden. Einerseits ist wichtig, wie schnell ein Prozeßrechner reagiert, und andererseits, was er leistet. Dementsprechend führen wir zwei Hauptrichtungen der Effektivitätsbewertung ein, und zwar

— die Bewertung der Reaktionsfähigkeit und
— die Leistungsbewertung.

Als Maß für die Bewertung der Reaktionsfähigkeit eines Prozeßrechners dient die Reaktionszeitverteilung. Bei der Betrachtung der Reaktionszeitverteilung gehen wir davon aus, daß jeder Echtzeitaufgabe ein Strom von Reaktionsaufträgen zugeordnet ist. Für die Reaktionszeiten dieses Stromes betrachten wir die Verteilungsfunktion. Dabei ist zu beachten, daß sich die Reaktionszeit aus der Auftragsverweilzeit und der Auftragsverschiebungszeit zusammensetzt oder mit der Auftragsverweilzeit übereinstimmt (s. Abschnitt 2.3.). Deshalb steht die Verweilzeitverteilung bei der Bewertung des Reaktionsverhaltens im Vordergrund. Eine eingeschränkte Bewertung des Reaktionsverhaltens läßt sich mit den Erwartungswerten der Reaktions- bzw. Verweilzeiten erreichen. Für die Bewertung des Reaktionsverhaltens gibt es als eine weitere Bewertungsgröße die Echtzeitwahrscheinlichkeit. Diese hängt mit den Echtzeitbedingungen (s. Abschnitt 2.4.) zusammen.

Die Echtzeitbedingungen werden durch die Ungleichungen (2.27) charakterisiert. Man kann die Echtzeitwahrscheinlichkeit P_{ei} $(i = 1, 2, \dots, L)$ für eine Echtzeitaufgabe als die Wahrscheinlichkeit für die Einhaltung der Echtzeitbedingung

$$P_{ei} = P\{T_{ri} \leqq T_{riz}\} \qquad (i = 1, 2, \dots, L) \tag{8.3}$$

einführen. Wenn wir andererseits die Verteilungsfunktionen von T_{ri} mit

$$R_i(t) = P\{T_{ri} \leqq t\} \qquad (i = 1, 2, \dots, L) \tag{8.4}$$

betrachten, dann erhalten wir den Zusammenhang zwischen Echtzeitwahrscheinlichkeit und Reaktionszeitverteilung

$$P_{ei} = R_i(T_{riz}) \qquad (i = 1, 2, \dots, L)\,. \tag{8.5}$$

Als Maß für die Bewertung der Leistung eines Prozeßrechners dient die Durchsatzrate der Echtzeitaufträge. Sie hat meist die Dimension [s^{-1}] und wird mit Λ bezeichnet. Die Durchsatzrate der Echtzeitaufträge ist durch die mittlere Zahl der in der Zeiteinheit von der PRA bedienten Echtzeitaufträge bestimmt.

Unterhalb der Leistungsgrenze eines Prozeßrechners ist die Durchsatzrate gleich der Zahl der in der Zeiteinheit angebotenen Echtzeitaufträge. Bei der Rechnerleistung ist es besonders wichtig die obere Leistungsgrenze Λ_{max}, die wir Leistungsfähigkeit G des Prozeßrechners nennen, zu bestimmen. Die Leistungsfähigkeit ist die Hauptbewertungsgröße der Leistungsanalyse.

Um die Effektivität eines Prozeßrechners steigern zu können, genügt es nicht, die Effektivität nur zu bewerten. Dazu ist als weiterer Schritt erforderlich, einen mathematischen Zusammenhang zwischen den unabhängigen Einflußfaktoren und den Bewertungsgrößen herzustellen. Das Ergebnis ist ein stochastisches Verhaltensmodell, und der Prozeß zur Herstellung dieses Zusammenhangs heißt Effektivitätsanalyse.

Hauptetappen der Effektivitätsuntersuchung

Die Effektivitätsuntersuchung eines Prozeßrechners besteht aus zwei Hauptetappen

— aus der Analyse der Einflußfaktoren und
— aus der eigentlichen Effektivitätsanalyse.

Die Analyse der Einflußfaktoren muß für einen bestimmten Prozeßrechnereinsatzfall als erstes durchgeführt werden. Sie umfaßt vor allem

— die Aufstellung des Forderungslaufplanes und
— die Messung der Verteilungsfunktionen der Ankunftsprozesse und der Bedienungszeiten.

Neben der Untersuchung des strukturellen Aufbaus werden in dieser Hauptetappe in erste Linie Systemmessungen am Original-Prozeßrechner durchgeführt. Analytische Methoden sind hier nur selten nutzbar. Beim gegenwärtigen Kenntnisstand über das Verhalten von Prozeßrechnern, sind Messungen an einer größeren Zahl im Einsatz befindlicher PRA und die Sammlung und Auswertung des entsprechenden statistischen Materials von großer Bedeutung. Nur so können zuverlässige Aussagen über die typischen Verteilungsfunktionen der Ankunftsströme und Bedienungszeiten gemacht werden.

Die Abschnitte 9. und 10. enthalten Ergebnisse dieser Hauptetappe für Ankunftsprozesse und Bedienungszeiten einschließlich der Meßergebnisse für Original-PRA. Der Autor betrachtet die Meßergebnisse in dieser Arbeit als einen Anfang und als Anregung für die Nutzer von Prozeßrechnern, Messungen an ihren Anlagen durchzuführen.

Die eigentliche Effektivitätsanalyse beschäftigt sich mit der Herstellung des Zusammenhangs zwischen den Einflußfaktoren und den Bewertungsgrößen. Hier können folgende drei Methoden angewandt werden

— Systemmessungen am Original-Prozeßrechner (z. B. Regressionsanalyse)
— Simulationsuntersuchungen an Verhaltensmodellen der PRA und
— analytische Untersuchungen an Verhaltensmodellen des Prozeßrechners.

Die Effektivitätsanalyse der PRA unter Nutzung der beiden letzten Methoden ist der Hauptgegenstand dieses Buches und wird in den Abschnitten 13.—20. durchgeführt. Systemmessungen zur Herstellung des Zusammenhangs zwischen den Einflußfaktoren und den Bewertungsgrößen sind in dieser Arbeit nicht enthalten. Sicher sind auch solche Messungen erforderlich. Ihre Hauptaufgabe besteht vor allem darin, die Adäquatheit der Verhaltensmodelle zu überprüfen.

9. ANKUNFTSPROZESSE DER ECHTZEITAUFTRÄGE UND PROZESSEREIGNISSE EINER PROZESSRECHENANLAGE

Voraussetzung für die bedienungstheoretische Analyse einer PRA ist u.a. die Kenntnis der Eigenschaften der Ankunftsprozesse. Dabei geht es um solche Merkmale wie Verteilungsfunktion der Ankunftsabstände, Intensität des Ankunftsstromes usw. Die

Ankunftsprozesse müssen einsatzspezifisch analysiert werden. Die durch entsprechende Messungen in Einsatzfällen gewonnenen Werte für diese Merkmale können für die analytischen und Simulationsuntersuchungen genutzt werden. Während für andere Informationsverarbeitungsanlagen Meßergebnisse über die Ankunftsprozesse veröffentlicht wurden (s. z. B. [SCHE], [SACK]), sind für die Ankunftsprozesse von Prozeßrechnern aus der Literatur keine Meßergebnisse bekannt. Dabei muß allerdings berücksichtigt werden, daß für viele Prozeßrechnereinsätze die wichtigsten Ankunftsströme regelmäßig sind. In diesem Fall kann auf eine Messung verzichtet werden, da die Intensität der Ankunftsströme, die in diesem Fall die Ankunftsströme vollständig beschreibt, durch Festlegung der Zykluszeiten bestimmt ist.

Im Abschnitt 2.1. wurden für die zeitzyklische Überwachung von Prozeßereignissen zusätzlich noch die Prozeßereignisströme als zusätzliche Ankunftsprozesse eingeführt. Diese Ankunftsströme besitzen gegenüber den Ankunftsprozessen ereignisorientierter Echtzeitaufträge keine neuen Eigenschaften.

9.1. Prozeßrechner als offene und geschlossene Bedienungssysteme

In der Bedienungstheorie werden offene und geschlossene Bedienungssysteme unterschieden (s. [KRA]). Dabei ist die Eigenschaft der Forderungsquelle bestimmend dafür, ob es sich um ein offenes oder geschlossenes Bedienungssystem dandelt. Ein offenes Bedienungssystem besitzt eine unendliche Forderungsquelle, d. h. in ihr sind unendlich viele Forderungen enthalten. Ein geschlossenes Bedienungssystem besitzt eine endliche Forderungsquelle. Die Forderungen werden in diesem Fall nicht in der Forderungssenke vernichtet, sondern kehren in die Forderungsquelle zurück, um nach einer bestimmten Quellverweilzeit wieder in die Bedienungsanlage einzutreten (s. Abb. 9.1a).

a)

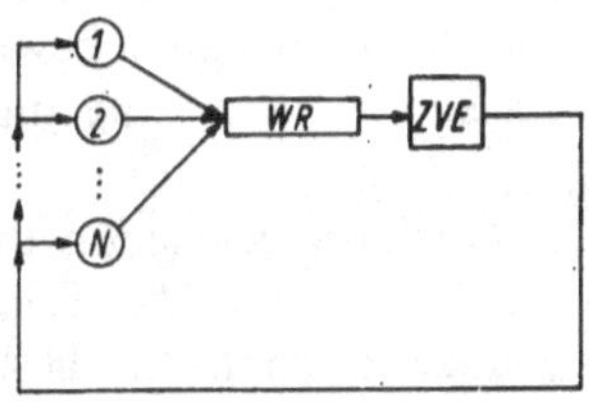

b)

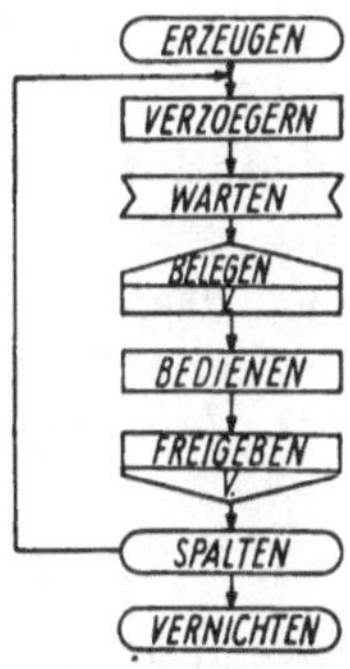

Abb. 9.1. Zur Betrachtung des Prozeßrechners als geschlossenes Bedienungssystem

Im Abschnitt 2. haben wir uns mit den Echtzeitaufträgen beschäftigt, die von einer PRA bedient werden. Davon ausgehend wollen wir jetzt feststellen, wann ein Prozeßrechner als offenes und wann als geschlossenes Bedienungssystem angesehen werden muß. Bei einem geschlossenen Bedienungssystem muß eine Rückwirkung über die Reaktionen der PRA auf die Ankunftszeitpunkte der Echtzeitaufträge vorhanden sein. Verdichtungsaufträge scheiden dabei sofort aus, weil von ihnen aus keine Reaktion an das Basissystem erfolgt und folglich keine Rückwirkung auf die Ankunft eines Echtzeitauftrags möglich ist.

Alle regelmäßigen Echtzeitaufträge werden zeitzyklisch von der Echtzeituhr erzeugt. Deshalb können ihre Erzeugungszeitpunkte nicht von Reaktionszeitpunkten abhängen.

Wenn ein Strom von regelmäßigen Echtzeitaufträgen ereignisorientierte Echtzeitaufträge enthält (s. Abschnitt 2.1.), dann erfolgt eine Synchronisation der ereignisorientierten Reaktionsaufträge mit den Prozeßereignissen (s. Abb. 6.11). Falls dabei die Prozeßereignisse von vorangehenden Reaktionen des Prozeßrechners abhängen, so entsteht ein Strom von ereignisorientierten Reaktionsaufträgen als Bestandteil eines regelmäßigen Auftragsstromes, über den der Prozeßrechner zum geschlossenen Bedienungssystem wird. Da jedoch die Verdichtungsaufträge des regelmäßigen Auftragsstromes den Prozeßrechner zum offenen Bedienungssystem machen, handelt es sich hier um ein gemischtes Bedienungssystem.

Es verbleibt nur noch die Betrachtung der stochastischen Echtzeitaufträge. Dabei bestehen die beiden Möglichkeiten

— einmalige Reaktion auf ein einziges Prozeßereignis und
— interaktive Wechselwirkung zwischen Prozeßrechner und Basissystem.

Bei der einmaligen Reaktion auf ein einziges Prozeßereignis haben wir es mit einem offenen Bedienungssystem zu tun, denn mit der Reaktion des Prozeßrechners an das Basissystem ist die durch das Prozeßereignis bewirkte ereignisorientierte Wechselwirkung abgeschlossen. Die Füllstandssteuerung im Beispiel 1 des Abschnittes 2. ist typisch für diesen Fall.

Bei der interaktiven Wechselwirkung zwischen Prozeßrechner und Basissystem ist die ereignisorientierte Wechselwirkung mit der Reaktion des Prozeßrechners an das Basissystem noch nicht abgeschlossen, sondern als Antwort auf die Reaktion des Prozeßrechners findet im Basissystem nach einer bestimmten Zeit T_q erneut ein Prozeßereignis statt, auf das der Prozeßrechner zu reagieren hat. Es gilt folglich

$$T_{qi} = t_{ei} - t_{ri-1}\,, \qquad (i = 1, 2, \ldots) \tag{9.1}$$

wenn t_{ri-1} der $(i-1)$-te Reaktionszeitpunkt und t_{ei} der i-te Prozeßereigniszeitpunkt sind. Der Anfangswert t_{r0} wird der Bestimmtheit halber gleich 0 gesetzt.

Wenn wir die Beziehung (2.5) berücksichtigen, erhalten wir für den Abstand der Ankunftszeitpunkte

$$T_{ei} = t_{ei} - t_{e(i-1)} \tag{9.2}$$

die Formel

$$T_{ei} = T_{qi} + T_{r(i-1)}\,. \tag{9.3}$$

Daraus folgt, daß der Ankunftszeitabstand beim geschlossenen Bedienungssystem von der Reaktionszeit abhängt. Aus diesem Grund ist es bei einem geschlossenem

Bedienungssystem notwendig, anstelle des Ankunftszeitabstandes die Quellverweilzeit T_{qi} als unabhängige Einflußgröße zu verwenden. In Abb. 9.1b ist der Forderungslaufplan für den Prozeßrechner als geschlossenes Einstrombedienungssystem angegeben.

9.2. Eigenschaften der Ankunftsströme für die Prozeßrechenanlage als offenes Bedienungssystem

Grundbegriffe

Der Ankunftsstrom am Eingang eines offenen Bedienungssystems stellt einen Ereignisstrom dar. Dabei wird als Ereignisstrom eine Folge von Ereignissen bezeichnet, bei dem ein Ereignis nach dem anderen im allgemeinen zu zufälligen Zeitpunkten eintritt. Wir beschränken uns auf homogene Ereignisströme, in denen die einzelnen Ereignisse nur durch die Zeitpunkte ihres Eintretens unterschieden werden. Ein Ereignisstrom kann graphisch als eine Folge von angekreuzten Punkten t_1; t_2, ... auf der Zeitachse $0t$ dargestellt werden, wobei diese Punkte den Zeitpunkten des Eintretens der Ereignisse zugeordnet sind (s. Abb. 9.2).

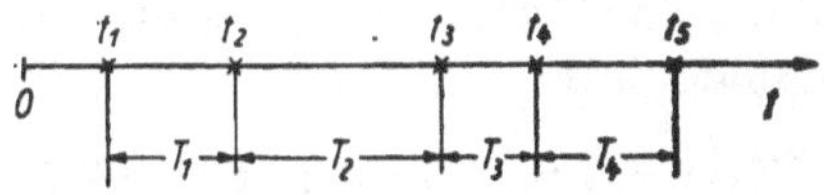

Abb. 9.2. Graphische Darstellung eines Ereignisstromes

Wir betrachten einen Ereignisstrom, in dem die benachbarten Ereignisse die Zeitabstände T_1, T_2, ... besitzen (s. Abb. 9.2). Diese Zeitabstände T_i sind im allgemeinen Zufallsgrößen, wobei gilt

$$T_i = t_i - t_{i-1}\,, \qquad (i \geqq 1)\,. \tag{9.4}$$

Wir setzen voraus, daß die Zeitabstände T_i unabhängig voneinander sind. In diesem Fall heißt der Ereignisstrom Strom mit beschränkter Nachwirkung oder auch Palmscher Strom. Wenn wir außerdem annehmen, daß alle T_i das gleiche Verteilungsgesetz besitzen, dann sprechen wir von einem rekurrenten Strom. Ein Ereignisstrom kann auch als ein diskreter Zufallsprozeß angesehen werden, der durch eine Funktion $X(t, \tau)$ mit $\tau \geqq 0$ beschrieben wird, welche die Zahl der Ereignisse im Zeitabschnitt $(t, t + \tau)$ erfaßt. Offensichtlich ist $X(t, \tau)$ eine ganzzahlige nichtfallende Funktion, die im allgemeinen von den Größen t und τ abhängt.

In den weiteren Betrachtungen nehmen wir ordinäre stationäre Ankunftsströme mit beschränkter Nachwirkung an. Diese werden in der Literatur (vgl. [GNE 1]) ausführlich beschrieben.

Poissonscher Ankunftsstrom

Unter den Ereignisströmen nimmt der Poissonsche Strom einen besonderen Platz ein, da er eine Reihe von Eigenschaften besitzt, die die Behandlung der PRA als Bedienungssystem wesentlich erleichtern. Wir wollen in Anlehnung an [KOE] unter einen Poissonschen Ereignisstrom einen solchen verstehen, der die drei Eigenschaften der

Ordinarität, der Stationarität und der Nachwirkungsfreiheit besitzt. In der sowjetischen Literatur (s. z. B. [GNE 1]) heißt ein solcher Strom einfachster Ereignisstrom, und für den POISSONschen Strom wird dort die Stationarität nicht als Bedingung gestellt. Da wir uns hier auf stationäre Ereignisströme beschränken, ist diese Unterscheidung in den weiteren Betrachtungen uninteressant.

Wir betrachten die Zahl der Ereignisse N, die in einem beliebigen Intervall der Länge τ auftritt. Die Größe N hat bei einem POISSONschen Strom die POISSON-Verteilung

$$p_n = P\{N = n\} = \frac{(\lambda\tau)^n \, e^{-\lambda\tau}}{n!} \qquad (n = 0, 1, 2, \ldots) . \tag{9.5}$$

Die Zeitintervalle $T_1, T_2, \ldots$ der benachbarten Ereignisse eines POISSONschen Ereignisstromes sind exponentiell verteilt, mit

$$A(t) = P\{T_a \leqq t\} = 1 - P(T_a > t) = 1 - e^{-\lambda t} , \tag{9.6}$$

wobei $A(t)$ die Verteilungsfunktion der Zufallsgröße T_a und λ der Parameter der Verteilungsfunktion sind. Infolge der Nachwirkungsfreiheit sind alle Intervalle T_a unabhängige Zufallsgrößen.

Für eine Zufallsgröße T mit der Verteilungsfunktion $F(t)$ wird die LAPLACE-STIELTJES-Transformierte $F^*(s)$ eingeführt, mit

$$F^*(s) = E(e^{-sT}) = \int_0^\infty e^{-st} \, dF(t) , \tag{9.7}$$

wobei

$$F(t) = P(T \leqq t) \tag{9.8}$$

die Verteilungsfunktion der Zufallsgröße T ist.

Die LAPLACE-STIELTJES-Transformierte $F^*(s)$ einer Verteilungsfunktion $F(t)$ besitzt folgende Eigenschaften:

a) Bei $s \geqq 0$ (oder $\operatorname{Re} s \geqq 0$, wenn s komplex) existiert $F^*(s)$, d. h., $F^*(s)$ ist in diesem Fall endlich.

b) Zwischen der Verteilungsfunktion $F(t)$ und der zugeordneten LAPLACE-STIELTJES-Transformierten $F^*(s)$ existiert eine eineindeutige Zuordnung.

c) Wenn $E(T^k)$ das k-te Anfangsmoment der Zufallsgröße T ist, dann gilt

$$E(T^k) = (-1)^k \cdot \left.\frac{d^k F^*(s)}{ds^k}\right|_{s=0} , \tag{9.9}$$

d. h., die Anfangsmomente der Zufallsgröße T können aus der LAPLACE-STIELTJES-Transformierten der Verteilungsfunktion der Zufallsgröße T durch Differentiation gewonnen werden.

d) Wenn T_1 und T_2 zwei voneinander unabhängige Zufallsgrößen mit den Verteilungsfunktionen $F_1(t)$, $F_2(t)$ und den LAPLACE-STIELTJES-Transformierten $F_1^*(s)$, $F_2^*(s)$ sind und wenn gilt

$$T = T_1 + T_2 ,$$

dann ergibt sich die Verteilungsfunktion von T durch das Faltungsintegral

$$F(t) = P(T_1 + T_2 \leqq t) = \int_0^t F_1(t - x)\,\mathrm{d}F_2(x)\,, \tag{9.10}$$

und die Laplace-Stieltjes-Transformierte der Verteilungsfunktion $F(t)$ ist

$$F^*(s) = F_1^*(s) \cdot F_2^*(s)\,. \tag{9.11}$$

Die Laplace-Stieltjes-Transformierte der Exponential-Verteilung für den Ankunftszeitabstand hat die Form

$$A^*(s) = E(\mathrm{e}^{-sT_a}) = \int_0^\infty \mathrm{e}^{-st}\,\mathrm{d}A(t) = \int_0^\infty \mathrm{e}^{-st}\,\lambda\,\mathrm{e}^{-\lambda t}\,\mathrm{d}t\,, \tag{9.12}$$

$$A^*(s) = \frac{\lambda}{\lambda + s}\,. \tag{9.13}$$

Daraus folgt für den Erwartungswert und die Dispersion

$$E(T_a) = 1/\lambda\,, \tag{9.14}$$

$$D(T_a) = 1/\lambda^2\,. \tag{9.15}$$

Regelmäßiger Ankunftsstrom

Ein regelmäßiger Ankunftsstrom ist eine Ereignisfolge, deren Ereignisabstände alle gleich (äquidistant) sind. Für PRA haben regelmäßige Ankunftsströme eine große Bedeutung, weil in vielen Einsatzfällen ein wesentlicher Teil der Echtzeitaufträge zeitzyklisch von der Echtzeituhr erteilt wird. Ein regelmäßiger Ankunftsstrom besitzt

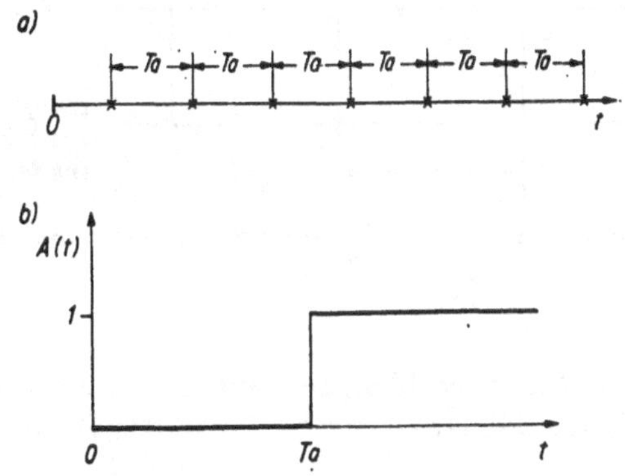

Abb. 9.3. Verteilungsfunktion der Ankunftsabstände eines regelmäßigen Ankunftsstromes

für den Ankunftsabstand T_a eine sprungförmige Verteilungsfunktion $A(t)$ (s. Abb. 9.3) und die Wahrscheinlichkeitsdichte

$$a(t) = \delta\big(t - E(t)\big)\,, \tag{9.16}$$

wobei $\delta(t)$ die Diracsche Deltafunktion ist.

Da der Zeitabstand zwischen zwei benachbarten Ankunftszeitpunkten der Echtzeitaufträge konstant ist, gilt für die Laplace-Stieltjes-Transformierte der Verteilungsfunktion

$$A^*(s) = \int_0^\infty e^{-st}\,\delta(t - T_a)\,dt = e^{-sT_a}\,, \tag{9.17}$$

für den Erwartungswert

$$E(T_a) = T_a \tag{9.18}$$

und für die Dispersion

$$D(T_a) = 0\,. \tag{9.19}$$

Erlangscher Ankunftsstrom

Eine wesentliche Erweiterung gegenüber den beiden bisher behandelten Ankunftsströmen stellt ein Eingangsstrom mit einer ERLANGschen Verteilungsfunktion der Ankunftsabstände T_a dar. Dieser Strom wird ERLANGscher Ankunftsstrom genannt (s. z. B. [WEN]), obwohl die ERLANGsche Verteilungsfunktion sich auf die Ankunftsabstände und nicht auf die Zahl der Ereignisse auf einem vorgegebenen Zeitintervall bezieht.

Dabei kann ein Ereignisstrom mit ERLANGscher Verteilung der Ankunftsabstände aus einem POISSONschen Strom gebildet werden. Wir gehen von einem POISSONschen Strom aus und ordnen jeden k-ten Zeitpunkt dieses Ereignisstromes in einen neuen Ereignisstrom ein, den wir ERLANGschen Strom k-ter Ordnung nennen. In Abb. 9.4 ist das für den ERLANGschen Strom 3-ter Ordnung dargestellt. Offensichtlich ist der POISSONsche Strom ein Grenzfall des ERLANGschen Stromes, nämlich ein ERLANGscher Strom erster Ordnung.

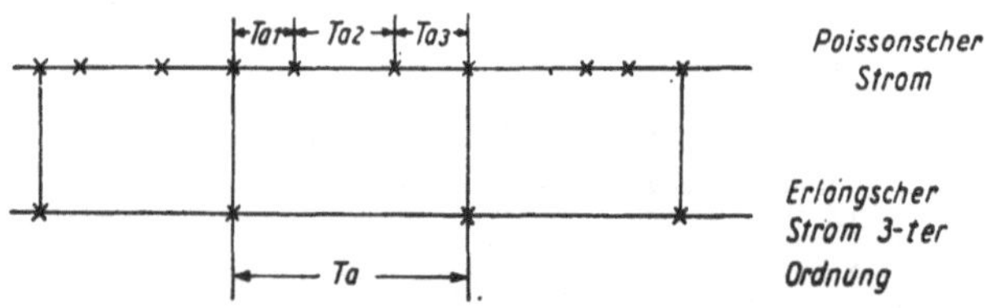

Abb. 9.4. Zur Bildung eines ERLANGschen Stromes dritter Ordnung aus einem POISSONschen Strom

Die Zeitintervalle zwischen benachbarten Punkten des ERLANGschen Stromes k-ter Ordnung T_a ergibt sich aus den Ankunftsabständen des POISSONschen Grundstromes T_{ai} mit

$$T_a = \sum_{i=1}^{k} T_{ai}\,. \tag{9.20}$$

Jede der Größen T_{ai} ist dabei exponentiell verteilt mit der Verteilungsfunktion (9.6). Für die ERLANGsche Verteilungsfunktion k-ter Ordnung gilt

$$A_k(t) = 1 - e^{-\lambda t} \sum_{i=1}^{k-1} \frac{(\lambda t)^i}{i!}\,. \tag{9.21}$$

Offensichtlich ergibt sich daraus für $k = 1$ die exponentielle Verteilung mit (9.6).

Wir bestimmen jetzt die LAPLACE-STIELTJES-Transformierte für die ERLANGsche Verteilungsfunktion. Der Ansatz ist

$$A_k^*(s) = E(e^{-T_a s}) = \int_0^\infty e^{-ts}\, dA_k(t)\,, \tag{9.22}$$

$$A_k^*(s) = \frac{\lambda^k}{(k-1)!} \int_0^\infty t^{k-1}\, e^{-(\lambda+s)t}\, dt\,. \tag{9.23}$$

Durch partielle Integration ergibt sich daraus

$$A_k^*(s) = \left(\frac{\lambda}{\lambda + s}\right)^k. \tag{9.24}$$

Diese Formel kann man auch aus der Überlegung erhalten, daß der Zeitabstand zweier benachbarter Ereignisse eines ELANGschen Stromes gleich der Summe von k unabhängigen Zufallsgrößen ist, die alle die gleiche Exponentialverteilung mit der LAPLACE-STIELTJES-Transformation

$$A_1^*(s) = \frac{\lambda}{\lambda + s} \tag{9.25}$$

besitzen. Die LAPLACE-STIELTJES-Transformierte der Verteilungsfunktion einer Summe von Zufallsgrößen ist nach der Formel (9.11) gleich dem Produkt der LAPLACE-STIELTJES-Transformierten der Verteilungsfunktionen für die einzelnen Summanden, in unserem Fall also

$$A_k^*(s) = [A_1^*(s)]^k\,, \tag{9.26}$$

woraus (9.24) folgt.

Durch Differentiation der rechten Seite von (9.24) erhalten wir den Erwartungswert

$$E(T_a) = k/\lambda \tag{9.27}$$

und die Dispersion

$$D(T_a) = k/\lambda^2\,. \tag{9.28}$$

Die Standardabweichung folgt aus (9.28) mit

$$\sigma(T_a) = \sqrt{k}/\lambda\,. \tag{9.29}$$

Es ist zu beachten, daß wir $E(T_a)$, $D(T_a)$ und $\sigma(T_a)$ durch die Stromintensität λ des POISSONschen Grundstromes ausgedrückt haben. Wir setzen jetzt die Intensität des ERLANGschen Stromes Λ ein. Dabei gilt offensichtlich

$$\Lambda = \lambda/k\,. \tag{9.30}$$

Somit ergibt sich aus (9.27)

$$E(T_a) = 1/\Lambda\,, \tag{9.31}$$

aus (9.28)

$$D(T_a) = \frac{1}{k\Lambda^2} \tag{9.32}$$

und aus (9.29)

$$\sigma(T_a) = \frac{1}{\sqrt{k}\Lambda}\,. \tag{9.33}$$

Nach (9.32) und (9.33) folgt, daß mit $k \to \infty$ die Dispersion und die Standardabweichung gegen 0 gehen. Daraus erhält man, daß bei vorgegebener Intensität Λ der ERLANGsche Strom mit $k \to \infty$ sich im Grenzwert einem regelmäßigen Strom mit konstanten Zeitabständen zwischen den benachbarten Ereignissen

$$T_a = \text{const} = 1/\Lambda \tag{9.34}$$

nähert. Somit gelten die beiden Grenzfälle des ERLANGschen Stromes:

— Bei $k = 1$ haben wir einen POISSONschen Strom mit Exponentialverteilung für T_a und

$$D(T_a) = 1/\Lambda^2 \,. \tag{9.35}$$

— Bei $k \to \infty$ haben wir einen regelmäßigen Strom mit konstanten Zeitabständen zwischen den benachbarten Ereignissen und

$$D(T_a) = 0 \,. \tag{9.36}$$

Durch Angabe verschiedener Werte von k, erhält man also verschiedene Ereignisströme, deren Dispersion in den Grenzen

$$0 \leqq D(T_a) \leqq 1/\Lambda^2 \tag{9.37}$$

liegt. Man kann k als Maß für den Grad der Nachwirkung betrachten. Für $k = 1$ haben wir einen nachwirkungsfreien Strom, und für $k \to \infty$ ergibt sich ein funktioneller Zusammenhang zwischen den Ereigniszeitabständen.

Ereignisstrom der Grenzwertüberschreitungen

Eine wichtige Aufgabe von Prozeßrechnern in verfahrenstechnischen Produktionsprozessen ist die Grenzwertüberwachung analoger Meßgrößen. Aus der Automatisierungstechnik ist bekannt, daß man eine zu überwachende Größe $X(t)$ in einem verfahrenstechnischen Prozeß häufig als normalverteilten stationären Zufallsprozeß ansehen kann.

Wir betrachten jetzt die Grenzwertüberwachung des normalverteilten stationären Zufallsprozesses $X(t)$, von dem in Abb. 9.5 eine Realisierung angegegeben ist. Außerdem ist in dieser Abb. noch der obere Grenzwert a des Signals $X(t)$ eingezeichnet.

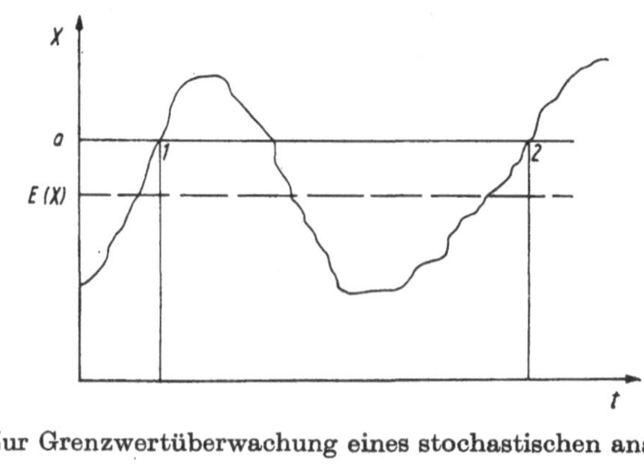

Abb. 9.5. Zur Grenzwertüberwachung eines stochastischen analogen Signals

Wenn das Signal $X(t)$ den Grenzwert a von unten nach oben überschreitet, dann tritt ein Prozeßereignis ein, auf das der Prozeßrechner zu reagieren hat. Wir erhalten somit für das Signal $X(t)$ einen Ereignisstrom der Grenzwertüberschreitungen $t_1, t_2, t_3, \ldots$ Dieser Ereignisstrom ist ordinär. Wenn die Grenze genügend weit vom Erwartungswert $E(X)$ entfernt liegt, d. h., wenn die Bedingung

$$a > E(X) - \sigma(X) \tag{9.38}$$

gilt, dann ist der Abstand zwischen zwei benachbarten Punkten des Ereignisstromes der Grenzwertüberschreitungen größer als die Korrelationszeit. Dabei wird mit $\sigma(X)$ die Standardabweichung von X bezeichnet. Unter diesen Bedingungen ist der Ereignisstrom der Grenzwertüberschreitungen $t_1, t_2, t_3, \ldots$ ein stationärer POISSONscher Strom, bei dem für das Auftreten von N Ereignissen auf einem Zeitabschnitt τ die Wahrscheinlichkeit

$$p_n = \mathrm{P}\{N = n\} = \frac{(\lambda\tau)^n \cdot \mathrm{e}^{-\lambda\tau}}{n!}, \qquad (n = 1, 2, 3, \ldots) \tag{9.39}$$

besteht. λ ist die Intensität des Ereignisstromes der Grenzwertüberschreitungen. Für ein normalverteiltes stationäres Signal folgt nach [SHD]

$$\lambda = \frac{1}{2\pi} \sqrt{-\frac{K''(\tau)}{K(\tau)}\bigg|_{\tau=0}} \cdot \exp\left[-\frac{[a - E(X)]^2}{2 \cdot K(0)}\right]. \tag{9.40}$$

Hierbei sind $K(\tau)$ die Autokorrelationsfunktion von $X(t)$ und $K''(\tau)$ die zweite Ableitung dieser Autokorrelationsfunktion.

Mit Hilfe der Formeln (9.39) und (9.40) können wir somit bei der Grenzwertüberwachung analoger Meßgrößen anhand des Erwartungswertes und der Autokorrelationsfunktion der Meßgröße $X(t)$ die Intensität λ des stationären POISSONschen Ereignisstromes der Grenzwertüberschreitungen bestimmen.

Ankunftsraten der Echtzeitaufträge für ausgewählte Einsatzfälle

In Tab. 9.1 sind für ausgewählte Prozeßrechnereinsätze, denen offene Bedienungsmodelle zugeordnet werden können, die Ankunftsraten λ, d. h. die Zahl der ankommenden Echtzeitaufträge in der Zeiteinheit, angegeben. Diese Ergebnisse wurden anhand der Prozeßanalyse in der Phase der Einsatzvorbereitung und Erprobung gewonnen. Messungen waren für ihre Gewinnung nicht erforderlich. Die entsprechenden Einsatzfälle sind in [GAG], [SCH], [KOT], [JAH 1] und [JAH 2] beschrieben.

Tabelle 9.1. Ankunftsraten ausgewählter Prozeßrechnereinsätze

Lfd. Nr.	Einsatzfall	Ankunftsrate in s^{-1}
1	PVC-S-Produktion	0,200
2	Kaltband-Tandemwalzstraße	0,988
3	Kaliaufbereitungsbetrieb	1,014
4	Klinisches Labor	3,121
5	Patientenüberwachung	250,000

Ankunftsprozesse der Auftragsströme und der Prozeßereignisströme eines Prozeßrechnereinsatzes in einem Kaliaufbereitungsbetrieb

An einem Prozeßrechner, der in einem Kaliaufbereitungsbetrieb eingesetzt ist, wurden Messungen für die Bestimmung der Verteilungsfunktionen der Ankunftsströme der stochastischen Echtzeitaufträge und der Prozeßereignisse durchgeführt (s. [GRI]). Wir unterscheiden in diesem Einsatzfall 2 regelmäßige und 3 stochastische Ankunftsströme der Echtzeitaufträge. Außerdem besitzt dieser Einsatzfall noch einen Prozeßereignisstrom, dessen Prozeßereignisse durch regelmäßige Echtzeitaufgträge entdeckt werden müssen. Für alle 4 stochastischen Ereignisströme wurde mit dem Chi-Quadrat-Anpassungstest geprüft, ob die Poisson-Verteilung gilt. In allen 4 Strömen, wurde die Poisson-Verteilung bestätigt.

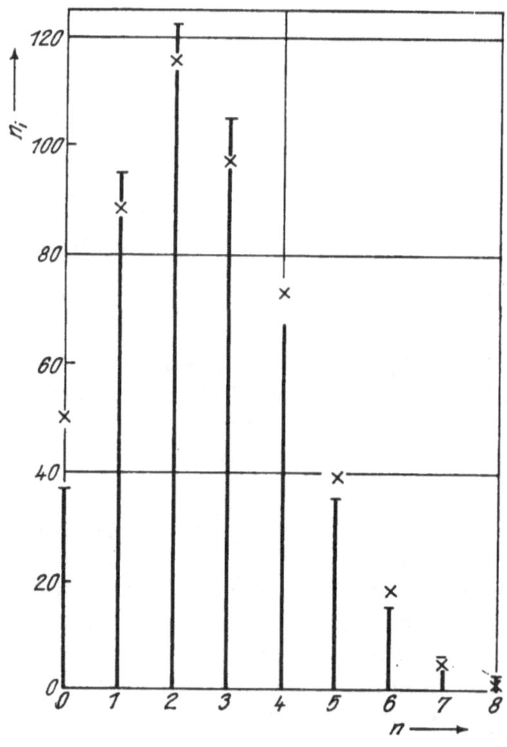

Abb. 9.6. Gemessene Verteilungsfunktion eines Ankunftstromes von Echtzeitaufträgen in einem Kaliaufbereitungsbetrieb (┬┬┬┬ — theoretische Poissonverteilung; × — Messung)

Abb. 9.6 enthält für einen der stochastischen Auftragsströme und Abb. 9.7 für den Prozeßereignisstrom den Vergleich zwischen den statistisch gemessenen Verteilungen und der Poisson-Verteilung. Damit wurde der Nachweis erbracht, daß bei Prozeßrechnereinsätzen Poissonsche Eingangsströme existieren und die Annahme Poissonscher Ankunftsströme eine gewisse Berechtigung besitzt.

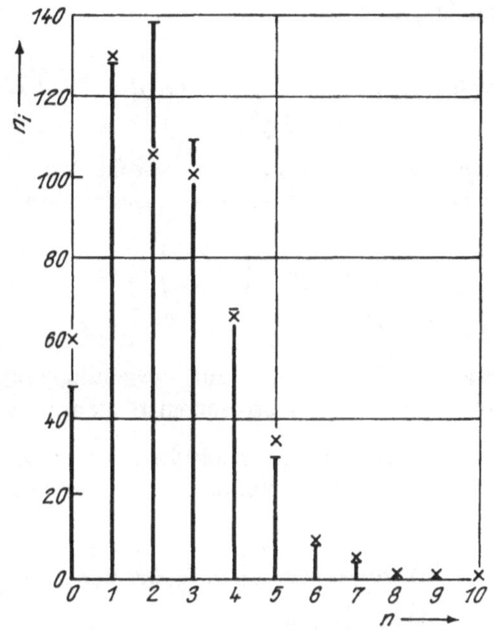

Abb. 9.7. Gemessene Verteilungsfunktion des Prozeßereignisstromes in einem Kaliaufbereitungsbetrieb (┬┴┬┬ — theoretische Poissonverteilung, × — Messung)

9.3. Eigenschaften der Quellverweilzeiten für die Prozeßrechenanlage als geschlossenes Bedienungssystem

Exponentialverteilung der Quellverweilzeit

Für PRA im geschlossenen Bedienungssystem kann im einfachsten Fall als Verteilungsfunktion der Quellverweilzeit T_q ebenfalls eine Exponentialfunktion

$$Q(t) = P\{T_{qi} \leqq t\} = 1 - e^{-\gamma t} \tag{9.41}$$

angenommen werden, wobei vorausgesetzt wurde, daß die T_{qi} alle die gleiche Verteilungsfunktion besitzen und statistisch unabhängig voneinander sind (rekurrenter Strom). γ ist hier die Verweilintensität der Forderungen in der Quelle. Für die Verteilungsdichte folgt

$$q(t) = \gamma\, e^{-\gamma t}\,, \tag{9.42}$$

mit dem Erwartungswert

$$E(T_q) = 1/\gamma \tag{9.43}$$

und der Dispersion

$$D(T_q) = 1/\gamma^2 \tag{9.44}$$

bzw. der Standardabweichung

$$\sigma(T_q) = 1/\gamma\,. \tag{9.45}$$

Die LAPLACE-STIELTJES-Transformierte von $Q(t)$ ist

$$Q^*(s) = E(e^{-T_a s}) = \int_0^\infty e^{-ts}\, dQ(t) = \frac{\gamma}{\gamma + s}. \tag{9.46}$$

Auch hier ist es möglich, bei Bedarf eine ELANGsche Verteilungsfunktion für die Quellverweilzeit T_q mit der LAPLACE-STIELTJES-Transformierten

$$Q_k^*(s) = \left(\frac{\gamma}{\gamma + s}\right)^k \tag{9.47}$$

anzusetzen.

Mittlere Quellverweilzeiten und Verteilungsfunktion für Einsatzfälle mit geschlossenem Bedienungssystem

In der Tab. 9.2 sind für zwei ausgewählte Prozeßrechnereinsätze, denen geschlossene Bedienungsmodelle zugeordnet werden können, die Quellvertweilzeiten $E(T_q)$ in s angegeben.

Tabelle 9.2. Mittlere uQellverweilzeiten ausgewählter Prozeßrechnereinsätze

Lfd. Nr.	Einsatzfall	Quellverweilzeit in s
1	Werkzeugmaschinensteuerung	1,761
2	Hochschullehrsystem LEDA	175,79

Das Ergebnis für die Werkzeugmaschinensteuerung, die in [WER] beschrieben ist, wurden anhand der Prozeßanalyse in der Phase der Einsatzvorbereitung gewonnen. Messungen wurden hier ebenfalls nicht vorgenommen. Am Hochschullehrsystem LEDA (s. [HEI]) wurden Messungen für die Quellverweilzeit T_q durchgeführt (s.

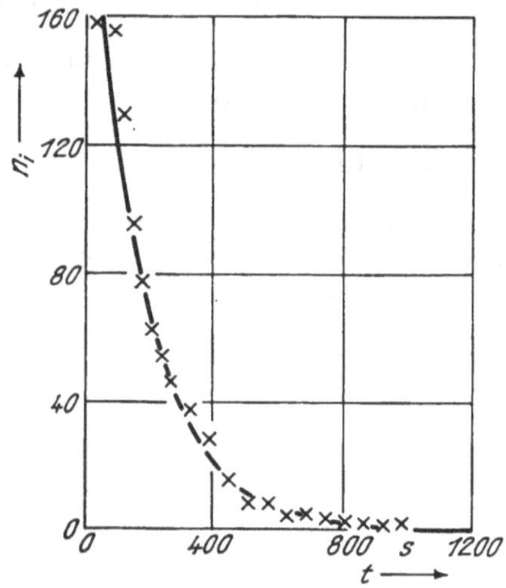

Abb. 9.8. Gemessener Verteilungsfunktion der Quellverweilzeit im Hochschullehrsystem LEDA (theoretische Exponentialverteilung: ———; Messung: ×)

[RICH]). Aus einer Stichprobe von 1200 Werten erhielten wir den in der Tab. 9.2 angegebenen Wert. Die Verteilungsdichtefunktion der Quellverweilzeit $q(t)$ für das Hochschullehrsystem LEDA, die aus diesen Meßwerten gewonnen wurde, ist in Abb. 9.8 dargestellt. Dieses Bild zeigt eine gute Übereinstimmung mit der Exponentialverteilung. Auch der Chi-Quadrat-Test zeigt für die Exponentialverteilung ein positives Ergebnis.

10. EIGENSCHAFTEN DER BEDIENUNGSPROZESSE EINER PROZESSRECHENANLAGE

In einer PRA treten als Bedienungsprozesse auf

— Informationsverarbeitungsprozesse, die mit Programmlaufzeiten verbunden sind,
— Zeitverzögerungsprozesse, die mit Verzögerungszeiten verbunden sind, und
— Informationsaustauschprozesse, die mit Übertragungszeiten verbunden sind.

In den nachfolgenden Abschnitten beschäftigen wir uns mit diesen Prozessen.

10.1. Eigenschaften der Programmläufe als Bedienungsprozesse

Die Bedienung der Verarbeitungsforderungen erfolgt durch die Abarbeitung der Applikationsprogramme. Dabei wird die einmalige Abarbeitung eines AP auf der Grundlage einer Forderung Programmlauf genannt.

Analytische Verteilungsfunktionen der Bedienungszeit

Die Bedienungszeit T_b eines Bedienungsknotens ist die Zeit, die er zur Abfertigung einer Forderung benötigt, wobei die Wartezeit der Forderung ausgeschlossen ist. Im allgemeinen ist T_b eine Zufallsgröße. Sie gehört für das Bedienungssystem zu den unabhängigen Einflußgrößen. Wir nehmen jetzt an, daß alle T_b unabhängig voneinander sind und alle das gleiche Verteilungsgesetz haben. In diesem Fall kann die Bedienungszeit für alle von der Bedienungsanlage (ZVE) bedienten Forderungen durch die Verteilungsfunktion

$$B(t) = \mathrm{P}\{T_b \leqq t\} \tag{10.1}$$

beschrieben werden.

Vom Standpunkt der analytischen Untersuchungsmöglichkeiten spielt die Exponentialverteilung

$$B(t) = 1 - \mathrm{e}^{-\mu t} \qquad \mu > 0 \tag{10.2}$$

eine große Rolle, wobei

$$\mu = 1/E(T_b) \tag{10.3}$$

die Bedienungsintensität und $E(T_b)$ der Erwartungswert der Bedienungszeit T_b sind.

Allerdings ist die Annahme der Exponentialverteilung der Bedienungszeit bei der analytischen Untersuchung von Einkanalbedienungssystemen nicht unbedingt erforderlich, sondern sie hat vor allem Bedeutung für die Behandlung von Bedienungsnetzen. Deshalb wird bei der Analyse von Einkanalbedienungssystemen häufig eine beliebige Verteilungsfunktion für die Bedienungszeit angenommen.

Die LAPLACE-STIELTJES-Transformierte der Verteilungsfunktion (10.2) ist gleich

$$B^*(s) = E(e^{-T_b s}) = \int_0^\infty e^{-ts}\, dB(t) = \frac{\mu}{\mu + 1}. \tag{10.4}$$

In manchen Untersuchungen betrachten wir konstante Bedienungszeiten. In diesem Fall sind

$$B^*(s) = \int_0^\infty e^{-ts}\, \delta(t - T_b)\, dt = e^{-sT_b}, \tag{10.5}$$

$$E(T_b) = T_b \tag{10.6}$$

und

$$D(T_b) = 0. \tag{10.7}$$

Laufzeitverteilung eines Applikationsprogrammes

Als Bedienungszeiten der Verarbeitungsforderungen treten die Laufzeiten der Applikationsprogramme auf. Somit sind die Verteilungsfunktionen der Bedienungszeiten für die einzelnen Forderungsströme gleich den Laufzeitverteilungen der Applikationsprogramme. In Abb. 3.2 ist der Programmablaufplan für ein AP mit einer Verzweigung dargestellt. Dabei besitzen die lineren Abschnitte L_1, L_2, L_3, L_4 konstante Laufzeiten $T_{b1}, T_{b2}, T_{b3}, T_{b4}$. Für das Applikationsprogramm gibt es zwei mögliche Realisierungen mit den Laufzeiten

$$T_{ba} = T_{b1} + T_{b2} + T_{b4} \tag{10.8}$$

und

$$T_{bb} = T_{b1} + T_{b3} + T_{b4}. \tag{10.9}$$

Wenn wir jetzt der ersten Realisierung mit der Laufzeit T_{ba} die Wahrscheinlichkeit P_1 zuordnen, dann ergibt sich für die Wahrscheinlichkeit der zweiten Realisierung

$$P_2 = 1 - P_1. \tag{10.10}$$

Die Verteilungsfunktion ist für diesen Fall in Abb. 10.1 eingezeichnet. Dabei ist zu beachten, daß trotz der diskreten Verteilungsfunktion die Variablen T_{ba} und T_{bb} alle Werte annehmen können.

Wir bestimmen jetzt die LAPLACE-STIELTJES-Transformierte der Laufzeitverteilung eines zusammengesetzten Programmabschnittes aus den LAPLACE-STIELTJES-Trans-

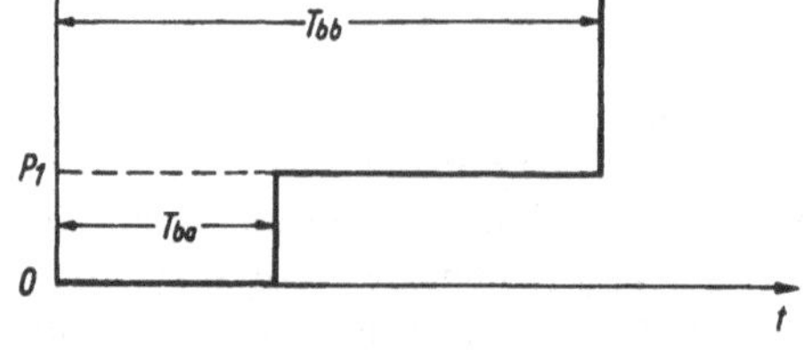

Abb. 10.1. Verteilungsfunktion der Laufzeit eines verzweigten AP

formierten der Verteilungsfunktionen der Teilabschnitte. Dabei gibt es die drei grundsätzlichen Anordnungen

— die Serienanordnung
— die Verzweigung und
— die Programmschleife.

Wir behandeln als erstes die *Serienanordnung* von 2 Programmabschnitten (s. Abb. 10.2a) mit den LAPLACE-STIELTJES-Transformierten der Laufzeitverteilungen $B_1^*(s)$ und $B_2^*(s)$. In diesem Fall gilt für die LAPLACE-STIELTJES-Transformierte der Laufzeitverteilung des zusammengesetzten Programmabschnittes

$$B^*(s) = B_1^*(s) \cdot B_2^*(s) . \tag{10.11}$$

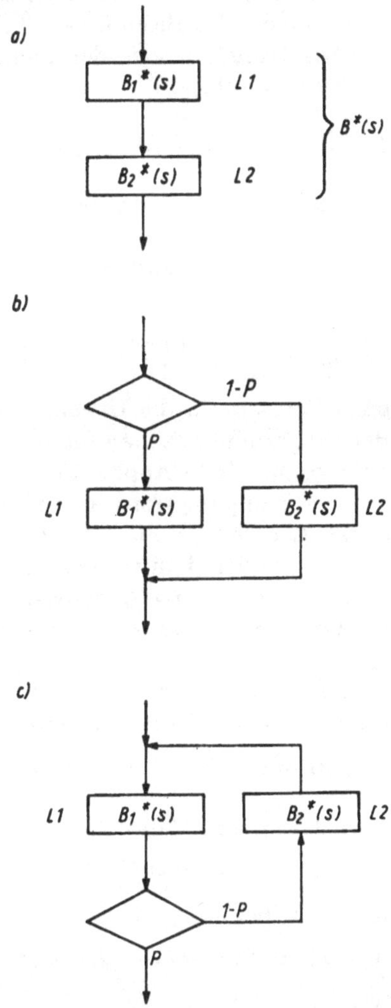

Abb. 10.2. Zur Bestimmung der Verteilungsfunktion der Laufzeit von grundsätzlichen Anordnungen der Teilabschnitte eines AP

Als nächstes analysieren wir einen Programmabschnitt, der die Teilabschnitte L1, L2 und die *Verzweigung* V enthält (s. Abb. 10.2b). Die LAPLACE-STIELTJES-Transformierten der Laufzeitverteilungen der Teilabschnitte seien $B_1^*(s)$ und $B_2^*(s)$, und die Wahrscheinlichkeit, daß an der Verzweigung das Programm den Zweig mit dem Teilabschnitt L1 als nächstes weiterführt, sei P. Diese Wahrscheinlichkeit heißt Verzweigungswahrscheinlichkeit. Die Wahrscheinlichheit, daß der Zweig mit dem Teilabschnitt L2 nach der Verzweigung als nächstes durchlaufen wird ist gleich $1 - P$. In diesem Fall gilt für die LAPLACE-STIELTJES-Transformierte der Verteilungsfunktion des zusammengesetzten Programmabschnittes

$$B^*(s) = P \cdot B_1^*(s) + (1 - P) \cdot B_2^*(s) \,. \tag{10.12}$$

Nunmehr betrachten wir die *Programmschleife* mit den beiden Teilabschnitten L1, L2 und der Verzweigung V (s. Abb. 10.2c). Dabei werden die LAPLACE-STIELTJES-Transformierten der Laufzeitverteilungen der Teilabschnitte mit $B_1^*(s)$ und $B_2^*(s)$ angenommen. Für die LAPLACE-STIELTJES-Transformierte der Laufzeitverteilung des zusammengesetzten Programmabschnittes ergibt sich

$$B^*(s) = \sum_{j=1}^{\infty} P_j \cdot [B_1^*(s)]^j \cdot [B_2^*(s)]^{j-1} \,. \tag{10.13}$$

Wenn für jeden Durchlauf der Schleife die Wahrscheinlichkeit für das Verlassen der Schleife gleich P ist, dann gelten

$$P_j = P(1 - P)^{j-1} \tag{10.14}$$

und

$$B^*(s) = P \sum_{j=1}^{\infty} (1 - P)^{j-1} [B_1^*(s)]^j \cdot [B_2^*(s)]^{j-1} \,. \tag{10.15}$$

Mit Hilfe der hier angegebenen Formeln für die LAPLACE-STIELTJES-Transformierten der Verteilungsfunktionen der Programmlaufzeiten für zusammengesetzte Programmabschnitte können für beliebig komplizierte Applikationsprogramme, die unter Nutzung der drei oben angeführten Kopplungsformen aufgebaut sind, die LAPLACE-STIELTJES-Transformierten der Laufzeitverteilungen bestimmt werden, wenn die LAPLACE-STIELTJES-Transformierten der Laufzeitverteilungen der einzelnen Programmabschnitte bekannt sind. Aus der LAPLACE-STIELTJES-Transformierten der Laufzeitverteilung eines AP sind deren Anfangsmomente mit Hilfe der Formel (9.9) gewinnbar.

Der lineare Abschnitt eines Programmes besitze eine konstante Laufzeit. Somit können bei linearen Abschnitten L1 und L2 die Verteilungsfunktionen

$$B_i^*(s) = \mathrm{e}^{-sT_{\mathrm{b}i}} \qquad (i = 1, 2) \tag{10.16}$$

angesetzt werden.

Die Serienkopplung führt wieder zu einer konstanten Laufzeit mit

$$B^*(s) = \mathrm{e}^{-s(T_{\mathrm{b}1} + T_{\mathrm{b}2})} \,. \tag{10.17}$$

Bei der Verzweigungskopplung gilt hier

$$B^*(s) = P \cdot \mathrm{e}^{-sT_{\mathrm{b}1}} + (1 - P) \cdot \mathrm{e}^{-sT_{\mathrm{b}2}} \,, \tag{10.18}$$

und die Schleifenkopplung ergibt

$$B^*(s) = \sum_{=1}^{\infty} P_j \cdot \mathrm{e}^{-s(T_{\mathrm{b}1}j + T_{\mathrm{b}2}(j-1))} \,. \tag{10.19}$$

Alle drei Verteilungsfunktionen (10.17), (10.18) und (10.19) gehören zur Klasse der stufenförmigen Verteilungsfunktionen mit der allgemeinen Form

$$B^*(s) = \sum_{i=1}^{n} P_i \cdot e^{-sT_{bi}} . \tag{10.20}$$

Nunmehr wird angenommen, daß die elementaren Verteilungsfunktionen $B_1^*(s)$ und $B_2^*(s)$ der drei Kopplungsformen bereits die Form (10.20) besitzen. Man kann sich diese Verteilungsfunktionen aus linearen Programmabschnitten mit Verteilungsfunktionen der Form (10.16) unter Nutzung der drei Kopplungsformen gewonnen denken. Bei der Serienkopplung sind die beiden Verteilungsfunktionen der Form (10.20) zu multiplizieren, was wieder zu einer Verteilungsfunktion der Form (10.20) führt. Auch die Anwendung der Formeln für die Verzweigungs- und Schleifenkopplung hat wieder eine stufenförmige Verteilungsfunktion der Form (10.20) zur Folge.

Somit kann allgemein für Applikationsprogramme eine stufenförmige Verteilungsfunktion nach Formel (10.20) angesetzt werden. Allerdings läßt sich bei einer großen Anzahl von Stufen, was bei komplizierten Programmen der Fall ist, die Verteilungsfunktion der Fōrm (10.20) durch eine stetige Verteilungsfunktion approximieren.

Gemessene Laufzeitverteilung eines AP

An einem Prozeßrechner in einem Kaliaufbereitungsbetrieb wurden Laufzeitmessungen durchgeführt (s. [GRI]). Abb. 10.3 enthält die stufenförmige Verteilungsfunktion eines der untersuchten AP. Auch für andere analysierte AP wurden stufenförmige Verteilungsfunktionen der Form (10.20) über die Messung gewonnen.

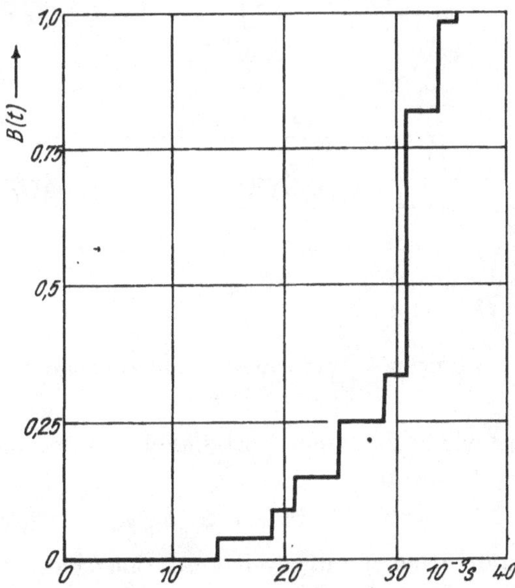

Abb. 10.3. Gemessene Verteilungsfunktion eines AP in einem Prozeßrechnereinsatz der Kaliaufbereitung

Gemeinsame Laufzeitverteilung aller AP einer PRA

Wir nehmen an, daß von der PRA die Menge

$$A = \{A1, A2, \dots, Am\}$$

von Applikationsgrogrammen bearbeitet wird. Jedem der AP ist hier entsprechend der getroffenen Vereinbarung genau eine Echtzeitaufgabe zugeordnet, so daß für die Anzahl der Echtzeitaufgaben L gilt

$$L = m\,. \tag{10.21}$$

Es gelte die Voraussetzung, daß für alle AP zusammen nur ein Warteraum mit der Kapazität r vorhanden ist (s. Abb. 10.4a). Für die m Anmeldungsströme der ver-

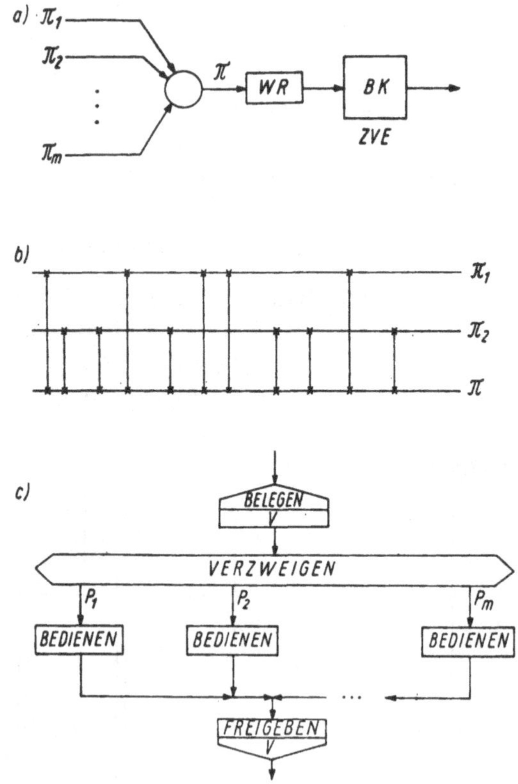

Abb. 10.4. Zur Zusammenfassung von m Applikationsprogrammen zu einem

schiedenen AP nehmen wir POISSONsche Verteilungen an, so daß für die Ankunftsabstände der Echtzeitaufträge gilt

$$A_i(t) = 1 - e^{-\lambda_i t}\,, \qquad (i = 1, 2, \dots, m)\,, \qquad \lambda_i > 0\,. \tag{10.22}$$

Dabei sind λ_i die Ankunftsraten für die Auftragsströme der verschiedenen Echtzeitaufgaben. Wir betrachten jetzt den Summenankunftsstrom am Eingang der Bedienungsanlage. In Abb. 10.4b ist für 2 Ereignisströme π_1, π_2, ihre Überlagerung zu einem Summenereignisstrom π dargestellt. Analog sieht das für m Ereignisströme aus.

Dabei gilt folgender

Satz:

Die Überlagerung von m POISSONschen Ereignisströmen mit den Stromintensitäten $\lambda_1, \lambda_2, \dots, \lambda_m$ führt zu einem POISSONschen Strom mit der Stromintensität

$$\lambda = \sum_{j=1}^{m} \lambda_j . \tag{10.23}$$

Aus diesem Satz folgt, daß der Ankunftsstrom der Prozeßrechneranlage unter den getroffenen Voraussetzungen ein POISSONscher Strom ist.

Wir zeigen jetzt, daß gilt

Satz:

Wenn die Ankunftsströme aller Applikationsprogramme POISSONsche Ströme mit den Ankunftsraten $\lambda_1, \lambda_2, \dots, \lambda_m$ sind und die Applikationsprogramme beliebige Laufzeitverteilungen $B_1(t), B_2(t), \dots, B_m(t)$ besitzen, dann gilt für die gemeinsame Laufzeitverteilung aller Applikationsprogramme

$$B(t) = \sum_{i=1}^{m} (\lambda_i/\lambda) \cdot B_i(t) . \tag{10.24}$$

Wir können uns die Applikationsprogramme alle zu einem AP A1 zusammengefaßt vorstellen, wobei am Eingang von A1 ein Verteiler mit den Verzweigungswahrscheinlichkeiten P_i vorhanden ist (s. Abb. 10.4c). Die Verzweigungswahrscheinlichkeiten unter Berücksichtigung der Ankunftsstromintensitäten λ_i und von

$$\lambda = \sum_{i=1}^{m} \lambda_i \tag{10.25}$$

sind dann gleich

$$P_i = \lambda_i/\lambda . \tag{10.26}$$

Unter Berücksichtigung von Formel (10.26) ergibt sich für die LAPLACE-STIELTJES-Transformierte der Verteilungsfunktion des Applikationsprogrammes A1

$$B^*(s) = \sum_{i=1}^{m} (\lambda_i/\lambda) \cdot B_i^*(s) , \tag{10.27}$$

wenn $B_i^*(s)$ $(i = 1, 2, \dots, m)$ die LAPLACE-STIELTJES-Transformierten der Verteilungsfunktionen der einzelnen Applikationsprogramme Ai (i $= 1, 2, \dots, m$) sind. Daraus folgt tatsächlich (10.24).

Der Erwartungswert für die gemeinsame Laufzeit aller AP ergibt sich aus (10.27) mit

$$E(T_{\mathrm{b}}) = \sum_{i=1}^{m} (\lambda_i/\lambda) \cdot E(T_{\mathrm{b}i}) . \tag{10.28}$$

Folglich ist der Verkehrswert der ZVE

$$\varrho = \lambda E(T_{\mathrm{b}}) = \sum_{i=1}^{m} \lambda_i \cdot E(T_{\mathrm{b}i}) . \tag{10.29}$$

Und wenn wir

$$\varrho_i = \lambda_i \cdot E(T_{bi}) \tag{10.30}$$

annehmen, dann gilt

$$\varrho = \sum_{i=1}^{m} \varrho_i \,. \tag{10.31}$$

10.2. Eigenschaften der Zeitverzögerungsprozesse eines Prozeßrechners

Bekanntlich wird die zeitverzögerte Anmeldung bzw. die zeitverzögerte Austragung eines AP durch Steuerprogrammrufe angestoßen. Dabei muß die Verzögerungszeit T_b als Parameter in den entsprechenden Steuerprogrammruf eingetragen werden. Demzufolge bewirkt der wiederholte Durchlauf eines bestimmten Verzögerungsrufes eine konstante Verzögerungszeit T_b mit der Verteilungsfunktion im Bildbereich

$$B^*(s) = e^{-sT_b} \,. \tag{10.32}$$

Wir unterscheiden zwei Verzögerungsarten

— die zeitverzögerte Anmeldung eines AP (s. Abschnitt 6.4.) und
— die Zeitverzögerung des Forderungslaufs eines AP (s. Abschnitt 6.5.).

Manchmal ist es zweckmäßig, die Verzögerungszeiten einer Verzögerungsart statistisch zusammenzufassen. In diesem Fall gilt folgende Betrachtung: Jede Verzögerungsart wird gewöhnlich in verschiedenen AP gleichzeitig genutzt, so daß i. a. unterschiedliche Verzögerungszeiten für eine Verzögerungsart auftreten. Somit erhalten wir eine stufenförmige Verteilungsfunktion, die im Bildbereich die Form

$$B^*(s) = \sum_{i=1}^{m} P_i \cdot e^{-sT_{bi}} \tag{10.33}$$

hat. Die Wahrscheinlichkeiten P_i können durch

$$P_i = (\lambda_i/\lambda) \,, \tag{10.34}$$

$$\lambda = \sum_{i=1}^{m} \lambda_i \tag{10.35}$$

bestimmt werden, wobei λ_i die Intensität des Auftretens eines Verzögerungsrufes mit einer bestimmten Verzögerungszeit T_{bi} ist. Auch wenn eine andere Zusammenfassung von Verzögerungszeiten als die nach der Verzögerungsart notwendig ist, ergibt sich eine Verteilungsfunktion der Form (10.33).

10.3. Eigenschaften der Informationsaustauschprozesse eines Prozeßrechners

Wir gehen jetzt davon aus, daß durch einen Austauschruf in einem AP die Übertragung eines Übertragungsblockes angestoßen wird. Dabei können wir für einen Austauschkanal (IAK) unterscheiden

— die Übertragung von Blöcken konstanter Länge und
— die Übertragung von Blöcken mit verschiedener Länge.

Da die Übertragungszeit eines Übertragungsblocks linear von der Blocklänge abhängt, können wir für die Verteilungsfunktionen im Bildbereich ansetzen: bei Übertragung mit konstanter Blocklänge

$$B^*(s) = e^{-sT_b} \tag{10.36}$$

und bei Übertragung mit verschiedener Blocklänge

$$B^*(s) = \sum_{i=1}^{m} P_i \cdot e^{-sT_{bi}} . \tag{10.37}$$

Die Wahrscheinlichkeiten P_i können durch die Formeln (10.34) und (10.35) bestimmt werden, wobei λ_i die Intensität des Auftretens eines Austauschrufes für den betrachteten IAK mit einer bestimmten Blocklänge, der die Übertragungszeit T_{bi} entspricht, ist.

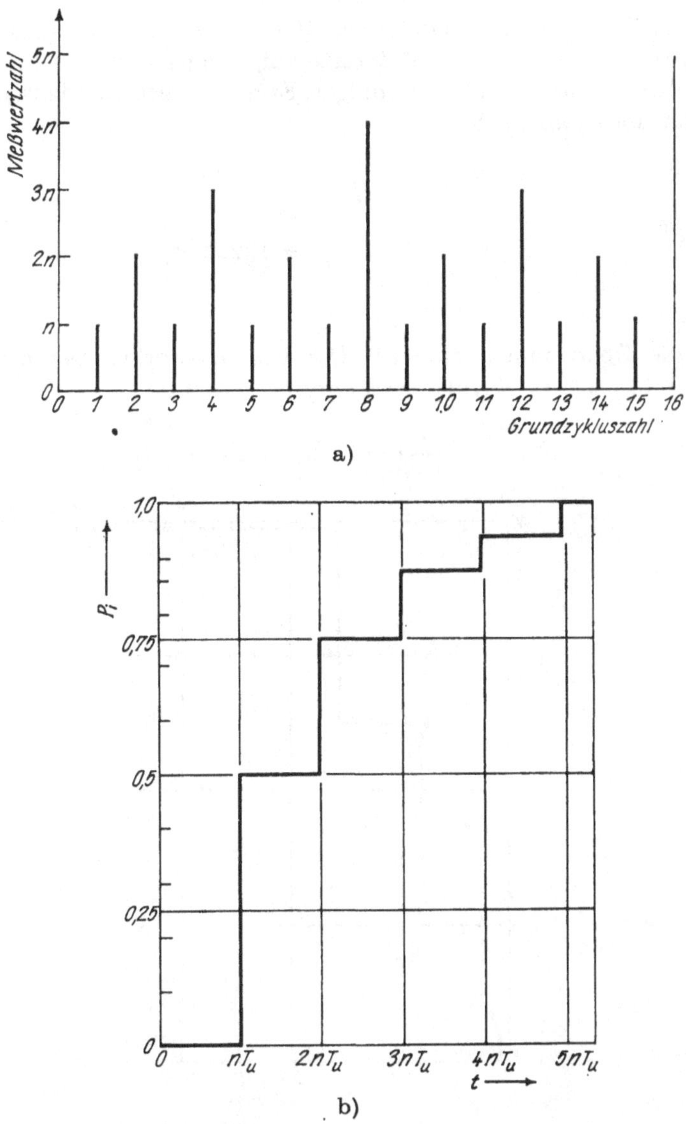

Abb. 10.5. Zum Aufbau der Verteilungsfunktion der Übertragungszeit für die zeitzyklische Meßwerterfassung

Wir betrachten jetzt ein Beispiel für die Verteilungsfunktion der Übertragungszeit eines IAK. Dazu untersuchen wir eine zeitzyklische Meßwerterfassung über einen AER-Block (s. Abb. 3.6). Für die zeitzyklische Meßwerterfassung wird folgendes Gesetz angenommen. Es werden erfaßt

— jeden Grundzyklus n Meßwerte
— jeden zweiten Grundzyklus zusätzlich n Meßwerte
— jeden vierten Grundzyklus zusätzlich n Meßwerte
— jeden achten Grundzyklus zusätzlich n Meßwerte
— jeden sechzehnten Grundzyklus zusätzlich n Meßwerte.

In der Abb. 10.5a ist für eine Periode von 16 Grundzyklen für diesen Fall die Zahl der in jedem Grundzyklus erfaßten Meßwerte aufgetragen. Für das Beispiel der zeitzyklischen Meßwerterfassung mit dem obigen Erfassungsgesetz erhalten wir die Verteilungsfunktion im Bildbereich

$$B^*(s) = \sum_{i=1}^{5} P_i \cdot e^{-snT_{ui}}, \tag{10.38}$$

mit

$$P_i = (1/2)^i, \qquad (i = 1, 2, 3, 4) \tag{10.39}$$

und

$$P_5 = (1/2)^4. \tag{10.40}$$

Dabei ist T_u die Übertragungszeit eines Übertragungswortes. Der Erwartungswert der Meßstellenzahl pro Grundzyklus $E(M)$ ergibt sich mit

$$E(M) = n \sum_{j=1}^{5} P_j \cdot j. \tag{10.41}$$

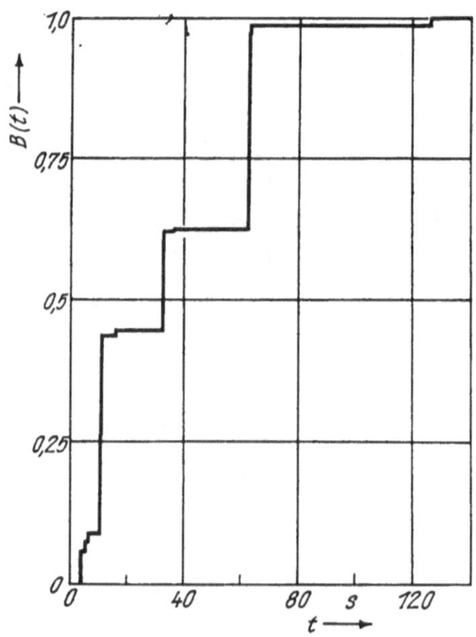

Abb. 10.6. Gemessene Verteilungsfunktion der Übertragungszeit für alle Protokolle des Prozeßrechnereinsatzes Tandemwalzstraße

In Abb. 10.5b ist die entsprechende Verteilungsfunktion $B^*(s)$ im Zeitbereich dargestellt.

Für einen Einsatzfall eines Prozeßrechners an einer Tandemwalzstraße wurde die Verteilungsfunktion der Übertragungszeit des Informationsaustauschs für alle in diesem Einsatzfall auszudruckenden Protokolle ausgewertet. In Abb. 10.6 ist die dabei gewonnene Verteilungsfunktion im Zeitbereich angegeben.

11. SIMULATIONSMODELLE

Wir beschäftigen uns jetzt mit der Nutzung der ereignisorientierten Simulation für die Untersuchung des Echtzeitbetriebs einer PRA. — Über die Simulation ist eine umfangreiche Literatur vorhanden (vgl. [JAK], [KRA], [GOR], [BUSL], [NAY], [POLJ]). Das betrifft auch die Simulationssprachen (s. [GOR], [DAH], [NAY], [GLU]). Deshalb beschränken wir uns hier auf die wichtigsten Fragen, die vor allem eine Verbindung der Simulation zu den Verhaltensmodellen von Echtzeitrechnern herstellen. Der Schwerpunkt der nachfolgenden Betrachtungen ist auf die Nutzung des verfahrensorientierten Programmiersystems SIMDIS (s. [SIM]) gerichtet.

Das VOPS SIMDIS umfaßt eine problemorientierte Programmiersprache und Programme zur Interpretation und Ausführung eines in der SIMDIS-Sprache geschriebenen Anwenderprogramms für die Simulation. Die Problemorientierung besteht vor allem darin, daß die Notierung der Operationsblöcke für das Simulationsmodell in Anlehnung an den Forderungslaufplan zu erfolgen hat.

11.1. Ereignisorientierte Simulation

Die Simulation ist eine Untersuchungsmethode, in der Simulationsexperimente an einem Simulationsmodell durchgeführt werden. Die Grundlage für die Simulation bildet eine Relation zwischen dem zu simulierenden Original, in unserem Fall dem eingesetzten Prozeßrechner, und dem Simulationsmodell. Das Simulationsmodell muß die für das Untersuchungsziel wesentlichen Eigenschaften des Originals erfassen. Wir sprechen von digitaler Simulation, wenn die Modellexperimente mit Hilfe eines Digitalrechners durchgeführt werden. In dieser Begriffswahl kommt die Gegenüberstellung zur analogen Simulation mit Hilfe eines Analogrechners zum Ausdruck.

In einem Simulationsexperiment eines stochastischen Systems wird die Realisierung von Zufallsprozessen auf dem Rechner nachgebildet. Bei der digitalen Simulation ist es nicht möglich, allen kontinuierlichen Zeitpunkten den Wert einer Zufallsgröße zuzuordnen, weil auf dem Digitalrechner nur eine endliche Anzahl von Werten darstellbar ist. Daraus folgt, daß bei der digitalen Simulation jeder Zufallsprozeß nur durch eine endliche Zahl von Werten repräsentiert werden kann. In diesem Zusammenhang ist die Zuordnung der Werte $x_1, x_2, \ldots, x_n$ der Zufallsgröße X zu entsprechenden Zeitpunkten $t_1, t_2, \ldots, t_n$ von Bedeutung (s. Abb. 11.1a).

Wir unterscheiden die synchrone Simulation und die ereignisorientierte Simulation. Bei der synchronen Simulation werden die Zeitpunkte $t_1, t_2, \ldots, t_n$ deterministisch vorgegeben

$$t_i = t_{i-1} + \Delta t_i \,. \tag{11.1}$$

Hier ist Δt_i eine deterministische Größe. Dabei werden allen parallel ablaufenden Zufallsprozessen dieselben Zeitpunkte zugeordnet, d. h., sie laufen synchron ab. Häufig ist Δt_i für alle Schritte gleich, so daß gilt

$$\Delta t_i = \Delta t = \text{const} . \tag{11.2}$$

In der Literatur (s. [BUSL]) wird die synchrone Simulation auch Δt-Simulation genannt. Die synchrone Simulation ist günstig für die Nachbildung von Tastsystemen der Regelungstechnik und von endlichen Automaten. Auch kontinuierliche analoge Systeme werden meist mit der synchronen Simulation näherungsweise auf einem Digitalrechner nachgebildet (s. auch [BER 2]).

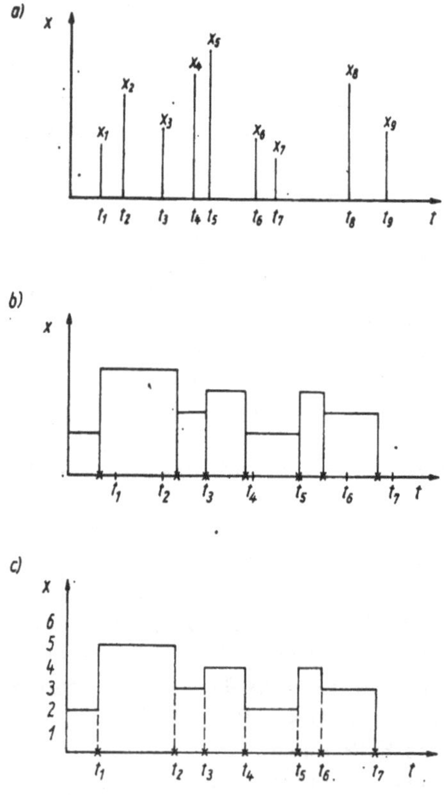

Abb. 11.1. Zur ereignisorientierten Simulation

Für ereignisorientierte Systeme, d. h. für Systeme, in denen Änderungen der Zufallsprozesse zwar sprungförmig erfolgen, aber diese Änderungen zu kontinuierlichen zufälligen Zeitpunkten t_i stattfinden, ist eine synchrone Simulation ungünstig. Bei einer synchronen Simulation von ereignisorientierten Systemen stimmen die Simulationszeitpunkte nicht mit den Ereigniszeitpunkten des zu simulierenden Systems überein (s. auch Abb. 11.1b). Wenn man die Zustandsänderungen hinreichend genau erfassen will, dann muß man Δt sehr klein machen, was zu einem sehr hohen Simulationsaufwand führt. Aus diesem Grund wird für ereignisorientierte Systeme die ereignisorientierte Simulation angewandt. Bei der ereignisorientierten Simulation wird jeder Zufallsprozeß nur durch Werte zu den Ereigniszeitpunkten nachgebildet (s. Abb. 11.1c). Zwischen diesen Zeitpunkten bleibt der Prozeßzustand konstant. Die Längen der Intervalle, in denen sich die Zustände des Gesamtmodells nicht ändern, hängen von der Aufeinanderfolge der Ereignisse der verschiedenen Zufallsprozesse ab.

11.2. Zum Aufbau eines Simulationsprogrammsystems für die ereignisorientierte Simulation

Grundaufbau eines Simulationsprogrammsystems

Die Simulation des Echtzeitbetriebs einer PRA erfolgt durch die Ausführung einer Reihe von Simulationsversuchen, die einem bestimmten Untersuchungsziel entsprechen. Dabei bildet der Digitalrechner bei jedem Simulationsversuch die Zuordnung zwischen den Zeitpunkten und den Zustandswerten über einen bestimmten Zeitabschnitt ab. Dieser Teil des Simulationsprogramms heißt Prozeßabschnitt, und der entsprechende Zeitabschnitt heißt Beobachtungszeit. Für einen bestimmten Simulationsversuch ist das zu simulierende System fixiert durch:

- einen vorgegebenen Forderungslaufplan
- vorgegebene Bedienungsdisziplinen, Ressourcenzuordnungen, Verteilungsfunktionen usw.
- einen vorgegebenen Satz von Parameterwerten für die Eingangsstromparameter, die Laufzeitparameter, die Verzweigungswahrscheinlichkeiten usw.

Neben der algorithmischen Nachbildung des Modells auf dem Digitalrechner erfordert die Simulationsuntersuchung die Erfassung bestimmter Zustandswerte mit den zugehörigen Zeitpunkten und die darauf aufbauende Berechnung der Bewertungsgrößen. Die Erfassung ausgewählter Zustandswerte und Zeitpunkte nennen wir Messung.

Die für ein bestimmtes Untersuchungsziel vorgesehene Reihe von Simulationsversuchen ist gewöhnlich so konzipiert, daß sie in einem Lauf des Simulationsprogramms durchgeführt wird. Beim Übergang von einem Simulationsversuch zum nächsten innerhalb der Versuchsreihe müssen Änderungen an den für einen Simulationsversuch fixierten Einflußfaktoren vorgenommen werden. Meist handelt es sich hier um die Änderung bestimmter Parameterwerte. Diese Änderung erfolgt auf der Grundlage des eingegebenen Simulationsprogramms entsprechend den im voraus angegebenen Parameterwerten automatisch. In [BER 2] ist der Grundaufbau eines Simulationsprogramms, das die Ausführung der Simulationsversuchsreihe in einem Simulationsprogrammlauf ermöglicht, angegeben.

Aufbau des Prozeßabschnittes

Strukturell wird der Prozeßabschnitt durch den Forderungslaufplan des zu untersuchenden Modells festgelegt. Dabei ist zu beachten, daß die Forderungslaufpläne für verschiedene Prozeßrechneranwendungen nicht gleich sind. Das Programmiersystem für die Simulation sollte folglich so aufgebaut sein, daß es für die Simulation von Modellen mit unterschiedlichen Forderungslaufplänen geeignet ist. Die Notierung des Prozeßabschnitts in dem vom Anwender der Simulation geschriebenen Simulationsprogramm sollte also an den Forderungslaufplan angelehnt sein. Es sind somit entsprechende Operationsblöcke, die Zustandsänderungen des Forderungszustandes und der Ressourcenzustände ausführen, entsprechend dem Forderungslaufplan im Prozeßabschnitt zu interpretieren und abzuarbeiten. Der Aufbau des Prozeßabschnittes kann dabei in Teilabschnitte folgender Art aufgelöst werden

— Abschnitt für die Festlegung des nächsten Ereigniszeitpunkts
— Abschnitt für die Blockauswahl entsprechend der Notierung
— Blockberechnungsabschnitte B_i (s. Abb. 11.2).

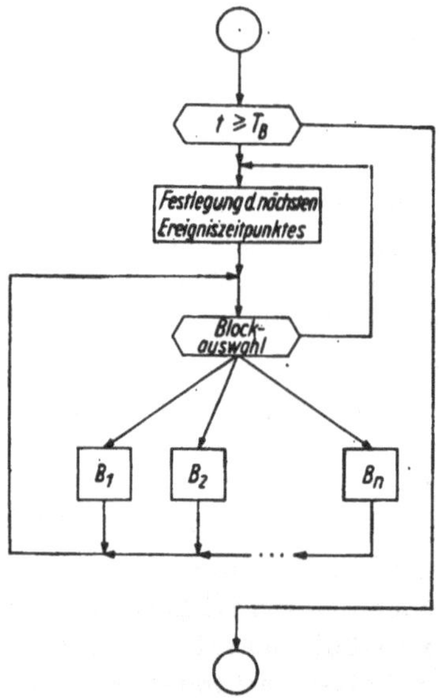

Abb. 11.2. Aufbau des Prozeßabschnittes eines Simulationsprogrammes

Nachbildung der Realisierung eines ereignisorientierten Zufallsprozesses

Wir beschreiben jetzt, wie im Simulationsprogramm die Realisierung eines ereignisorientierten Zufallsprozesses algorithmisch nachgebildet wird. Dabei wird die zeitliche Änderung einer ereignisorientierten diskreten Zufallsgröße Z betrachtet. Zur Nachbildung der Funktion (s. Abb. 11.1c)

$$Z = f(t) \tag{11.3}$$

benötigen wir die einzelnen Zustandswerte $Z_1, Z_2, \ldots, Z_n$ und die Werte der Zeitpunkte $t_1, t_2, \ldots, t_n$. Dabei müssen sowohl die Z_i als auch die t_i bei der Simulation schrittweise und in ihrer Zuordnung berechnet werden. In diesem Zusammenhang ist zu beachten, daß bei der Simulation in einem Simulationsversuch gleichzeitig eine größere Anzahl von Zufallsgrößen nachzubilden ist. Wir können dem Algorithmus zur Berechnung des ereignisorientierten Zufallsprozesses zwei Aufgaben zuordnen

— die Berechnung der Zustandswerte und
— die Berechnung der Ereigniszeitpunkte, zu denen die Zustandsänderungen stattfinden.

Die Berechnung der Zustandswerte erfolgt auf der Grundlage der im Abschnitt B. für die PRA angegebenen Beziehungen. Dabei besteht dieser Teilalgorithmus aus zwei Abschnitten

- aus den Zustandswertberechnungen für die Zustandsgrößen Z_i, X_i, E_i ($i = 1, 2, \dots, m$), U_k ($k = 1, 2, \dots, K$) und
- aus den Zustandswertentschlüsselungen, die z. B. zur Bestimmung von Y führen.

Die Berechnung des nächsten Ereigniszeitpunktes wird meist unter Nutzung einer Zufallszahl, die durch einen Zufallszahlengenerator erzeugt wird, durchgeführt. Auf dieser Grundlage können aber nur die Ereignisse, die einer Zustandsgröße zugeordnet sind, ermittelt werden. Um den nächsten Ereigniszeitpunkt des Gesamtsystems festzustellen, müssen noch die nächsten Ereigniszeitpunkte aller den verschiedenen Zustandsgrößen zugeordneten Ereignisströme π_l ($l = 1, 2, \dots, S$; $S = m + K$) verglichen und dabei der niedrigste Zeitpunkt ausgewählt werden (s. Abb. 10.4b).

Zur Steuerung des zeitlichen Ablaufs im VOPS SIMDIS

Die Steuerung des zeitlichen Ablaufs im VOPS SIMDIS erfolgt mit Hilfe der sogenannten Systemuhr.

Das Simulationsmodell wird im VOPS SIMDIS dargestellt durch

- Forderungen als bewegte Elemente, die im SIMDIS Aktivatoren heißen und
- Ressourcen als nichtbewegte Elemente, die im SIMDIS statische Elemente heißen.

Im VOPS SIMDIS entspricht genau, wie es bei der Analyse des Echtzeitbetriebs eines Prozeßrechners erforderlich ist, jedem Ereignis die Zustandsänderung von Forderungen und die Zustandsänderung der Ressourcen. Dabei sind die Ereignisse mit der Fortbewegung der Forderungen im Forderungslaufplan verbunden. Im VOPS SIMDIS gibt es 2 Einrichtungen zur Steuerung des zeitlichen Ablaufs

- die zukünftige Ereigniskette (ZEK) und
- die augenblickliche Ereigniskette (AEK).

Mit Beginn eines Simulationsversuchs wird die zukünftige Ereigniskette in ihrer Anfangsform aufgebaut. In dieser sind die Forderungen nach Ereigniszeitpunkten eingeordnet. Nach der Einordnung der Forderungen in die ZEK wird die Systemuhr auf den Ereigniszeitpunkt t_1 eingestellt. Alle Forderungen, die diesem Zeitpunkt zugeordnet sind, d. h., deren nächstes Ereignis mit t_1 zusammenfällt, werden aus der ZEK entfernt und in die AEK überführt. Die in der AEK enthaltenen Forderungen werden nacheinander abgearbeitet. Dabei wird eine Forderung so lange durch die Operationsblöcke des Forderungslaufplanes bewegt, bis alle Operationen dieser Forderung, die dem Zeitpunkt t_1 entsprechen, abgearbeitet sind. Danach wird diese Forderung gewöhnlich wieder in die ZEK eingeordnet.

Wenn alle Forderungen der AEK abgearbeitet sind, dann wird die Systemuhr auf den Ereignispunkt t_2 eingestellt, und die oben angegebenen Schritte für den Ereigniszeitpunkt t_1 werden jetzt für den Ereigniszeitpunkt t_2 durchgeführt. Die Operationen für die einzelnen Ereigniszeitpunkte werden also Schritt für Schritt von Ereigniszeitpunkt zu Ereigniszeitpunkt durchgeführt, bis das Ende des Simulationsversuchs erreicht, d. h. die Beobachtungszeit verstrichen, ist. Die Steuerung der Forderungen besteht somit im VOPS SIMDIS aus 3 Phasen

— dem Stellen der Systemuhr von t_{i-1} auf t_i und der Überführung aller diesem Zeitpunkt t_i zugeordneten Forderungen in die AEK
— dem Starten der AEK, wobei die Forderungen nacheinander bezüglich ihres Zustandes überprüft werden und
— der Bewegung der Forderungen durch den Forderungslaufplan.

11.3. Zur Anwendung des VOPS SIMDIS für die Untersuchung des Echtzeitbetriebs eines Prozeßrechners

11.3.1. SIMDIS-Forderungslaufplan

Im Abschnitt B wurden Forderungslaufpläne betrachtet. Dabei wurden Operationen eingeführt, die bei der Betrachtung des Echtzeitbetriebs günstig erscheinen. Bei der Simulation mit Hilfe des VOPS SIMDIS müssen die in SIMDIS vereinbarten Operationsblöcke verwendet werden. Den meisten echtzeitorientierten Operationsblöcken (s. Tab. 6.1 und 6.2) können mehrere SIMDIS-Operationsblöcke zugeordnet werden. Diese Zuordnung hängt allerdings noch von zusätzlichen Modelleigenschaften ab, die durch den Forderungslaufplan des Rechnermodells nicht beschrieben werden. Eine solche Modelleigenschaft ist zum Beispiel die Bedienungsdisziplin, die auf den Forderungslaufplan des Rechnermodells keinen Einfluß hat. Demgegenüber werden im VOPS SIMDIS für die absolute Prioritätsdisziplin andere Operationsblöcke verwendet als für die relative Prioritätsdisziplin und die prioritätsfreie Bedienung. Ein SIMDIS-Forderungslaufplan unterscheidet sich somit von einem Forderungslaufplan des Rechnermodells nur durch andere Operationsblöcke, die spezifisch für SIMDIS sind.

Ein SIMDIS-Programm besteht in erster Linie aus Operationsblöcken. Innerhalb des SIMDIS-Programmes werden die Forderungen von Block zu Block bewegt und veranlassen bei Ankunft in einem Block die dem Block entsprechende Operation. Die Forderungen können nach Bedarf durch entsprechende Operationsblöcke erzeugt und vernichtet werden. Jede Forderung ist Träger von Zustandswerten, die durch die Bewegung der Forderung an verschiedene Stellen (Operationsblöcke) des Forderungslaufplanes gebracht und dabei verändert werden können. Bei diesen Zuständen unterscheiden wir in SIMDIS

— interne Zustände und
— extern veränderbare und aufrufbare Zustände

der Forderungen. Wir betrachten hier nur die externen Zustände. Diese besitzen im VOPS SIMDIS Standardsymbole, mit deren Hilfe die externen Zustände angesprochen werden können. Eine Forderung besitzt in SIMDIS folgende 4 numerischen Standardsymbole

Pj — Zustandsparameter j der Forderung mit $1 \leqq j \leqq N$ $(8 \leqq N \leqq 100)$
PR — Prioritätsklasse der Forderung mit $0 \leqq PR \leqq 127$; dabei besitzen 0 die niedrigste und 127 die höchste Priorität
M1 — augenblickliche Verweilzeit der Forderung bezüglich eines im Forderungslaufplan vorhandenen MARK-Blockes (s. weiter unten)
MPj — augenblickliche Verweilzeit der Forderung bezüglich einer Eintragung in den Zustandsparameter j.

Im VOPS SIMDIS wird eine Reihe von Ressourcenarten eingeführt. Wir wollen uns auf die Arten beschränken, die bei der Simulation des Echtzeitbetriebes benutzt werden. Es handelt sich dabei um die Ressourcenarten

— Einrichtung
— Warteschlange und
— logischer Schalter.

Jede Ressource besitzt einen Zustand (s. auch Abschnitt 2.). Im VOPS SIMDIS sind für die Zustände der verschiedenen Ressourcenarten geeignete Standardsymbole vorhanden. Für die 3 oben genannten Ressourcenarten besitzt SIMDIS die Standardsymbole

Fj — Zustand der Einrichtung j
Qj — augenblickliche Länge der Warteschlange j
Lj — Zustand des logischen Schalters j.

Operationsblöcke zur Änderung von Forderungszuständen

Bei der Einführung des Forderungslaufplanes im Abschnitt B sind wir davon ausgegangen, daß die im Forderungslaufplan vorhandenen Operationen Forderungszustände und Ressourcenzustände ändern. Das wollen wir jetzt für die Operationsblöcke in SIMDIS betrachten. Wir beschäftigen uns also jetzt mit den Operationsblöcken von VOPS SIMDIS, wobei wir uns im wesentlichen auf die Operationsblöcke von SIMDIS beschränken, welche die oben angeführten Zustände ändern. Zunächst behandeln wir die Operationsblöcke zur Änderung der Forderungszustände. Dabei werden allerdings auch Operationsblöcke angeführt, die interne Zustände ändern.

Bei der Erzeugung von Forderungen unterscheiden wir externe und interne Forderungsquellen. Für eine externe Forderungsquelle, d. h. für die Operation ERZEUGEN, steht in SIMDIS der Block GENERATE zur Verfügung. Bekanntlich wird in einer Forderungsquelle der Existenzzustand EZj von 0 auf pl geändert. Dieser Änderung des Forderungszustandes entspricht im VOPS SIMDIS die Änderung eines internen Zustandes. Ein GENERATE-Block wird bei der Simulation des Echtzeitbetriebes einer PRA für die Erzeugung des mit dem Auftragsstrom verbundenen Forderungsstromes genutzt. Ein GENERATE-Block besitzt also keinen Eingangsforderungsstrom.

Als Block für eine Senke, d. h. für die Operation VERNICHTEN, steht in SIMDIS der TERMINATE-Block zur Verfügung. In diesem Block werden alle Forderungen, die ihn betreten, vernichtet. Er besitzt also keinen Ausgang. Für innere Quellen, d. h. für die Operation SPALTEN, steht in SIMDIS der Block SPLIT bereit. Durch diesen Block werden Duplikate der eintreffenden Forderungen erzeugt und zu einem gekennzeichneten Operationsblock geleitet. Dadurch läßt sich die über Forderungen vorhandene Kommunikation zwischen Algorithmen nachbilden.

Für die Festlegung eines neuen Ereigniszeitpunktes, d. h. für die Nachbildung der Operation BEDIENEN, ist ein SIMDIS-Block ADVANCE vorhanden. Die bedingte Laufverzögerung von Forderungen, die den Operationen WARTEN oder AUSSETZEN entspricht, kann u. a. durch den Test einer arithmetischen Bedingung mit Hilfe des SIMDIS-Blockes TEST oder durch Test der Zustandsbedingung eines logischen

Tabelle 11.1. Symbole für ausgewählte Operationsblöcke des SIMDIS-Forderungslaufplans, die Forderungszustände ändern

Symbol	Erläuterung
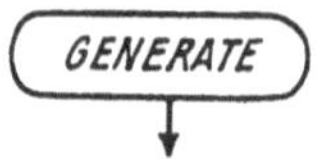	Forderungsquelle: Erzeugung von Forderungen in bestimmten Zeitabständen
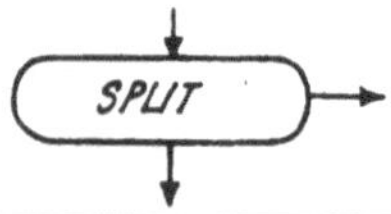	Forderungsspaltstelle: Erzeugung einer weiteren Forderung bei Ankunft einer Forderung im Block
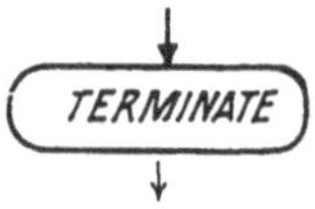	Forderungssenke: Vernichtung jeder Forderung, die in diesem Block eintrifft
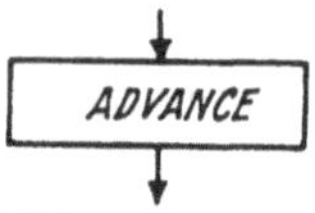	Bedienung: Festlegung eines neuen Ereigniszeitpunktes
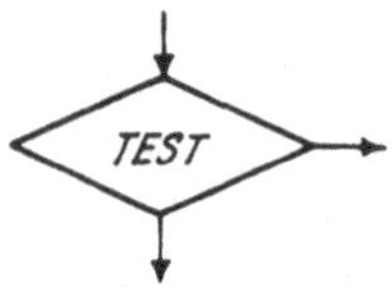	Verzweigung mit arithmethischer Bedingung
	Verzweigung mit Verzweigungswahrscheinlichkeit
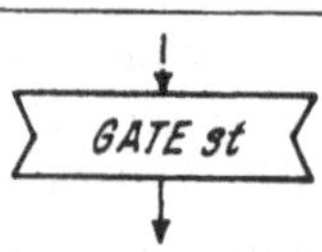	Blockierungsblock mit Zustandsbedingung des logischen Einschalters (st = LS) oder Ausschalters (st = LR)
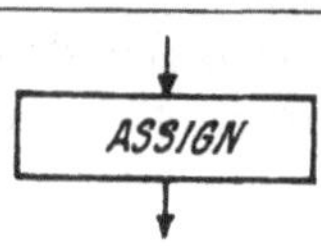	Änderung des Parameters Nr j der ankommenden Forderung
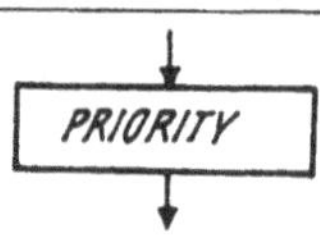	Prioritätsänderung der ankommenden Forderung

Schalters mit Hilfe des SIMDIS-Blockes GATE erreicht werden. Ein für den GATE-Block signifikanter logischer Schalter kann durch einen LOGIC-Block ein- oder ausgeschaltet werden.

Für Verzweigungen im Forderungslaufplan können entsprechende Modifikationen der SIMDIS-Blöcke TEST, GATE und TRANSFER verwendet werden. Dabei sind mit TRANSFER auch mit Wahrscheinlichkeiten belegte Verzweigungen möglich.

Tabelle 11.2. Symbole ausgewählter Operationsblöcke des SIMDIS-Forderungslaufplans, die Ressourcenzustände ändern

Symbol	Zustandsänderung	Erläuterung
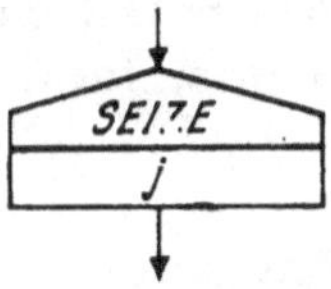	Fj := Fj + 1	Belegen der Einrichtung j
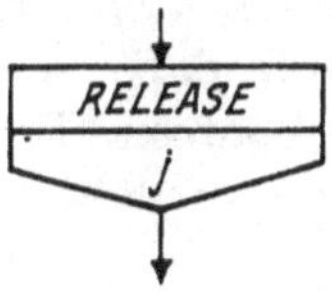	Fj := Fj − 1	Freigeben der Einrichtung j
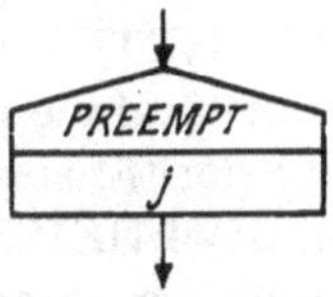	Fj := Fj + 1	Vorrangige Belegung der Einrichtung j
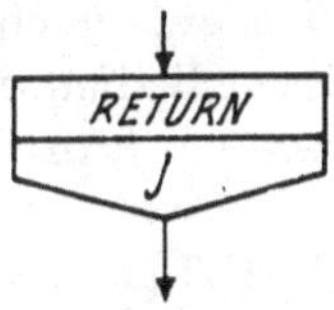	Fj := Fj − 1	Freigabe der vorrangig belegten Einrichtung j
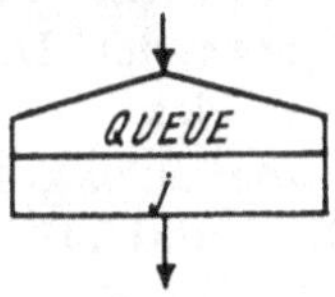	Qj := Qj + 1	Belegen eines Platzes in der Warteschlange, wenn der nachfolgende Block nicht betreten werden kann
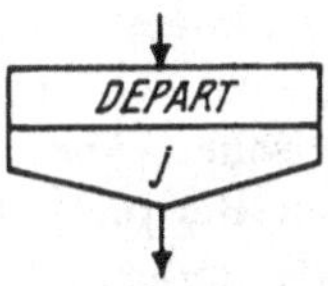	Qj := Qj − 1	Freigabe eines Platzes in der Warteschlange j
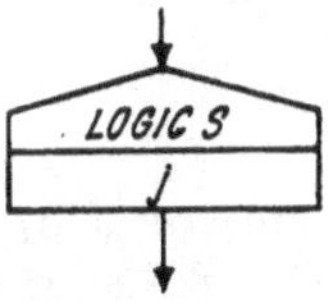	Lj := 1	Logischer Einschalter
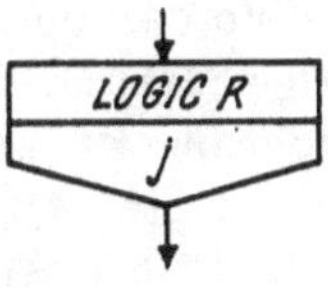	Lj := 0	Logischer Ausschalter

Externe Forderungsparameter können z. B. durch die SIMDIS-Blöcke PRIORITY (zur Veränderung der Priorität PR) und ASSIGN (zur Veränderung eines Parameters Pj) geändert werden.

In Anlehnung an einen Forderungslaufplan mit den Operationsblöcken der Tabelle 6.1 läßt sich ein SIMDIS-Forderungslaufplan aufstellen. In den Tabellen 11.1 sind die Symbole der SIMDIS-Operationsblöcke, die Forderungszustände ändern, für die Verwendung in den SIMDIS-Forderungslaufplänen angegeben.

Operationsblöcke zur Änderung von Ressourcenzuständen

Im VOPS SIMDIS sind einige Ressourcentypen enthalten. Wir betrachten hier Einrichtungen, Warteschlangen und logische Schalter. Uns interessieren dabei die SIMDIS-Operationsblöcke zur Änderung der Zustände in diesen Ressourcen. Die Einrichtungen können gewöhnlich zur Nachbildung der Bedienungsressourcen der PRA, d. h. der ZVE, der AP und der parallelen IAK, genutzt werden.

Für die Zustandsänderungen in Einrichtungen gibt es in SIMDIS zwei Paare komplementärer Operationsblöcke SEIZE, RELEASE und PREEMPT, RETURN. Mit den beiden Operationsblöcken SEIZE und RELEASE können die prioritätsfreie Forderungsabfertigung und die Bedienung der Forderungen mit relativer Priorität simuliert werden. In diesem Fall wird also der Block BELEGEN durch den Block SEIZE und der Block FREIGEBEN durch den Block RELEASE ersetzt. Bei relativer Prioritätsdisziplin muß den Forderungen verschiedener Prioritätsklassen ein entsprechender Wert in PR zugeordnet werden. Demgegenüber wird bei prioritätsfreier Bedienung PR nicht gesetzt. In SIMDIS ist die Prioritätszuordnung umgekehrt wie bei Prozeßrechnern.

Für die absolute Prioritätsdisziplin müssen PREEMPT und RETURN genutzt werden, wobei PR wieder gesetzt werden muß. Der PREEMPT-Block wird für den Eingang und der RETURN-Block für den Ausgang der Einrichtung verwendet. In SIMDIS werden vor Einrichtungen grundsätzlich Warteschlangen gebildet, wobei die Warteraumkapazität ohne Hinzufügen weiterer Operationsblöcke unendlich groß ist. Die Warteschlangenstatistik wird über die beiden Blöcke QUEUE und DEPART gebildet. Dabei wird durch QUEUE der Eintritt der Forderung in die Warteschlange und durch DEPART der Austritt der Forderung aus der Warteschlange statistisch erfaßt. Oben wurde bereits erwähnt, daß ein Aussetzen durch logische Schalter, und zwar durch einen logischen Einschalter LOGIC S und einen logischen Ausschalter LOGIC R gesteuert werden kann (Näheres siehe im nachfolgenden Beispiel). In der Tabelle 11.2 sind die Symbole der Blöcke, die Ressourcenzustände ändern, für den SIMDIS-Forderungslaufplan angegeben.

Beispiel eines SIMDIS-Forderungslaufplanes

Wir betrachten als Beispiel die Synchronisation der Forderungsläufe von 2 Applikationsprogrammen. Der entsprechende Forderungslaufplan ist in Abb. 6.5 angegeben. Für dieses Modell nehmen wir eine prioritätsfreie Bedienung aller Forderungen und eine unendliche Warteschlange an. In diesem Fall sieht der zugehörige SIMDIS-Forderungslaufplan wie in Abb. 11.3 aus. Ein Vergleich mit dem Forderungslaufplan in Abb. 6.5 zeigt folgendes: Anstelle von WARTEN und BELEGEN treten QUEUE und SEIZE, anstelle von FREIGEBEN treten DEPART und RELEASE, anstelle

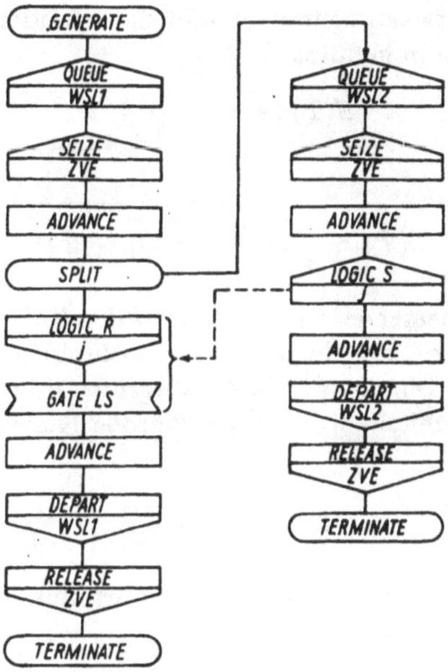

Abb. 11.3. SIMDIS-Forderungslaufplan für die Simulation des Echtzeitbetriebes von zwei synchronisierten AP einer ZVE ohne oder mit relativer Prioritätsdisziplin

von AUSSETZEN treten LOGIC R und GATE LS, und anstelle von FORTSETZEN tritt LOGIC S. Außerdem wird für ERZEUGEN der Block GENERATE und für VERNICHTEN der Block TERMINATE gesetzt.

11.3.2. Statistische Bestimmung der Bewertungsgrößen

Die Simulation ist eine statistische Untersuchungsmethode, d. h., am Simulationsmodell werden statistische Untersuchungen durchgeführt. Wir haben oben gesehen, daß durch das Simulationsmodell die Realisierungen von Zufallsprozessen als Zuordnung von Zufallsgrößen zu Zeitpunkten dargestellt werden. Während der Beobachtungszeit ausgeführte Realisierungen der Zufallsprozesse stellen eine Stichprobe für die statistische Analyse dar. Die statistische Analyse besteht aus zwei Abschnitten

— aus der Messung der für die Berechnung der Bewertungsgrößen benötigten Realisierungen der Zufallsprozesse und
— aus der statistischen Auswertung dieser Meßergebnisse.

Als Ergebnis der statistischen Analyse erhalten wir Schätzwerte der wahrscheinlichkeitstheoretischen Charakteristiken. Dabei betrachten wir die wahrscheinlichkeitstheoretischen Charakteristiken

— Erwartungswert
— Standardabweichung und
— Verteilungsfunktion.

Für die Schätzung des Erwartungswertes und der Standardabweichung der Zufallsgröße T werden die Formeln genutzt

$$E(T) \approx \overline{T} = \frac{1}{n} \sum_{i=1}^{n} t_i \tag{11.4}$$

und

$$\sigma(T) \approx \sqrt{\frac{1}{n-1} \sum_{i=1}^{n} (t_i - \overline{T})^2}\,. \tag{11.5}$$

Dabei sind die t_i die gemessenen Realisierungen der Zufallsgröße T. Die Schätzung der Verteilungsfunktion bzw. der Verteilungsdichtefunktion erfolgt bei der Simulation über Häufigkeitstabellen. Dazu wird die Zufallsgröße T im Bereich zwischen $t_{\min}$ und $t_{\max}$ betrachtet. Dieser Bereich wird in k gleichgroße Klassen unterteilt mit der Klassenbreite

$$T_0 = \frac{t_{\max} - t_{\min}}{k}\,. \tag{11.6}$$

Bei der statistischen Analyse zur Schätzung der Verteilungsdichtefunktion werden die in den Grenzen

$$(i-1) \cdot T_0 < t \leqq i \cdot T_0 \qquad (i = 1, 2, \dots, k) \tag{11.7}$$

gemessenen Werte der Zufallsgröße T gezählt. Für jede Häufigkeitsklasse erhalten wir am Ende der Simulation eine absolute Häufigkeit n_i $(i = 1, 2, \dots, k)$ und die relative Häufigkeit

$$N_i = \left(n_i \middle/ \sum_{j=1}^{k} n_j\right). \tag{11.8}$$

Die geschätzte Verteilungsfunktion kann im Bildbereich durch die Formel

$$F^*(s) = \sum_{i=1}^{k} P_i \cdot \mathrm{e}^{-sT_0 i} \tag{11.9}$$

angegeben werden. Dabei ist P_i durch den Ausdruck

$$P_i = \sum_{j=1}^{i} N_j \tag{11.10}$$

gegeben.

In SIMDIS gibt es die verschiedensten Möglichkeiten der statistischen Analyse. Wir betrachten nur eine Möglichkeit. Unter Nutzung der SIMDIS-Blöcke MARK und TABULATE kann die Verweilzeit der Forderungen, die beide Blöcke durchlaufen, statistisch analysiert werden. Dabei ist die gemessene Verweilzeit die Zeit, die eine Forderung zum Durchlaufen aller Blöcke zwischen MARK und TABULATE benötigt. Die Häufigkeitstabelle erhält mit Hilfe einer Definitionsanweisung in SIMDIS den Wert $t_{\min}$, die Klassenbreite T_0 und die Klassenzahl k zugeordnet. Auf dieser Grundlage werden am Ende der Simulation für die betrachtete Verweilzeit T_v die Schätzung des Erwartungswertes $E(T_v)$, die Schätzung der Standardabweichung $\sigma(T_v)$ und die Schätzungen der Verteilungsfunktionen und der Verteilungsdichtefunktionen als Tabelle ausgedruckt.

11.3.3. Zur Programmierung in SIMDIS

Als Grundlage für die Programmierung in SIMDIS wird der entsprechende SIMDIS-Forderungslaufplan genutzt. Ein SIMDIS-Programm besteht aus einer Folge von Anweisungen. Die wichtigsten Anweisungstypen sind hierbei

- Blockanweisungen
- Definitionsanweisungen und
- Steueranweisungen.

Die Blockanweisungen beschreiben das Simulationsmodell entsprechend dem SIMDIS-Forderungslaufplan. Ausgewählte Operationsblöcke wurden bereits in den Tabellen 11.1 und 11.2 angegeben. Die Definitionsanweisungen dienen vor allem der Zuweisung von Anfangswerten und der Vereinbarung von Häufigkeitstabellen für die statistische Analyse. Die Steueranweisungen steuern die Ausführung, den Abschluß und die Wiederholung von Simulationsversuchen. Die SIMDIS-Anweisungen werden gewöhnlich über Lochkarten in den Rechner eingegeben.

Eine ausführliche Programmieranleitung für das VOPS SIMDIS ist in [SIMD] enthalten.

11.4. Zur Simulationsversuchsplanung

Wie bereits erwähnt wurde, ist die Simulation mit Hilfe des VOPS SIMDIS eine statistische Methode, wobei für die Bestimmung der Schätzungen für die wahrscheinlichkeitstheoretischen Charakteristiken Versuche mit dem Simulationsmodell durchgeführt werden. Da die Simulation als statistische Methode, in der Realisierungen berechnet werden, einen erheblichen Rechenaufwand benötigt, ist eine sorgfältige Planung der Simulationsversuche erforderlich. Hier bieten sich die in der Literatur (s. z. B. [BAN], [NAL], [SCHEF]) ausführlich beschriebenen Methoden der Versuchsplanung an. An dieser Stelle können wir nur einige spezifische ausgewählte Methoden, die vor allem das Verständnis für die Versuchsplanung wecken sollen, angeben.

Wir unterscheiden zwei Richtungen bei der Planung der Simulationsversuche

- die Wahl der unabhängigen Einflußgrößen auf der Grundlage allgemeiner Erkenntnisse aus der Bedienungstheorie und
- die Wahl von Parametern der statistischen Analyse auf der Grundlage der Erkenntnisse der mathematischen Statistik.

Zur Wahl der unabhängigen Einflußgrößen

Das Ziel der Simulation besteht, genau wie das jeder anderen Effektivitätsanalyse, in der Bestimmung der Abhängigkeit der Bewertungsgrößen von unabhängigen Einflußfaktoren.

Konkret betrachten wir bei der Simulation

- die Reaktionszeit-, Verweilzeit- und Wartezeitverteilungen als Funktionale der Ankunftszeit- und Bedienungszeitverteilungen
- die Erwartungswerte der Reaktionszeiten, Verweilzeiten und Wartezeiten als Funktionen der Ankunftsraten und Erwartungswerte der Bedienungszeiten
- die Auslastungsgrade der einzelnen Bedienungsressourcen als Funktionen der Ankunftsraten und Erwartungswerte der Belegungszeiten der Bedienungsressourcen.

Wenn wir mit λ_i die Ankunftsrate und mit $E(T_{bi})$ den Erwartungswert der Bedienungszeit für die Bedienungsressource Ri annehmen, dann erhalten wir für diese Bedienungsressource den Verkehrswert

$$\varrho_i = \lambda_i \cdot E(T_{bi}) \qquad (i = 1, 2, \dots, n)\,. \tag{11.11}$$

Dabei wird mit n die Zahl der im System vorhandenen Bedienungsressourcen bezeichnet. Bei der Simulation muß gewöhnlich die Stationaritätsbedingung

$$0 \leqq \varrho_i < 1 \qquad (i = 1, 2, \dots, n) \tag{11.12}$$

eingehalten werden. Diese Ungleichungen sind bereits ein wichtiger Anhaltspunkt für die Wahl der unabhängigen Einflußgrößen.

Auch andere allgemeine theoretische Erkenntnisse sind bei der Planung der Simulationsversuche für die Wahl der unabhängigen Einflußgrößen zu nutzen. Man kann dabei die Zahl der Simulationsversuche minimal halten und außerdem die Ergebnisse der Simulation besser interpretieren.

Zur Wahl von Parametern der statistischen Analyse

Vor der Durchführung der Simulationsversuche sind festzulegen

— der Stichprobenumfang, d. h. die Zahl der den Forderungslaufplan durchlaufenden Forderungen und

— die Parameter der Häufigkeitstabellen, wie unterer und oberer Wert der Verteilungsfunktion t_{min} und t_{max}, Klassenbreite T_0 und Klassenzahl k.

Diese angeführten Parameter sind auf der Grundlage statistischer Abschätzungen auszuwählen.

Wir betrachten jetzt die Abschätzung des Stichprobenumfangs, den wir mit N bezeichnen, für die Bestimmung des Erwartungswertes einer Zufallsgröße T. Für die Simulation mit SIMDIS bietet sich die Nutzung der sogenannten 3σ-Regel (s. [STO]) an. Nach der 3σ-Regel wird mit sehr großer Wahrscheinlichkeit bei der statistischen Schätzung des Erwartungswertes eine Fehlergrenze f_e nicht überschritten. Dabei gilt

$$f_e = \pm \frac{3\sigma(T)}{\sqrt{N}}\,. \tag{11.13}$$

Die Fehlergrenze für die Schätzung des Erwartungswertes $E(T)$ hängt also vom Stichprobenumfang N und von der Standardabweichung der Zufallsgröße T, für die der Erwartungswert geschätzt wird, ab. Wenn die theoretische Standardabweichung $\sigma(T)$ bekannt ist, dann kann diese für die Bestimmung der Fehlergrenze f_e nach Formel (11.13) genutzt werden. Wenn die theoretische Standardabweichung für das zu simulierende Modell bekannt ist, dann ist für diesen Fall auch der theoretische Erwartungswert bekannt. Meist erübrigt sich für ein solches Modell eine Simulationsuntersuchung. Wir müssen also damit rechnen, daß für ein zu simulierendes Modell die theoretische Standardabweichung nicht bekannt ist. Man kann aber durch die Simulation die Schätzung der Standardabweichung bestimmen. Wenn wir jetzt annehmen, daß der durch die Schätzung bewirkte Fehler der Standardabweichungen eine Größenordnung kleiner ist als die Standardabweichung selbst, dann wird der Einfluß dieses Fehlers auf f_e klein mit zweiter und höherer Ordnung und kann dort näherungsweise vernachlässigt werden.

In diesem Zusammenhang möchten wir auf einen prinzipiellen Mangel der Simulation von Bedienungsmodellen bei Verkehrswerten ϱ nahe 1 hinweisen. Die Dispersion der Verweilzeit $D(T_v)$ eines M/G/1-Wartesystems (vgl. Abschnitt 12.3.) besitzt einen Summanden mit dem Term $(1 - \varrho)^2$ im Nenner (s. Formel (12.48) für das Anfangsmoment). Daraus folgt, daß beim Grenzübergang $\varrho \to 1$ die Standardabweichung $\sigma(T_v)$ gegen ∞ strebt. Somit wird bei Werten von ϱ nahe 1 die Fehlergrenze f_e (s. Formel (11.13)) für den Erwartungswert $E(T_v)$ sehr groß. Ein Ausgleich durch einen genügend großen Stichprobenumfang N ist praktisch kaum noch möglich.

Diese theoretisch begründete Aussage für das M/G/1-Wartesystem wurde bei einer großen Zahl von Simulationsuntersuchungen auch für andere Bedienungsmodelle praktisch bestätigt. Auf die Simulation eines Systems in der Nähe der Auslastungsgrenze muß somit verzichtet werden, weil diese keine statistisch gesicherten Ergebnisse liefert.

Wir betrachten jetzt die Wahl der Parameter für die geschätzte Verteilungsfunktion: Unterer und oberer Wert der Verteilungsfunktion $t_{\min}$ und $t_{\max}$ sind nicht auf der Grundlage der mathematischen Statistik wählbar. Hier müssen allgemeine Kenntnisse über das zu simulierende System aber auch theoretische Erkenntnisse herangezogen werden. Zum Beispiel kann bei einem Bedienungsmodell mit konstanter Bedienungszeit für die Verteilungsfunktion der Verweilzeit diese konstante Bedienungszeit als $t_{\min}$ festgelegt werden. Bei der Betrachtung einer Wartezeitverteilung wird grundsätzlich $t_{\min}$ gleich Null gesetzt. Die Wahl von $t_{\max}$ erfolgt auf der Grundlage der zu erwartenden Form der Verteilungsfunktion. Für Verweilzeiten nimmt man meist in erster Näherung eine Gamma-Verteilung an. In diesem Fall gilt, daß oberhalb $E(T_v) + 3\sigma(T_v)$ fast keine Werte der Zufallsgröße T_v mehr liegen. Folglich kann

$$t_{\max} = E(T_v) + 3\sigma(T_v) \qquad (11.14)$$

gewählt werden.

Entsprechend den Betrachtungen im Abschnitt 11.3.2. besteht zwischen der Klassenbreite und der Klassenzahl der Zusammenhang in Formel (11.6). Aus der Literatur (s. z. B. [KRA)] ist eine Formel zur Wahl der Klassenzahl unter Nutzung des Stichprobenumfangs bekannt

$$k \leqq 5 \cdot \lg(N)\,. \qquad (11.15)$$

Auf dieser Grundlage ist die Klassenzahl k und die Klassenbreite bestimmbar.

D. Effektivitätsanalyse einer Prozeßrechenanlage als Einkanalbedienungssystem

Wir untersuchen als erstes die Effektivität des Prozeßrechners als Einkanalbedienungssystem. Die Einschränkung dieses Modellansatzes besteht darin, daß wir nur sequentiellen Informationsaustausch zulassen (s. Abschnitt 3.2.2.). In diesem Fall muß die ZVE warten, bis der Informationsaustausch abgeschlossen ist. Während des Informationsaustausches findet keine Verarbeitung in der ZVE statt.

Eine zweite Einschränkung ist die Annahme, daß an der Bedienung eines Echtzeitauftrags nur ein Applikationsprogramm beteiligt ist. Die Aktivierung eines AP durch ein anderes und die Austragung eines AP sind somit ausgeschlossen. Unter diesen Voraussetzungen können wir jedem AP einen Auftragsstrom zuordnen, und jedes AP entspricht einer Echtzeitaufgabe. Die Ankunft eines Echtzeitauftrags ist in diesem Fall mit einer Anmeldung des entsprechenden AP verbunden. Der einem Echtzeitauftrag zugeordnete Forderungsverband schrumpft auf eine Forderung zusammen, und Echtzeitauftrag und Forderung können unter diesen Umständen als Synonyme verwendet werden. Der zugehörige Forderungslaufplan ist in Abb. 6.1 angegeben.

In den Abschnitten 12. und 13. werden für prioritätsfreie Systeme und Systeme mit Prioritäten Effektivitätsuntersuchungen unter diesen beiden Voraussetzungen gemacht. In den Abschnitten 14. und 15. verzichten wir auf die zweite Einschränkung und behandeln die Mehrphasenbedienung durch mehrere Programme eines Prozessors. Das Einkanalmodell ist vor allem für die Analyse verarbeitungsintensiver Prozeßrechnereinsätze mit sequentiellem Informationsaustausch geeignet. Diese kommen u. a. in der Laborautomatisierung vor.

12. PRIORITÄTSFREIE BEDIENUNG DER ECHTZEITAUFTRÄGE

Eine PRA ist Träger von Zufallsprozessen. Das gilt sowohl bezüglich der Ressourcen als nichtbewegte Elemente der PRA als auch bezüglich der Forderungen als bewegte Elemente der PRA. Da wir hier den Prozeßrechner durch stochastische Modelle beschreiben, müssen wir ihn durch Zufallsprozesse darstellen, wie sie z. B. aus der Bedienungstheorie (s. [OWT], [WEN]) bekannt sind. In Bedienungssystemen wird meist der diskrete Zustand der Ressourcen als Zufallsprozeß untersucht. Ein Zufallsprozeß mit diskretem Zustand $\{X(t), t \geqq 0\}$ besitzt eine Zustandsvariable $X(t)$, die eine endliche oder abzählbare Zahl von Zustandswerten besitzt. Der Übergang von einem Zustandswert zum nächsten erfolgt sprungförmig. Ein Zufallsprozeß mit diskretem Zustand ist durch einen Zustandsgraphen darstellbar, wenn die Zahl der Zustände nicht unübersichtlich groß wird. Im Abschnitt 7.1. wurden bereits drei Zustandsgraphen eines Echtzeitoperationssystems für prioritätsfreie Bedienungsordnung, für relative und für absolute Prioritätsordnung angegeben (s. Abb. 7.1, 7.2 und 7.4).

Als Zwischenstufe der Untersuchungen werden in Bedienungssystemen gewöhnlich Zustandswahrscheinlichkeiten berechnet. Diese Zustandswahrscheinlichkeiten dienen dann als Grundlage für die Bestimmung der Wartezeit- und Verweilzeitcharakteristiken. Wir verzichten hier aus Platzgründen auf diese Zwischenstufe und gehen sofort zur Betrachtung der wahrscheinlichkeitstheoretischen Eigenschaften der Warte- und Verweilzeiten über. Bezüglich der Behandlung der Zustandswahrscheinlichkeiten sei auf die Literatur (s. z. B. [BER 11], [KRA], [KOE], [GNE 1]) verwiesen, in der die entsprechenden Methoden ausführlich untersucht werden.

12.1. Untersuchung eines Prozeßrechners mit Hilfe eines M/M/1/N-Bedienungsmodells

Wir betrachten als erstes ein geschlossenes Bedienungsmodell des Prozeßrechners. Als Anwendungsfall kann man sich z. B. eine PRA mit N Datenendplätzen vorstellen, wobei an jedem Datenendplatz ein Bediener sitzt (s. Abb. 9.1a). Dieser Bediener erteilt der PRA Echtzeitaufträge. Nach der Auftragserteilung wartet der Bediener auf Antwort von der PRA (z. B. über Bildschirm). Deshalb ist in der Literatur für Echtzeitsysteme mit Auftragserteilung durch einen Bediener für die Reaktionszeit auch noch der Begriff Antwortzeit üblich (s. [KLEI]). Mit Erhalt der Antwort von der PRA wertet der Bediener diese Antwort sofort aus und erteilt nach der Quellverweilzeit, die im hier betrachteten Fall auch Denkzeit genannt wird (s. [KLEI]), dem Prozeßrechner erneut einen Echtzeitauftrag. Wir nehmen jetzt an, daß an der Bedienung eines Echtzeitauftrags nur ein AP beteiligt ist, das über das Unterbrechungssystem bedient wird.

Bezüglich der Zuordnung der AP zu den Datenendplätzen können wir zwei Möglichkeiten unterscheiden. Bei der ersten Möglichkeit benutzen alle Prozeßbediener dasselbe AP (Einzelprogrammbetrieb), während bei der zweiten jedem Bediener ein eigenes AP zugeordnet ist (Multiprogrammbetrieb). Da wir prioritätsfreie Bedienung voraussetzen, hat diese Unterscheidung nur Einfluß auf die Verteilungsfunktion der Bedienungszeit. Man kann für den Multiprogrammbetrieb vom gleichen Modellansatz wie für den Einzelprogrammbetrieb ausgehen. Deshalb betrachten wir hier nur den Einzelprogrammbetrieb.

In Abb. 9.1b ist der Forderungslaufplan eines geschlossenen Bedienungssystems dargestellt. Dabei bildet der Block VERZOEGERN die Quellverweilzeit nach. Im Block ERZEUGEN werden insgesamt N Forderungen erzeugt. Wir setzen voraus, daß die Quellverweilzeit exponentiell verteilt ist (s. Ansatz (9.41)). Außerdem nehmen wir eine exponentielle Bedienungszeitverteilung des AP an (s. Formel (10.2)).

Wenn wir beim geschlossenen Bedienungssystem die Kapazität des Warteraumes mit

$$r = N \tag{12.1}$$

ansetzen, dann gehen keine Anmeldungen verloren. Praktisch benötigt jeder Prozeßbediener seinen eigenen Warteplatz.

Für ein geschlossenes System ist die Durchsatzrate λ durch die Formel

$$\lambda = (1 - p_0) \cdot \mu \tag{12.2}$$

gegeben (s. [WEN]).

Außerdem gilt für den Erwartungswert der Verweilzeit (s. z. B. [SCHE])

$$E(T_v) = \frac{N \cdot E(T_b)}{1 - p_0} - E(T_q). \tag{12.3}$$

In den Formeln (12.2) und (12.3) wird mit p_0 die Stillstandswahrscheinlichkeit des Bedienungskanals bezeichnet, für die die folgende Formel gilt

$$p_0 = \frac{1}{\sum_{j=0}^{N} \frac{N!}{(N-j)!} \cdot (\gamma/\mu)^j}. \tag{12.4}$$

In geschlossenen Bedienungssystemen wird meist der Beschäftigungskoeffizient β mit

$$\beta = \frac{E(T_b)}{E(T_b) + E(T_q)} \tag{12.5}$$

als dimensionslose Einflußgröße verwendet.

Wir führen jetzt als dimensionslose Bewertungsgröße den Verweilzeitfaktor

$$F = \frac{E(T_v)}{E(T_b)} \tag{12.6}$$

ein. Unter Nutzung der Formel (12.3) erhalten wir hier

$$F = \frac{N}{1 - p_0} - \frac{1 - \beta}{\beta} \tag{12.7}$$

mit

$$p_0 = \frac{1}{\sum_{j=0}^{N} \frac{N!}{(N-j)!} \left(\frac{\beta}{1-\beta}\right)^j}. \tag{12.8}$$

Wenn wir die Zahl der Datenendplätze N unendlich groß werden lassen, d. h., $N \to \infty$, dann verschwindet p_0. Das ergibt sich auch aus dem physikalischem Sinn von p_0 als Stillstandswahrscheinlichkeit. Somit erhalten wir für den Verweilzeitfaktor genähert

$$F = N - \frac{1 - \beta}{\beta} \tag{12.9}$$

bei großen N.

Für kleine N liegt der Verweilzeitfaktor bei 1. Wir können also die Gerade

$$F = 1 \tag{12.10}$$

für kleine N als Näherungsformel verwenden. Der Schnittpunkt der beiden Geraden (12.9) und (12.10) ergibt für N einen Wert

$$N^* = 1/\beta. \tag{12.11}$$

Diesen Wert N^* definieren wir als Sättigungszahl des Prozeßrechners.

Die Auswertung der Formel (12.7) zeigt, daß der Verweilzeitfaktor unterhalb der Sättigungszahl N^* durch den Ansatz (12.9) und oberhalb von N^* durch den Ansatz (12.10) gut approximierbar ist (s. [KLEI]). Anhand dieser Formel ziehen wir den Schluß, daß beim Anwachsen von N der Verweilzeitfaktor oberhalb der Sättigungszahl

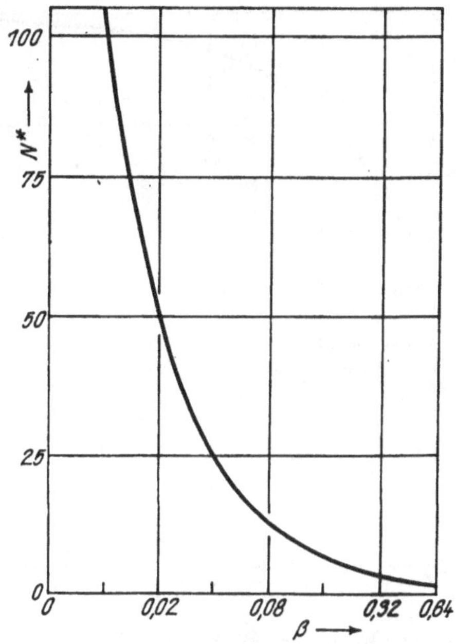

Abb. 12.1. Abhängigkeit der Sättigungszahl vom Beschäftigungskoeffizienten für das M/M/1/N-Bedienungsmodell

N^* spürbar ansteigt. Somit kann man die Sättigungszahl als obere Grenze für die Anzahl der an die PRA anschließbaren Datenendplätze annehmen. In Abb. 12.1 ist die Abhängigkeit der Sättigungszahl N^* vom Beschäftigungskoeffizienten β dargestellt.

12.2. Untersuchung eines Prozeßrechners mit Hilfe des D/M/1-Bedienungsmodells

Bestimmung der Verweilzeitverteilung

In vielen praktischen Einsatzfällen von Prozeßrechnern ist ein wesentlicher Teil der Ankunftsströme regelmäßig. Demgegenüber gibt es in der Bedienungstheorie nur wenige Untersuchungen für nichtpoissonsche Ankunftsströme. Das gilt auch für Bedienungsmodelle mit regelmäßigen Ankunftsströmen. In der Literatur (s. [EGI]) sind Analysen für Bedienungssysteme mit ERLANGschem Eingangsstrom durchgeführt worden. Für kompliziertere Verteilungsfunktionen der Bedienungszeiten werden die dabei gewonnenen Formeln unübersichtlich. (s. [EGI]). SAATI (s. [SAA]) hat ein Bedienungssystem mit ERLANGschem Ankunftsstrom und exponentieller Verteilung der Bedienungszeit untersucht. Dabei wurde der Grenzübergang $k \to \infty$ durchgeführt (s. Abschnitt 9.2), und auf diese Weise wurden Ergebnisse für das D/M/1-Bedienungsmodell erhalten. Für dieses Modell ergab sich die Verteilungsfunktion der Wartezeit mit

$$W(t) = \begin{cases} 0 & \text{für} \quad t < 0 \\ 1 - (1 - q_0) \cdot e^{-\mu q_0 t} & \text{für} \quad t \geqq 0 \,. \end{cases} \tag{12.12}$$

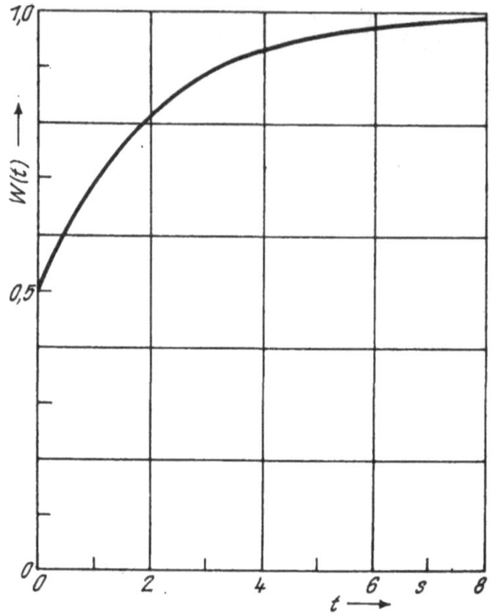

Abb. 12.2. Verteilungsfunktion der Wartezeit eines D/M/1-Bedienungsmodells ($q_0 = 0{,}5$; $\mu = 1$)

In Abb. 12.2 ist diese Verteilungsfunktion $W(t)$ für $q_0 = 1/2$ und $\mu = 1\ \mathrm{s}^{-1}$ aufgetragen. Wie zu erkennen ist, besitzt diese Verteilungsfunktion an der Stelle $t = 0$ einen Sprung. Der Hilfsparameter q_0 kann durch Lösung des Gleichungssystems

$$\left.\begin{aligned} q_0 &= 1 - \mathrm{e}^{-y} \\ q_0 &= \varrho y \end{aligned}\right\} \tag{12.13}$$

aus dem Verkehrswert ϱ gewonnen werden.

Die Laplace-Stieltjes-Transformierte der Wartezeitverteilung ergibt sich durch den Ansatz

$$W^*(s) = \int_0^\infty \mathrm{e}^{-st} \cdot \mathrm{d}W(t)\,. \tag{12.14}$$

Unter Nutzung der Formel für die Verteilungsfunktion im Zeitbereich (12.12) erhält man im Bildbereich

$$W^*(s) = \frac{q_0(\mu + s)}{\mu q_0 + s}\,. \tag{12.15}$$

Für die Verweilzeitverteilung im Bildbereich gilt der Ansatz

$$V^*(s) = W^*(s) \cdot B^*(s)\,. \tag{12.16}$$

Andererseits ist für ein D/M/1-Bedienungsmodell die Verteilungsfunktion der Bedienungszeit im Bildbereich

$$B^*(s) = \frac{\mu}{\mu + s}\,. \tag{12.17}$$

Folglich erhalten wir für die Verteilungsfunktion der Verweilzeit im Bildbereich

$$V^*(s) = \frac{\mu q_0}{\mu q_0 + s} \tag{12.18}$$

und im Zeitbereich

$$V(t) = 1 - e^{-\mu q_0 t}\,. \tag{12.19}$$

Somit ergibt sich auch für das D/M/1-Modell eine exponentielle Verweilzeitverteilung.

Durch Differentiation und Nullsetzen von s in den Ableitungen können entsprechend Formel (9.9) die Erwartungswerte der Wartezeit und der Verweilzeit bestimmt werden. Dabei erhalten wir

$$E(T_w) = \frac{1 - q_0}{q_0} \cdot E(T_b) \tag{12.20}$$

$$E(T_v) = (1/q_0) \cdot E(T_b) \tag{12.21}$$

und den Verweilzeitfaktor

$$F = (1/q_0)\,. \tag{12.22}$$

Für $\varrho \to 1$ strebt $q_0 \to 0$ und $F \to \infty$. Somit sind Ankunftsströme der Echtzeitaufträge, die zu einer großen Auslastung der ZVE führen, zu vermeiden.

Bestimmung der Reaktionszeitverteilung

Im Abschnitt 2.3. wurde der Zusammenhang zwischen der Auftragsverweilzeit und der Reaktionszeit für ereignisorientierte Reaktionsaufträge mit

$$T_r = T_v + T_s$$

hergestellt (s. a. Abschnitt 6.8. und Abb. 6.11).

Wenn wir die Anfangsverweilzeit T_m gleich 0 setzen, dann gilt

$$T_s = T_e\,. \tag{12.23}$$

Diese Annahme ist als Näherung in vielen Fällen berechtigt.

Unter Berücksichtigung dieser Näherung können wir für die Verteilungsfunktion der Reaktionszeit im Bildbereich ansetzen

$$R^*(s) = V^*(s) \cdot E^*(s)\,. \tag{12.24}$$

Dabei ist $E^*(s)$ die Verteilungsfunktion der Ereignisentdeckungszeit im Bildbereich.

Wir betrachten jetzt diese Verteilungsfunktion $E^*(s)$ für einen regelmäßigen Ankunftsstrom der Echtzeitaufträge. Ein regelmäßiger Ankunftsstrom hat die Verteilungsfunktion im Zeitbereich (s. Abb. 9.3)

$$A(t) = \begin{cases} 0 & \text{für} \quad t < T_a \\ 1 & \text{für} \quad t \geqq T_a \end{cases} \tag{12.25}$$

und im Bildbereich dementsprechend

$$A^*(s) = e^{-sT_a}\,. \tag{12.26}$$

Man kann die Ereignisentdeckungszeit T_e als den Zeitabstand zwischen einem zufälligen Ereignis zum Zeitpunkt t_e und dem Zeitpunkt des nächsten Ereignisses t_a des

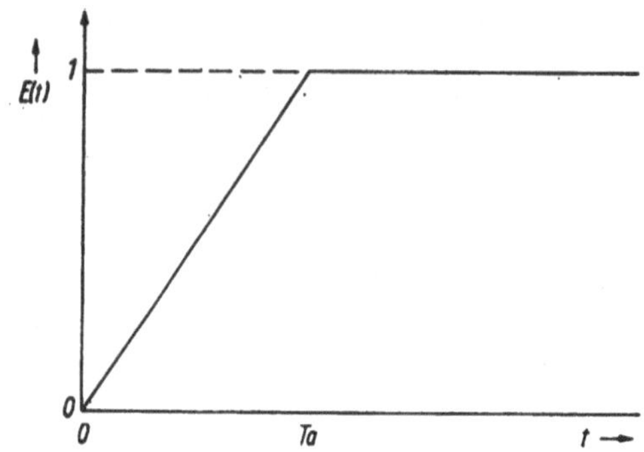

Abb. 12.3. Verteilungsfunktion der Ereignisentdeckungszeit bei zeitzyklischer Überwachung

regelmäßigen Ankunftsstromes (s. Abb. 9.3) auffassen. Für diesen Fall gilt nach [OWT] für die Verteilungsdichte von T_e

$$e(t) = \begin{cases} 1/T_a & \text{für} \quad t < 0 \text{ und } t > T_a \\ 0 & \text{für} \quad 0 \leqq t \leqq T_a\,. \end{cases} \tag{12.27}$$

Somit ergibt sich die Verteilungsfunktion von T_e im Zeitbereich mit

$$E(t) = \begin{cases} 0 & \text{für} \quad t < 0 \\ (1/T_a) \cdot t & \text{für} \quad 0 \leqq t \leqq T_a \\ 1 & \text{für} \quad T_a < t \end{cases} \tag{12.28}$$

(s. Abb. 12.3). Wenn wir für die Verteilungsfunktion der Ereignisentdeckungszeit im Bildbereich ansetzen

$$E^*(s) = \int_0^\infty \mathrm{e}^{-st} \cdot \mathrm{d}E(t)\,, \tag{12.29}$$

dann erhalten wir durch Einsetzen von (12.28) die Formel

$$E^*(s) = \frac{1 - \mathrm{e}^{-T_a s}}{T_a \cdot s}\,. \tag{12.30}$$

Der Erwartungswert von T_e kann mit Hilfe des Ansatzes

$$E(T_e) = -\left.\frac{\mathrm{d}E(s)}{\mathrm{d}s}\right|_{s=0} \tag{12.31}$$

bestimmt werden, wobei sich ergibt

$$E(T_e) = \tfrac{1}{2} \cdot T_a\,. \tag{12.32}$$

Die Dispersion von T_e kann mit Hilfe der Formeln

$$D(T_e) = E(T_e^2) - \big(E(T_e)\big)^2 \tag{12.33}$$

und

$$E(T_e^2) = \left.\frac{\mathrm{d}^2E(s)}{\mathrm{d}s^2}\right|_{s=0} \tag{12.34}$$

ermittelt werden. Das Ergebnis heißt

$$D(T_e) = \frac{T_a^2}{12}. \tag{12.35}$$

Unter Nutzung der für die Ereignisentdeckungszeit und die Auftragsverweilzeit gewonnenen Verteilungsfunktionen bestimmen wir die Verteilungsfunktion der Reaktionszeit entsprechend Formel (12.24) bei einem D/M/1-Bedienungsmodell. Es ergibt sich die Verteilungsfunktion im Bildbereich

$$R^*(s) = \frac{(1 - e^{-T_a s}) \cdot \mu q_0}{s(\mu q_0 + s)}, \tag{12.36}$$

und für den Erwartungswert folgt

$$E(T_r) = \frac{1}{q_0} \cdot E(T_b) + \frac{T_a}{2}. \tag{12.37}$$

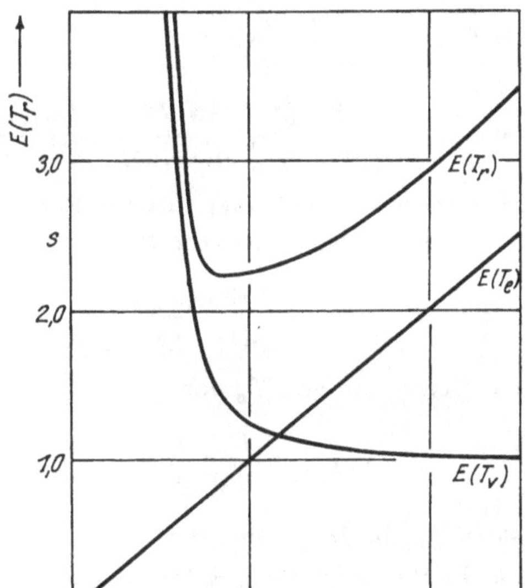

Abb. 12.4. Einfluß des Ankunftsabstandes der Echtzeitaufträge auf die mittlere Reaktionszeit

In Abb. 12.4 ist der Einfluß des Ankunftsabstandes des regelmäßigen Auftragsstromes der Echtzeitaufträge T_a auf den Erwartungswert der Reaktionszeit dargestellt. Außerdem sind in dieser Abbildung noch die Erwartungswerte der Verweilzeit und der Ereignisentdeckungszeit aufgetragen.

Der Erwartungswert der Reaktionszeit $E(T_r)$ besitzt bezüglich des Ankunftsabstandes ein Minimum. Das bedeutet, daß es für jeden Wert von ϱ einen Ankunftsabstand $T_{a\,opt}$ gibt, für den die mittlere Reaktionszeit am kleinsten ist. Somit muß bei der Festlegung der Abtastperiode für die zeitzyklische Überwachung von Prozeßereignissen $T_a = T_{a\,opt}$ gewählt werden.

12.3. Untersuchung des Prozeßrechners mit Hilfe des M/G/1-Bedienungsmodells

Modell mit beliebiger Laufzeitverteilung

Wir gehen jetzt zur Untersuchung der PRA mit Hilfe des M/G/1-Bedienungsmodells über. Für dieses Modell ist aus der Literatur (s. [CON], [KOS] und [SAA]) die Verweilzeitverteilung im Bildbereich mit

$$V^*(s) = \frac{(1-\varrho)\, sB^*(s)}{\lambda B^*(s) - \lambda + s} \tag{12.38}$$

bekannt.

Daraus folgen die beiden ersten wahrscheinlichkeitstheoretischen Momente unter Nutzung der Formel (9.9), wobei der Grenzwert $s \to 0$ gebildet und dabei die L'Hospital-Regel angewendet werden muß. Als Ergebnis erhalten wir

$$E(T_v) = E(T_b) + \frac{\lambda E(T_b^2)}{2(1-\varrho)}, \tag{12.39}$$

$$E(T_v^2) = E(T_b^2) + \frac{\varrho E(T_b^2)}{1-\varrho} + \frac{\lambda E(T_b^3)}{3(1-\varrho)} + \frac{[\lambda E(T_b^2)]^2}{2(1-\varrho)^2}. \tag{12.40}$$

Durch entsprechende Umformungen erhält man aus der Formel für den Erwartungswert der Verweilzeit (12.39) den Verweilzeitfaktor F mit

$$F = 1 + \frac{\varrho[1 + d(T_b)]}{2(1-\varrho)}, \tag{12.41}$$

wobei $d(T_b)$ die normierte Dispersion von T_b mit

$$d(T_b) = \frac{D(T_b)}{E(T_b)^2} \tag{12.42}$$

angesetzt wird. Dabei ist $D(T_b)$ die Dispersion der Laufzeit.

Wenn eine Erlangsche Laufzeitverteilung k-ter Ordnung vorliegt, dann kann in (12.41)

$$d(T_b) = 1/k \tag{12.43}$$

eingesetzt werden.

In Abb. 12.5 ist der Einfluß des Verkehrswertes ϱ und der normierten Dispersion der Laufzeit $d(T_b)$ auf den Verweilzeitfaktor dargestellt. Auch hier gilt wieder, daß mit dem Grenzübergang $\varrho \to 1$ der Verweilzeitfaktor F asymptotisch gegen ∞ geht. In der Formel (12.41) entspricht der Wert $d(T_b) = 1$ dem M/M/1-Bedienungssystem. Im Bereich

$$0 \leqq d(T_b) \leqq 1 \tag{12.44}$$

ist dieser Fall mit $d(T_b) = 1$ derjenige mit dem größten Verweilzeitfaktor. Der kleinste Verweilzeitfaktor eines M/G/1-Bedienungssystems liegt bei $d(T_b) = 0$ vor, d. h., wenn alle Programmläufe die gleiche Laufzeit besitzen. Aus diesen Betrachtungen ergibt sich die Schlußfolgerung, daß die Unterschiede der Laufzeiten für die verschiedenen Programmläufe des AP möglichst gering gehalten werden sollten.

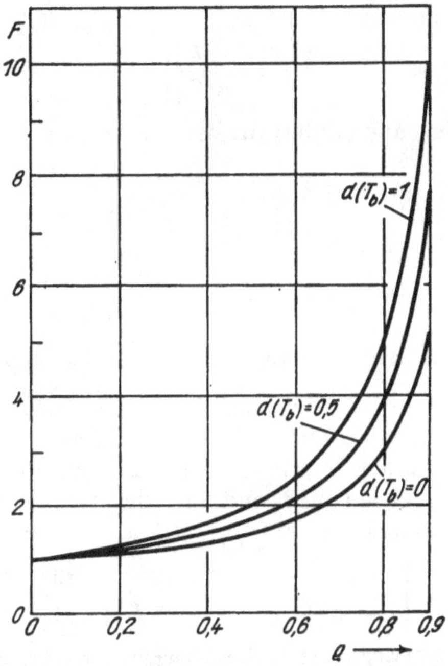

Abb. 12.5. Einfluß des Verkehrswertes und der Dispersion der AP-Laufzeit auf den Verweilzeitfaktor

Aus der Formel (12.38) kann man leicht die LAPLACE-STIELTJES-Transformierte der Wartezeit $W^*(s)$ erhalten, wenn berücksichtigt wird, daß

$$V^*(s) = W^*(s) \cdot B^*(s) \tag{12.45}$$

gilt. Somit folgt aus (12.38) und (12.45)

$$W^*(s) = E(e^{-sT_w}) = \frac{(1-\varrho)\, s}{\lambda B^*(s) - \lambda + s}, \tag{12.46}$$

und die beiden ersten Anfangsmomente der Wartezeit T_w ergeben sich daraus mit

$$E(T_w) = \frac{\lambda E(T_b^2)}{2(1-\varrho)}, \tag{12.47}$$

$$E(T_w^2) = \frac{\lambda E(T_b^3)}{3(1-\varrho)} + \frac{[\lambda E(T_b^2)]^2}{2(1-\varrho)^2}. \tag{12.48}$$

M/M/1-Modell

Wir nehmen jetzt eine exponentielle Verteilungsfunktion der Bedienungszeit an und erhalten damit ein M/M/1-Bedienungsmodell. Hierbei ist die LAPLACE-STIELTJES-Transformierte der Bedienungszeit

$$B^*(s) = \frac{\mu}{\mu + s} \tag{12.49}$$

mit der Bedienungsintensität

$$\mu = \frac{1}{E(T_b)}. \tag{12.50}$$

In diesem Fall erhält man aus (12.38) für die Verweilzeit

$$V^*(s) = \frac{\mu - \lambda}{\mu - \lambda + s} \tag{12.51}$$

und aus (12.46) für die Wartezeit

$$W^*(s) = 1 - \varrho + \frac{\varrho(\mu - \lambda)}{\mu - \lambda + s}. \tag{12.52}$$

Aus der Formel für $V^*(s)$ folgt, daß die Verweilzeit die Exponentialverteilung

$$V(t) = 1 - e^{-(\mu-\lambda)\,t}, \qquad (t \geqq 0) \tag{12.53}$$

besitzt.

Die Verteilungsfunktion der Wartezeit ist unstetig, weil die Wartezeit mit der Wahrscheinlichkeit $1 - \varrho$ gleich 0 ist und mit der Wahrscheinlichkeit ϱ eine exponentielle Verteilung mit dem Parameter $\mu - \lambda$ hat. Demzufolge gilt

$$W(t) = \begin{cases} 0\,, & \text{für} \quad t < 0\,, \\ 1 - \varrho + \varrho[1 - e^{-(\mu-\lambda)\,t}] & \text{für} \quad t \geqq 0\,. \end{cases} \tag{12.54}$$

Anhand der Formel (12.51) ergibt sich der Erwartungswert der Verweilzeit

$$E(T_v) = \frac{1}{1-\varrho} \cdot E(T_b)\,. \tag{12.55}$$

Daraus folgt für den Verweilzeitfaktor des M/M/1-Bedienungsmodells

$$F = \frac{1}{1-\varrho}. \tag{12.56}$$

Der Verweilzeitfaktor hängt im Fall eines M/M/1-Bedienungsmodells somit nur vom Verkehrswert ϱ ab. Diese Abhängigkeit ist in Abb. 12.6 gestrichelt eingetragen. Zu beachten ist hierbei, daß mit dem Grenzübergang $\varrho \to 1$ der Verweilzeitfaktor F asymptotisch gegen ∞ geht. Das bedeutet, daß mit Annäherung von ϱ an 1 die Verweilzeit unendlich groß wird.

Wir betrachten für das M/M/1-Bedienungsmodell die Echtzeitwahrscheinlichkeit P_e (s. Ansatz (8.1)). Dabei kann die Echtzeitwahrscheinlichkeit entsprechend Formel (8.3) durch Einsetzen der Reaktionszeitgrenze T_{rz} ermittelt werden.

Wir nehmen an, daß keine Auftragsentdeckungszeit auftritt und somit die Reaktionszeit mit der Verweilzeit übereinstimmt. Dann ist

$$P_e = V(T_{rz})\,. \tag{12.57}$$

Da für die Verteilungsfunktion der Verweilzeit beim M/M/1-Modell die Formel (12.53) gilt, ergibt sich

$$P_e = 1 - e^{-(\mu-\lambda)\,T_{rz}}\,. \tag{12.58}$$

Wir betrachten die zulässige Verweilzeit T_{rz} und erhalten dafür den Zeitfaktor für den Echtzeitbetrieb

$$F_z = \frac{T_{rz}}{E(T_b)} = -\frac{\ln(1 - P_e)}{(1-\varrho)}. \tag{12.59}$$

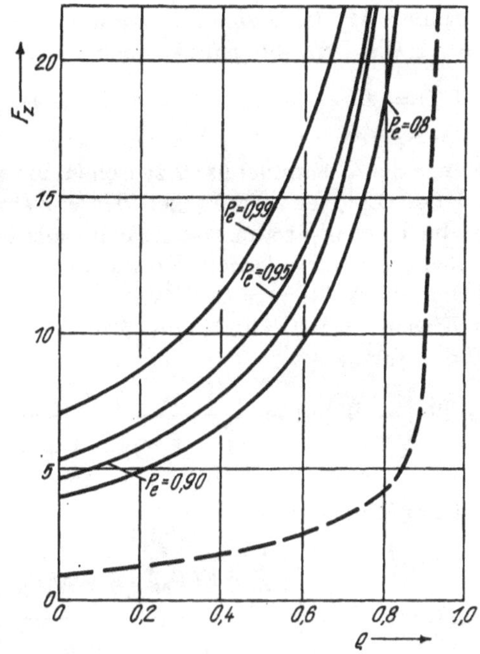

Abb. 12.6. Abhängigkeit des Zeitfaktors für den Echtzeitbetrieb vom Verkehrswert beim M/M/1-Bedienungsmodell (F_z: ———; F: – – –)

Bei vorgegebenem P_e und ϱ darf folglich die zulässige Verweilzeit T_{rz} nicht kleiner als der sich aus der Gleichung (12.59) ergebende Wert sein, wenn die Echtzeitbedingung (2.27) eingehalten werden soll. Ein Vergleich des Zeitfaktors F_z mit dem entsprechenden Verweilzeitfaktor F (s. Formel (12.56)) zeigt, daß anstelle von 1 der Ausdruck $-\ln(1 - P_e)$ tritt. Insgesamt ist bei Werten von P_e in der Nähe von 1 der Ausdruck $-\ln(1 - P_e)$ größer als 1, und für den Grenzwert $P_e \to 1$ geht F_z gegen ∞. In Abb. 12.6 ist für verschiedene Echtzeitwahrscheinlichkeiten die Abhängigkeit des Zeitfaktors F_z von ϱ dargestellt. Zum Vergleich enthält diese Abb. 12.6 auch die Abhängigkeit F von ϱ (gestrichelt).

Für die Analyse eines Prozeßrechners sind bei der Nutzung des M/G/1-Bedienungsmodells folgende Vorstellungen möglich. Man kann mit den obigen Ergebnissen den Einzelprogrammbetrieb eines AP analysieren. In diesem Fall sind λ die Intensität des Ankunftsstromes und $B^*(s)$ die Verteilungsfunktion diese AP.

Eine andere Betrachtungsweise besteht darin, beim Multiprogrammbetrieb alle AP zu einem zusammenzufassen und alle Ankunftsströme und alle Verteilungsfunktionen der Bedienungszeiten zu vereinigen. Hierbei werden auch die gemeinsamen Verteilungsfunktionen der Warte- und Verweilzeit untersucht.

Untersuchung des Multiprogrammbetriebs eines Prozeßrechners als prioritätsfreies Mehrstromsystem

Es folgt jetzt der Übergang von der gemeinsamen Analyse aller AP mit der Ankunftsverteilungsfunktion des Summenankunftsstroms

$$A(t) = 1 - e^{-\lambda t} \tag{12.60}$$

zur Betrachtung der einzelnen AP. In diesem Fall nehmen wir an, daß die Ankunftsströme für die einzelnen AP die Verteilungsfunktionen

$$A_i(t) = 1 - \mathrm{e}^{-\lambda_i t}\,, \qquad (i = 1, 2, \dots, m) \tag{12.61}$$

besitzen.

Im Abschnitt 10.1. wurde der Zusammenhang zwischen der gemeinsamen Laufzeitverteilung aller AP und den Laufzeitverteilungen der einzelnen AP in der Formel (10.24) hergestellt. Für die LAPLACE-STIELTJES-Transformierten haben wir den Zusammenhang in der Formel (10.27). Außerdem gilt die Beziehung (10.31) für den Zusammenhang zwischen dem Verkehrswert der ZVE ϱ und den Verkehrswerten der einzelnen AP ϱ_i. Durch Einsetzen von (10.27) in (12.46) erhalten wir für die Wartezeiten der einzelnen AP die Formel

$$W_k^*(s) = W^*(s) = \frac{(1-\varrho)\, s}{\sum\limits_{i=1}^{m} \lambda_i B_i^*(s) - \lambda + s} \tag{12.62}$$

und den Erwartungswert der Wartezeiten

$$E(T_{wk}) = E(T_w) = \frac{\sum\limits_{i=1}^{m} \varrho_i E(T_{bi}) \left(1 + d(T_{bi})\right)}{2(1-\varrho)} \tag{12.63}$$

mit

$$d(T_{bi}) = \frac{D(T_{bi})}{[E(T_{bi})]^2}\,.$$

Aus diesen Beziehungen ist ersichtlich, daß die Wartezeitverteilungen für alle AP gleich sind.

Die Verweilzeitverteilungen der einzelnen AP sind demgegenüber nicht alle gleich, weil jedes AP seine eigene Bedienungszeitverteilung $B_k(t)$ hat. Für die LAPLACE-STIELTJES-Transformierte der Verweilzeitverteilung des AP Ak gilt

$$V_k^*(s) = W_k^*(s) \cdot B_k^*(s)\,, \tag{12.64}$$

und durch Einsetzen von (10.27) in (12.38) ergibt sich

$$V_k^*(s) = \frac{(1-\varrho)\, s B_k^*(s)}{\sum\limits_{i=1}^{m} \lambda_i B_i^*(s) - \lambda + s}\,. \tag{12.65}$$

Dementsprechend erhalten wir für den Erwartungswert der Verweilzeit des AP Ak

$$E(T_{vk}) = E(T_{bk}) + \frac{\sum\limits_{i=1}^{m} \varrho_i E(T_{bi}) \left[1 + d(T_{bi})\right]}{2(1-\varrho)}\,. \tag{12.66}$$

Wir betrachten jetzt den Einfluß der anderen AP auf die Verweilzeit der Forderungen des AP Ak. Dabei sehen wir, daß alle anderen AP gleichartige Einflußfaktoren $\varrho_i E(T_{bi}) \left(1 - d(T_{bi})\right)$ haben. Deshalb fassen wir alle anderen AP Ai (i $= 1, 2, \dots, m$; i $\neq$ k) zu einem Ersatz-AP As zusammen. Dazu führen wir für dieses Ersatz-AP As die Laufzeitverteilung

$$B_s(t) = \frac{1}{\lambda_s} \sum_{\substack{i=1 \\ i \neq k}}^{m} \lambda_i B_i(t) \tag{12.67}$$

mit

$$\lambda_s = \sum_{\substack{i=1 \\ i \neq k}}^{m} \lambda_i \tag{12.68}$$

ein und erhalten

$$E(T_{vk}) = E(T_{bk}) + \frac{\varrho_k E(T_{bk}) \left(1 + d(T_{bk})\right) + \varrho_s E(T_{bs}) \left(1 + d(T_{bs})\right)}{2(1 - \varrho)}. \tag{12.69}$$

Daraus ergibt sich für den Verweilzeitfaktor des AP Ak bei der Annahme $d(T_{bs}) = d(T_{bk}) = 0$

$$F_k = 1 + \frac{\varrho_k + \varrho_s g_s}{2(1 - \varrho_k - \varrho_s)} \tag{12.70}$$

mit

$$g_s = \frac{E(T_{bs})}{E(T_{bk})}. \tag{12.71}$$

In Abb. 12.7 ist der Verweilzeitfaktor F_k als Funktion von ϱ_s für verschiedene g_s und für $\varrho_k = 0{,}5$ aufgetragen. Dabei ist zu beachten, daß für $g_s = 0$ gleichzeitig $\varrho_s = \lambda_s E(T_{bs}) = 0$ ist, so daß in diesem Fall für alle ϱ_s der Verweilzeitfaktor $F_k = 1{,}5$ ist. Dieser Wert entspricht dem Fall, daß nur das AP Ak von der ZVE bedient wird

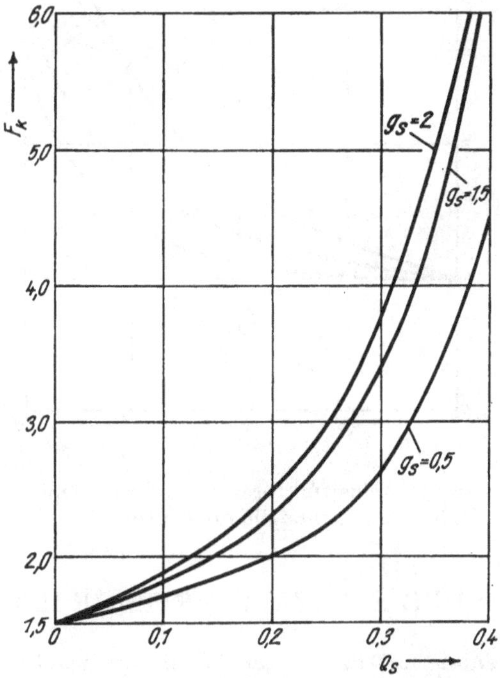

Abb. 12.7. Störeinflüsse anderer AP auf den Verweilzeitfaktor des AP Ak ($\varrho_k = 0{,}5$; $d(T_{bs}) = 0$; $d(T_{bk}) = 0$)

und folglich keine Störungen durch die anderen AP, repräsentiert durch Ak, erfährt. Er kann zum Vergleich für die Wertung der Störeinflüsse der anderen AP herangezogen werden. Es zeigt sich z. B., daß bei $g_s = 1{,}5$ und $\varrho_s = 0{,}28$ der Verweilzeitfaktor F_k doppelt so groß ist wie bei $g_s = 0$.

12.4. Vergleich von drei prioritätsfreien Bedienungsmodellen

Wir vergleichen hier den Verweilzeitfaktor für verschiedene prioritätsfreie Einphasenbedienungsmodelle. In Abb. 12.8 ist dieser Vergleich graphisch dargestellt. Aus dieser Abbildung ist sichtbar, daß unter den betrachteten Modellen das D/M/1-Modell am günstigsten und das M/M/1-Moddell am ungünstigsten ist. Das M/D/1-Modell liegt dazwischen. Die Unterschiede bei ϱ gegen 1 sind erheblich. Zum Bespiel ist für $\varrho = 0{,}8$ der Wert von F des M/M/1-Modells fast doppelt so groß wie der des D/M/1-Modells.

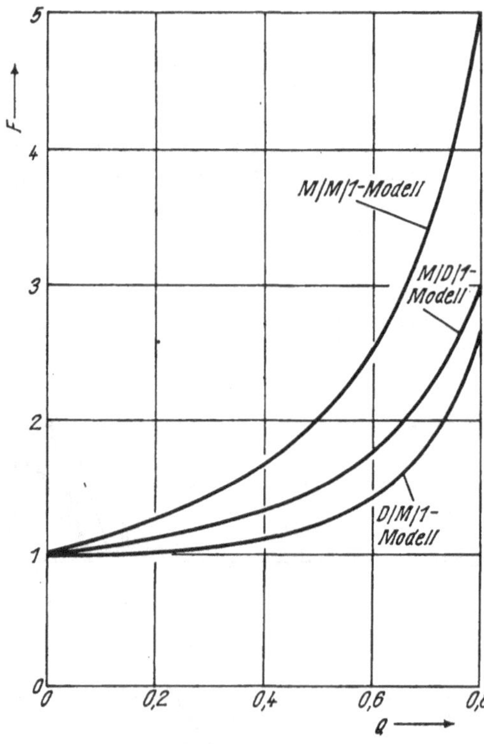

Abb. 12.8. Vergleich der Verweilzeitfaktoren für verschiedene Einknoten-Einphasen-Bedienungsmodelle ohne Prioritäten

13. BEDIENUNG DER ECHTZEITAUFTRÄGE MIT PRIORITÄTEN

Wir knüpfen bei Bedienung mit Prioritäten an die im Abschnitt 12.3. angewandten Untersuchungen für das prioritätsfreie M/G/1-Bedienungssystem an. Es werden also hier generell POISSONsche Ankunftsströme und beliebige Bedienungszeitverteilungen vorausgesetzt. Geschlossene Bedienungsmodelle mit Prioritäten werden in diesem Buch nicht betrachtet.

Wir nehmen an, daß auf der PRA die m Applikationsprogramme A1, A2, ..., Am im Multiprogrammbetrieb abgearbeitet werden. Dabei wird jedem AP Ai genau eine Klasse von Echtzeitaufträgen zugeordnet, die einer Echtzeitaufgabe entspricht. Den Verarbeitungsforderungen jedes AP Ai ist genau eine Prioritätsklasse i (i = 1, 2, ..., m) zugeordnet, oder anders ausgedrückt, jedem AP Ai ist eine Priorität zugeordnet. Jedes AP Ai besitzt einen POISSONschen Eingangsstrom mit

$$A_i(t) = 1 - e^{-\lambda_i t} \qquad (i = 1, 2, \dots, m) \tag{13.1}$$

und eine allgemeine Verteilungsfunktion der Laufzeit $B_i(t)$ $(i = 1, 2, \dots, m)$, die im Bedarfsfall präzisiert werden kann. Dabei sind die λ_i die Ankunftsraten der Forderungen an den Eingängen der AP Ai. Außerdem bezeichnen wir mit T_{bi} die zufällige Laufzeit des AP Ai, mit $B_i^*(s)$ die LAPLACE-STIELTJES-Transformierte von $B_i(t)$ und mit $\varrho_i = \lambda_i E(T_{bi})$ den Verkehrswert des AP Ai.

Beschäftigungszeit[1])

In einem Einkanalbedienungssystem mit POISSONschem Ankunftsstrom bilden die Beschäftigungs- und Stillstandszeiten des Bedienungskanals zwei Folgen von Zufallsgrößen, wobei die einzelnen Zufallsgrößen beider Folgen einander ablösen. Außerdem besitzen die Zufallsgrößen beider Folgen jeweils die gleichen Verteilungsfunktionen. Die Verteilungsfunktion der Beschäftigungszeit T_h hängt nicht von der Bedienungsdisziplin ab.

In der Literatur (s. [CON], [GNE 2]) wird für die LAPLACE-STIELTJES-Transformierte der Beschäftigungszeit $H^*(s)$ die Funktionalgleichung

$$H^*(s) = B^*(s + \lambda - \lambda H^*(s)) , \tag{13.2}$$

abgeleitet, wobei $B^*(s)$ die LAPLACE-STIELTJES-Transformierte der Bedienungszeit ist. Da sich $H^*(s)$ in beiden Teilen der Funktionalgleichung (13.2) befinden, ist eine direkte Lösung meist nicht möglich. Aber aus dieser Funktionalgleichung können die Momente der Beschäftigungszeit durch Anwendung der Formel (9.9) bestimmt werden. Für die beiden ersten Anfangsmomente der Beschäftigungszeit ergibt sich dabei

$$E(T_h) = \frac{E(T_b)}{1 - \varrho}, \tag{13.3}$$

$$E(T_h^2) = \frac{E(T_b^2)}{(1 - \varrho)^3}. \tag{13.4}$$

13.1. Untersuchung eines Prozeßrechners mit relativer Prioritätsdisziplin

Grundformeln

Wir betrachten die Verweilzeit eines beliebigen, aber fixierten AP Ak. Wenn für die $m - 1$ anderen AP keine Forderungen von der ZVE zu bedienen wären, dann hätten wir den Fall, daß das AP Ai seine eigene ZVE besitzt. Die Bedienung der Forderungen des AP Ak verläuft dabei ohne Störung durch Forderungen anderer AP.

[1]) Russisch: период занятости; englisch: busy-period; deutsch manchmal: Belegungszeit (s. [KOE]).

Demgegenüber ergeben sich bei Vorhandensein von Forderungen für alle AP zwei Einflußmöglichkeiten durch die Forderungen der anderen AP:

- die Forderungen für höherrangige AP A1, A2, ..., A(k − 1), die während der Laufzeit des AP Ak eintreffen, werden früher bedient als wartende Forderungen des AP Ak,
- beim Eintreffen einer Forderung des AP Ak wird gerade eine Forderung eines anderen AP, das entweder höherrangiger oder niederrangiger als das AP Ak ist, bedient.

Vom Standpunkt der Bedienung der Forderungen des AP Ak sind alle Forderungen der höherrangigen AP A1, A2, ..., A(k − 1) äquivalent. Sie können deshalb bei der Betrachtung der Bedienung der Forderungen des AP Ak zusammengefaßt werden zu einer Klasse h (höherrangig). Ebenso sind die Forderungen der AP A(k + 1), ..., A(m) bezüglich der Bedienung der Forderungen des AP Ak äquivalent und werden deshalb zur Klasse n (niederrangig) zusammengefaßt. Aus den Ausführungen des Abschnittes 10.1. ist bekannt, daß der Summenstrom mehrerer POISSONscher Ankunftsströme wieder ein POISSONscher Ankunftsstrom ist. Folglich sind die Ankunftsströme der Forderungen der Klassen h und n ebenfalls POISSONsche Ankunftsströme mit den Ankunftsraten

$$\lambda_h = \sum_{i=1}^{k-1} \lambda_i \,, \tag{13.5}$$

$$\lambda_n = \sum_{i=k+1}^{m} \lambda_i \,. \tag{13.6}$$

Für die Klassen h und n führen wir folgende weitere Bezeichnungen ein: $T_{\mathrm{b}h}$ und $T_{\mathrm{b}n}$ als Laufzeiten der Forderungen der Klassen h und n,

$$B_h(t) = \frac{1}{\lambda_h} \sum_{i=1}^{k-1} \lambda_i \cdot B_i(t) \tag{13.7}$$

und

$$B_n(t) = \frac{1}{\lambda_n} \sum_{i=k+1}^{m} \lambda_i \cdot B_i(t) \tag{13.8}$$

als Laufzeitverteilungen der Forderungen der Klassen h und n, $B_h^*(s)$ und $B_n^*(s)$ als LAPLACE-STIELTJES-Transformierte von $B_h(t)$ und $B_n(t)$ und

$$\varrho_h = \lambda_h \cdot E(T_{\mathrm{b}h}) \tag{13.9}$$

$$\varrho_n = \lambda_n \cdot E(T_{\mathrm{b}n}) \tag{13.10}$$

als Verkehrswerte der höherrangigen bzw. der niederrangigen Forderungen. Das Bedienungsmodell mit relativer Prioritätsdisziplin hat im Bildbereich die Verteilungsfunktion für die Wartezeit der k-Forderungen (s. [CON])

$$W_k^*(s) = \frac{(1-\varrho)\,[s + \lambda_h - \lambda_h H_h^*(s)] + \lambda_n\,[1 - B_n^*(s + \lambda_h - \lambda_h H_h^*(s))]}{\lambda_k B_k^*(s + \lambda_h - \lambda_h H_h^*(s)) - \lambda_k + s}\,. \tag{13.11}$$

Das erste Moment der Wartezeit für die k-Forderungen folgt daraus mit

$$E(T_{\mathrm{w}k}) = \frac{\lambda_h E(T_{\mathrm{b}h}^2) + \lambda_k E(T_{\mathrm{b}k}^2) + \lambda_n E(T_{\mathrm{b}n}^2)}{2(1 - \varrho_h - \varrho_k) \cdot (1 - \varrho_h)}\,. \tag{13.12}$$

Dabei kann angesetzt werden

$$\lambda_h E(T_{bh}^2) = \sum_{i=1}^{k-1} \lambda_i E(T_{bi}^2) \tag{13.13}$$

$$\lambda_n E(T_{bn}^2) = \sum_{i=k+1}^{m} \lambda_i E(T_{bi}^2) \tag{13.14}$$

und

$$\varrho_h = \sum_{i=1}^{k-1} \varrho_i \,. \tag{13.15}$$

Somit folgt schließlich

$$E(T_{wk}) = \frac{\sum_{i=1}^{m} \lambda_i E(T_{bi}^2)}{2\left(1 - \sum_{=1}^{k-1} \varrho_i\right) \cdot \left(1 - \sum_{i=1}^{k} \varrho_i\right)} \,. \tag{13.16}$$

Der Erwartungswert der Verweilzeit $E(T_{vk})$ ergibt sich wieder als Summe des Erwartungswertes der Wartezeit $E(T_{wk})$ und des Erwartungswertes der Bedienungszeit $E(T_{bk})$

$$E(T_{vk}) = E(T_{wk}) + E(T_{bk}) \,.$$

Einfluß der Laufzeitstreuung

Auch bei einer Bedienung mit Prioritäten hat die Laufzeitstreuung der verschiedenen AP Einfluß auf die Wartezeit bzw. Verweilzeit. Zur Betrachtung dieses Einflusses wird die Formel (13.16) umgeformt. Es wird angesetzt

$$E(T_{bi}^2) = [E(T_{bi})]^2 \cdot \left(1 + \frac{D(T_{bi})}{[E(T_{bi})]^2}\right) . \tag{13.17}$$

Dabei wird mit $D(T_{bi})$ die Dispersion von T_{bi} bezeichnet. Wenn wir jetzt die normierte Dispersion von T_{bi} mit

$$d(T_{bi}) = \frac{D(T_{bi})}{[E(T_{bi})]^2} \tag{13.18}$$

einführen, dann erhalten wir

$$E(T_{bi}^2) = [E(T_{bi})]^2 \cdot [1 + d(T_{bi})] \,. \tag{13.19}$$

Auf dieser Grundlage ergibt sich auch

$$E(T_{bh}^2) = [E(T_{bh})]^2 \cdot [1 + d(T_{bh})] \tag{13.20}$$

und

$$E(T_{bn}^2) = [E(T_{bn})]^2 \cdot [1 + d(T_{bn})] \,. \tag{13.21}$$

Durch Einsetzen von (13.19), (13.20) und (13.21) in die Formel (13.12) erhalten wir

$$E(T_{wk}) = \frac{\varrho_h E(T_{bh}) \left(1 + d(T_{bh})\right) + \varrho_k E(T_{bk}) \left(1 + d(T_{bk})\right) + \varrho_n E(T_{bn}) \left(1 + d(T_{bn})\right)}{2(1 - \varrho_h - \varrho_k) \cdot (1 - \varrho_h)} \,. \tag{13.22}$$

Anhand dieser Formel kann der Laufzeitstreuungseinfluß der höherrangigen, der gleichrangigen und der niederrangigen Foderungen bestimmt werden. Außerdem ergibt sich aus (13.16) in ähnlicher Weise

$$E(T_{wk}) = \frac{\sum_{i=1}^{m} \varrho_i E(T_{bi}) \cdot \left(1 + d(T_{bi})\right)}{2\left(1 - \sum_{i=1}^{k} \varrho_i\right) \cdot \left(1 - \sum_{i=1}^{k-1} \varrho_i\right)} . \tag{13.23}$$

Wir nehmen jetzt für die einzelnen AP Ai ERLANGsche Laufzeitverteilungen an

$$B_i^*(s) = \left(\frac{\mu_i}{\mu_i + 1}\right)^{k_i} . \tag{13.24}$$

In diesem Fall gilt

$$d(T_{bi}) = 1/k_i , \tag{13.25}$$

wobei k_i die Ordnung der ERLANG-Verteilung ist.

Es werden die beiden Grenzfälle mit konstanter Laufzeit und mit exponentieller Laufzeitverteilung für alle AP Ai (i = 1, 2, ... , m) betrachtet. Für die konstanten Laufzeiten der einzelnen AP folgt mit $k_i \to \infty$ der Grenzwert

$$\lim_{k_i \to \infty} d(T_{bi}) = 0 \tag{13.26}$$

und für exponentielle Laufzeitverteilungen der einzelnen AP mit $k_i = 1$ der Wert

$$d(T_{bi}) = 1 . \tag{13.27}$$

Wenn wir diese Werte in die Formel (13.23) einsetzen, dann ergeben sich dabei folgende Schlußfolgerungen:

— Bei konstanter Laufzeit der AP Ai (i = 1, 2, ... , m), d. h. bei streuungsfreien Laufzeiten der AP, wird die Wartezeit des AP Ak am kleinsten.
— Im Rahmen der ERLANGschen Laufzeitverteilungen für die AP Ai (i = 1, 2, ... , m) wird die Wartezeit des AP Ak bei exponentieller Verteilungsfunktion der Laufzeiten am größten.

Bei der Programmierung von Applikationsprogrammen ist also anzustreben, daß die Streuungen der Programmlaufzeiten möglichst klein gehalten werden.

Störungseinflüsse der Forderungen anderer AP

Unter ungestörter Bedienung der Forderungen verstehen wir die sofortige Bedienung jeder Forderung ohne Wartezeiten. Störungen, die eine sofortige Bedienung verhindern, treten auf

— durch das Vorhandensein früher eingetroffener Forderungen für das betrachtete AP und
— durch die Bedienung von Forderungen anderer AP.

Die Störung durch gleichrangige Forderungen bzw. von Forderungen für das betrachtete AP wurde bei der Analyse der prioritätsfreien Bedienung behandelt. Hier geht es um die Analyse des Störeinflusses der höherrangigen und der niederrangigen Forderungen. Wir beschränken uns hier auf exponentielle Laufzeitverteilungen für die einzelnen AP. In diesem Fall erhalten wir unter Nutzung der Formel (13.22) für den Verweilzeitfaktor

$$F_k = 1 + \frac{\varrho_h g_h + \varrho_k + \varrho_n g_n}{(1 - \varrho_h - \varrho_k)(1 - \varrho_h)}, \tag{13.28}$$

mit

$$g_h = \frac{E(T_{bh})}{E(T_{bk})} \tag{13.29}$$

und

$$g_n = \frac{E(T_{bn})}{E(T_{bk})}. \tag{13.30}$$

Dabei geben die Größen g_h und g_n die normierten Einflüsse der Laufzeiten der höherrangigen bzw. niederrangigen AP an.

Wir betrachten jetzt den Einfluß der höherrangigen Forderungen, der über ϱ_h und g_h wirkt. Der Einfluß von g_h ist linear. Für den Einfluß von ϱ_h (mit $\varrho_n = \varrho_k = 0$) gilt

$$F_k = 1 + \frac{\varrho_h \cdot g_h}{(1 - \varrho_h)^2}. \tag{13.31}$$

Bei $g_h \neq 0$ nimmt der Verweilzeitfaktor in der Nähe von $\varrho_h = 1$ sehr große Werte an.

Der Einfluß der niederrangigen Forderungen wirkt über ϱ_n und g_n. Diese beiden Größen gehen jeweils linear ein. Wenn wir jetzt $\varrho_h = \varrho_k = 0$ annehmen, dann erhalten wir die lineare Beziehung

$$F_k = 1 + \varrho_n \cdot g_n. \tag{13.32}$$

Daraus folgt, daß der Einfluß der niederrangigen Forderungen wesentlich geringer ist als der Einfluß der höherrangigen Forderungen. Das gilt besonders, wenn der Verkehrswert in die Nähe von 1 kommt.

Vergleich mit der prioritätsfreien Bedienung

Wir vergleichen jetzt die Formel (13.23) für die mittlere Wartezeit mit relativer Prioritätsdisziplin und die entsprechende Formel (12.63) für die mittlere Wartezeit mit prioritätsfreiem Multiprogrammbetrieb. Der Zähler beider Formeln ist gleich. Den Nenner betrachten wir für die beiden Grenzfälle $k = 1$ und $k = m$, d. h. bei der Prioritätsdiziplin für die AP mit den höchsten und den niedrigsten Prioritäten.

Für $k = 1$ ist bei relativer Priorität der Nenner gleich

$$N_r = 1 - \varrho_1 \tag{13.33}$$

und bei prioritätsfreiem Multiprogrammbetrieb gleich

$$N_f = 1 - \varrho. \tag{13.34}$$

Da i. a. gilt

$$\varrho_1 < \varrho, \tag{13.35}$$

ergibt sich für das höchstrangige AP eine kürzere Wartezeit als für das gleiche AP bei prioritätsfreiem Multiprogrammbetrieb.

Für $k = m$ ist

$$E(T_{wm})_r = \frac{1}{1 - \varrho_h} \cdot E(T_{wm})_f, \tag{13.36}$$

wobei $E(T_{wm})_r$ die mittlere Wartezeit des AP Am bei relativer Prioritätsdisziplin und $E(T_{wm})_f$ die mittlere Wartezeit des gleichen AP bei prioritätsfreier Bedienung sind. Da immer

$$\frac{1}{1-\varrho_h} > 1 \quad \text{bei} \quad \varrho_h > 0 \tag{13.37}$$

gilt, folgt daraus

$$E(T_{wm})_r > E(T_{wm})_f \,. \tag{13.38}$$

Somit hat das niedrigstrangige AP bei relativer Prioritätsdiziplin immer eine größere Wartezeit als das gleiche AP bei prioritätsfreier Bedienung.

Insgesamt heißt das, die höherrangigen AP haben auf Kosten der niedrigerrangigen kürzere Wartezeiten als bei prioritätsfreier Bedienung. Eine Verkürzung der Wartezeiten aller Forderungen kann durch Einführung der relativen Prioritätsdisziplin nicht erreicht werden.

Vergleich der Theorie mit Simulationsergebnissen

Mit Hilfe des VOPS SIMDIS (s. Abschnitt 11.) wurden für das Modell einer ZVE mit 2 AP, zwischen deren Forderungen die relative Prioritätsdisziplin gilt, Simulationsversuche durchgeführt. Die Untersuchung wurde mit einer Stichprobe von 10000 Forderungen für jedes AP vorgenommen. Sie erfolgte für Poissonsche Eingangsströme und exponentielle Laufzeitverteilungen. In der Abb. 13.1 ist der Vergleich für die Verweilzeitfaktoren F_1 und F_2 der beiden AP für verschiedene Verkehrswerte ϱ geführt. Dabei wurde angenommen, daß sich die Verkehrswerte der beiden AP gleichermaßen ändern.

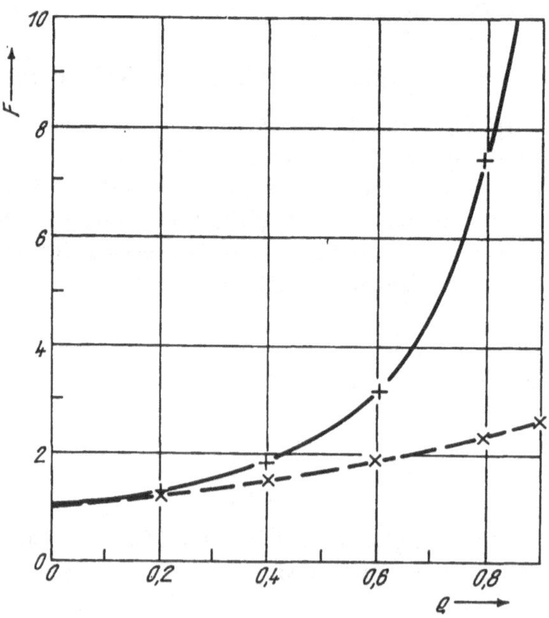

Abb. 13.1. Vergleich zwischen Theorie und Simulation bei relativer Prioritätsdisziplin (2 AP; Theorie: F_1: – – –, F_2: ——; Simulation: F_1: ×; F_2: +; $\varrho_1 = \varrho_2$)

Die Indizes der Verweilzeitfaktoren entsprechen hier den Prioritäten der AP. Der Vergleich bestätigt die erwartete gute Übereinstimmung zwischen theoretischen und Simulationsergebnissen.

13.2. Untersuchung eines Prozeßrechners mit programmierter Prioritätsdisziplin

Die programmierte Prioritätsdisziplin tritt in der Prozeßrechentechnik zur Einsparung von Speicherplatz gegenüber der absoluten Prioritätsdisziplin und zur Verbesserung der Prioritätswirkung gegenüber der relativen Prioritätsdisziplin auf. In der Bedienungstheorie sind keine Untersuchungen zur programmierten Prioritätsdisziplin bekannt. An dieser Stelle sollen die Betrachtungen für die relative Prioritätsdisziplin auf die programmierte Prioritätsdisziplin erweitert werden.

Hier sei noch einmal daran erinnert, daß bei der programmierten Prioritätsdisziplin zusätzlich zur Prioritätsentschlüsselung der relativen Prioritätsdisziplin am Ende des AP noch an im AP programmierten Stellen eine Prioritätsentschlüsselung erfolgt. Bei den Prozeßrechnern PRS 4000 und KRS 4200 ist für diese programmierte Prioritätsentschlüsselung der Steuerprogrammruf WIPE vorhanden.

Die Funktion der programmierten Entschlüsselung kann im Forderungslaufplan durch die serielle Anordnung der Freigabe der ZVE und anschließenden Belegung der ZVE dargestellt werden.

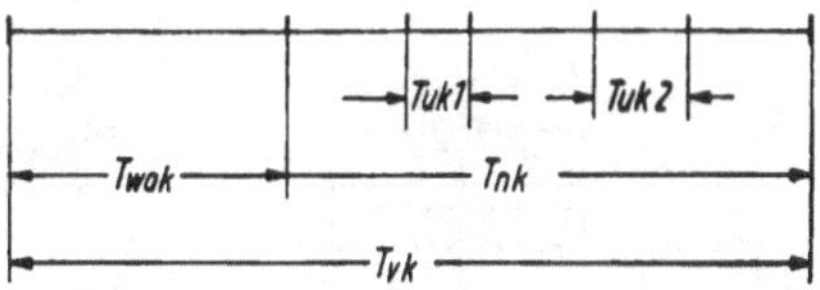

Abb. 13.2. Zeitbetrachtungen bei programmierten Entschlüsselungen

Wir betrachten ein Beispiel mit 2 programmierten Entschlüsselungen, die linear im AP angeordnet sind (s. Abb. 13.2). Für diesen Fall analysieren wir jetzt die Verweilzeit T_{vk} des AP Ak. Allgemein setzt sich bekanntlich die Verweilzeit aus der Wartezeit T_{wk} und der Bedienungszeit T_{bk} zusammen. Bei der programmierten Prioritätsdisziplin besitzt die Wartezeit zwei Anteile

— die Anfangswartezeit T_{wak} und
— die Zwischenwartezeit T_{ukj} an jeder Entschlüsselungsstelle j (s. Abb. 13.2).

Wir führen für die serielle Anordnung von r_k Entschlüsselungsstellen in einem AP Ak die Aktivitätszeit T_{nk} ein, die sich aus der Summe der Bedienungszeit T_{bk} und der Zwischenwartezeiten aller Entschlüsselungsstellen ergibt mit

$$T_{nk} = T_{bk} + \sum_{j=1}^{r_k} T_{ukj} . \tag{13.39}$$

Die Verteilungsfunktion der Aktivitätszeit folgt daraus mit

$$N_k^*(s) = B_k^*(s) \cdot \prod_{j=1}^{r_k} U_{kj}^*(s) . \tag{13.40}$$

Die Verteilungsfunktion der Verweilzeit kann unter Berücksichtigung der Anfangswartezeit aus der Formel

$$V_k^*(s) = N_k^*(s) \cdot W_{ak}^*(s) \tag{13.41}$$

berechnet werden.

Normalform des Forderungslaufplanes eines AP bezüglich der programmierten Entschlüsselungen

In den weiteren Betrachtungen ist es zweckmäßig, mit einer Normalform der AP bezüglich der programmierten Entschlüsselungen zu arbeiten. In Abb. 13.3 ist die Normalform für ein AP Ak dargestellt. Diese Normalform enthält $r_k + 1$ verschiedene Zweige, wobei die Zahl der programmierten Entschlüsselungen in den einzelnen Zweigen alle Werte zwischen 0 und r_k annimmt. $B_{kij}^*(s)$ ist die Verteilungsfunktion der Laufzeit für den entsprechenden Bedienungsabschnitt im Bildbereich. Dabei liegt der

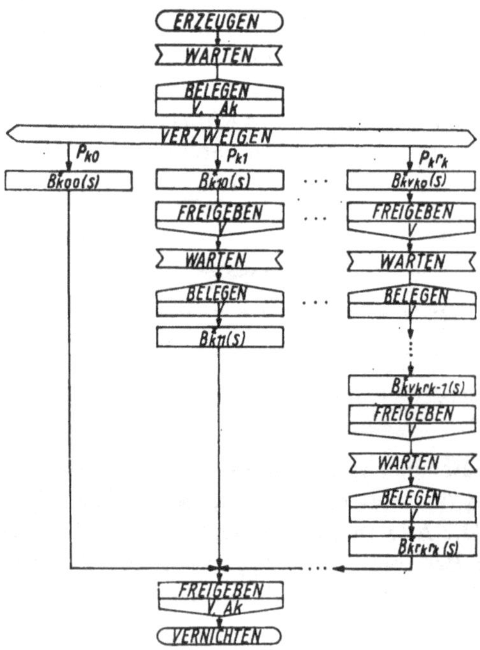

Abb. 13.3. Normalform eines AP Ak bezüglich der programmierten Entschlüsselungen

Wertebereich von j zwischen 0 und i und der Wertebereich von i zwischen 0 und r_k. Die Gesamtverteilungsfunktion der Laufzeit des AP Ak kann aus den Verteilungsfunktionen der einzelnen Bedienungsabschnitte nach der folgenden Formel berechnet werden

$$B_k^*(s) = \sum_{j=0}^{r_k} P_{ki} \cdot \prod_{i=0}^{i} B_{kij}^*(s) \,. \tag{13.42}$$

Hierbei sind P_{ki} die Verzweigungswahrscheinlichkeiten.

Zur Überführung eines beliebigen Forderungslaufplanes eines AP mit programmierter Entschlüsselung in die Normalform

An einem Beispiel zeigen wir jetzt, wie von einer anderen AP-Struktur zur normierten AP-Struktur übergegangen werden kann. In Abb. 13.4a ist der Forderungslaufplan eines AP mit programmierter Prioritätsentschlüsselung in einem Zweig des AP dargestellt. Diese Struktur unterscheidet sich von der normierten AP-Struktur. Im Forderungslaufplan sind die Verteilungsfunktionen der Laufzeiten im Bildbereich für die einzelnen Bedienungsblöcke enthalten. Die Umformung des Forderungslaufplanes zur normierten AP-Struktur muß so erfolgen, daß die Bedienungszeitverteilungen erhalten bleiben.

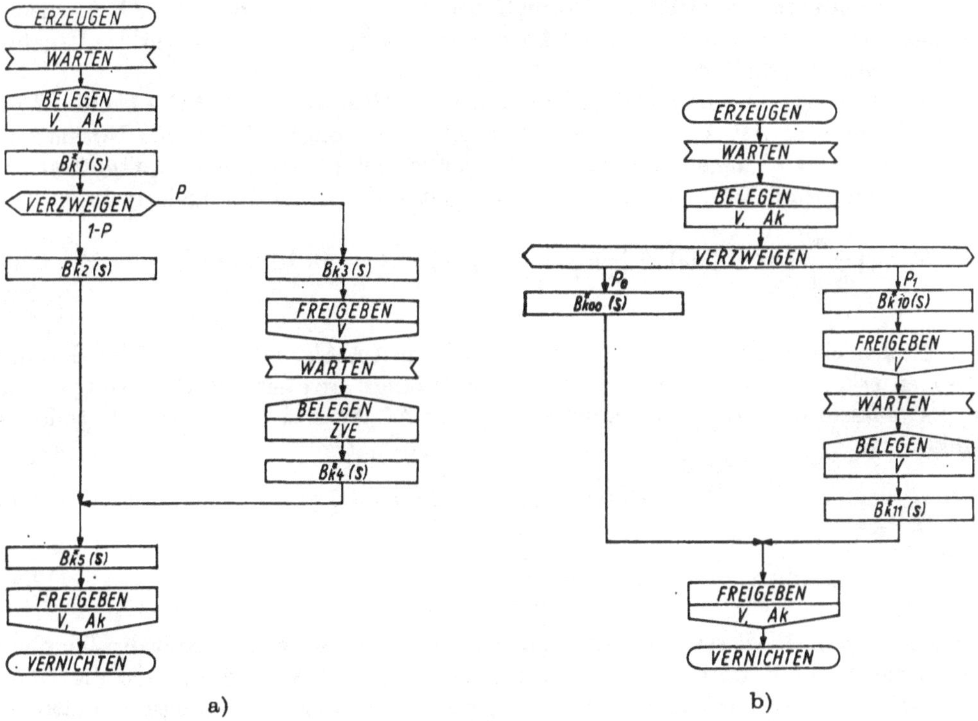

Abb. 13.4. Zur Überführung eines nichtnormierten Forderungslaufplanes eines AP in die Normalform

In Abb. 13.4b ist der Forderungslaufplan für eine normierte AP-Struktur angegeben, in den der Forderungslaufplan aus Abb. 13.4a überführt werden kann. Auch hier sind die entsprechenden Laufzeitverteilungsfunktionen im Bildbereich für die einzelnen Bedienungsabschnitte mit eingetragen. Dabei gelten folgende Formeln für den Übergang zur normierten AP-Struktur

$$B_{k00}^*(s) = B_{k1}^*(s) \cdot B_{k2}^*(s) \cdot B_{k5}^*(s) \tag{13.43}$$

$$B_{k10}^*(s) = B_{k1}^*(s) \cdot B_{k3}^*(s) \tag{13.44}$$

und

$$B^*_{k11}(s) = B^*_{k4}(s) \cdot B^*_{k5}(s)\,. \tag{13.45}$$

Außerdem gilt

$$P_0 = 1 - P\,, \qquad P_1 = P\,. \tag{13.46}$$

Übergang zu drei Forderungsklassen

Wir betrachten jetzt eine ZVE mit m AP, wobei angenommen wird, daß die Forderungslaufpläne dieser AP die Normalform besitzen. In Anlehnung an die Untersuchungen für die relative Prioritätsdisziplin führen wir wieder 3 Klassen von Forderungen bezüglich des AP Ak ein: die h-Forderungen, die k-Forderungen und die n-Forderungen. Dabei werden alle höherrangigen AP bezüglich Ak zum Ersatz-AP Ah zusammengefaßt, wobei auch das AP Ah die Normalform erhält. Alle bezüglich des AP Ak niederrangigen AP werden zum Ersatz-AP An zusammengefaßt. Auch hier wird im Ergebnis die Normalform erhalten.

Wir betrachten an einem Beispiel die Zusammenfassung von 2 AP A1 und A2 mit Normalform zum AP An, das ebenfalls einen Forderungslaufplan mit Normalform besitzt. Dabei wird angenommen, daß die beiden AP A1 und A2 die Ankunftsstromintensitäten λ_1 und λ_2 haben. In diesem Fall gelten die Überführungsformeln

$$B^*_{nij}(s) = \left(\frac{\lambda_1}{\lambda_1 + \lambda_2}\right) \cdot B^*_{1ij}(s) + \left(\frac{\lambda_2}{\lambda_1 + \lambda_2}\right) \cdot B^*_{2ij}(s)\,, \quad (i = 0, 1, \dots, r_k;\ j = 0, 1, \dots, i)\,. \tag{13.47}$$

Auf diese Weise kann man 3 AP mit Normalform Ah, Ak und An mit 3 Forderungsströmen erhalten. Für die Bestimmung der Anfangswartezeit der Forderungen vom Typ k müssen die Summenbedienungszeiten der AP Ah und Ak mit den Verteilungsfunktionen

$$B^*_h(s) = \sum_{i=0}^{r_h} P_{hi} \cdot \prod_{j=0}^{i} B^*_{hij}(s) \tag{13.48}$$

$$B_k(s) = \sum_{i=0}^{r_k} P_{ki} \cdot \prod_{j=0}^{i} B^*_{kij}(s) \tag{13.49}$$

genutzt werden. In diesen Formeln sind P_{hi} und P_{ki} die Verzweigungswahrscheinlichkeiten der Normalform der Forderungslaufpläne der AP Ah und Ak und die $B^*_{hij}(s)$ und $B^*_{kij}(s)$ die entsprechenden Laufzeitverteilungen der Bedienungsabschnitte (s. Abb. 13.3).

Anfangswartezeitverteilung der Forderungen des AP Ak

In Anlehnung an die Ableitung der Formel (13.11) bei [CON] kann auch die Formel für die Anfangswartezeitverteilung des Bedienungsmodells mit programmierter Prioritätsdisziplin abgeleitet werden. Für die Forderungen des AP Ak erhalten wir die Verteilungsfunktion der Anfangswartezeit

$$W^*_{ka}(s) = \frac{(1-\varrho)[s + \lambda_h - \lambda_h H^*_h(s)] + \lambda_n \sum\limits_{i=0}^{r_n} P_{ni} \sum\limits_{j=0}^{i} [1 - B^*_{nij}(s + \lambda_h - \lambda_h H_h(s))]}{\lambda_k \cdot B^*_k(s + \lambda_h - \lambda_h H^*_h(s)) - \lambda_k + s}\,. \tag{13.50}$$

Wenn wir zum linearen Spezialfall der Normalform des AP An übergehen, der sich durch den Ansatz

$$P_{ni} = 0 \qquad (i = 0, 1, \ldots, r_n - 1), \qquad P_{nr_n} = 1, \tag{13.51}$$

ergibt, dann erhalten wir

$$W_{ka}^*(s) = \frac{(1-\varrho)\,[s + \lambda_h - \lambda_h H_h^*(s)] + \lambda_n \sum_{j=0}^{r_n} [1 - B_{nr_nj}^*(s + \lambda_h - \lambda_h H_h^*(s))]}{\lambda_k \cdot B_k^*(s + \lambda_h - \lambda_h H_h^*(s)) - \lambda_k + s}. \tag{13.52}$$

Der Übergang zu einer Formel für den Erwartungswert der Anfangswartezeit anhand der Formeln (13.50) und (13.52) führt zu umfangreichen algebraischen Umformungen. Deshalb wird dieser Übergang weiter unten nur für ein Beispiel vorgenommen.

Zur Bestimmung der Verteilungsfunktion der Aktivitätszeit des AP Ak

Die Ableitung einer Formel für die Bestimmung der Verteilungsfunktion der Aktivitätszeit ist höchst einfach. Wir ordnen jedem Bedienungsabschnitt in der Normalform des Forderungslaufplanes für das AP Ak eine Aktivitätszeit T_{nkij} mit der Verteilungsfunktion im Bildbereich $N_{kij}^*(s)$ zu. Dabei gilt

$$T_{nkij} = T_{bkij} + T_{ukij} \qquad (j = 0, 1, \ldots, i - 1) \tag{13.53}$$

und

$$T_{nkii} = T_{bkii} \qquad (j = i). \tag{13.54}$$

Für $j = 0, 1, \ldots, i - 1$ können wir die Zeit T_{nkij} als Beschäftigungszeit mit Aufwärmung (s. [CON]) ansehen. Daraus folgt für die Verteilungsfunktion der Aktivitätszeiten T_{nkij}

$$N_{kij}^*(s) = B_{kij}^*(s + \lambda_h - \lambda_h H_h^*(s)) \qquad (j = 0, 1, \ldots, i - 1) \tag{13.55}$$

$$N_{kii}^*(s) = B_{kii}^*(s) \qquad (j = i). \tag{13.56}$$

Die Gesamtverteilungsfunktion der Aktivitätszeit für das AP Ak kann angesetzt werden mit

$$N_k^*(s) = \sum_{i=0}^{r_k} P_{ki} \prod_{j=0}^{i} N_{kij}^*(s). \tag{13.57}$$

Somit erhalten wir abschließend

$$N_k^*(s) = \sum_{i=0}^{r_k} P_{ki} \cdot B_{kii}^*(s) \prod_{j=0}^{i-1} B_{kij}^*(s + \lambda_h - \lambda_h H_h^*(s)). \tag{13.58}$$

Daraus kann der Erwartungswert der Aktivitätszeit für das AP Ak durch Differentiation und Nullsetzen von s bestimmt werden. Es ergibt sich

$$E(T_{nk}) = \sum_{i=0}^{r_k} P_{ki} \left[E(T_{bii}) + \frac{1}{1 - \varrho_h} \sum_{j=0}^{i-1} E(T_{bkij}) \right]. \tag{13.59}$$

Für den linearen Spezialfall des AP Ak gilt

$$\left.\begin{aligned} P_{ki} &= 0 \qquad (i = 1, 2, \ldots, r_k - 1) \\ P_{kr_k} &= 1. \end{aligned}\right\} \tag{13.60}$$

Daraus folgt für diesen Fall

$$N_k^*(s) = B_{kr_kr_k}^*(s) \prod_{j=1}^{r_k-1} B_{kr_kj}^*\big(s + \lambda_h - \lambda_h \cdot H_h(s)\big) \tag{13.61}$$

und

$$E(T_{nk}) = E(T_{\mathrm{b}r_kr_k}) + \frac{1}{1 - \varrho_h} \sum_{j=1}^{r_k-1} E(T_{\mathrm{b}kr_kj}) \,. \tag{13.62}$$

Zur Bestimmung des Verweilzeitfaktors

Wir betrachten ein Beispiel mit 2 AP A1 und A2 mit programmierter Prioritätsdisziplin. Dabei soll das niederrangige AP A2 eine linear angeordnete einmalige Prioritätsentschlüsselung enthalten. Der entsprechende Forderungslaufplan ist in Abb. 13.5 dargestellt.

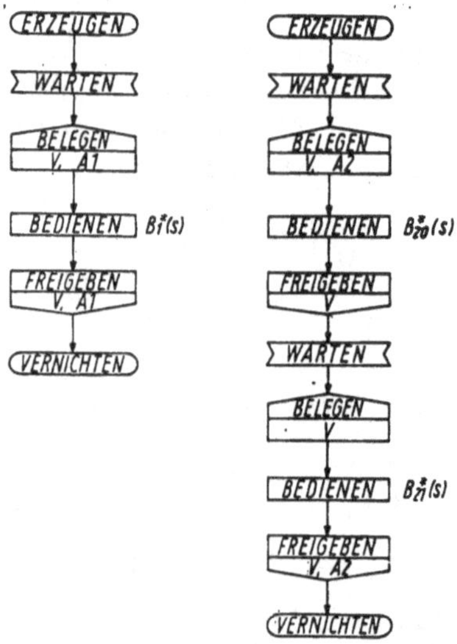

Abb. 13.5. Forderungslaufplan für ein Beispiel von zwei AP einer ZVE mit programmierter Prioritätsdisziplin

Für diesen Fall können die Formeln für die Verteilungsfunktion $W_{ka}^*(s)$ aus (13.52) und für die Verteilungsfunktion $N_k^*(s)$ aus (13.61) gewonnen werden. Dabei erhalten wir

$$W_{1\mathrm{a}}^*(s) = \frac{(1 - \varrho)\, s + \lambda_2[2 - B_{210}^*(s) - B_{211}^*(s)]}{\lambda_1 B_1^*(s) - \lambda_1 + s} \tag{13.63}$$

$$W_{2\mathrm{a}}^*(s) = \frac{(1 - \varrho)\,[s + \lambda_1 - \lambda_1 \cdot H_1^*(s)]}{\lambda_2 B_2^*\big(s + \lambda_1 - \lambda_1 \cdot H_1^*(s)\big) - \lambda_2 + s} \tag{13.64}$$

$$N_1^*(s) = B_1^*(s) \tag{13.65}$$

und

$$N_2^*(s) = B_{211}^*(s) \cdot B_{210}^*\big(s + \lambda_1 - \lambda_1 \cdot H_1^*(s)\big) \,. \tag{13.66}$$

Die entsprechenden Erwartungswerte ergeben sich daraus zu

$$E(T_{w1a}) = \frac{\lambda_1 E(T_{b1}^2) + \lambda_2 E(T_{b2}^2) - 2\lambda_2 E(T_{b20})\, E(T_{b21})}{2(1-\varrho)} \tag{13.67}$$

$$E(T_{w2a}) = \frac{\lambda_1 E(T_{b1}^2) + \lambda_2 E(T_{b2}^2)}{2(1-\varrho_1)\cdot(1-\varrho_1-\varrho_2)} \tag{13.68}$$

$$E(T_{n1}) = E(T_{b1}), \tag{13.69}$$

und

$$E(T_{n2}) = \frac{1}{1-\varrho_1} E(T_{b20}) + E(T_{b21}). \tag{13.70}$$

Wir nehmen jetzt an, daß die einzelnen Bedienungsabschnitte eine exponentielle Verteilungsfunktion der Bedienungszeiten besitzen. In diesem Fall ergibt sich für die Gesamtbedienungszeiten des AP A1

$$B_1^*(s) = \frac{1}{1 + E(T_{b1})\cdot s} \tag{13.71}$$

und des AP A2

$$B_2^*(s) = \left(\frac{1}{1 + E(T_{b20})\cdot s}\right)\left(\frac{1}{1 + E(T_{b21})\cdot s}\right). \tag{13.72}$$

Daraus folgt

$$E(T_{b1}^2) = 2\cdot E^2(T_{b1}) \tag{13.73}$$

und

$$E(T_{b2}^2) = 2\cdot[E^2(T_{b20}) + E^2(T_{b21}) + E(T_{b20})\cdot E(T_{b21})]. \tag{13.74}$$

Wenn wir die Bezeichnungen

$$h_1 = \frac{E(T_{b1})}{E(T_{b2})}, \tag{13.75}$$

$$h_{20} = \frac{E(T_{b20})}{E(T_{b2})} \tag{13.76}$$

einführen, dann erhalten wir für die Verweilzeitfaktoren der beiden AP

$$F_1 = \frac{E(T_{v1})}{E(T_{b1})} = 1 + \frac{\varrho_1 + \varrho_2\,[1 + 2h_{20}(h_{20}-1)]\,(1/h_1)}{1-\varrho_1}, \tag{13.77}$$

$$F_2 = \frac{E(T_{v2})}{E(T_{b2})} = (1-h_{20}) + \frac{1}{1-\varrho_1}\left\{h_{20} + \frac{\varrho_1 h_1 + \varrho_2[1 + h_{20}(h_{20}-1)]}{1-\varrho_1-\varrho_2}\right\}. \tag{13.78}$$

Einfluß der Lage der programmierten Prioritätsentschlüsselung auf den Verweilzeitfaktor

Aus den Formeln (13.77) und (13.78) ist ersichtlich, daß die durch die Größe h_{20} repräsentierte Lage der programmierten Prioritätsentschlüsselung Einfluß auf die Verweilzeitfaktoren für die AP A1 und A2 hat.

In Abb. 13.6 sind für $h_1 = 1$, $\varrho_1 = \varrho_2 = 0{,}25$ und $E(T_{b1}) = E(T_{b2})$ die Abhängigkeiten der Verweilzeitfaktoren F_1 und F_2 von h_{20} aufgetragen. Es zeigt sich, daß beide Funktionen von h_{20} ein relatives Minimum besitzen.

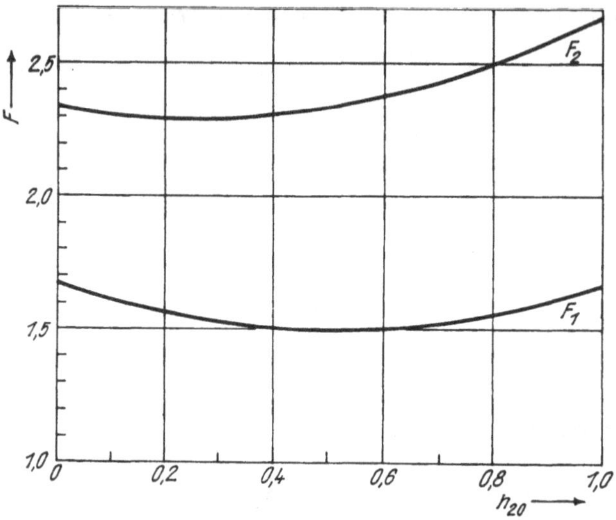

Abb. 13.6. Einfluß der Lage der programmierten Prioritätsentschlüsselung auf den Verweilzeitfaktor ($h_1 = 1$; $\varrho_1 = \varrho_2 = 1/4$)

Durch Differentiation von F_1 nach h_{20} kann nachgewiesen werden, daß dieses für F_1 bei $h_{20} = 0{,}5$ liegt. Die programmierte Prioritätsdisziplin ist also am wirksamsten, wenn im Mittel die Prioritätsentschlüsselung nach der halben Bedienungszeit des AP A2 erfolgt.

Vergleich mit der relativen Prioritätsdisziplin

Wir betrachten die Formeln (13.67) bis (13.70) und führen den Vergleich mit der relativen Prioritätsdisziplin durch. Für das AP A1 vermindert sich die Anfangswartezeit gegenüber der Wartezeit der relativen Prioritätsdisziplin um den Betrag

$$\Delta E(T_{\mathrm{w1a}}) = \frac{2\lambda_2 E(T_{\mathrm{b20}})\, E(T_{\mathrm{b21}})}{(1 - \varrho_1)}\,. \tag{13.79}$$

Das ist auch genau die Verringerung der mittleren Verweilzeit des AP A1 gegenüber der mittleren Verweilzeit dieser AP bei relativer Prioritätsdisziplin. Für das AP A2 kommt bei der programmierten Prioritätsdisziplin gegenüber der relativen Prioritätsdisziplin die Zwischenwartezeit $E(T_{\mathrm{u2}})$ dazu. Um diesen Wert vergrößert sich auch die Verweilzeit des AP A2 gegenüber der relativen Prioritätsdisziplin.

Insgesamt führt die programmierte Prioritätsdisziplin zu einer Verstärkung des Prioritätseinflusses in Form einer

— Verringerung der Verweilzeit des höherrangigen AP A1 und
— einer Vergrößerung der Verweilzeit des niederrangigen AP A2.

Vergleich der Theorie mit Simulationsergebnissen

Auch für die programmierte Prioritätsdisziplin wurde mit Hilfe des VOPS SIMDIS eine Simulationsuntersuchung durchgeführt. Die programmierte Prioritätsentschlüsse-

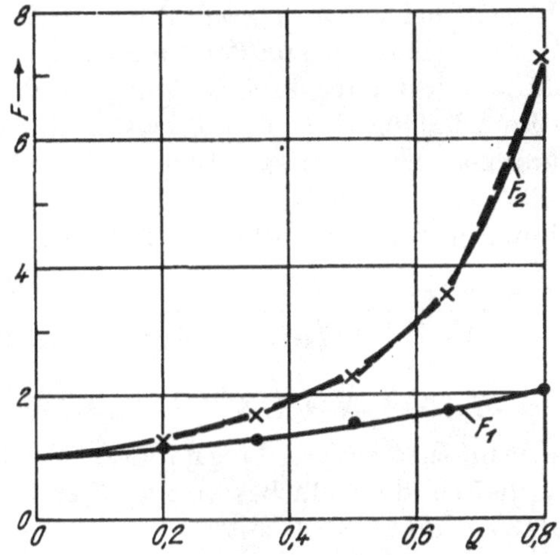

Abb. 13.7. Vergleich zwischen Theorie und Simulation bei programmierter Prioritätsdisziplin (2 AP; Theorie: F_1: — — —, F_2: ———; Simulation: F_1: ●; F_2: ×; $\varrho_1 = \varrho_2$)

lung wird durch die Blockfolge RELEASE ZVE, BUFFER und SEIZE ZVE erreicht (vgl. [SIMD]).

Der Stichprobenumfang für jedes AP betrug bei der Simulation 10000 Forderungen. Die Simulation wurde mit POISSONschen Eingangsströmen und exponentiellen Verteilungen $B_1(t)$, $B_{20}(t)$ und $B_{21}(t)$ durchgeführt. In Abb. 13.7 sind für die Annahmen $\varrho_1 = \varrho_2$ $h_{20} = 0{,}5$; $E(T_{b1}) = E(T_{b2})$ die Verweilzeitfaktoren als Funktionen des Verkehrswertes der ZVE dargestellt. Zum Vergleich sind die aus den Formeln (13.77) und (13.78) erhaltenen Kurven aufgetragen. Es zeigt sich eine gute Übereinstimmung.

13.3. Untersuchung eines Prozeßrechners mit absoluter Prioritätsdisziplin

Grundformeln

Auch bei der absoluten Prioritätsdisziplin wird wieder die Verweilzeit eines beliebigen AP Ak betrachtet. Genauso wie bei der programmierten Prioritätsdisziplin erfolgt auch hier die einmal begonnene Bedienung einer Forderung i. a. nicht bis zu Ende. Man kann deshalb die Abb. 13.2 auch den Betrachtungen der absoluten Prioritätsdisziplin zu Grunde legen.

Der Unterschied zur programmierten Prioritätsdisziplin besteht darin, daß bei der absoluten Prioritätsdisziplin zu einem beliebigen Bedienungszeitpunkt einer Forderung letztere durch eine höherrangige Forderung verdrängt werden kann und nicht nur an den programmierten Entschlüsselungsstellen. Wir nennen die Summe

$$T_{uk} = \sum_{i=1}^{r_k} T_{uki} \tag{13.80}$$

Summenverdrängungszeit oder einfach Verdrängungszeit. Dabei ist r_k im Gegensatz zur programmierten Prioritätsdisziplin hier eine Zufallsgröße.

Die Verweilzeit ergibt sich bei der absoluten Prioritätsdisziplin genauso wie bei der programmierten Prioritätsdisziplin aus der Summe der Aktivitätszeit und der Anfangswartezeit, und für die Verteilungsfunktion gilt auch der Formelansatz (13.41). Allerdings erfolgt die Berechnung der Verteilungsfunktionen $N_k^*(s)$ und $W_{ak}^*(s)$ anders als bei der programmierten Prioritätsdisziplin. Die entsprechenden Formeln entnehmen wir [CON].

Die Verweilzeitverteilung im Bildbereich für das AP Ak hat die Formel

$$V_k^*(s) = \frac{B_{mk}^*(s)\,[1 - \lambda_k E(T_{mk})] \cdot [s + \lambda_h - \lambda_h H_{uk}^*(s)]}{[1 + \lambda_h E(T_{uk})]\,[s + \lambda_h - \lambda_h B_{mk}^*(s)]}, \tag{13.81}$$

wobei

$$B_{mk}^*(s) = B_k^*\big(s + \lambda_h - \lambda_h H_{uk}^*(s)\big) \tag{13.82}$$

ist. In diesen beiden Formeln ist die Verteilungsfunktion der Summenverdrängungszeit $H_{uk}^*(s)$ des AP Ak enthalten, die nicht bekannt ist. Der Erwartungswert der Verweilzeit ergibt sich aus (13.81) und (13.82) mit

$$E(T_{vk}) = E(T_{nk}) + \frac{\lambda_k E(T_k^2)}{2\big(1 - \varrho_k E(T_{nk})\big)} + \frac{\lambda_h E(T_{uk}^2)}{2\big(1 + \varrho_h E(T_{uk})\big)}. \tag{13.83}$$

Auch hier sind auf der rechten Seite noch die unbekannten Momente $E(T_{mk})$, $E(T_{mk}^2)$, $E(T_{uk})$ und $E(T_{uk}^2)$ vorhanden. Über entsprechende Rekursionsformeln kann man daraus erhalten

$$E(T_{vk}) = \frac{E(T_{bk})}{1 - \varrho_h} + \frac{\lambda_h E(T_{bh}^2) + \lambda_k E(T_{bk}^2)}{2(1 - \varrho_h)\,(1 - \varrho_h - \varrho_k)}. \tag{13.84}$$

Dabei gelten wieder (13.13), (13.14) und (13.15).

Vergleich mit der relativen und programmierten Prioritätsdisziplin

Aus (13.84) ist sofort erkennbar, daß die niederrangigen AP An keinen Einfluß auf die mittlere Verweilzeit haben. Die Anfangswartezeit ist genauso aufgebaut wie die Wartezeit der relativen und die Anfangswartezeit der programmierten Prioritätsdisziplin, wobei nur die Anteil der niederrangigen AP An wegfallen. Der Mittelwert der Aktivitätszeit ist dem der programmierten Prioritätsdisziplin sehr ähnlich. Im Gegensatz zur programmierten Prioritätsdisziplin erhält die gesamte Bedienungszeit jetzt den Faktor $1/(1 - \varrho_h)$. Aus diesen Betrachtungen folgt, daß die mittlere Verweilzeit des höchstrangigen AP kleiner ist als bei der programmierten Prioritätsdisziplin und die mittlere Verweilzeit eines niederrangigen AP kleiner wird als bei der programmierten Prioritätsdisziplin. Der Prioritätseinfluß wird also bei der absoluten Prioritätsdisziplin noch stärker als bei der programmierten.

Vergleich der Theorie mit Simulationsergebnissen

Auch für die absolute Prioritätsdisziplin wurden mit Hilfe des VOPS SIMDIS Simulationsversuche durchgeführt. Die absolute Prioritätsdisziplin wird durch die Prioritätszuordnung und durch die Nutzung der Blöcke PREEMPT und RETURN erreicht.

Der Stichprobenumfang für jedes AP betrug bei der Simulation wieder 10000 Forderungen. Die Simulation wurde mit POISSONschen Eingangsströmen und exponentiellen Bedienungszeitverteilungen durchgeführt. In Abb. 13.8 sind für die Annahme

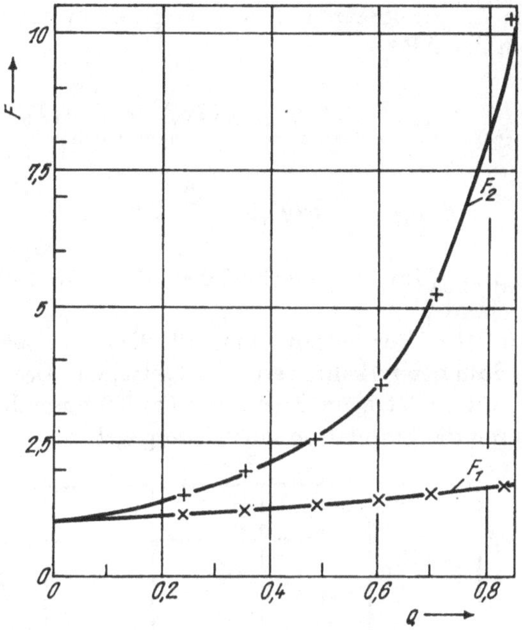

Abb. 13.8. Vergleich zwischen Theorie und Simulation bei absoluter Prioritätsdisziplin (2 AP; Theorie: F_1: ———, F_2: ———; Simulation: F_1: ×, F_2: +; $\varrho_1 = \varrho_2$)

$\varrho_1 = \varrho_2$ die Verweilzeitfaktoren als Funktionen des Verkehrswertes der ZVE dargestellt. Zum Vergleich sind die mit Hilfe der Formel (13.84) erhaltenen Kurven aufgetragen. Auch hier zeigt sich wieder eine gute Übereinstimmung.

13.4. Allgemeine Eigenschaften der verschiedenen Bedienungsdisziplinen des Multiprogrammbetriebes

Invarianz des Erwartungswertes der Wartezeit aller Forderungen

Aus der Literatur [LIP1] ist bekannt, daß für eine breite Klasse von Bedienungsdisziplinen die Beziehung

$$\varrho E(T_\mathrm{w}) = \sum_{i=1}^{m} \varrho_i E(T_{\mathrm{w}i}) \tag{13.85}$$

gilt. Dabei sind $E(T_\mathrm{w})$ der Erwartungswert der Wartezeit für die prioritätsfreie Bedienung aller Forderungen durch die ZVE und $E(T_{\mathrm{w}i})$ die Erwartungswerte der Wartezeiten für die verschiedenen AP jeweils bei einer Prioritätsdisziplin.

Diese allgemeine Gesetzmäßigkeit zeigt nochmals, daß die Verringerung der Wartezeiten für die höherrangigen AP eine Verlängerung der Wartezeiten der niederrangigen AP zur Folge hat. Dabei sind als Gewichtskoeffizienten die Verkehrswerte der einzelnen AP Ai wirksam.

Wenn wir ϱ_i für alle AP gleichsetzen, d. h. $\varrho_i = \varrho_0$, dann gilt für die Summe aller mittleren Verweilzeiten der AP

$$E(T_v) = \sum_{i=1}^{m} E(T_{vi}) = \sum_{i=1}^{m} E(T_{wi}) + \sum_{i=1}^{m} E(T_{bi}) , \tag{13.86}$$

d. h.,

$$E(T_v) = \frac{\varrho}{\varrho_0} E(T_w) + \sum_{i=1}^{m} E(T_{bi}) . \tag{13.87}$$

Daraus folgt, daß bei $\varrho = \varrho_0$ für die verschiedenen Prioritätsdisziplinen die mittlere Verweilzeitsumme gleich groß ist.

In Abb. 13.9 ist die mittlere Verweilzeitsumme für die 3 hier behandelten Prioritätsdisziplinen über dem Summenverkehrswert ϱ aufgetragen. Dabei wurden auch die Simulationsergebnisse mit eingetragen. Die durch (13.87) ausgedrückte Gesetzmäßigkeit wird also auch durch die Simulation gut wiedergegeben.

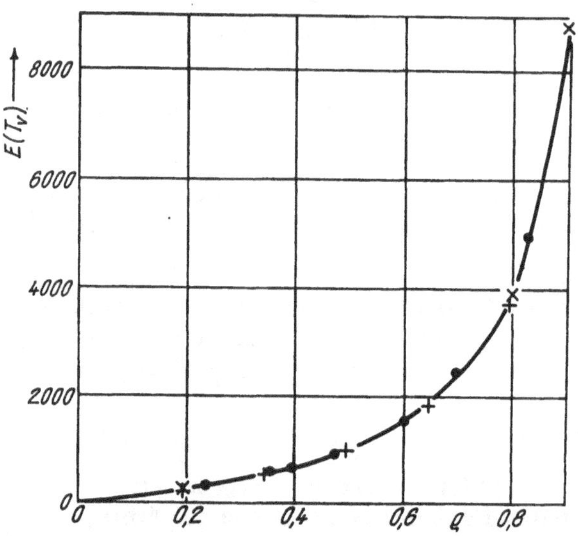

Abb. 13.9. Einfluß des Summenverkehrswertes auf die mittlere Summenverweilzeit von zwei nichtgekoppelten AP bei verschiedenen Prioritätsdisziplinen (Theorie: ——; Simulation: relative Prioritätsdisziplin: ×; programmierte Prioritätsdisziplin: +; absolute Prioritätsdisziplin; ●)

Einfluß der Bedienungszeitverteilung auf die Erwartungswerte der Warte- und Verweilzeiten

Die Analyse der Bedienungssysteme mit M/G/1-Charakter zeigte, daß die Erwartungswerte der Warte- und Verweilzeiten außer vom Verkehrswert nur noch vom Erwartungswert $E(T_b)$ und der normierten Dispersion $d(T_b)$ der Bedienungszeit abhängen. In abgewandelter Form gilt das auch für die prioritätsbehafteten Bedienungssysteme mit M/G/1-Charakter. Folglich haben für diese Systeme mit beliebiger Bedienungszeitverteilung auf die Erwartungswerte der Warte- und Verweilzeiten nur die beiden ersten wahrscheinlichkeitstheoretischen Momente und sonst keine weiteren

Charakteristiken der Bedienungszeitverteilung Einfluß. Man kann folglich unstetige, z. B. sprungförmige, durch stetige Verteilungsfunktionen der Bedienungszeit approximieren, ohne daß dadurch ein Fehler bei den Erwartungswerten der Warte- und Verweilzeiten entstehen muß. Zur Vermeidung dieses Fehlers genügt es, bei der Approximation die gleichen beiden ersten wahrscheinlichkeitstheoretischen Momente wie bei der zu approximierenden Bedienungszeitverteilung anzunehmen.

13.5. Optimale Prioritätszuordnung

Die Prioritätsdisziplin bringt gegenüber der prioritätsfreien Bedienung nur dann Verbesserungen, wenn die Zuordnung der Prioritäten d_i zu den AP Ai (i = 1, 2, ... , m) günstig gewählt wird. In der Literatur (s. [BRO]) wurde für das Einknoten-Einphasen-Wartesystem die optimale Prioritätszuordnung behandelt. Dabei wurde als Bewertungsgröße für die Optimierung eingeführt

$$Q_1 = \sum_{i=1}^{m} c_i \cdot \lambda_i \cdot E(T_{vi}) \,. \tag{13.88}$$

In diesem Ansatz ist c_i ein Gewichtsfaktor, der die Bedeutung der schnellen Abarbeitung des AP Ai (i = 1, 2, ... , m) zahlenmäßig bewertet. Bei gleicher Bedeutung aller AP wird gesetzt $c_i = 1$ ($i = 1, 2, \ldots, m$). Die Bewertungsgröße Q_1 ist ein Maß für die Erwartungswerte aller Verweilzeiten.

Nach [BRO1] sind zur Sicherung eines minimalen Q_1 die Ungleichungen

$$\frac{c_j}{E(T_{bj})} \geqq \frac{c_{j+1}}{E(T_{b(j+1)})} \qquad (j = 1, 2, \ldots, m) \tag{13.89}$$

und bei $c_j = 1$ ($j = 1, 2, \ldots, m$) die Ungleichungen

$$E(T_{b(j+1)}) \geqq E(T_{bj}) \qquad j = (1, 2, \ldots, m) \tag{13.90}$$

einzuhalten, wenn

$$d_j = j \qquad (j = 1, 2, \ldots, m) \tag{13.91}$$

gilt. Diese Bedingungen wurden bei relativer Prioritätsdisziplin für das M/G/1-Wartesystem und bei absoluter Prioritätsdisziplin für das M/M/1-Wartesystem bewiesen (s. [BRO]).

Die oben angegebenen Optimalitätsbedingungen gelten nur für die Prioritätszuordnung zwischen AP verschiedener Auftragsströme in einem Einphasensystem. Bei Mehrphasensystemen mit einem Knoten sind zwischen den AP eines Stromes andere Bedingungen zu erfüllen (s. Abschnitt 14.).

14. EINKANALSYSTEME MIT MEHRPHASENBEDIENUNG

Gegenüber dem Abschnitt 13. werden die Annahmen, wie folgt, geändert. Die erste Einschränkung des Abschnittes 13. bleibt erhalten. Es wird also wieder vorausgesetzt, daß der Informationsaustausch nur sequentiell erfolgt und daß keine Zeitverzögerung vorhanden ist. Demgegenüber wird die zweite Einschränkung des Abschnittes 13. fallengelassen. Es wird also vorausgesetzt, daß mehrere Applikationsprogramme an der Bedienung eines Echtzeitauftrags beteiligt sind und somit ein Forderungsverband aus mehreren Forderungen besteht oder die einzige Forderung mehrere Phasen durchläuft. Auch in diesem Abschnitt wird die Austragung von AP ausgeklammert. Außerdem werden nur Systeme mit Prioritäten betrachtet. Als Bewertungsgrößen werden, ähnlich wie im Abschnitt 13., die Reaktionszeitverteilungen eines Echtzeitauftragsstroms untersucht.

Beim Echtzeitbetrieb einer PRA als Algorithmennetz einer ZVE unterscheiden wir hier

— Einstromsysteme mit Mehrphasenbedienung durch verschiedene AP einer ZVE
— Mehrstromsysteme mit Mehrphasenbedienung durch verschiedene AP einer ZVE.

In einem Einstromsystem mit Mehrphasenbedienung sind alle AP der ZVE seriell gekoppelt und werden für eine Forderung sequentiell nacheinander abgearbeitet. Beim Einstromsystem mit Mehrphasenbedienung unterscheiden sich die verschiedenen Bedienungsphasen dadurch, daß in ihnen verschiedene AP mit unterschiedlichen Prioritäten abgearbeitet werden. Dabei werden zwei Varianten analysiert

— Mehrphasenbedienung ohne Verzweigungen nach jedem AP und
— Mehrphasenbedienung mit Verzweigungen nach jedem AP.

14.1. Einstromsystem mit Mehrphasenbedienung durch m Applikationsprogramme ohne Verzweigungen

Wir betrachten m seriell angeordnete AP A1, A2, ... , Am, wobei der Ausgangsstrom des i-ten AP Eingangsstrom des $i + 1$-ten AP ($i = 1, 2, \ldots, m - 1$) ist. In Abb. 14.1 ist der entsprechende Algorithmennetzplan für die Mehrphasenbedienung durch m seriell gekoppelte AP einer ZVE angegeben. Der zugehörige Forderungslaufplan läßt sich leicht aufstellen.

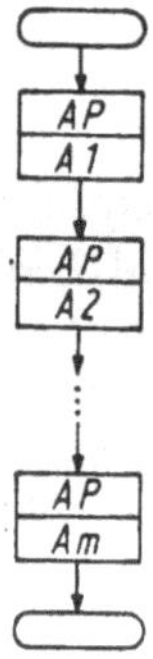

Abb. 14.1. Algorithmennetzplan für die Mehrphasenbedienung durch eine ZVE und m AP

Auch hier werden wieder zwei Varianten unterschieden

— eine Variante mit dem niederrangigsten AP an erster Stelle und
— eine Variante mit einem anderen als dem niederrangigsten AP an erster Stelle.

Variante mit dem niedrigstrangigen AP an erster Stelle

Für diese Variante machen wir keinen Unterschied zwischen der relativen, programmierten und absoluten Prioritätsdisziplin. Wir stellen jetzt folgende Überlegung an.

Da die am Eingang anstehenden Forderungen oder dort eintreffende Forderungen immer die niedrigsten Priorität besitzen, werden erst alle in den anderen AP befindlichen Forderungen bedient bevor mit der Bedienung der Eingangsforderungen begonnen wird. Somit wird jede Forderung, deren Bedienung begonnen wurde, erst zu Ende bedient, bevor die Bedienung der nächsten Forderung begonnen wird. Die Forderungen brauchen also nur vor dem ersten, d. h. dem niedrigstrangigen, AP zu warten und sonst vor keinem AP. Außer in der Eingangswarteschlange kann sich im System maximal eine Forderung befinden. Aus dieser Überlegung folgt, daß bei dieser Variante mit dem niedrigstrangigen AP an erster Stelle die Mehrphasenbedienung auf eine Einphasenbedienung rückgeführt werden kann. Dabei ist die Bedienungszeit gleich der Summe der Bedienungszeiten der in Serie gekoppelten AP. Alle Forderungen werden hierbei ohne Prioritäten bedient, da die Bedienung entsprechend der Ankunftsreihenfolge am Eingang der ZVE beim niedrigstrangigen AP erfolgt.

Für die Bestimmung der Verweilzeitverteilung kann also die Formel (12.38) herangezogen werden. Wenn für die Verteilungsfunktionen der Bedienungszeiten der einzelnen AP Ai die Bezeichnungen $B_i^*(s)$ $(i = 1, 2, \dots, m)$ gewählt werden, dann erhalten wir für die in (12.38) einzusetzende Gesamtbedienungszeit

$$B^*(s) = \prod_{i=1}^{m} B_i^*(s) . \tag{14.1}$$

Durch Einsetzen dieses Ausdrucks in (12.38) ergibt sich

$$V^*(s) = \frac{(1-\varrho)\, s \prod_{i=1}^{m} B_i^*(s)}{\lambda \prod_{i=1}^{m} B_i^*(s) - \lambda + s} . \tag{14.2}$$

In den weiteren Betrachtungen beschränken wir uns auf exponentiell verteilte Bedienungszeiten für die einzelnen AP, d. h. auf

$$B_i^*(s) = \frac{1}{1 + E(T_{bi}) \cdot s}, \qquad (i = 1, 2, \dots, m) . \tag{14.3}$$

In diesem Fall ergibt sich für die Verteilungsfunktion der Verweilzeit im Bildbereich die gebrochen-rationale Funktion

$$V^*(s) = \frac{(1-\varrho) \cdot s}{\lambda + (s-\lambda) \cdot \prod_{i=1}^{m} [1 + E(T_{bi}) \cdot s]} . \tag{14.4}$$

Wir nehmen für diesen Fall zwei Applikationsprogramme an, d. h., es gilt $m = 2$. Bei zwei AP kennzeichnen wir die Variante mit dem niederrangigen AP an erster Stelle als Variante (2/1). Es ergibt sich

$$B^*(s) = \frac{1}{[1 + E(T_{b1}) \cdot s] \cdot [1 + E(T_{b2}) \cdot s]} \tag{14.5}$$

$$V^*(s) = \frac{(1-\varrho) \cdot s}{\lambda + (s-\lambda) \cdot [1 + E(T_{b1}) \cdot s] \cdot [1 + E(T_{b2}) \cdot s]} \tag{14.6}$$

und

$$E(T_v) = E(T_b) + \frac{\lambda \cdot E(T_b^2)}{2 \cdot (1 - \varrho)} \tag{14.7}$$

mit

$$E(T_b^2) = 2 \cdot [E^2(T_{b1}) + E^2(T_{b2}) + E(T_{b1}) \cdot E(T_{b2})] . \tag{14.8}$$

Wir betrachten jetzt die Verteilungsfunktionen der Bedienungszeit und Verweilzeit näher. Die Verteilungsfunktion der Bedienungszeit kann durch Partialbruchzerlegung in den Zeitbereich überführt werden, wobei sich ergibt

$$B(\Theta) = \frac{q_1}{(1 - 2q_1)} [1 - \exp(- \Theta/q_1)] + \frac{(1 - q_1)}{(1 - 2q_1)} [1 - \exp(- \Theta/(1 - q_1))] \tag{14.9}$$

mit

$$\Theta = t/E(T_b) \tag{14.10}$$

$$q_1 = E(T_{b1})/E(T_b) \tag{14.11}$$

und

$$E(T_b) = E(T_{b1}) + E(T_{b2}) . \tag{14.12}$$

Die Verteilungsfunktion der Verweilzeit im Zeitbereich ist durch Bestimmung der Wurzeln des Polynoms

$$\{\lambda + (s - \lambda) [1 + E(T_{b1}) \cdot s] \cdot [1 + E(T_{b2}) s]\}/s = 0 \tag{14.13}$$

ermittelbar. Wir erhalten die beiden Wurzeln

$$s_{1,2} = \frac{1}{E(T_b)} \left[- \frac{1 - q_1(1 - q_1)}{2q_1(1 - q_1)} \pm \sqrt{\frac{[1 - \varrho q_1(1 - q_1)]^2}{4q_1^2(1 - q_1)^2} - \frac{1 - \varrho}{q_1(1 - q_1)}} \right] \tag{14.14}$$

und können diese in

$$V^*(s) = \frac{1 - \varrho}{(s - s_1)(s - s_2)} \tag{14.15}$$

einsetzen. Durch Partialbruchzerlegung und Rücktransformation ergibt sich bei $s_1 \neq s_2$

$$V(t) = D_1(1 - e^{s_1 t}) + D_2(1 - e^{s_2 t}) \tag{14.16}$$

mit

$$D_1 = \frac{1 - \varrho}{s_1(s_2 - s_1)} \tag{14.17}$$

und

$$D_2 = \frac{1 - \varrho}{s_2(s_1 - s_2)} . \tag{14.18}$$

Wir erhalten also sowohl für die Bedienungszeitverteilung als auch für die Verweilzeitverteilung die Überlagerung von zwei Exponentialverteilungen.

Wir gehen jetzt zum Erwartungswert der Verweilzeitverteilung über. Aus (14.7) und (14.8) erhält man den Verweilzeitfaktor

$$F = 1 + [1 - (1 - q_1) q_1] \frac{\varrho}{1 - \varrho} . \tag{14.19}$$

In Abb. 14.2 ist für $q_1 = 0{,}5$ der Einfluß des Verkehrswertes der ZVE ϱ auf den Verweilzeitfaktor F dargestellt. Bei $\varrho \to 1$ strebt F auch hier gegen ∞. In Abb. 14.3

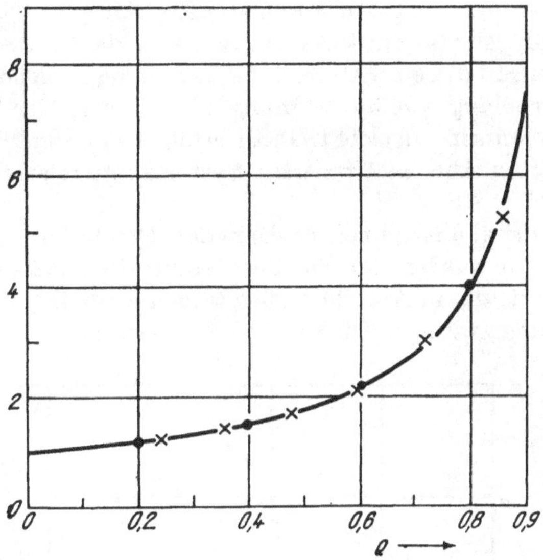

Abb. 14.2. Vergleich der Theorie mit der Simulation bei der Serienkopplung von 2 AP in einer ZVE (Variante (2/1); Theorie: ———; Simulation: relative Prioritätsdisziplin: ×, absolute Prioritätsdisziplin: ●)

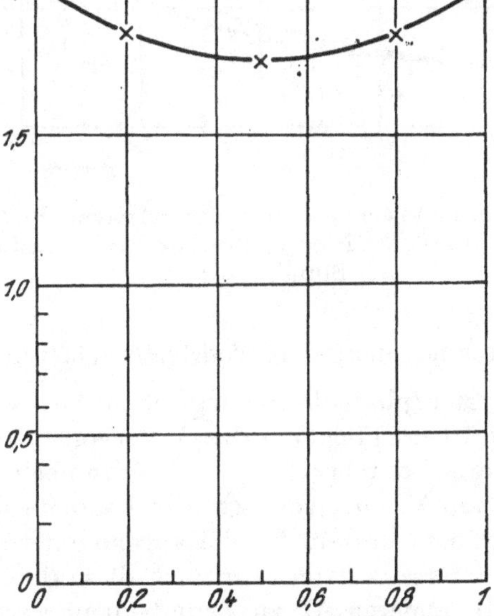

Abb. 14.3. Einfluß des relativen Bedienungszeitanteils q_1 des AP A1 auf den Verweilzeitfaktor F (Variante (2/1); Theorie: ———; Simulation mit absoluter Prioritätsdisziplin: ×)

ist für $\varrho = 0{,}5$ der Einfluß von q_1 auf F aufgetragen. Für $q_1 = 0{,}5$ hat F ein Minimum. Der Verweilzeitfaktor ist also am kleinsten, wenn beide AP die gleiche mittlere Bedienungszeit besitzen. In diesem Fall geht die Verteilungsfunktion der Bedienungszeit in eine ERLANG-Verteilung zweiter Ordnung über. Auch hier wurde der Vergleich mit Simulationsergebnissen angestellt. Dazu erfolgte eine Simulation des durch den Algorithmennetzplan in Abb. 14.1 fixierten Systems mit relativer und mit absoluter Prioritätsdisziplin für 2 AP.

Die für beide Prioritätsdisziplinen gewonnenen Ergebnisse sind in Abb. 14.2 eingetragen. Für $q_1 = 0{,}5$ wurden nur für die absolute Prioritätsdisziplin Simulationsversuche durchgeführt, die in Abb. 14.4 eingetragen sind. Die Ergebnisse zeigen eine gute Übereinstimmung zwischen Theorie und Simulation.

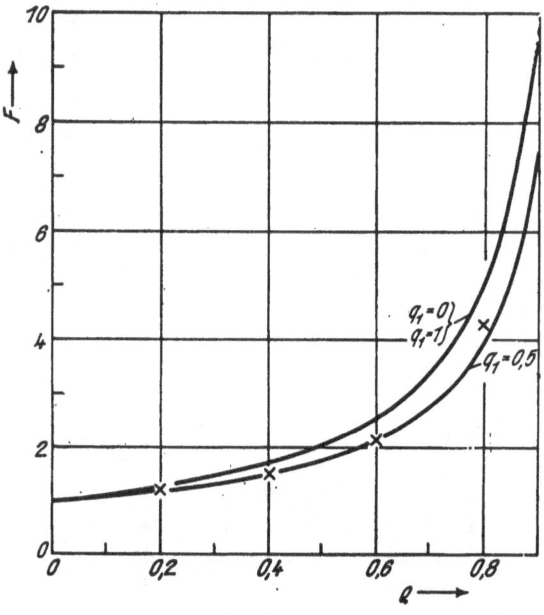

Abb. 14.4. Einfluß des Verkehrswertes ϱ und des relativen Bedienungszeitanteils q_1 des AP A1 auf den Verweilzeitfaktor F ($P = 1$; absolute Prioritätsdisziplin; Theorie: ——; Simulation: ×)

Variante mit einem anderen als dem niedrigstrangigen AP an erster Stelle

Diese Variante ist bei Mehrphasenbedienung ohne Verzweigung unzweckmäßig. Das zeigt schon folgende Überlegung. Bei dieser Variante wird die Bedienung einer Forderung durch das erste AP durchgeführt, auch wenn noch nicht zu Ende bediente Forderungen in den anderen AP oder vor diesen vorhanden sind. Die noch vorhandenen Forderungen müssen also warten, bis die angekommene Forderung im AP A1 zu Ende bedient ist. Andererseits kann aber auch diese durch das AP A1 bediente Forderung nicht durch die anderen AP zu Ende bedient werden, weil vorher die in den anderen AP wartenden Forderungen bedient werden müssen. Es entsteht also eine unnötige Verlängerung der Wartezeit beim Durchlauf einer Forderung durch das gesamte System.

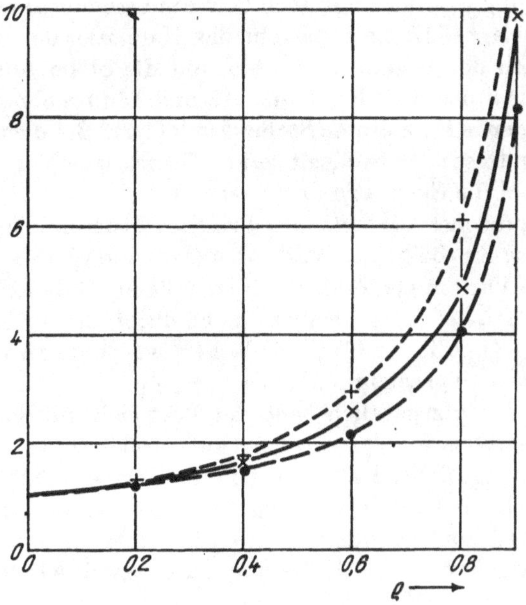

Abb. 14.5. Simulationsergebnisse für 2 AP mit relativer Prioritätsdisziplin (Variante (1/2): — — + — —; Variante (2/1): —●—; nicht gekoppelt: ——×—)

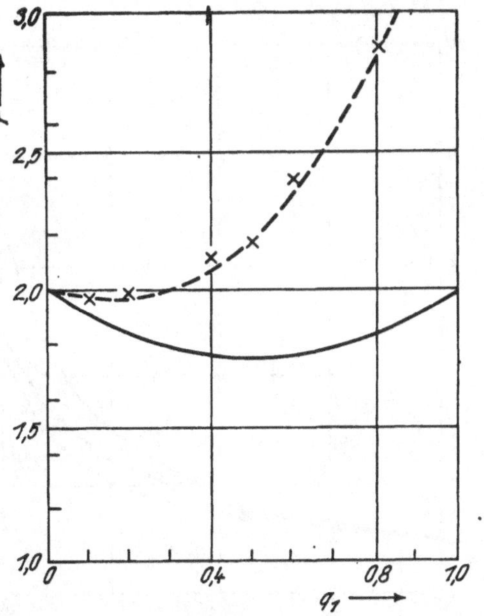

Abb. 14.6. Vergleich der Prioritätszuordnungen für verschiedene relative Bedienungszeitanteile q_1 des AP A1 (relative Prioritätsdisziplin; Theorie Variante (2/1): ——; Simulation Variante (1/2): ——×—)

Die obige Überlegung ist allerdings noch kein umfassender Beweis für die Unzweckmäßigkeit dieser Variante. Deshalb besteht das Hauptziel der nachfolgenden Untersuchung im Vergleich der beiden Varianten, um die obige Aussage zu überprüfen. Wir beschränken uns auf zwei AP A1 und A2 und kennzeichnen dabei die Variante mit dem höherrangigen AP an erster Stelle durch (1/2). Bei dieser Variante steht für die Bestimmung der Gesamtverweilzeit keine Theorie zur Verfügung. Deshalb wird nachfolgend vor allem die Simulation genutzt.

Wir betrachten zunächst die relative Prioritätsdisziplin. In Abb. 14.5 sind die Simulationsergebnisse für die beiden Varianten (1/2) und (2/1) bei $q_1 = 0{,}5$ verglichen. Es zeigt sich, daß die Variante (1/2) eine größere mittlere Gesamtverweilzeit der beiden AP besitzt, als die Variante (2/1). Das wird auch durch die Auftragung von F über q_1 bei $\varrho = 0{,}5$ bestätigt (s. Abb. 14.6). In Abb. 14.6 wurde dabei für die Variante (2/1) die theoretische Kurve eingezeichnet.

In der Abb. 14.5 wurde zusätzlich noch der Vergleich mit der mittleren Summenverweilzeit von zwei AP mit relativer Priorität, wobei jedes AP einen eigenen Ankunftsstrom besitzt, angestellt. Dabei wurden die Formel (13.28) und die Simulation genutzt. Es zeigt sich, daß die Erwartungswerte der Verweilzeit beider AP bei der Variante (1/2) oberhalb und bei der Variante (2/1) unterhalb der mittleren Summenverweilzeit der nichtgekoppelten Bedienung durch zwei AP mit zwei Forderungsströmen liegen.

Wir gehen jetzt zur Betrachtung der absoluten Prioritätsdisziplin über. In Abb. 14.7 wurde derselbe Vergleich, der für die relative Prioritätsdisziplin in der Abb. 14.5 angestellt wurde, für die absolute Prioritätsdisziplin durchgeführt. Qualitativ wurden wieder die gleichen Ergebnisse erzielt wie bei der relativen Prioritätsdisziplin. Auch

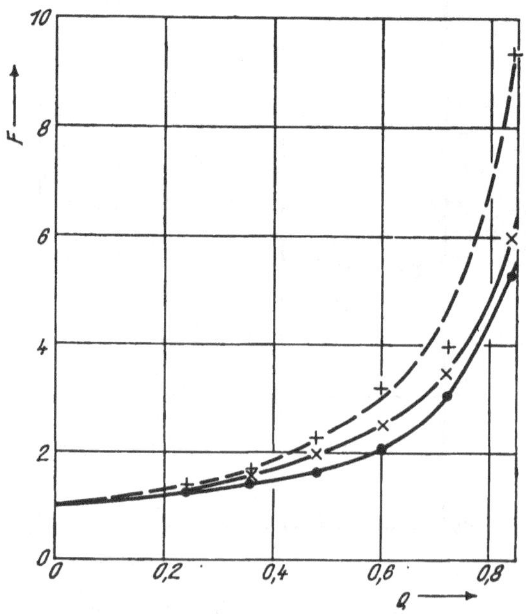

Abb. 14.7. Simulationsergebnisse für 2 AP mit absoluter Prioritätsdisziplin (nicht gekoppelt: ——×—; Variante (2/1): —●—; Variante (1/2): ——+——)

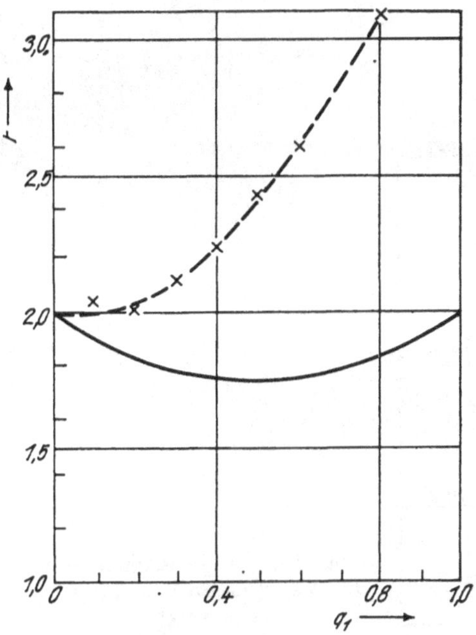

Abb. 14.8. Vergleich der Prioritätszuordnungen für verschiedene relative Bedienungszeitanteile q_1 des AP A1 (absolute Prioritätsdisziplin; Theorie Variante (2/1): ———; Simulation Variangte (1/2): ——×—)

der für die absolute Prioritätsdisziplin angestellte Vergleich für verschiedene Werte von q_1 (s. Abb. 14.8) liefert qualitativ wieder gleichartige Ergebnisse wie die von Abb. 14.6 für die relative Prioritätsdisziplin.

14.2. Einstromsystem mit Mehrphasenbedienung durch m Applikationsprogramme mit Verzweigungen

Wir betrachten auch hier m seriell angeordnete AP A1, A2, ..., Am, wobei nur ein Teilstrom des Ausgangsstromes des i-ten AP Eingangsstrom des $i + 1$-ten AP ($i = 1, 2, \ldots, m$) ist. Dabei nehmen wir an, daß eine das AP Ai (i = 1, 2, ..., $m - 1$) verlassende Forderung mit der Wahrscheinlichkeit P_{i+1} zum Ap A(i + 1) weitergeleitet wird und mit der Wahrscheinlichkeit $(1 - P_{i+1})$ die ZVE verläßt. In der Abb. 14.9 ist der entsprechende Algorithmennetzplan für dieses Bedienungssystem angegeben. Aus Abb. 14.9 geht hervor, ein solches System wird erhalten durch Anmeldung des AP A(i + 1) am Ende des AP Ai und einer Verzweigung mit der Wahrscheinlichkeit $(1 - P_{i+1})$.

Wir unterscheiden wieder die beiden Varianten

- Variante mit dem niedrigstrangigen AP an erster Stelle (Variante (2/1) bei 2 AP) und
- Variante mit einem anderen als dem niedrigstrangigen AP an erster Stelle (Variante (1/2) bei 2 AP).

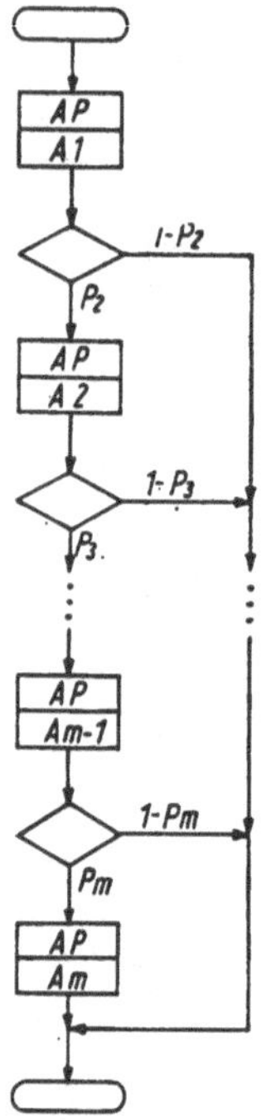

Abb. 14.9. Algorithmennetzplan für die Mehrphasenbedienung mit Verzweigungen

Variante mit dem niedrigstrangigen AP an erster Stelle

Auch hier machen wir wieder keinen Unterschied zwischen der relativen, programmierten und absoluten Priorität. Die im Abschnitt 14.1. angestellte Überlegung für diese Variante gilt auch bei einem System mit Verzweigungen vor den einzelnen AP. Somit bildet sich auch hier nur vor dem ersten AP eine Warteschlange, und die Bedienungszeiten aller in Serie geschalteten AP können wieder zu einer Summenbedienungszeit zusammengefaßt werden. Dabei erfolgt die Bedienung aller Forderungen prioritätsfrei über die Gesamtbedienungszeit T_b aller AP. Die Berechnung der Verteilungsfunktion $B^*(s)$ der Gesamtbedienungszeit geschieht unter Berücksichtigung der Verzweigungswahrscheinlichkeiten P_i $(i = 2, 3, \dots, m)$ mit

$$B^*(s) = B_1^*(s) \left((1 - P_2) + P_2 B_2^*(s) \left(\dots ((1 - P_m) + P_m B_m^*(s) (\dots)) \dots \right)\right) . \tag{14.20}$$

Dieser Ausdruck kann wieder in die Formel (12.38) eingesetzt werden, und man erhält auf diese Weise die Verteilungsfunktion der Verweilzeitverteilung für den Fall mit Verzweigungen.

Wir beschränken uns jetzt wieder auf exponentiell verteilte Bedienungszeiten für die einzelnen AP, d. h. auf $B_i^*(s)$ entsprechend Formel (14.3). Außerdem gehen wir wieder zum Fall mit zwei Applikationsprogrammen mit m = 2 über. Für zwei AP A1, A2 erhalten wir

$$B^*(s) = B_1^*(s) \cdot (1 - P) + B_1^*(s) \cdot B_2^*(s) \cdot P , \tag{14.21}$$

wobei der Einfachheit halber $P_2 = P$ bezeichnet wurde. Außerdem gilt für 2 AP allgemein

$$E(T_b) = E(T_{b1}) + P \cdot E(T_{b2}) \tag{14.22}$$

und

$$E(T_b^2) = E(T_{b1}^2) + P \cdot [E(T_{b2}^2) + 2 \cdot E(T_{b1}) \cdot E(T_{b2})] . \qquad (14.23)$$

Bei exponentiellen Verteilungen von $B_1^*(s)$ und $B_2^*(s)$ geht das zweite Anfangsmoment $E(T_b^2)$ über in

$$E(T_b^2) = 2[E^2(T_{b1}) + P \cdot E(T_{b2}) \cdot E(T_{b1}) + E^2(T_{b2})] . \qquad (14.24)$$

Wir betrachten wieder den Verweilzeitfaktor F und erhalten anhand der Formeln (12.42) und (14.24) die Formel

$$F = 1 + \left[q_1 + \frac{(1 - q_1)^2}{P}\right] \cdot \frac{\varrho}{1 - \varrho}, \qquad (14.25)$$

wobei q_1 entsprechend (14.11) angenommen wird.

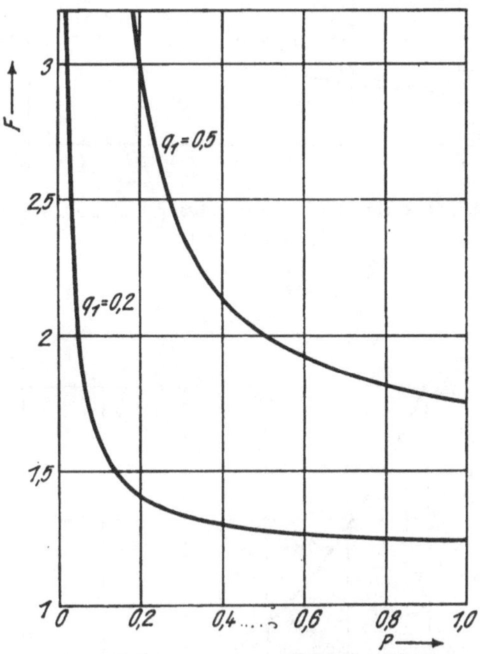

Abb. 14.10. Einfluß der Verzweigungswahrscheinlichkeit auf den Verweilzeitfaktor F ($\varrho = 0{,}5$)

Die Formel (14.25) kann bezüglich der 3 Variablen P, ϱ und q_1 ausgewertet werden. In der Abb. 14.10 ist der Einfluß der Verzweigungswahrscheinlichkeit P auf den Verweilzeitfaktor F für verschiedene Werte von q_1 und für $\varrho = 0{,}5$ dargestellt. Bei kleinen Werten von q_1 ist F oberhalb von $P = 0{,}5$ anhezu konstant. Abb. 14.11 beschreibt den Einfluß des Verkehrswertes ϱ bei verschiedenen Werten der Verzweigungswahrscheinlichkeit P und bei $q_1 = 0{,}5$ auf den Verweilzeitfaktor. Qualitativ zeigt sich wieder das gleiche Bild wie bei den anderen Bedienungsmodellen, daß der Verweilzeitfaktor bei $\varrho = 0$ den Wert 1 besitzt und mit $\varrho \to 1$ gegen ∞ geht. Gegenüber $P = 1$ liegt bei $P = 0{,}2$ F wesentlich höher. Das gilt besonders für große Werte

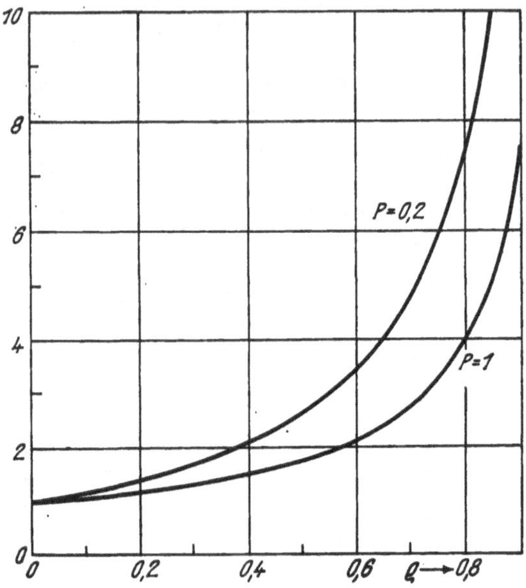

Abb. 14.11. Einfluß des Verkehrswertes ϱ auf den Verweilzeitfaktor $F(q_1 = 0{,}5)$

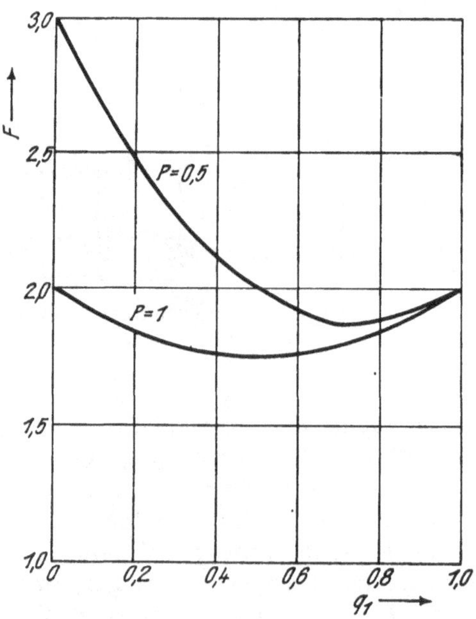

Abb. 14.12. Einfluß des relativen Bedienungszeitanteils q_1 auf den Verweilzeitfaktor bei verschiedenen Verzweigungswahrscheinlichkeiten (Theorie; Variante (2/1); $\varrho = 0{,}5$)

von ϱ. In Abb. 14.12 ist der Einfluß der Laufzeitaufteilung bezüglich der beiden AP, die in der Größe q_1 zum Ausdruck kommt, auf den Verweilzeitfaktor dargestellt. Dabei wurden die Verzweigungswahrscheinlichkeit mit den Werten $P = 0{,}2$ und $P = 0{,}5$ und der Verkehrswert mit dem Wert $\varrho = 0{,}5$ belegt. Hier zeigt sich wieder bezüglich q_1 ein relatives Minimum. Dabei verschiebt sich bei $P = 0{,}5$ gegenüber $P = 1$ dieses Minimum zu einem größeren Wert von q_1.

Variante mit einem anderen als dem niederrangigen Applikationsprogramm an erster Stelle

Für diesen Fall steht uns ebenso wie im Abschnitt 14.1. keine analytische Theorie zur Verfügung. Deshalb gehen wir sofort zur Simulation über. Wir betrachten dabei ein aus zwei AP bestehendes System, d. h. die Variante (1/2). Für diesen Fall wurden mit Hilfe des VOPS SIMDIS entsprechende Simulationsversuche durchgeführt. Dabei wurde absolute Priorität angenommen. Die Simulation wurde auch für den Fall mit relativer Prioritätsdisziplin durchgeführt.

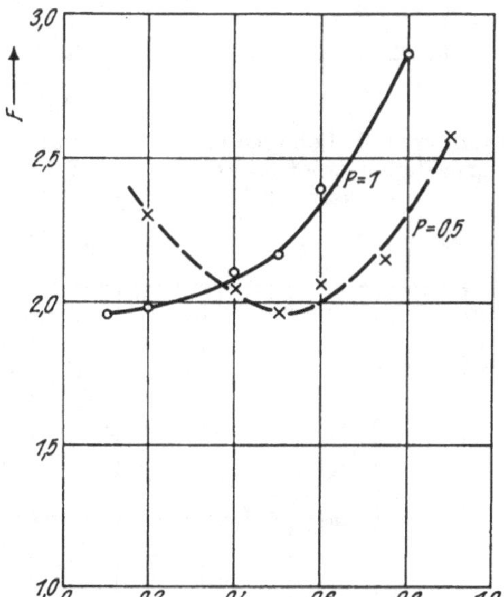

Abb. 14.13. Einfluß des relativen Bedienungszeitanteils q_1 auf den Verweilzeitfaktor bei verschiedenen Verzweigungswahrscheinlichkeiten (Simulation; relative Prioritätsdisziplin; Variante (1/2); $\varrho = 0{,}5$)

In Abb. 14.13 und 14.14 wurde für die relative und die absolute Prioritätsdisziplin der für die Variante (1/2) durch Simulation gewonnene Einfluß der Laufzeitverteilung auf den Verlängerungsfaktor der Verweilzeit dargestellt. Die entsprechenden gewählten Werte für P und für sind in den Abbildungen vermerkt. Auch hier ergibt sich für den Verlängerungsfaktor F wieder jeweils ein relatives Minimum, das sich wieder mit der Verkleinerung von P nach oben verschiebt bezüglich q_1.

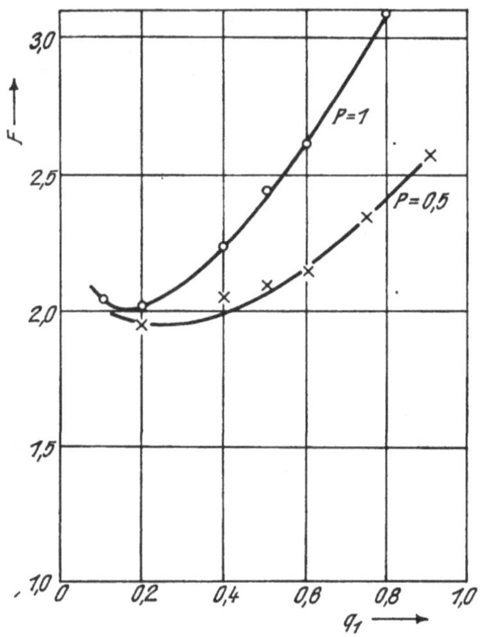

Abb. 14.14. Einfluß des relativen Bedienungszeitanteils q_1 auf den Verweilzeitfaktor bei verschiedenen Verzweigungswahrscheinlichkeiten (Simulation; absolute Prioritätsdisziplin; Variante (1/2); $\varrho = 0{,}5$)

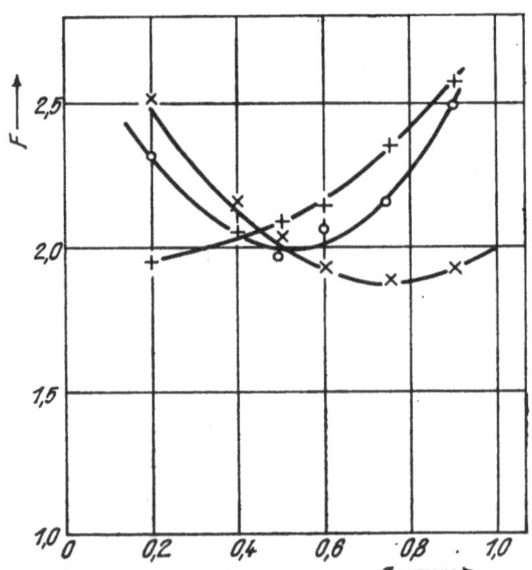

Abb. 14.15. Einfluß des relativen Bedienungszeitanteils q_1 auf den Verweilzeitfaktor bei verschiedenen Varianten der Prioritätszuordnung (Variante (2/1): Theorie: ———, Simulation: ×; Variante (1/2) Simulation: absolute Prioritätsdisziplin: —+—, relative Prioritätsdisziplin: ——∘——; $\varrho = 0{,}5$; $P = 0{,}5$)

In Abb. 14.15 wird für $P \neq 1$ der Vergleich zwischen den beiden Varianten (1/2) und (2/1) angestellt. Für die Variante (2/1) wurde auch die Theorie mit herangezogen. Der Vergleich in Abb. 14.15 zeigt, daß für kleine Werte von q_1 die Variante (1/2) kleinere Werte von F liefert, während für große Werte von q_1 die Variante (2/1) kleinere Werte von F annimmt. Das gilt sowohl für die relative als auch für die absolute Prioritätsdisziplin. Es gibt somit einen Bereich von q_1 für den die Variante (1/2) günstiger ist als die Variante (2/1). Das läßt sich damit erklären, daß bei $P \neq 1$ die das System nach dem AP A1 verlassenden Forderungen durch die Variante (1/2) bevorzugt behandelt werden. Dadurch wird F verkleinert. Dieser Effekt wirkt sich besonders stark bei kleinen Werten von q_1 aus.

Die obige Erklärung für den Vorteil der Variante (2/1) führt zu folgender Möglichkeit zur Verbesserung des Systems mit Verzweigung. Wenn man die Forderungen, die nach dem AP A1 verzweigt werden, schon bei der Prioritätszuordnung von den zum AP A2 weitergeleiteten unterscheiden kann, dann ist das betrachtete Einstrombedienungssystem in ein Zweistromsystem überführbar, das günstiger bezüglich F ist. Der Weg der Überführung besteht darin, daß die Verzweigung bis vor das erste AP vorgezogen wird. Dadurch muß das AP A1 im zweiten Zweig noch einmal auftreten (s. Abb. 14.16). Den Forderungen des AP A1, die den zweiten Zweig durchlaufen, wird jetzt die höchste Priorität zugeordnet, während bezüglich des ersten Zweiges die Variante (2/1) angewendet werden kann. Die entsprechende Prioritätszuordnung ist in Abb. 14.16 angegeben. Im Ergebnis dieser Änderung wird folgendes erreicht: Die Forderungen mit kleiner Bedienungszeit, d. h., die die nur das AP A1 durchlaufen, werden mit höchster Priorität bedient. Die Forderungen, die beide AP durchlaufen, werden ohne zwischenzeitliches Warten vor dem AP A2 bedient. Das so erhaltene

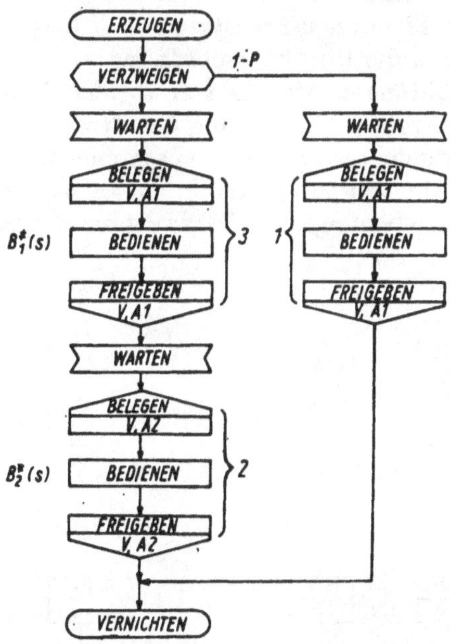

Abb. 14.16. Zur Änderung eines Einstrom-Mehrphasen-Bedienungssystems mit Verzweigung

Bedienungssystem ist ein Mehrstromsystem, da die beiden Forderungsströme nach der Verzweigung am Eingang des Systems als zwei Forderungsströme aufgefaßt werden können. Im Abschnitt 14.4. werden Mehrstromsysteme behandelt. Dort wird auch gezeigt, daß das durch den Forderungslaufplan in Abb. 14.16 dargestellte System günstiger ist als das Einstromsystem.

14.3. Zur optimalen Prioritätszuordnung für Einstromsysteme mit Mehrphasenbedienung

Aus den oben erzielten Ergebnissen für Einstromsysteme mit Mehrphasenbedienung können wir bezüglich der Prioritätszuordnung folgende Schlußfolgerungen ziehen. An die erste Stelle wird das niedrigstrangige AP gesetzt. Falls Verzweigungen auftreten, wird nach Möglichkeit die Umformung entsprechend Abb. 14.16 vorgenommen. Damit wird der Fall, bei dem Variante (1/2) günstiger ist, vermieden. Für eine solche Prioritätszuordnung der Variante (2/1) kann außerdem die analytische Theorie, wie sie sich aus dem Abschnitt 12.3. für die prioritätsfreie Bedienung ergibt, genutzt werden.

14.4. Mehrstromsystem mit Mehrphasenbedienung

Wir gehen jetzt zur Mehrphasenbedienung in einem Mehrstromsystem über. Dabei geht es vor allem um die gegenseitige Beeinflussung der verschiedenen Ströme. Wir setzen voraus, daß jedes AP nur in einem Strom vorkommt. Außerdem nehmen wir an, daß keine Mischung der Prioritäten zwischen AP verschiedener Ströme vorhanden ist, d. h., der höchstrangige Strom enthält die AP mit den Prioritäten $1, 2, \ldots, n_1$, der nächstrangige Strom der AP mit den Prioritäten $n_1 + 1, n_1 + 2, \ldots, n_2$ und so fort. Schließlich hat der L-te Strom die Priotitätszuordnung $n_{L-1}, n_{L-1} + 1, \ldots, n_L$.

In diesem Abschnitt beschränken wir uns von vornherein auf den Fall mit dem niederrangigsten AP jedes Stromes am Eingang des Stromes. Dieser Annahme liegt wieder die Überlegung zu Grunde, die für Einstromsysteme dazu geführt hat, daß man meist diesen Fall als den optimalen betrachten kann. In Abb. 14.17 ist der Algorithmennetzplan der Mehrstrombedienung ohne Verzweigung dargestellt.

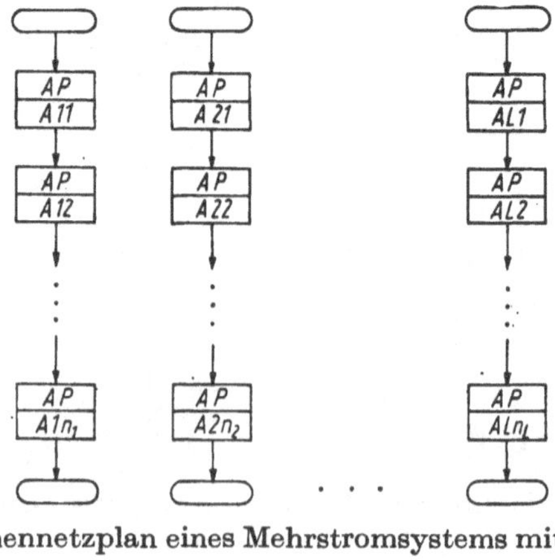

Abb. 14.17. Algorithmennetzplan eines Mehrstromsystems mit Mehrphasenbedienung

14.4.1 Mehrstromsysteme der Mehrphasenbedienung mit relativer und programmierter Prioritätsdisziplin

Wir betrachten zunächst ein Mehrstromsystem der Mehrphasenbedienung mit relativer Prioritätsdisziplin. Genauso wie bei einem Einstromsystem mit dem niedrigstrangigen AP an erster Stelle, wird jede Forderung durch Forderungen des gleichen Stromes nicht unterbrochen, wenn ihre Bedienung begonnen hat. Man kann also die in Serie geschalteten AP wieder wie ein AP behandeln, dem die Priorität des an erster Stelle stehenden AP Aij zugeordnet ist. Beim Übergang von einem AP zum nächsten erfolgt eine Prioritätsentschlüsselung, die nur zwischen den Forderungen unterschiedlicher Ströme wirksam wird. Folglich haben wir in unserem Fall eine programmierte Prioritätsdisziplin zwischen den Forderungen verschiedener Ströme vorliegen.

Wenn innerhalb der einzelnen Programme zusätzlich Prioritätsentschlüsselungen vorgesehen sind, d. h., zwischen allen AP eine programmierte Prioritätsdisziplin angesetzt wird, dann bleibt es bei der programmierten Prioritätsdisziplin zwischen den Forderungen der verschiedenen Ströme. Es kommt allerdings gegenüber der relativen Prioritätsdisziplin zwischen allen AP noch die Entschlüsselung an den programmierten Stellen innerhalb der AP dazu.

Damit wurde also ein Mehrstromsystem der Mehrphasenbedienung mit relativer und mit programmierter Prioritätsdisziplin zwischen den einzelnen AP auf ein Mehr-

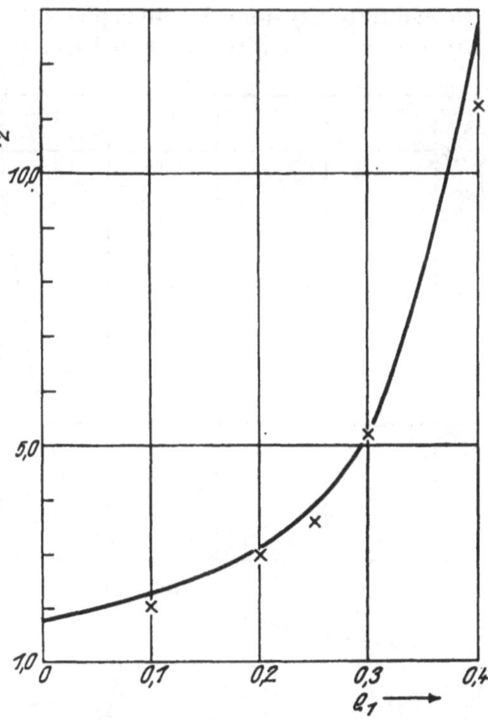

Abb. 14.18. Verweilzeitfaktor für die Zweistrom-Zweiphasenbedienung des niederrangigen Stroms in Abhängigkeit vom Verkehrswert ϱ_1 (relative Prioritätsdisziplin; $\varrho_2 = 0{,}5$; $E(T_{b20}) = E(T_{b21}) = 250$; $\lambda_1 = \lambda_2 = 0{,}001$; Theorie: ———; Simulation: ×)

stromsystem mit programmierter Prioritätsdisziplin zwischen den Forderungen der verschiedenen Ströme zurückgeführt. Es können also alle Formeln für die programmierte Prioritätsdisziplin aus dem Abschnitt 13.2. übernommen werden. Dabei sind alle AP eines Forderungsstromes zu einem Ersatzapplikationsprogramm zusammenzufassen. Für diese Ersatz-AP ergibt sich die Bedienungszeit mit

$$B_j^*(s) = \prod_{i=1}^{n_j} B_{ji}^*(s)\,. \tag{14.26}$$

Wir betrachten jetzt ein Beispiel eines Mehrstromsystems mit Mehrphasenbedienung. In diesem Beispiel wird relative Priorität zwischen den AP angenommen, und es werden insgesamt 3 AP in 2 Strömen betrachtet. Dabei werden dem niederrangigen Strom 2 AP zugeordnet.

Für die Verweilzeitfaktoren der beiden Ströme gelten die Formeln (13.77) und (13.78). Für die Parameterwerte $\varrho_2 = 0{,}5$; $h_{20} = 0{,}5$ und für $h_1 = 2 \cdot \varrho_1$ wurde F_2 ausgewertet und mit den Simulationsergebnissen für diesen Fall verglichen (s. Abb. 14.18). Bei der Simulation wurde dem AP A11 die Priorität 1, dem AP A21 die Priorität 3 und dem AP A22 die Priorität 2 zugewiesen. Der Vergleich zeigt eine befriedigende Übereinstimmung.

14.4.2 Mehrstromsysteme der Mehrphasenbedienung mit absoluter Prioritätsdisziplin

Wir betrachten jetzt ein Mehrstromsystem der Mehrphasenbedienung mit absoluter Prioritätsdisziplin zwischen den AP. In diesem Fall kann auch wieder für alle AP

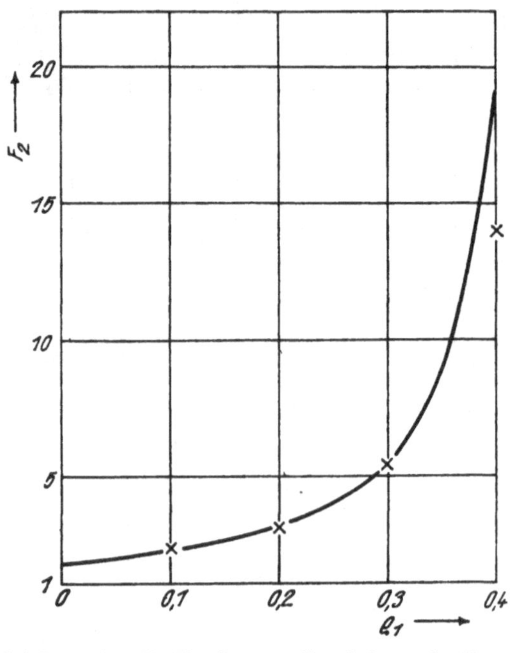

Abb. 14.19. Verweilzeitfaktor für die Zweistrom-Zweiphasenbedienung des niederrangigen Stroms in Abhängigkeit vom Verkehrswert ϱ_1 (programmierte Prioritätsdisziplin; $\varrho_2 = 0{,}5$; $\lambda_1 = \lambda_2 = 0{,}001$; $E(T_{b20}) = E(T_{b21}) = 250$; Theorie: ———; Simulation: ×)

eines Stromes ein Ersatz-AP eingeführt werden, das die Verteilungsfunktion der Bedienungszeit entsprechend Formel (13.81) besitzt. Zwischen den Forderungen der verschiedenen Ströme wirkt jetzt die absolute Prioritätsdisziplin. Dabei sind die programmierten Prioritätsentschlüsselungen am Ende jedes AP überflüssig. Sie haben auch keinen Einfluß auf die Bedienung der Forderungen.

Auch hier wird wieder ein Beispiel mit 3 AP in 2 Strömen betrachtet. Für die absolute Prioritätsdisziplin wurde wieder der Vergleich mit der Simulation angestellt. In Abb. 14.19 wurde für die gleichen Parameterwerte wie für die relative Prioritätsdisziplin entsprechend Abb. 14.18 die Analyse geführt. Bei den theoretischen Rechnungen wurde die Formel (13.84) der absoluten Prioritätsdisziplin genutzt. Es zeigt sich eine gute Übereinstimmung zwischen den theoretischen und den Simulationsergebnissen.

E. Effektivitätsanalyse einer Prozeßrechenanlage als stochastisches Netz

Im Abschnitt D. wurden Modelle des Prozeßrechners untersucht, die keine parallelen IAK besaßen. Für viele praktische Einsatzfälle sind jedoch parallele IAK unbedingt zu berücksichtigen. Dabei erhalten wir ein stochastisches Netz. Hier sei nur auf den in Abb. 4.3 angegebenen Algorithmennetzplan für einen konkreten Einsatzfall verwiesen. Aus diesem Grund besteht die Notwendigkeit, den Prozeßrechner als stochastisches Netz zu untersuchen. Das soll in diesem Abschnitt E. geschehen.

Wir führen nachfolgend zwei Formen der Effektivitätsanalyse durch

— die Leistungsanalyse und
— die Reaktionszeitanalyse.

Die Leistungsanalyse beschäftigt sich mit der Durchsatzrate der Echtzeitaufträge und den Auslastungsgraden der einzelnen Bedienungsressourcen. Sie ist bei einem Einknotenbedienungssystem so einfach, daß sie deshalb im Abschnitt D. nicht zu einem besonderen Analysegegenstand gemacht wurde. In einem stochastischen Netz hingegen ist die Auslastung der einzelnen Bedienungsressourcen so unübersichtlich, daß eine systematische Untersuchung erforderlich wird. Abschnitt 15. behandelt die Leistungsanalyse.

Im Abschnitt D. wurde für das Einknotenbedienungssystem gezeigt, daß die Reaktionszeitanalyse vor allem in der Verweilzeitanalyse besteht. Daran ändert sich auch beim stochastischen Netz nichts. Für ein stochastisches Netz ist die Verweilzeitanalyse im allgemeinen recht kompliziert. Sie enthält zwei Stufen. In der ersten Stufe geht es um die Bestimmung der elementaren Verweilzeitverteilungen im stochastischen Netz, während in der zweiten Stufe die Gesamtverweilzeitverteilung mit Hilfe der elementaren Verweilzeitverteilungen ermittelt wird.

Die zweite Stufe der Verweilzeitanalyse wird für das allgemeine stochastische Netz im Abschnitt 16. durchgeführt. Dabei setzen wir die Kenntnis der elementaren Verweilzeitverteilungen voraus. Die Bestimmung der elementaren Verweilzeitverteilungen erfolgt erst in den Abschnitten 18., 19. und 20. für verschiedene Klassen von Bedienungsnetzen.

15. LEISTUNGSANALYSE FÜR DAS STOCHASTISCHE NETZ EINER PROZESSRECHENANLAGE

Bei der Leistungsanalyse geht es zunächst um die Auslastung der Bedienungsressourcen einer PRA. Dabei verstehen wir unter Bedienungsressourcen solche Ressourcen, die zur unmittelbaren Bedienung der Forderungen benötigt werden und an der Bedienung direkt beteiligt sind. Eine PRA besitzt folgende Bedienungsressourcen: eine oder mehrere ZVE, V1, V2, ... , Vl, die Applikationsprogramme A1, A2, ... , Am, die Informationsaustauschkanäle I1, I2, ... , In und die transienten Hauptspeicherbereiche B1, B2, ... , Bp. Außerdem sind in der PRA noch Steuerressourcen vorhanden, wie z. B. Anmeldungsfelder, Austragungsschalter, Warteräume usw. Mit diesen Steuerressourcen sind teilweise Verluste von Forderungen verbunden. Hier bei der Leistungsanalyse werden diese Ressourcen nicht mit in die Untersuchungen einbezogen.

Wir betrachten den Prozeßrechner als stochastisches Netz. Somit können die im Abschnitt B. eingeführten Forderungslaufpläne für die einzelnen Teilabschnitte direkt als Grundlage der Untersuchung genutzt werden. Wenn wir nicht die Klasse der Bedienungsressourcen betonen wollen, dann bezeichnen wir diese mit Ri (i = 1, 2, ... , q). Bei der Leistungsanalyse setzen wir Stationarität und Verlustfreiheit für die gesamte PRA voraus.

15.1. Gegenstand der Leistungsanalyse

Wichtige Bewertungsgrößen für die Leistungsanalyse sind die Auslastungsgrade der beteiligten Bedienungsressourcen.

Auslastungsgrad

Der Auslastungsgrad η_i einer Einkanalbedienungsressource Ri ist gleich dem Verhältnis aus der mittleren Belegungszeit und der Gesamtbetrachtungszeit, d. h. gleich der Belegungswahrscheinlichkeit $p_{\mathrm{b}i}$ der Bedienungsressource Ri (i = 1, 2, ... , q).

Für ein stationäres Modell ohne Aussetzen und bei verlustfreier Bedienung gilt $p_{\mathrm{b}i} = \varrho_i$. Daraus folgt für die Auslastungsgrade

$$\eta_i = \varrho_i \qquad (i = 1, 2, \dots, q)\,. \tag{15.1}$$

Somit ergibt sich

$$\eta_i = \lambda_i E(T_{\mathrm{b}i}) \qquad (i = 1, 2, \dots, q)\,, \tag{15.2}$$

wobei λ_i die Ankunftsrate der Forderungen am Eingang der Bedienungsressource Ri und $E(T_{\mathrm{b}i})$ die mittlere Bedienungszeit dieser Ressource sind.

Die Belegungszeit $T_{\mathrm{l}i}$ einer Ressource ist die Zeit, in der die Ressource durch eine Forderung belegt ist. Im obigen Fall ist die mittlere Belegungszeit gleich der mittleren Bedienungszeit, d. h., es gilt

$$E(T_{\mathrm{l}i}) = E(T_{\mathrm{b}i})\,. \tag{15.3}$$

Bei einer Ressource, in welcher der Forderungslauf während ihrer Belegungszeit ausgesetzt wird, besteht die Belegungszeit $T_{\mathrm{l}i}$ aus der Bedienungszeit $T_{\mathrm{b}i}$ und aus der Aussetzzeit $T_{\mathrm{z}i}$, und für den Erwartungswert ergibt sich

$$E(T_{\mathrm{l}i}) = E(T_{\mathrm{b}i}) + E(T_{\mathrm{z}i})\,. \tag{15.4}$$

Hier stimmt der Auslastungsgrad der Bedienungsressource Ri nicht mehr mit dem Verkehrswert ϱ_i überein, und es gilt

$$\eta_i = \lambda_i \cdot E(T_{\mathrm{l}i}) = \lambda_i \cdot [E(T_{\mathrm{b}i}) + E(T_{\mathrm{z}i})] \tag{15.5}$$

oder

$$\eta_i = \varrho_i + \lambda_i \cdot E(T_{\mathrm{z}i})\,. \tag{15.6}$$

Leistungsfähigkeit einer Einkanalbedienungsressource

Jede Einkanalbedienungsressource Ri besitzt eine Auslastungsgrenze

$$\eta_i = 1 . \tag{15.7}$$

Bei dieser Auslastung ist die Bedienungsressource Ri ständig besetzt. Für eine bestimmte Einkanalbedienungsressource Ri sei $E(T_{li})$ vorgegeben. In diesem Fall ergibt sich die Grenze für den Forderungsdurchsatz von Ri durch die Grenze $\eta_i = 1$ mit

$$G_i = \lambda_{i\,\max} = \frac{1}{E(T_{li})} . \tag{15.8}$$

Eine Erhöhung von λ_i über den Wert $\lambda_{i\,\max}$ hinaus führt zu einer Überlastung der Bedienungsressource Ri. Somit ist G_i der maximale Forderungsdurchsatz der Einkanalbedienungsressource Ri, der Leistungsfähigkeit der Ressource genannt wird.

Zusammenhang zwischen der Ankunftsrate des Summenauftragsstromes und der Ankunftsrate am Eingang einer Bedienungsressource

Wir betrachten den allgemeinsten Fall der Struktur einer PRA, für den L Auftragsströme q und Bedienungsressourcen vorhanden sind. Dabei seien die Ankunftsraten der Echtzeitaufträge für die verschiedenen Auftragsströme mit Λ_j $(j = 1, 2, \dots, L)$ und die Ankunftsraten der Forderungen an den Eingängen der Ressourcen Ri mit λ_i $(i = 1, 2, \dots, q)$ bezeichnet.

Wir fassen die L Auftragsströme zu einem Summenauftragsstrom zusammen und erhalten für den Summenauftragsstrom die Ankunftsrate

$$\Lambda = \sum_{j=1}^{L} \Lambda_j . \tag{15.9}$$

Dabei stellen wir uns das Entstehen der einzelnen Ankunftsströme aus dem Summenankunftsstrom durch eine L-fache Verzweigung mit den Verzweigungswahrscheinlichkeiten P_j vor (s. Abb. 10.4c). Für P_j gilt

$$P_j = \Lambda_j/\Lambda \qquad (j = 1, 2, \dots, L) \tag{15.10}$$

oder

$$\Lambda_j = P_i \Lambda \qquad (j = 1, 2, \dots, L) . \tag{15.11}$$

Die einzelnen Ankunftsraten Λ_j sind somit durch die Ankunftsrate des Summenauftragsstromes Λ und den Vektor

$$\mathrm{P} = (P_1, P_2, \dots, P_L) , \tag{15.12}$$

den wir Ankunftsprofil der Auftragsströme nennen, angebbar.

Im allgemeinen kann eine Bedienungsressource Ri durch Forderungen verschiedener Auftragsströme belegt werden, deren Ankunftsraten Λ_j $(j = 1, 2, \dots, L)$ sind. Wir bezeichnen mit λ_{ji} $(j = 1, 2, \dots, L;\ i = 1, 2, \dots, q)$ die Ankunftsrate der zu Forderungsverbänden des j-ten Auftragsstromes gehörenden Forderungen am Eingang der Bedienungsressource Ri. Dabei gilt für die Summenankunftsrate der Bedienungsressource Ri

$$\lambda_i = \sum_{j=1}^{L} \lambda_{ji} . \tag{15.13}$$

Falls ein Auftragsstrom Nummer j keine Forderungen besitzt, die die Ressource Ri belegen, dann ist

$$\lambda_{ji} = 0\,. \tag{15.14}$$

Wie wir später noch sehen werden, gilt der lineare Ansatz

$$\lambda_{ji} = \varepsilon_{ji} \cdot \Lambda_j\,, \tag{15.15}$$

wobei ε_{ji} der Intensitätsübertragungskoeffizient zwischen der Eingangsstromintensität Λ_j des Stromes j und der Intensität λ_{ji} des Eingangs der Ressource Ri ist. Wir erhalten auf dieser Grundlage durch Einsetzen von (15.11) in (15.15) und von (15.15) in (15.13) die Formel

$$\lambda_i = \Lambda \sum_{j=1}^{L} \varepsilon_{ji} \cdot P_j \qquad (i = 1, 2, \dots, q)\,. \tag{15.16}$$

Wenn wir mit ε_i den Intensitätsübertragungskoeffizienten zwischen den Summenauftragsstrom der PRA und den Eingangsstrom der Ressource Ri einführen, dann erhalten wir

$$\lambda_i = \varepsilon_i \cdot \Lambda \qquad (i = 1, 2, \dots, q)\,, \tag{15.17}$$

wobei gilt

$$\varepsilon_i = \sum_{j=1}^{L} \varepsilon_{ji} \cdot P_j \qquad (i = 1, 2, \dots, q)\,. \tag{15.18}$$

Mit der Formel (15.17) wird ein linearer Zusammenhang zwischen der Ankunftsrate des Summenauftragsstromes und der Ankunftsrate am Eingang der Bedienungsressource Ri hergestellt.

Leistungsfähigkeit der PRA

Oben wurde der maximale Forderungsdurchsatz einer Bedienungsressource als deren Leistungsfähigkeit eingeführt. Dieser überträgt sich von jeder Bedienungsressource auf den maximalen Auftragsdurchsatz, d. h., jede Bedienungsressource begrenzt den Auftragsdurchsatz Λ, wobei die Formeln (15.17) den Zusammenhang zwischen den maximalen Forderungsdurchsatz $\lambda_{i\,\max}$ und den maximalen Auftragsdurchsatz $\Lambda_{\max}$ herstellen. Hier wird der Auftragsdurchsatz der PRA durch die Bedienungsressource beschränkt, die den kleinsten Auftragsdurchsatz zuläßt. Diese Bedienungsressource nennen wir Schwachstelle der PRA. Es gilt für den maximalen Auftragsdurchsatz $\Lambda_{\max}$ der PRA, der wieder Leistungsfähigkeit G genannt wird,

$$G = \Lambda_{\max} = \mathrm{Min}\,\{G_i/\varepsilon_i\} = \mathrm{Min}\left\{\frac{1}{\varepsilon_i E(T_{li})}\right\} \qquad (i = 1, 2, \dots, q)\,. \tag{15.19}$$

Man kann also, wenn die $E(T_{li})$, ε_i $(i = 1, 2, \dots, q)$ bekannt sind, den maximalen Auftragsdurchsatz der PRA ermitteln. Dabei ist es möglich die Schwachstelle der PRA festzustellen. Damit wird eine Orientierung gegeben, an welcher Ressource Änderungen (z. B. Vergrößerung der Kanalzahl) vorgenommen werden müssen, damit der Auftragsdurchsatz erhöht werden kann. In der Formel (15.19) sind die ε_i noch nicht bekannt. Diese Koeffizienten können durch die Intensitätsanalyse (s. Abschnitt 15.2) bestimmt werden.

Zur Bestimmung der mittleren Belegungszeit und des Auslastungsgrads einer Bedienungsressource

Jede Bedienungsressource besitzt gewöhnlich eine Anzahl von Belegungsabschnitten BAik mit den Belegungszeiten T_{lik} ($k = 1, 2, \dots, K_i$). Dabei sind die Belegungszeiten entweder Bedienungszeiten oder Aussetzzeiten. Für die Intensität der Forderungsankünfte am Eingang eines Belegungsabschnittes BAik gilt der Ansatz

$$\lambda_{ik} = \beta_{ik} \cdot \lambda_i \qquad (k = 1, 2, \dots, K_i; \qquad i = 1, 2, \dots, q)\,. \tag{15.20}$$

In dieser Formel ist β_{ik} der Intensitätsübertragungskoeffizient innerhalb der Bedienungsressource Ri.

Der Auslastungsgrad der Bedienungsressource Ri ist gleich

$$\eta_i = \sum_{k=1}^{K_i} \eta_{ik} \qquad (i = 1, 2, \dots, q)\,, \tag{15.21}$$

wobei

$$\eta_{ik} = \lambda_{ik} \cdot E(T_{lik}) \tag{15.22}$$

der Anteil des Belegungsabschnittes BAik am Auslastungsgrad der Bedienungsressource Ri ist.

Daraus folgt für die mittlere Belegungszeit der Bedienungsressource Ri

$$E(T_{li}) = \sum_{k=1}^{K_i} \beta_{ik} \cdot E(T_{lik}) \qquad (i = 1, 2, \dots, q) \tag{15.23}$$

und für deren Auslastungsgrad

$$\eta_i = \Lambda \left[\sum_{i=1}^{L} \varepsilon_{ji} \cdot P_j\right] \cdot \left[\sum_{k=1}^{K_i} \beta_{ik} \cdot E(T_{lik})\right] \qquad (i = 1, 2, \dots, q)\,. \tag{15.24}$$

Inhalt der Leistungsanalyse einer PRA

Die Leistungsanalyse einer PRA stellt den Zusammenhang zwischen unbhängigen Einflußfaktoren und den Bewertungsgrößen der Leistungsanalyse her. Als Bewertungsgrößen der Leistungsanalyse werden hier betrachtet der Auslastungsgrad η_i jeder Bedienungsressource Ri und die Leistungsfähigkeit G der gesamten PRA.

Unabhängige Einflußfaktoren sind

- die Ankunftsstromparameter Summenankunftsrate Λ aller Echtzeitaufträge und Ankunftsprofil P
- der Forderungslaufplan als strukturelles Merkmal
- die Verzweigungswahrscheinlichkeiten p_k ($k = 1, 2, \dots, S$) an den S Verzweigungsstellen des Forderungslaufplans und
- die mittleren Belegungszeiten $E(T_{lik})$ der Belegungsabschnitte BAik ($k = 1, 2, \dots, K_i$; $i = 1, 2, \dots, q$).

Für die Leistungsanalyse sind somit die Abhängigkeiten der Auslastungsgrade η_i und der Leistungsfähigkeit G von den Größen P, p_k ($k = 1, 2, \dots, S$) und $E(T_{lik})$ ($k = 1, 2, \dots, K_{ij}$; $i = 1, 2, \dots, q$) bei vorgegebenem Forderungslaufplan herzustellen.

Die Auslastungsanalyse enthält also folgende Etappen

- Aufstellung des Forderungslaufplans und Sammlung der entsprechenden Eingabedaten für P, p_k ($k = 1, 2, \dots, S$) und $E(T_{lik})$ ($k = 1, 2, \dots, K_{ij}$; $i = 1, 2, \dots, q$)

- Bestimmung der Abhängigkeiten η_i von diesen Größen
- Ermittlung der Schwachstelle(n) entsprechend Formel (15.19) und Bestimmung der Leistungsfähigkeit G der PRA.

Zur Leistungsanalyse typischer Forderungslaufplanabschnitte

Bevor wir zur Intensitätsübertragung in einem Rechnersystem übergehen, untersuchen wir, wie sich in typischen Forderungslaufplanabschnitten (vgl. Abschnitt 6.) die Schwachstellen einer PRA bestimmen lassen. Da wir nur kleine Abschnitte des Forderungslaufplanes betrachten, sind die Verhältnisse so übersichtlich, daß auf die im nächsten Abschnitt 15.2. entwickelten Methoden zur Bestimmung der Forderungsstromintensitäten verzichtet werden kann. Andererseits enthalten diese Forderungslaufplanabschnitte alle wichtigen strukturellen Eigenschaften des Forderungslaufplanes, so daß die Behandlung dieser Forderungslaufplanabschnitte aussagekräftig ist.

Wir betrachten als erstes die Anmeldung eines AP Aj durch ein AP Ai (s. Abb. 6.2). Die durch diesen Forderungslaufplanabschnitt erfaßten Bedienungsressourcen sind die ZVE V und die AP Ai und Aj. Wenn wir die Auslastungsgrade dieser Ressourcen mit η_V, η_{Ai} und η_{Aj} bezeichnen, dann ergibt sich in diesem Fall

$$\eta_V = \eta_{Ai} + \eta_{Aj}\,, \tag{15.25}$$

d. h., es gilt

$$\left.\begin{aligned}\eta_V &\geqq \eta_{Ai}\,,\\ \eta_V &\geqq \eta_{Aj}\,.\end{aligned}\right\} \tag{15.26}$$

Somit wird der Durchsatz dieses Forderungslaufplanabschnittes durch den ZVE-Durchsatz bestimmt.

Die zeitverzögerte Anmeldung eines AP Aj durch ein anderes AP Ai (s. Abb. 6.3) ist genauso zu behandeln, und für diesen Fall gelten ebenfalls die Beziehungen (15.25) und (15.26).

Die Zeitverzögerung des Forderungslaufes eines AP, so wie sie in Abb. 6.4 dargestellt ist, führt zu anderen Beziehungen. In diesem Fall sind die beiden Bedienungsressourcen V und Ai vorhanden. Wenn wir wieder die Beziechnungen η_V und η_{Ai} für die entsprechenden Auslastungsgrade einführen, dann gilt

$$\eta_V \leqq \eta_{Ai}\,. \tag{15.27}$$

Diese Ungleichung ergibt sich, weil beim Durchlaufen der Forderungen durch die beiden Blöcke VERZOEGERN und WARTEN zwischen FREIGEBEN V und BELEGEN V das AP Ai belegt bleibt, während die ZVE in dieser Zeit freigegeben ist. In diesem Fall wird der Durchsatz des Forderungslaufplanabschnittes durch das AP Ai bestimmt.

Bei der Synchronisation der Forderungsläufe von 2 AP, wie sie in Abb. 6.5 dargestellt ist, ergeben sich wieder ähnliche Verhältnisse wie bei der Zeitverzögerung des Forderungslaufes eines AP. In diesem Fall sind die drei Bedienungsressourcen V, Ai und Aj vorhanden. Dabei gilt die Ungleichung

$$\eta_V \geqq \eta_{Aj}\,. \tag{15.28}$$

Demgegenüber ist die Ungleichung

$$\eta_V \geqq \eta_{Ai} \tag{15.29}$$

nur richtig, wenn die mittlere Verweilzeit der Forderungen des AP Ai in den Blöcken AUSSETZEN und WARTEN zwischen den Blöcken FREIGEBEN V und BELEGEN V größer oder gleich der mittleren Bedienungszeit des AP Aj ist. Es gilt die Ungleichung

$$\eta_{V} < \eta_{Ai}, \tag{15.30}$$

wenn das Gegenteil der Fall ist. Letzteres tritt ein, wenn die beteiligten Wartezeiten genügend groß sind. In diesem Fall wird der Auftragsdurchsatz durch das AP Ai bestimmt.

Am parallelen Informationsaustausch mit anschließender AP-Aktivierung, entsprechend Abb. 6.7, sind die AP Ai und Aj, die ZVE V und der IAK Ik als Bedienungsressourcen beteiligt. Bezüglich der AP und der ZVE gelten die Ungleichungen (15.26). Bezüglich der ZVE und des IAK sind möglich

$$\eta_{V} > \eta_{Ik} \tag{15.31}$$

oder

$$\eta_{V} < \eta_{Ik}, \tag{15.32}$$

je nachdem, ob die Verkehrswerte der ZVE oder des IAK größer sind. Meist gilt die Ungleichung (15.32), weil die um Größenordnungen größeren Übertragungszeiten des IAK gegenüber den AP-Laufzeiten gewöhnlich auch zu größeren Verkehrswerten des IAK führen.

Wir betrachten jetzt die Synchronisation der Forderungsläufe eines AP und eines IAK in direktem Blockverkehr. In diesem Fall gilt

$$\eta_{Ai} > \eta_{Ik} \tag{15.33}$$

und

$$\eta_{Ai} \geqq \eta_{V}, \tag{15.34}$$

wenn der den Informationsaustausch anfordernde Zweig bei allen Durchläufen des AP Ai durchlaufen wird (s. Abb. 6.8). Daraus folgt, daß in diesem Fall das AP Ai den Auftragsdurchsatz dieses Forderungslaufplanabschnittes bestimmt.

Bei einem externspeicherresidenten AP entsprechend Abb. 6.10 haben wir für den betrachteten Forderungslaufplanabschnitt die Bedienungsressourcen V, Ai, Ik und Bl. Es gilt bei $P = 0$

$$\eta_{Bl} > \eta_{V} = \eta_{A1} \tag{15.35}$$

$$\eta_{Bl} > \eta_{Ik}. \tag{15.36}$$

Daraus folgt, daß der Auftragsdurchsatz hier durch den transienten Hauptspeicherbereich Bl bestimmt ist.

Insgesamt ergibt die Untersuchung dieser Forderungslaufplanabschnitte, daß zur Bestimmung der Schwachstelle, d. h. der den maximalen Auftragsdurchsatz bestimmenden Bedienungsressource, eine sorgfältige Analyse der Auslastung aller Bedienungsressourcen erforderlich ist.

15.2. Intensitätsübertragung in einem stochastischen Netz

Im allgemeinen besitzt ein Forderungsstrom an verschiedenen Betrachtungspunkten des Forderungslaufplanes oder des Algorithmennetzplanes eine unterschiedliche Stromintensität (s. Abb. 15.1). Man kann die Pfeile eines Forderungslaufplanes durchnumerieren und erhält so die Kennzeichnung der Stromintensitäten an diesen Betrachtungspunkten mit λ_i, indem diese Nummern i als Indizes für λ verwendet werden. Dabei führen wir gewöhnlich der Einfachheit halber nur für die Pfeile Nummern ein, die uns für die Auslastungsanalyse interessieren. Das sind meist die Eingangspfeile von Bedienungsblöcken des Forderungslaufplanes.

Anwendungsbeispiel

Wir führen die nachfolgenden Untersuchungen an Hand des Beispieles eines universellen Meßwerterfassungs- und Verarbeitungssystems UNIMEP durch (s. [DON]). In Abb. 4.2 ist für dieses Beispiel der Algorithmennetzplan und in Abb. 15.1 ist der entsprechende Forderungslaufplan dargestellt. Die Aufgabe des Systems UNIMEP besteht in der zeitzyklischen Abfrage und primären Verarbeitung einer großen Anzahl von Meßgrößen. UNIMEP enthält die 5 Verarbeitungsalgorithmen (AP) ORME, ERAN, ERFA, VERA und MAPR und den Austauschalgorithmus (IAK) AER. In ihm ist keine Synchronisation unter Nutzung des Blockes AUSSETZEN enthalten.

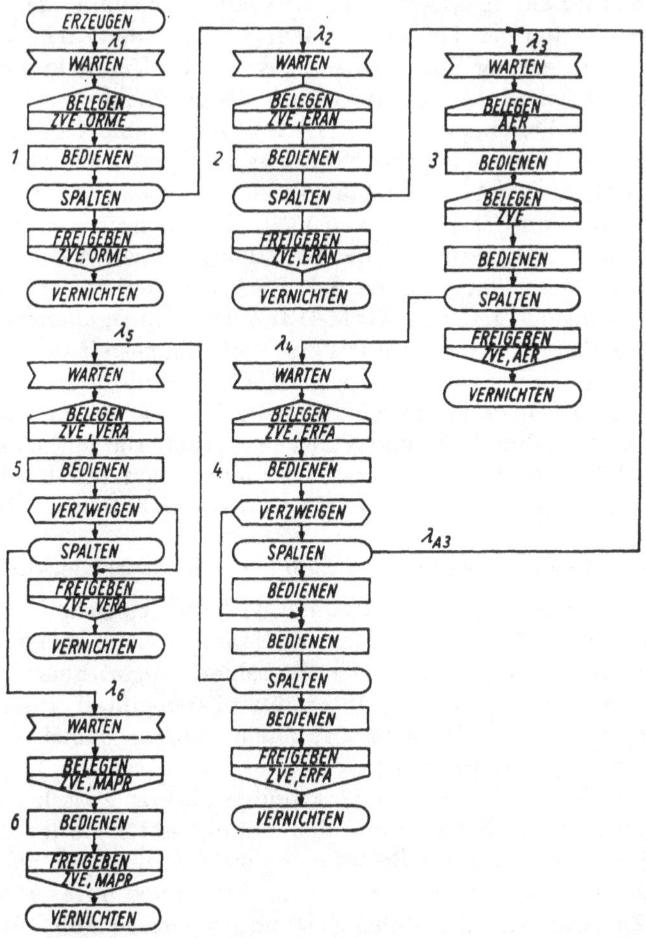

Abb. 15.1. Forderungslaufplan für die Meßwerterfassung und Verarbeitung mit UNIMEP

Die Echtzeitaufträge werden bei UNIMEP mit der Grundzykluszeit T_G erteilt, d. h., das AP ORME wird im Zeitabstand T_G durch die Echtzeituhr angemeldet. Die Eingangsstromintensität der Echtzeitaufträge ist folglich

$$\lambda_1 = 1/T_G . \tag{15.37}$$

Da die verschiedenen Meßgrößen mit unterschiedlicher Zykluszeit abzufragen und zu verarbeiten sind, ergibt sich für die verschiedenen Grundzyklen eine unterschiedliche Anzahl von zu erfassenden und zu verarbeitenden Meßgrößen. Die Algorithmenabarbeitung läuft wie folgt ab: Die Echtzeituhr aktiviert im Zeitabstand T_G wiederholt ein Unterbrechungsmaßnahmeprogramm (UMP), durch das jedesmal das AP ORME angemeldet wird. Das AP ORME organisiert, daß nur die im betreffenden Grundzyklus zu erfassenden Meßstellen angesprochen werden. Es meldet außerdem in jedem Grundzyklus das AP ERAN an. Durch das AP ERAN wird einmal in jedem Grundzyklus über eine entsprechende Informationsaustauschanforderung die erste Meßwerterfassung des IAK AER angestoßen. Auf dieser Grundlage erfolgt die erste Meßwerterfassung durch den Austauschalgorithmus AER. Die Fertigmeldung von IAK AER führt über ein entsprechendes UBP zur Anmeldung des AP ERFA, das die Aufgabe hat, die übrigen Meßwerterfassungen über den IAK AER anzustoßen und die eigentliche Erfassung aller Meßwerte, die in der Übernahme der ADU-Werte in den Arbeitsspeicher besteht, vorzunehmen. Das geschieht einzeln für jeden Meßwert, wobei in einem Durchlauf des AP ERFA jeweils eine Übernahme des ADU-Wertes und der Anstoß der nächsten Erfassung erfolgen. Außerdem wird in jedem Durchlauf von ERFA das AP VERA angemeldet. Letzteres hat die Aufgabe der Meßwertverarbeitung, und es besitzt von allen AP die größte Laufzeit. Außerdem wird durch das AP VERA, wenn auf der Grundlage der von VERA durchgeführten Überwachung eine Maßnahme seitens der PRA erforderlich ist, das Maßnahmeprogramm MAPR angemeldet. Das AP MAPR enthält einen entsprechenden Steuerprogrammruf zum Eingriff in das Basissystem. Wenn im betreffenden Grundzyklus M Meßwerte zu erfassen und zu verarbeiten sind, dann wird durch das AP ERFA bei dessen $(M + 1)$-ter Durchlauf über VERZWEIGEN die nächste Erfassung übersprungen und damit der Abschluß des Grundzyklus eingeleitet. Die zeitlich zu berücksichtigenden Blöcke BEDIENEN sind in diesem Forderungslaufplan durchnumeriert, und die Eingangsstromintensitäten dieser Blöcke sind λ_i $(i = 1, 2, \ldots, 6)$ (s. Abb. 15.1).

Intensitätsübertragung innerhalb eines Rechneralgorithmus

Wir betrachten den Algorithmennetzplan und den Forderungslaufplan für UNIMEP (s. Abb. 4.2 und Abb. 15.1) und wollen die Intensitätsübertragung anhand der Intensitätsübertragungskoeffizienten der einzelnen Algorithmen bestimmen (s. [BER 10]). Dazu werden als erstes die Intensitätsübertragungsfaktoren der einzelnen Algorithmen selbst benötigt. Wie diese gewonnen werden können, wird am Beispiel des Algorithmus des AP ERFA gezeigt.

Es interessieren hier die Intensitätsübertragungsfaktoren zwischen dem Ankunftsstrom der Forderungen am Eingang und den Ankunftsströmen der Forderungen am Ausgang des AP ERFA. Für deren Bestimmung ordnen wir jedem linearen Abschnitt des AP ERFA in Abb. 15.1 einen Wert des Laufzustandes W (s. Abschnitt 5.2.) zu. Wir erhalten 3 Zustände 1, 2, 3 und den Zustandsgraphen in Abb. 15.2. Dabei wurde der Übergang vom Ausgang zum Eingang des Forderungslaufplanes hinzugefügt.

Ein Forderungslaufplanabschnitt ohne parallele Teilabschnitte, d. h. ein solcher, der aus den drei Kopplungsformen Serien-, Parallel- und Schleifenkopplung aufgebaut werden kann, wird von uns als homogene MARKOWsche Kette angesehen (s. [GLU], [WEN]). Das trifft für jeden Algorithmus eines Algorithmennetzes zu (s. Abschnitt 4.). Für den in Abb. 15.1 enthaltenen Abschnitt des AP ERFA ist der Zustandsgraph in Abb. 15.2 der Zustandsgraph der MARKOWschen Kette. Dabei sind mit P_{13}, P_{31}, P_{12} und P_{23} die entsprechenden Übergangswahrscheinlichkeiten eingetragen. Allgemein erhält man bei einer MARKOWschen Kette oder hier für einen allgemeinen Forderungslaufplanabschnitt ohne parallele Teilabschnitte die Übergangsmatrix

$$\boldsymbol{P} = \begin{pmatrix} P_{11} & P_{12} & \dots & P_{1n} \\ P_{21} & P_{22} & \dots & P_{2n} \\ \cdot & \cdot & \cdot & \cdot \\ P_{n1} & P_{n2} & \dots & P_{nn} \end{pmatrix} \tag{15.38}$$

mit den Übergangswahrscheinlichkeiten P_{ij} ($i = 1, 2, \dots, n$; $j = 1, 2, \dots, n$). In einer MARKOWschen Kette werden diese Übergangswahrscheinlichkeiten für die Bestimmung der Zustandswahrscheinlichkeiten genutzt. Wir können jedem Zustandswert des

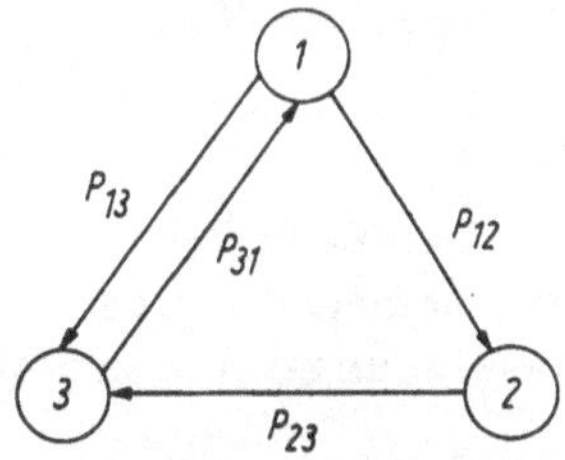

Abb. 15.2. Zustandsgraph für den Laufzustand der Forderungen des Applikationsprogrammes ERFA

Laufzustandes eine Forderungsstromintensität λ_j ($j = 1, 2, \dots, n$) zuordnen. Im Beispiel des AP ERFA ist $n = 3$. Die MARKOWsche Kette wird hierbei als Grundlage zur Bestimmung der Forderungsstromintensitäten aller linearen Abschnitte genutzt. Auf der Grundlage der Theorie der MARKOWschen Ketten gilt

$$\lambda_{Aj} = \sum_{i=1}^{n} P_{ij} \cdot \lambda_{Ai} \qquad (j = 1, 2, \dots, n)\,. \tag{15.39}$$

Für das Beispiel ERFA in Abb. 15.2 ergibt sich die Übergangsmatrix

$$\boldsymbol{P} = \begin{pmatrix} 0 & P_0 & 1 - P_0 \\ 0 & 0 & 1 \\ 1 & 0 & 0 \end{pmatrix}, \tag{15.40}$$

wobei P_0 die Verzweigungswahrscheinlichkeit ist (s. Abb. 15.1). Das Gleichungssystem für die Bestimmung von λ_{Aj} ($j = 1, 2, 3$) hat die Form

$$\left.\begin{aligned} \lambda_{A1} &= \lambda_{A3} = \lambda_4 \\ \lambda_{A2} &= P_0 \cdot \lambda_{A1} \\ \lambda_{A3} &= (1 - P_0) \cdot \lambda_{A1} + \lambda_{A2}\,. \end{aligned}\right\} \tag{15.41}$$

Auf dieser Grundlage ergeben sich die Intenstiätsübertragungskoeffizienten für den Algorithmus ERFA mit

$$\left.\begin{aligned} \alpha_{4A3} &= P_0 \\ \alpha_{45} &= 1\,, \end{aligned}\right\} \tag{15.42}$$

wobei die Numerierung der Ankunftsstromintensitäten in Abb. 15.1 zugrundegelegt wurden.

Auf diesem Wege können die Intensitätsübertragungskoeffizienten aller Algorithmen des Algorithmennetzplanes in Abb. 4.2 bestimmt werden.

Intensitätsübertragung des Algorithmennetzes

Wir betrachten nunmehr den Algorithmennetzplan entsprechend Abb. 4.2 als Ganzes und nehmen an, daß die Intensitätsübertragungskoeffizienten der einzelnen Algorithmen bekannt sind. Für den Ankunftsstrom des Algorithmus k ist die Stromintensität λ_k $(k = 1, 2, \dots, s)$. Wenn wir annehmen, daß sich i. a. die Eingangsstromintensität λ_k aus einer Linearkombination der Ausgangsströme aller Algorithmen und der Ankunftsströme der Echtzeitaufträge Λ_j $(j = 1, 2, \dots, L)$ zusammensetzt, dann ergibt sich

$$\lambda_k = \sum_{i=1}^{s} \alpha_{ik} \cdot \lambda_i + \sum_{j=1}^{L} \nu_{ji} \cdot \Lambda_j \qquad (k = 1, 2, \dots, s)\,. \tag{15.43}$$

In diesem Ansatz sind die α_{ik} $(k = 1, 2, \dots, s)$ die Intensitätsübertragungskoeffizienten des Algorithmus Nummer k. Es gilt

$$\alpha_{ik} = 0\,,$$

wenn der Algorithmus Nummer i keinen Ausgangsstrom für den Algorithmus Nummer k besitzt. Die Intensitätsübertragungskoeffizienten α_{ik} können in der Intensitätsübertragungsmatrix

$$\boldsymbol{\alpha} = \begin{pmatrix} \alpha_{11} & \alpha_{12} \cdots \alpha_{1s} \\ \alpha_{21} & \alpha_{22} \cdots \alpha_{2s} \\ \cdot\;\cdot\;\cdot & \cdot\;\cdot\;\cdot\;\cdot\;\cdot\;\cdot \\ \alpha_{s1} & \alpha_{s2} \cdots \alpha_{ss} \end{pmatrix} \tag{15.44}$$

zusammengefaßt werden. Dabei ist zu beachten, daß die α_{ik} keine Wahrscheinlichkeiten sind. Sie können größer als 1 werden.

Der Koeffizient ν_{jk} ist der Eingangsstromkoeffizient des Stromes Nummer j für den Algorithmus Nummer k. Er gibt an, ob der Auftragsstrom j in den Algorithmus Nummer k einmündet oder nicht. Wenn $\nu_{jk} = 1$, dann mündet er in den Algorithmus k ein, und wenn $\nu_{jk} = 0$, dann nicht. Auch die Eingangsstromkoeffizienten können wieder zu einer Matrix

$$\boldsymbol{\nu} = \begin{pmatrix} \nu_{11} & \nu_{12} \cdots \nu_{1s} \\ \nu_{21} & \nu_{22} \cdots \nu_{2s} \\ \cdot\;\cdot\;\cdot & \cdot\;\cdot\;\cdot\;\cdot\;\cdot\;\cdot \\ \nu_{s1} & \nu_{s2} \cdots \nu_{ss} \end{pmatrix} \tag{15.45}$$

vereinigt werden, die Eingangsstrommatrix heißt.

Die Lösung des linearen Gleichungssystems (15.43) bezüglich der Eingangsstromintensitäten λ_k $(k = 1, 2, \dots, s)$ der Algorithmen führt zur Form

$$\lambda_k = \sum_{j=1}^{L} \varepsilon_{jk} \cdot \Lambda_j \qquad (k = 1, 2, \dots, s)\,, \tag{15.46}$$

wobei die Intensitätsübertragungskoeffizienten ε_{jk} von den Intensitätsübertragungskoeffizienten α_{ik} der Algorithmen abhängen.

Wir denken uns den Ankunftsstrom des Algorithmus Nummer k in L Teilströme aufgeteilt, und zwar so, daß jeder Teilstrom von einem der Ankunftsströme der Echtzeitaufträge herrührt. Unter diesen Umständen gilt

$$\lambda_k = \sum_{j=1}^{L} \lambda_{jk} \qquad (k = 1, 2, \dots, s), \tag{15.47}$$

wobei λ_{jk} die Intensität des Teilstromes am Algorithmus k ist, der vom Auftragsstrom j kommt. Der Vergleich von (15.46) und (15.47) führt zu

$$\lambda_{jk} = \varepsilon_{jk} \cdot \Lambda_j \qquad (j = 1, 2, \dots, L;\ k = 1, 2, \dots, s). \tag{15.48}$$

Bei der Anwendung des Ansatzes (15.43) auf das Algorithmennetz von UNIMEP erhalten wir nach Auflösung dieser Gleichungen bezüglich λ_1

$$\left.\begin{aligned} \varepsilon_{11} &= 1 \\ \varepsilon_{12} &= 1 \\ \varepsilon_{13} &= E(M) + 1 \\ \varepsilon_{14} &= E(M) + 1 \\ \varepsilon_{15} &= E(M) + 1 \\ \varepsilon_{16} &= P_0 . \end{aligned}\right\} \tag{15.49}$$

In diesen Formeln wird mit $E(M)$ der Erwartungswert der in einem Grundzyklus erfaßten Meßwertzahl M bezeichnet, und P_0 ist die Wahrscheinlichkeit dafür, daß im betreffenden Grundzyklus ein Prozeßereignis entdeckt wurde, das die Ausführung des Maßnahmeprogrammes MAPR (nach Abschluß der Meßwertverarbeitung des Grundzyklus) erfordert. Man kann die Intensitätsübertragung auch direkt anhand des Forderungslaufplanes untersuchen (s. [BER 10]).

15.3. Anwendungsergebnisse der Leistungsanalyse

Die Ermittlung der Ankunftsstromintensitäten innerhalb des Algorithmennetzplanes stellt eine Zwischenstufe für die Berechnung der Auslastungsgrade der einzelnen Bedienungsressourcen dar.

Leistungsanalyse für das System UNIMEP

Wir können bei der Leistungsanalyse des Systems UNIMEP die Ergebnisse der Intensitätsanalyse für dieses System (vgl. Formel (15.49)) nutzen. Da der Forderungslaufplan von UNIMEP keine Blöcke vom Typ AUSSETZEN enthält, können auch keine Aussetzzeiten entstehen. Unter dieser Bedingung gilt für alle AP Ai (i = 1, 2, ... , m)

$$\eta_{\mathrm{A}i} \leqq \eta_{\mathrm{ZVE}} \tag{15.50}$$

(s. a. Ungleichungen (15.26)). Somit genügt für die Leistungsanalyse die Betrachtung der beiden Ressourcen: die zentrale Verarbeitungseinheit ZVE und der parallele Informationsaustauschkanal AER. Für den parallelen IAK AER kann die Formel (15.2) direkt genutzt werden, weil sowohl die Eingangsstromintensität als auch die mittlere Bedienungszeit für diesen Block als bekannt angenommen werden können. Es gilt

$$\eta_{\mathrm{AER}} = \Lambda \cdot [E(M) + 1] \cdot E(T_{\mathrm{bAER}}) . \tag{15.51}$$

Für die Auslastung der zentralen Verarbeitungseinheit ZVE nutzen wir die Formeln (15.21) und (15.22). Wir erhalten

$$\eta_{ZVE} = \Lambda \sum_{\substack{i=1 \\ i \neq 3}}^{6} \varepsilon_{1i} E(T_{bi}) \,. \tag{15.52}$$

In diese Formel wurden die Intensitätsübertragungskoeffizienten aus den Beziehungen (15.49) und die als bekannt angenommenen Bedienungszeiten der entsprechenden Blöcke BEDIENEN eingesetzt. In [BER 9] wurden für die mittleren Bedienungszeiten $E(T_{bi})$ konkrete Zahlenwerte verwendet.
Wir betrachten die Leistungsfähigkeit der PRA entsprechend Formel (15.19). Für UNIMEP gilt

$$G = \operatorname{Min}\left\{\frac{1}{\alpha_{AER} \cdot E(T_{b3})}, \frac{1}{E(T_{bZVE})}\right\} \tag{15.53}$$

mit

$$\alpha_{AER} = E(M) + 1 \tag{15.54}$$

und

$$E(T_{bZVE}) = \sum_{\substack{i=1 \\ i \neq 3}}^{6} \varepsilon_{1i} \cdot E(T_{bi}) \,. \tag{15.55}$$

Bei der Verwendung mehrerer AER-Blöcke AERj (j = 1, 2, ... , N) gilt der Ansatz

$$G = \operatorname{Min}\left\{\frac{1}{E(T_{bZVE})}, \frac{1}{\alpha_{AERj}\, E(T_{bAER})}\,; j = 1, 2, \ldots, N\right\} \tag{15.56}$$

mit

$$\left.\begin{aligned} \alpha_{AER1} &= E(M1) + 1 \\ \alpha_{AERj} &= E(Mj) \qquad (j = 2, 3, \ldots, N)\,. \end{aligned}\right\} \tag{15.57}$$

In (15.53) müssen bei Vorhandensein von mehreren AER-Blöcken die mittleren Meßstellenzahlen pro Grundzyklus für die einzelnen IAK vom Typ AER eingesetzt werden. Untersuchungen unter Nutzung konkreter Zahlenwerte zeigen, daß bei einem Anwendungsfall mit einem AER-Block, dieser die Leistungsfähigkeit der PRA bestimmt. Bei Anwendungsfällen mit mehreren AER-Blöcken kann dagegen die Schwachstelle zur ZVE übergehen (s. a. BER 10]).

Leistungsanalyse für die Anwendung eines Prozeßrechners an einer Tandemwalzstraße

Wir betrachten das Einsatzprojekt zur Anwendung einer PRA an einer Tandemwalzstraße (s. [SCHU]), wobei der reduzierte Algorithmennetzplan aus Abb. 4.3 in leichter Abwandlung gilt. Für diesen Einsatzfall wurde das Ankunftsprofil der Auftragsströme mit

$$P = \{0{,}962;\ 0{,}022;\ 0{,}016\} \tag{15.58}$$

gewonnen. Außerdem erhielten wir die Intensitätsübertragungskoeffizienten für die Eingänge der verschiedenen Algorithmen bezüglich der 3 Eingänge des Gesamtsystems in der Tabelle 15.1.

Die Untersuchungen wurden in einem sehr frühen Stadium der Einsatzvorbereitung durchgeführt, in dem die Programmlaufzeiten noch nicht abgeschätzt werden

Tabelle 15.1. Intensitätsübertragungskoeffizienten der einzelnen Algorithmeneingänge bezüglich der drei Ankunftsströme beim Einsatzfall Tandemwalzstraße

Ressource	Intensitätsübertragungskoeffizienten ε_{ij}		
	Ankunftsstrom 1	Ankunftsstrom 2	Ankunftsstrom 3
MASK	1	0	0
ZERF	1	0	0
ZANE	11,68	0	0
ZYVE	3,62	0	0
STIL	0	0	0
MEAU	3,62	0	0
SPAU	0,002	0	0
STAU	3,62	0	0
STIB	0	0,25	0
ERBU	0	0	0,4
ERST	0	0	0,003
SIBE	0	0	0,001
BUBE	0	0,25	0
TEBE	0	0,25	0,343
WAPR	0	0	0,006
AER	11,68	0,002	0
AS 11	0,002	0,5	0,297
AS 12	0	0,521	0,007

Tabelle 15.2. Mittlere Belegungszeiten der einzelnen Ressourcen beim Einsatzfall Tandemwalzstraße

Ressource	Mittlere Belegungszeiten		
	Ankunftsstrom 1	Ankunftsstrom 2	Ankunftsstrom 3
MASK	0,001	0	0
ZERF	0,001	0	0
ZANE	0,001	0	0
ZYVE	0,01	0	0
STIL	0	0	0
MEAU	0,001	0	0
SPAU	6,6	0	0
STAU	0,002	0	0
STIB	0	33,1	0
ERBU	0	0	16,1
ERST	0	0	16,1
SIBE	0	0	36,6
BUBE	0	10,8	0
TEBE	0	63,1	63,1
WAPR	0	0	11,0
AER	0,006	0	0
AS 11	6,6	45,7	21,5
AS 12	0	61,8	87,1

konnten. Es war lediglich bekannt, daß insgesamt eine sehr geringe ZVE-Auslastung zu erwarten ist. Deshalb wurden nur die Übertragungszeiten des Informationsaustauschs berücksichtigt, die bereits im Stadium der Einsatzstudie gut abgeschätzt

Tabelle 15.3. Auslastungsgrade und Grenzen des Auftragsdurchsatzes der einzelnen Ressourcen

Ressource	Auslastungsgrad (bei $\Lambda = 1{,}0\ s^{-1}$) η	Grenze des Auftragsdurchsatzes bedingt durch die Ressource s^{-1}
MASK	0,0006	1670
ZERF	0,0006	1670
ZANE	0,0070	143
ZYVE	0,0216	46,3
STIL	0	∞
MEAU	0,0022	463
SPAU	0,0078	128
STAU	0,0043	232
STIB	0,1150	8,7
ERBU	0,0640	15,6
ERST	0	∞
SIBE	0	∞
BUBE	0,0351	28,5
TEBE	0,4210	2,37
WAPR	0	∞
AER	0,0415	24,1
AS 11	0,3686	2,71
AS 12	0,4250	2,35

werden konnten. In Abb. 10.6 wurde schon für diesen Anwendungsfall die Verteilungsfunktion der Übertragungszeit des Informationsaustauschs aller Protokolle angegeben.

Insgesamt ergaben sich unter Vernachlässigung der Verarbeitungszeiten die mittleren Belegungszeiten der einzelnen Bedienungsressourcen in Tabelle 15.2. Ein Teil der AP besitzt hier eine Belegungszeit ungleich 0, weil in diesen AP Aussetzzeiten auftreten. In der Tabelle 15.3 sind die für den betrachteten Einsatzfall Tandemwalzstraße berechneten Auslastungsgrade der einzelnen Bedienungsressourcen und die durch diese Ressourcen bedingten Durchsatzratengrenzen angegeben. Dabei erhalten wir als Schwachstellen die IAK AS 11, AS 12 und das AP TEBE, die annähernd zur gleichen Leistungsfähigkeit der PRA führen. Die Leistungsfähigkeit der PRA ergibt sich für den betrachteten Einsatzfall mit

$$G = 2{,}35\ s^{-1}\,. \tag{15.59}$$

15.4. Schlußfolgerungen für die Gestaltung eines Prozeßrechners

In den Ausführungen dieses Abschnittes 15. wurde gezeigt, daß unter bestimmten Umständen einzelne AP überlastet werden können, ohne daß die ZVE stark ausgelastet ist. Die Ursache liegt hier in der Austragung der entsprechenden AP, die für die AP-Belegungszeit einen Beitrag durch eine Aussetzzeit bewirkt. Folglich muß vor der beabsichtigten Anwendung einer AP-Austragung gründlich geprüft werden, ob das betreffende AP durch die Aussetzzeit nicht überlastet wird. Falls die Gefahr einer solchen Überlastung besteht, muß versucht werden, das Algorithmennetz umzustrukturieren. Es kann generell folgendes empfohlen werden:

— Die gegenseitige Austragung von AP sollte möglichst vermieden werden.
— Künftige Steuerprogrammsysteme sollten so aufgebaut werden, daß das Aussetzen des Forderungslaufs nicht zur Austragung des entsprechenden AP führt, sondern beim Aussetzen des Forderungslaufs das entsprechende AP freigegeben wird, so daß es für die Bedienung anderer Forderungen während der Aussetzzeit benutzbar ist.
— Beim Informationsaustausch ist für jeden IAK ein spezielles AP zum Ausstoß und zum Abschluß des Informationsaustausches anzufertigen. Dieses AP muß kurz sein und eine hohe Priorität zugewiesen erhalten. Am besten, es wird in das Steuerprogrammsystem integriert.

Diese Vorschläge führen zur Vermeidung unnötiger Schwachstellen in der PRA. Besonders die letzte Empfehlung ist bedeutsam. Sie führt dazu, daß die ZVE durch den Informationsaustausch wenig belastet wird und der Auslastungsgrad des IAK und des zugehörigen AP nahezu gleich ist. Eine Überlastung dieses AP tritt also praktisch erst mit der Überlastung des IAK ein, und damit wird eine unnötige Schwachstelle vermieden. Für das PRS 4000 gibt es bereits seit längerer Zeit ein universelles Protokollierungsprogrammsystem PROTOS, das die letzte Empfehlung realisiert (s. [BES]).

16. VERWEILZEITANALYSE FÜR DAS STOCHASTISCHE NETZ EINER PROZESSRECHENANLAGE

Wir gehen jetzt zur Reaktionszeitanalyse in einem stochastischen Netz über (s. a. [BERT]). Im Vordergrund steht hier die Verweilzeitanalyse. Bei der Verweilzeitanalyse in einem stochastischen Netz wird die Bestimmung der Gesamtverweilzeitverteilungen der verschiedenen Auftragsströme aus den Verweilzeitverteilungen der einzelnen Abschnitte untersucht. Diese Aufgabe wird nachfolgend behandelt. Grundlage für unsere Untersuchungen ist der Forderungslaufplan. Die Bestimmung der Gesamtverweilzeitverteilungen wird in den Abschnitten 18., 19. und 20. auf der Grundlage der konkreten Bedienungsnetzmodelle präzisiert.

16.1. Verweilzeitmodelle

Verweilzeitblöcke und ihre Kopplung

In einem Forderungslaufplan haben wir als Blöcke, in denen die Forderungen eine bestimmte Zeit verweilen, BEDIENEN mit der Bedienungszeit T_{b}, WARTEN mit der Wartezeit T_{w} und VERZÖGERN mit der Verzögerungszeit T_{x}. Wir wollen diesen Blöcken jetzt den Namen Verweilzeitblock VBi (i = 1, 2, ... , n) geben und ihnen unabhängig von der Art der Verweilzeit, die Verweilzeit $T_{\mathrm{v}i}$ ($i = 1, 2, \dots, n$) zuordnen. Dabei sei n die Zahl der im Forderungslaufplan vorhandenen Verweilzeitblöcke. Dementsprechend entspricht jedem Verweilzeitblock VBi eine Verweilzeitverteilungsfunktion $V_i^*(s)$ ($i = 1, 2, \dots, n$).

Zur Vereinfachung des Forderungslaufplanes für die Verweilzeitanalyse ist es zweckmäßig, die Blöcke vom Typ BELEGEN und FREIGEBEN wegzulassen. Außerdem wird der Verweilzeitblock jetzt am zweckmäßigsten durch einen Rechteckkasten mit eingetragener Verweilzeitverteilung $V_i^*(s)$ im Forderungslaufplan dargestellt. Die restlichen Blöcke des Forderungslaufplanes sind die Kopplungsblöcke ERZEUGEN, SPALTEN, VERZWEIGEN, AUSSETZEN, FORTSETZEN und VERNICHTEN. Da ihre Bedeutung auch aus den verwendeten Symbolen klar wird, lassen wir zur Bestimmung der Verweilzeitblöcke die Eintragung der Blockart weg.

In bestimmten Fällen ist es zweckmäßig, mehrere Verweilzeitblöcke zu einem zusammenzufassen. Das wird besonders häufig bei der Zusammenfassung von Wartezeit- und Bedienungszeitblöcken eines Bedienungsknotens angewandt.

Verweilzeitmodell

Ein aus Verweilzeitblöcken bestehendes System, dessen Relationen über die oben aufgezählten Kopplungsblöcke laufen, heißt Verweilzeitmodell. Wir wollen uns jetzt mit dem Verweilzeitmodell näher beschäftigen. Das Ziel dieser Untersuchung besteht in der Bestimmung der Verweilzeitverteilung der Auftragsströme in der PRA aus den Verweilzeitverteilungen der Verweilzeitblöcke. Dabei repräsentiert das Verweilzeitmodell das Verhaltensmodell der PRA bezüglich der Verweilzeitverteilungen. Wir führen jetzt eine Reihe elementarer Kopplungsformen ein, aus denen sich beliebige Verweilzeitmodelle zusammenfügen lassen. Dabei unterscheiden wir zwei Klassen

— elementare Kopplungsformen der sequentiellen Abarbeitung und
— elementare Kopplungsformen der parallelen Abarbeitung.

Für diese Kopplungsformen stellen wir Formeln zur Bestimmung der Verweilzeitverteilung auf.

Verweilzeitverteilung bei sequentieller Abarbeitung

Bei der sequentiellen Abarbeitung gibt es drei Kopplungsformen

— die Serienkopplung
— die Verweigerungskopplung und
— die Schleifenkopplung.

Für diese drei Kopplungsformen (s. Abb. 10.2) wurden bereits im Abschnitt 10.1, bei der Bestimmung der Laufzeitverteilung eines Programms, die entsprechenden Formeln angegeben (s. Formel (10.11), (10.12) und (10.13)). In der Schreibweise der Verweilzeitverteilungen erhalten wir für die Serienkopplung

$$V^*(s) = V_1^*(s) \cdot V_2^*(s)\,, \tag{16.1}$$

für die Verzweigungskopplung

$$V^*(s) = P \cdot V_1^*(s) + (1 - P) \cdot V_2^*(s) \tag{16.2}$$

und für die Schleifenkopplung

$$V^*(s) = \sum_{i=1}^{\infty} P_i [V_1^*(s)]^i \, [V_2^*(s)]^{i-1}\,. \tag{16.3}$$

Dabei gilt

$$\sum_{i=1}^{\infty} P_i = 1\,. \tag{16.4}$$

Wenn wir den praktisch bedeutsamen Ansatz

$$P_i = P \cdot (1 - P)^{i-1} \tag{16.5}$$

machen (s. Formel (10.14)), dann erhalten wir bei der Schleifenkopplung

$$V^*(s) = PV_1^*(s) \sum_{i=1}^{\infty} [(1 - P) V_1^*(s) V_2^*(s)]^{i-1}, \tag{16.6}$$

und wenn die Reihe des Summenausdrucks in (16.6) konvergiert, ergibt sich

$$V^*(s) = \frac{P \cdot V_1^*(s)}{1 - (1 - P) \cdot V_1^*(s) \cdot V_2^*(s)}. \tag{16.7}$$

Verweilzeitverteilung für eine einfache Parallelkopplung

Bei der parallelen Abarbeitung unterscheiden wir die Kopplungsformen

- einfache Parallelkopplung
- Parallelschleife
- einfache Synchronisation und
- Synchronisation mit Parallelkopplung.

Da die Kopplungsformen mit paralleler Abarbeitung komplizierter und neu sind, behandeln wir diese einzeln.

Als erstes betrachten wir die einfache Parallelkopplung. In Abb. 16.1 ist der Forderungslaufplanabschnitt für die einfache Parallelkopplung dargestellt. Neben den beiden Verweilzeitblöcken enthält dieser Abschnitt noch einen Block SPALTEN und einen Block VERNICHTEN.

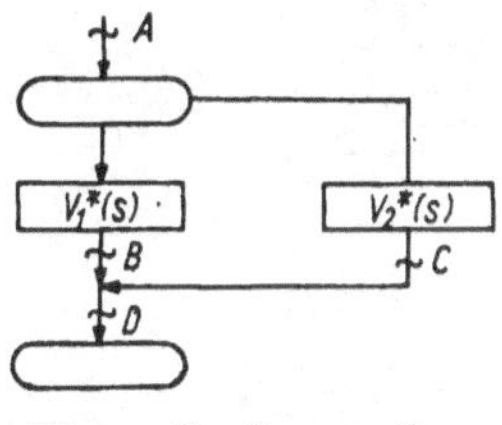

Abb. 16.1. Zur Bestimmung der Verweilzeitverteilung bei einfacher Parallelkopplung

Bei den elementaren Kopplungsformen der parallelen Abarbeitung muß man zwischen den Verweilzeitverteilungen der einzelnen Zweige (in Abb. 16.1 Abschnitte AB und AC) und der gemeinsamen Verteilungsfunktion (in Abb. 16.1 Abschnitt AD) unterscheiden. Um das deutlicher zu machen, zeichnen wir jetzt grundsätzlich alle Forderungslaufplanabschnitte der parallelen Abarbeitung nur mit einem Block VERNICHTEN. Dadurch können wir z. B. in Abb. 16.1 im Forderungslaufplan die drei Punkte B, C und D unterscheiden. Diesen drei Punkten entsprechen verschiedene Forderungsströme, und zwischen dem Punkt A und einem dieser Punkte gibt es unterschiedliche Verweilzeitverteilungen.

Wir betrachten jetzt wieder nur die einfache Parallelkopplung. Für die beiden Zweige sind die Zweigverteilungen $V_1^*(s)$ bzw. $V_2^*(s)$ vorhanden. Die gemeinsame Verteilungsfunktion ergibt sich aus der Bedingung, daß für jeden Echtzeitauftrag jeweils die längste der beiden Verweilzeiten T_{v1} und T_{v2} wirksam wird. Somit gilt dafür die

Verteilungsfunktion

$$V(t) = P\{T_{v1} \leqq t, T_{v2} \leqq t\}\,, \tag{16.8}$$

und wenn die beiden Zufallsgrößen T_{v1} und T_{v2} unabhängig voneinander sind, gilt

$$V(t) = P\{T_{v1} \leqq t\} \cdot P\{T_{v2} \leqq t\} \tag{16.9}$$

oder

$$V(t) = V_1(t) \cdot V_2(t)\,, \tag{16.10}$$

wobei $V_1(t)$ und $V_2(t)$ jeweils die Verteilungsfunktionen der Verweilzeiten T_{v1} und T_{v2} sind. Hier ist zu beachten, daß die Verteilungsfunktionen $V(t)$, $V_1(t)$ und $V_2(t)$ im Zeitbereich betrachtet werden. Wir können also die gemeinsame Verteilungsfunktion $V(t)$ einer einfachen Parallelkopplung durch Multiplikation der Verteilungsfunktionen der beiden parallelen Abschnitte $V_1(t)$ und $V_2(t)$ im Zeitbereich erhalten, wenn die beiden Zufallsgrößen T_{v1} und T_{v2} unabhängig sind.

Verweilzeitverteilung für eine Parallelschleife

Eine in Prozeßrechenanlagen vorkommende Kopplungsform ist die Parallelschleife. Zum Beispiel kommt im Forderungslaufplan des Systems UNIMEP (s. Abb. 15.1) zwischen dem IAK AER und dem AP ERFA eine solche Parallelschleife vor. In Abb. 16.2a ist ein Forderungslaufplan, der nur aus der Parallelschleife besteht, dargestellt. In der Parallelschleife erfolgt die Rückführung der abgespaltenen Forderungen in einem Block SPALTEN, während die andere Forderung weitergeleitet wird. Damit der Forderungsverband endlich wird, verläßt die i-te Forderung beim innerhalb der Parallelschleife liegenden Verweigerungsblock die Schleife. Es wird angenom-

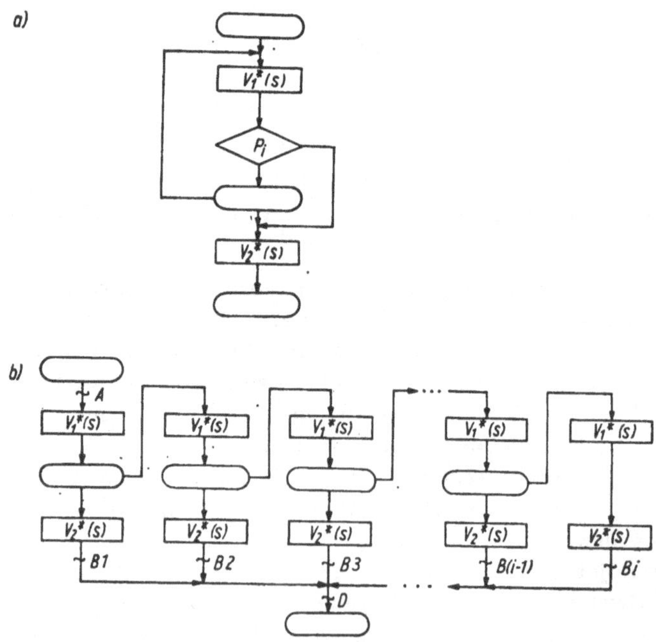

Abb. 16.2. Zur Bestimmung der Verweilzeitverteilung bei der Parallelschleife

men, daß für jeden Forderungsverband eine andere i. a. zufällige Anzahl von Forderungen i erzeugt wird. Die Wahrscheinlichkeit, daß genau i Forderungen erzeugt werden sei P_i. In dem Forderungslaufplan der Abb. 16.2a sind die beiden elementaren Verweilzeitblöcke mit den Verteilungsfunktionen $V_1^*(s)$ und $V_2^*(s)$ eingetragen. Zur Bestimmung der Gesamtverweilzeit $V^*(s)$ der Parallelschleife müssen wir diese öffnen. Man kann dazu vom Forderungslaufplan in Abb. 16.2a in den Forderungslaufplan in Abb. 16.2b übergehen. Dabei ändert sich bezüglich der Verweilzeitverteilungen nichts.

Der Forderungslaufplan in Abb. 16.2b kann jetzt einfach analysiert werden. Dazu müssen wir jedoch zunächst noch festlegen, welche Verteilungsfunktion zu bestimmen ist. Für praktische Anwendungen ist die Zweigverteilungsfunktion zwischen A und Bi zu bestimmen. Für diese gilt, unter Berücksichtigung, daß die Zahl i zufällig ist,

$$V^*(s) = V_2^*(s) \sum_{i=1}^{\infty} P_i[V_1^*(s)]^i . \tag{16.11}$$

Wenn i eine deterministische Größe ist, dann ergibt sich einfach

$$V^*(s) = V_2^*(s) \, [V_1^*(s)]^i . \tag{16.12}$$

Man kann die Verteilungsfunktion auch für andere Zweige, z. B. zwischen A und B3 oder die Gesamtverteilung zwischen A und D, bestimmen (s. Abb. 16.2b). Die Gesamtverteilung zwischen A und D hat hier kaum praktische Bedeutung, und die Zweigverteilung zwischen A und B3 kann bei deterministischem i ähnlich der zwischen A und Bi bestimmt werden. Letztere läuft praktisch auf eine Indexänderung hinaus.

Verweilzeitverteilung für die einfache Synchronisation

Alle bisher betrachteten elementaren Kopplungsformen besitzen keine Synchronisation. Wir gehen jetzt zur einfachen Synchronisation über. Der entsprechende Forderungslaufplan ist in Abb. 16.3a dargestellt. Wir können die Verteilungsfunktionen der Verweilzeiten zwischen den Punkten A und B, A und C und A und D betrachten. Praktisch von größter Bedeutung ist die zwischen den Punkten A und B. Dafür erhalten wir ohne Mühe im Bildbereich

$$V^*(s) = V_1^*(s) \cdot V_2^*(s) . \tag{16.13}$$

Die beiden anderen Verweilzeitverteilungen zwischen den Punkten A und C und den Punkten A und D können unter Nutzung der bisher behandelten Regeln sofort bestimmt werden.

Verweilzeitverteilung für die Synchronisation mit Parallelkopplung

In Abb. 16.3b ist der Forderungslaufplan für die Synchronisation mit Parallelkopplung angegeben. Der Unterschied zur einfachen Synchronisation besteht darin, daß hier noch der Verweilzeitblock $V_0^*(s)$ dazugekommen ist. Das hat schwerwiegende Folgen. Wir betrachten wieder nur die Verweilzeitverteilung zwischen den Punkten A und B. Dabei ergibt sich für den Synchronisationsabschnitt, der die beiden Verweilzeitblöcke erfaßt, eine Parallelkopplung. Die entsprechende Verteilungsfunktion dieser Parallelkopplung bezeichnen wir mit $V_{01}^*(s)$ im Bildbereich und mit $V_{01}(t)$ im Zeitbereich. Wir erhalten nach Formel (16.10)

$$V_{01}(t) = V_0(t) \cdot V_1(t) . \tag{16.14}$$

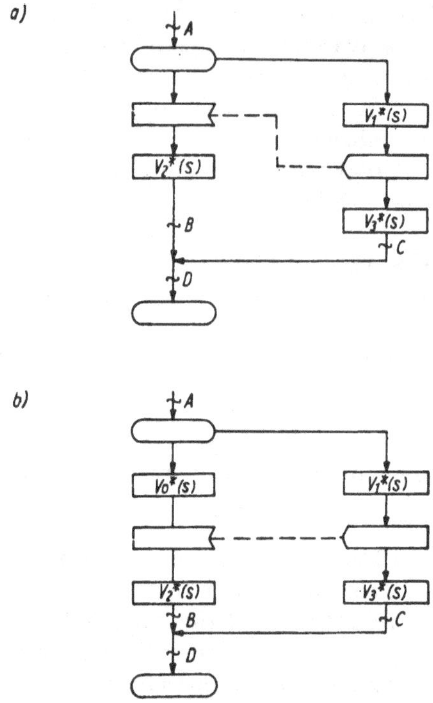

Abb. 16.3. Zur Bestimmung der Verweilzeitverteilung bei der Synchronisation a) einfache Synchronisation, b) mit Parallelkopplung

Unter Nutzung der Formel (16.1) für die Serienkopplung erhalten wir die Gesamtverteilung zwischen A und B

$$V^*(s) = V_{01}^*(s) \cdot V_2^*(s) \tag{16.15}$$

mit

$$V_{01}^*(s) = \int_0^\infty e^{-st} \, dV_{01}(t) \,. \tag{16.16}$$

Für die Bestimmung der Verteilungsfunktion $V^*(s)$ ist also die Realisierung der Laplace-Stieltjes-Transformation entsprechend Formel (16.16) notwendig, nachdem im Zeitbereich die Verteilungsfunktion $V_{01}(t)$ nach Formel (16.14) bestimmt wurde.

16.2. Zur Bestimmung der Verweilzeitverteilung für typische Forderungslaufplanabschnitte

Im Abschnitt 6. wurden die Forderungslaufpläne typischer Abschnitte eines Rechnersystems angegeben. Davon wollen wir in den nachfolgenden Betrachtungen ausgehen.

Verweilzeitverteilung bei der Anmeldung eines AP durch ein anderes

Wir betrachten als erstes die Verweilzeitverteilung für die Anmeldung eines AP Aj durch ein AP Ai. In Abb. 6.2 ist dafür der Forderungslaufplan aufgetragen. Dieser wird in die Form entsprechend Abb. 16.4a überführt. Auch hier wurden, wieder wie im Abschnitt 16.1., die zwei Blöcke VERNICHTEN der beiden AP zu einem zusammengefaßt. Für das durch den Forderungslaufplan in Abb. 16.4a beschriebene Verweilzeitmodell können wir als Zufallsgrößen drei Verweilzeiten definieren: für den Abschnitt AB T_{vb}, für den Abschnitt AC T_{vc} und die gemeinsame Verweilzeit für den Abschnitt AD T_{vd}.

Wir behandeln jetzt für alle drei Verweilzeiten die Verteilungsfunktion. Dabei sind anzuwenden: die Formeln für die Serienkopplung (16.1), für die Verzweigungskopplung (16.2) und für die einfache Parallelkopplung (16.10). Wir erhalten für den Abschnitt AB

$$V_b^*(s) = V_1^*(s) \cdot V_2^*(s) \cdot V_4^*(s) \cdot [PV_3^*(s) + (1 - P)]\,, \tag{16.17}$$

für den Abschnitt AC

$$V_c^*(s) = V_1^*(s) \cdot V_2^*(s) \cdot V_5^*(s) \cdot V_6^*(s) \tag{16.18}$$

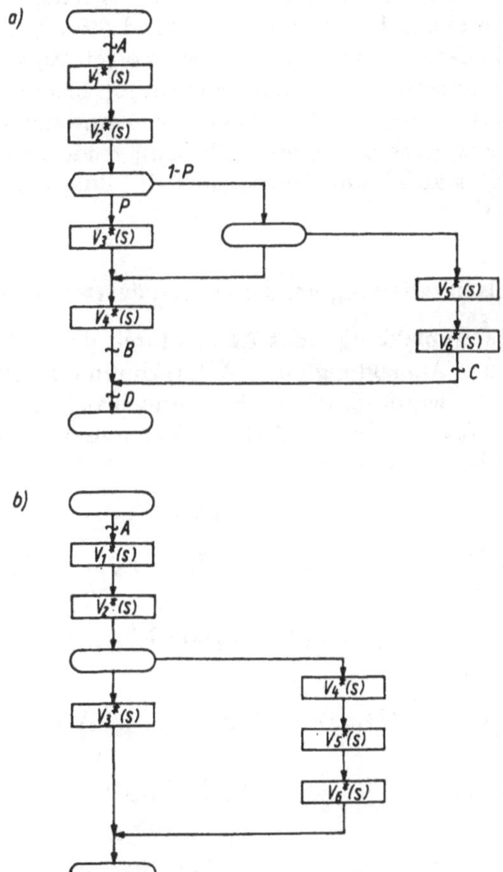

Abb. 16.4. Zur Bestimmung der Verweilzeitverteilung bei der Anmeldung eines AP Aj durch ein AP Ai

a) direkt, b) zeitverzögert

und für den Abschnitt AD

$$V_d^*(s) = V_1^*(s) \cdot V_2^*(s) \, [P \cdot V_3^*(s) \cdot V_4^*(s) + (1 - P) \cdot V_{4,56}^*(s)] \,, \tag{16.19}$$

wobei gilt

$$V_{4,56}^*(s) = \int_0^\infty e^{-st} \, dV_{4,56}(t) \tag{16.20}$$

$$V_{4,56}(t) = V_4(t) \cdot V_{56}(t) \tag{16.21}$$

$$V_{56}(t) = \frac{1}{2\pi i} \int_{\alpha - i\infty}^{\alpha + i\infty} e^{st} V_{56}^*(s) \, ds \tag{16.22}$$

$$V_{56}^*(s) = V_5^*(s) \cdot V_6^*(s) \,. \tag{16.23}$$

Hierbei stellt Gleichung (16.22) die Formel für die Umkehrtransformation aus dem Bildbereich in den Zeitbereich dar (s. [KOE]). Wir müssen hier also die Transformation aus dem Bildbereich in den Zeitbereich entsprechend (16.22) und die Transformation aus dem Zeitbereich in den Bildbereich entsprechend (16.20) vornehmen. Später wird gezeigt, daß die dabei auftretenden Probleme praktisch lösbar sind (s. Abschnitt 17.). Die Formel (16.19) erhält man, indem man den Verzweigungsabschnitt über den Block $V_4^*(s)$ hinweg erweitert und diesen Block in beide Zweige dieses erweiterten Verzweigungsabschnittes aufnimmt. In diesem Fall bildet der eine Zweig die Serienkopplung $V_3^*(s)$, $V_4^*(s)$.

Verweilzeitverteilung bei der zeitverzögerten Anmeldung

Für die zeitverzögerte Anmeldung eines AP Aj durch das AP Ai liegen die Verhältnisse analog wie bei der Anmeldung eines AP Aj durch ein AP Ai ohne Zeitverzögerung. In die Abb. 16.4b wurde dazu der Forderungslaufplan entsprechend Abb. 6.3 überführt. Aus Abb. 16.4b können sofort die Verweilzeitverteilungen $V_b^*(s)$, $V_c^*(s)$ und $V_d^*(s)$ hingeschrieben werden:

$$V_b^*(s) = V_1^*(s) \cdot V_2^*(s) \cdot V_3^*(s) \tag{16.24}$$

$$V_c^*(s) = V_1^*(s) \cdot V_2^*(s) \cdot V_4^*(s) \cdot V_5^*(s) \cdot V_6^*(s) \tag{16.25}$$

und

$$V_d^*(s) = V_1^*(s) \cdot V_2^*(s) \cdot V_{3,456}^*(s) \,, \tag{16.26}$$

wobei gilt

$$V_{3,456}^*(s) = \int_0^\infty e^{-st} \, dV_{3,456}(t) \tag{16.27}$$

$$V_{3,456}(t) = V_3(t) \cdot V_{456}(t) \tag{16.28}$$

$$V_{456}(t) = \frac{1}{2\pi i} \int_{\alpha - i\infty}^{\alpha + i\infty} e^{st} \cdot V_{456}^*(s) \, ds \tag{16.29}$$

und

$$V_{456}^*(s) = V_4^*(s) \cdot V_5^*(s) \cdot V_6^*(s) \,. \tag{16.30}$$

Verweilzeitverteilung für den parallelen Informationsaustausch mit anschließender AP-Aktivierung

In Abb. 6.7 ist der Forderungslaufplan für den parallelen Informationsaustausch mit anschließender AP-Aktivierung angegeben. Wir betrachten jetzt den Fall, bei dem kein zweites AP vorhanden ist, sondern das AP Ai selbst nach dem erfolgten Informationsaustausch wieder aktiviert wird. Wir geben jetzt den Forderungslaufplan für diesen Fall in der für die Verweilzeitanalyse geeigneten Form in Abb. 16.5a an. Es ist

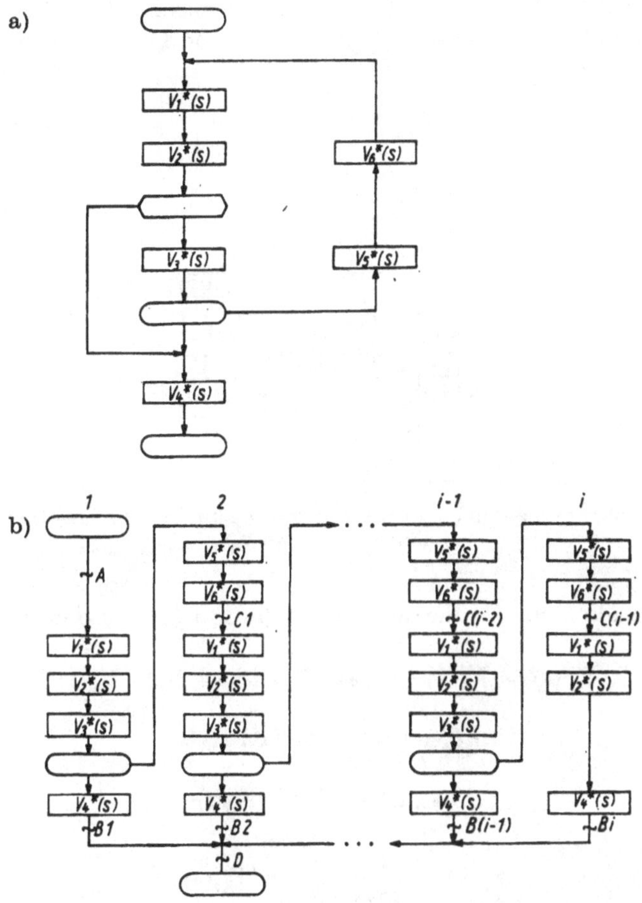

Abb. 16.5. Zur Bestimmung der Verweilzeitverteilung bei parallelem Informationsaustausch mit anschließender AP-Aktivierung

zu erkennen, daß wir es mit einer Parallelschleife zu tun haben. Das Öffnen der Parallelschleife, d. h. die Anwendung der in der Abb. 16.2 gezeigten Überführungsmöglichkeit aus der Form der Abb. 16.2a in die Form der Abb. 16.2b, führt zum Forderungslaufplan der Abb. 16.5b. In Anlehnung an die Formel (16.11) erhalten wir für den Abschnitt AB_i die Verweilzeitformel bei parallelem Informationsaustausch mit anschließender Aktivierung des den Informationsaustausch anfordernden AP Ai

$$V^*(s) = V_1^*(s)\, V_2^*(s)\, V_4^*(s) \sum_{i=1}^{\infty} P_i [V_1^*(s)\, V_2^*(s)\, V_3^*(s)\, V_5^*(s)\, V_6^*(s)]^{i-1}\,. \quad (16.31)$$

Bei der Aufstellung dieser Formel wurden die Abschnitte AC1, ..., AC(i — 2), AC(i — 1) jeweils zusammengefaßt.

Verweilzeitverteilung für die Synchronisation der Forderungsläufe von zwei AP

In Abb. 6.5 ist der Forderungslaufplan für die Synchronisation der Forderungsläufe von zwei AP Ai und Aj angegeben. Dieser wird in die Form entsprechend Abb. 16.6 überführt.

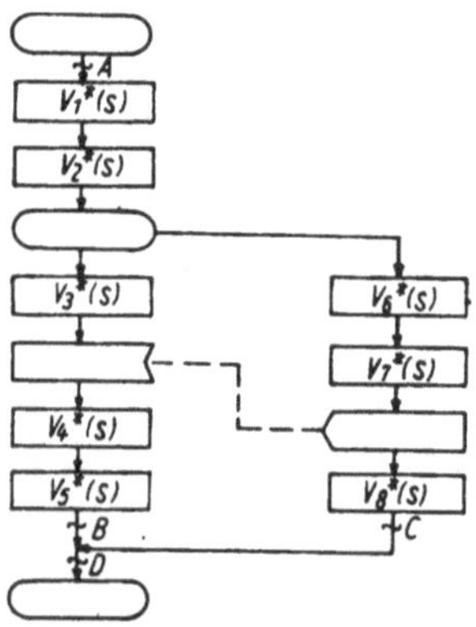

Abb. 16.6. Zur Bestimmung der Verweilzeitverteilung bei Synchronisation der Forderungsläufe von zwei AP

Als erstes behandeln wir die Verweilzeitverteilung $V_b^*(s)$ für den Abschnitt AB und erhalten

$$V_b^*(s) = V_1^*(s) \cdot V_2^*(s) \cdot V_{3,67}^*(s) \cdot V_4^*(s) \cdot V_5^*(s) \quad (16.32)$$

$$V_{3,67}^*(s) = \int_0^{\infty} e^{-st}\, dV_{3,67}(t) \quad (16.33)$$

$$V_{3,67}(t) = V_3(t) \cdot V_{67}(t) \quad (16.34)$$

$$V_{67}(t) = \frac{1}{2\pi i} \int_{\alpha - i\infty}^{\alpha + i\infty} e^{st}\, V_{67}(s)\, ds \quad (16.35)$$

und

$$V_{67}^*(s) = V_6^*(s) \cdot V_7^*(s)\,. \quad (16.36)$$

Die Verweilzeitverteilung für den Abschnitt AC ist

$$V_c^*(s) = V_1^*(s) \cdot V_2^*(s) \cdot V_6^*(s) \cdot V_7^*(s) \cdot V_8^*(s)\,. \quad (16.37)$$

Als letztes wird die Verteilungsfunktion $V_d^*(s)$ der gemeinsamen Verweilzeit beider AP betrachtet. Es ergibt sich

$$V_d^*(s) = V_1^*(s) \cdot V_2^*(s) \cdot V_{3,67}^*(s) \cdot V_{45,8}^*(s)\,. \quad (16.38)$$

Dabei wird $V^*_{3,67}(s)$ aus den Formeln (16.33), (16.34), (16.35) und (16.36) gewonnen, und $V^*_{45,8}(s)$ erhalten wir aus

$$V^*_{45,8}(s) = \int_0^\infty e^{-st}\, dV_{45,8}(t)\,, \tag{16.39}$$

$$V_{45,8}(t) = V_{45}(t) \cdot V_8(t)\,, \tag{16.40}$$

$$V_{45}(t) = \frac{1}{2\pi i} \int_{\alpha - i\infty}^{\alpha + i\infty} e^{st}\, V^*_{45}(s)\, ds \tag{16.41}$$

und

$$V^*_{45}(s) = V^*_4(s) \cdot V^*_5(s)\,. \tag{16.42}$$

Verweilzeitverteilung für den parallelen Informationsaustausch mit Synchronisation bei direktem Blockverkehr

In Abb. 6.8 ist der Forderungslaufplan für den parallelen Informationsaustausch mit Synchronisation bei direktem Blockverkehr angegeben. Dieser wird in die Form entsprechend Abb. 16.7 überführt. Wir betrachten hier nur die Verweilzeitverteilung $V^*_b(s)$ für den in diesem Fall einzig interessanten Abschnitt AB und erhalten

$$V^*_b(s) = V^*_1(s) \cdot V^*_2(s) \cdot V^*_7(s)\,[P \cdot V^*_3(s) + \\ + (1 - P) \cdot V^*_4(s) \cdot V^*_5(s) \cdot V^*_0(s) \cdot V^*_8(s) \cdot V^*_9(s) \cdot V^*_{10}(s)]\,. \tag{16.43}$$

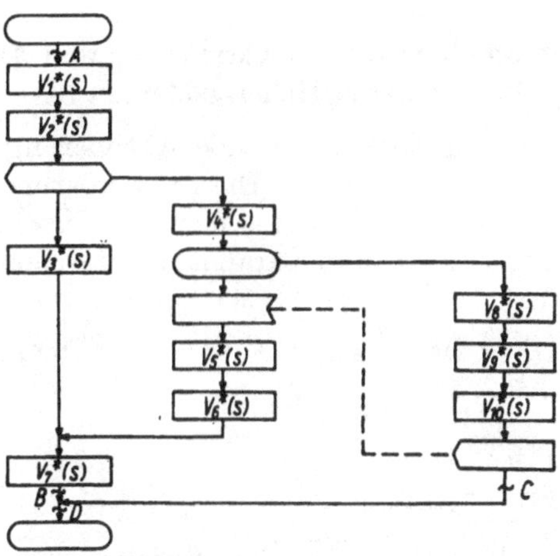

Abb. 16.7. Zur Bestimmung der Verweilzeitverteilung für den parallelen Informationsaustausch mit Synchronisation bei direktem Blockverkehr

Verweilzeitverteilung für den parallelen Informationsaustausch mit Synchronisation bei programmiertem Blockverkehr

In Abb. 6.9 ist der Forderungslaufplan für den parallelen Informationsaustausch mit Synchronisation bei programmiertem Blockverkehr angegeben. Wir erhalten nach dessen Überführung in eine für die Verweilzeitanalyse geeignete Form den Forde-

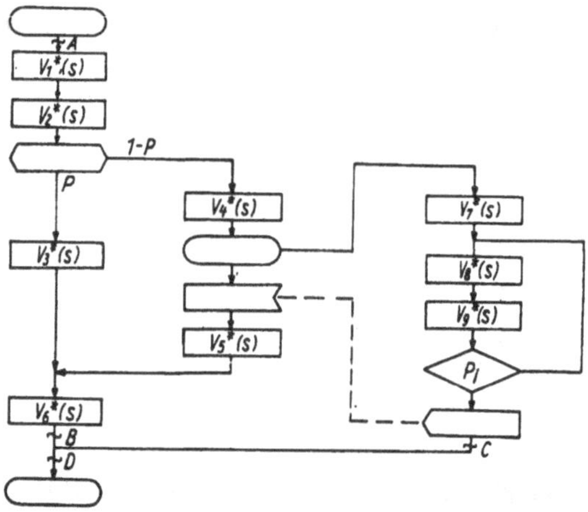

Abb. 16.8. Zur Bestimmung der Verweilzeitverteilung für den parallelen Informationsaustausch mit Synchronisation bei programmiertem Blockverkehr

rungslaufplan in der Abb. 16.8. Auch hier wird wieder nur die Verweilzeitverteilung $V_b^*(s)$ für den Abschnitt AB betrachtet. Es ergibt sich

$$V_b^*(s) = V_1^*(s) \cdot V_2^*(s) \cdot V_6^*(s) \Big[P \cdot V_3^*(s) + \\ + (1 - P) \cdot V_4^*(s) \cdot V_5^*(s) \cdot V_7^*(s) \cdot \sum_{i=1}^{\infty} P_i \big(V_8^*(s) \cdot V_9^*(s) \big)^i \Big] . \quad (16.44)$$

Verweilzeitverteilung für die Aktivierung und Abarbeitung eines externspeicherresidenten AP

In Abb. 6.10 ist der Forderungslaufplan für die Aktivierung und Abarbeitung eines externspeicherresidenten AP angegeben. Dieser Forderungslaufplan wird in die Form der Abb. 16.9 überführt. Hier interessiert die Verteilungsfunktion $V_b^*(s)$ für den Abschnitt AB. Völlig analog zum parallelen Informationsaustausch mit Synchronisation erhalten wir

$$V_b^*(s) = V_1^*(s) \cdot V_2^*(s) \cdot V_3^*(s) \cdot [P + (1 - P) \cdot V_4^*(s) \cdot V_5^*(s)] . \quad (16.45)$$

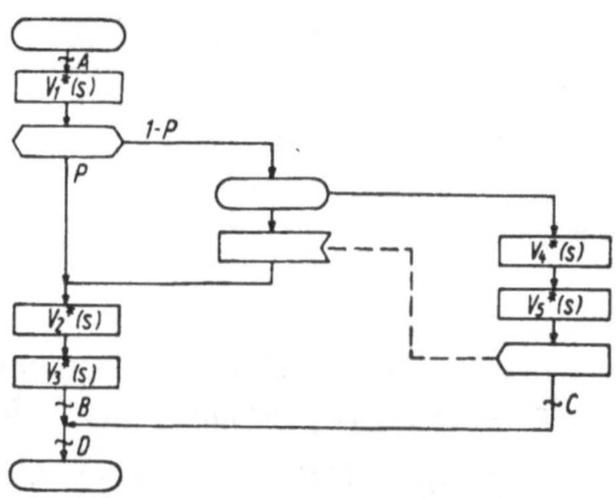

Abb. 16.9. Zur Bestimmung der Verweilzeitverteilung bei der Aktivierung und Abarbeitung eines externspeicherresidenten AP

17. NUTZUNG DER ÄHNLICHKEITEN ZWISCHEN VERWEILZEITMODELLEN UND ANALOGEN SIGNALÜBERTRAGUNGSSYSTEMEN

Wir beschäftigen uns als nächstes mit Ähnlichkeiten zwischen Verweilzeitmodellen und analogen Signalübertragungssystemen, wie sie in der Regelungstechnik verwendet werden (s. [REI], [BER2]). Mit dieser Betrachtung wird die Übernahme von Erkenntnissen ermöglicht, die für analoge Signalübertragungssysteme bereits in großem Umfang vorliegen. Das Ziel der nachfolgenden Untersuchungen besteht in der Nutzbarmachung dieser Erkenntnis für die Verweilzeitanalyse.

17.1. Ähnlichkeiten zwischen der Verteilungsfunktion der Verweilzeit und der Übertragungsfunktion kontinuierlicher Übertragungssysteme

Jeder Verweilzeitblock besitzt eine Verweilzeit T_v, die wir als Zufallsgröße ansehen. Somit sind dem Verweilzeitblock zugeordnet

- die Verteilungsfunktion $V(t)$ der Verweilzeit im Zeitbereich
- die Verteilungsdichtefunktion $v(t)$ der Verweilzeit (wir nehmen an, daß die Verteilungsdichte existiert)
- die Verteilungsfunktion $V^*(s)$ der Verweilzeit im Bildbereich als LAPLACE-STIELTJES-Transformierte der Verweilzeit $V(t)$, d. h.

$$V^*(s) = \int_0^\infty e^{-st} \, dV(t) = \mathcal{L}\mathcal{S}\{V(t)\} . \tag{17.1}$$

Dabei bezeichnen wir mit $\mathcal{L}\mathcal{S}\{V(t)\}$ die LAPLACE-STIELTJES-Transformierte der Funktion $V(t)$. Wenn die Verteilungsdichte $v(t)$ existiert, dann erhalten wir mit

$$V^*(s) = \int_0^\infty e^{-st} \cdot v(t) \, dt = \mathcal{L}\{v(t)\} \tag{17.2}$$

die LAPLACE-Transformierte $\mathcal{L}\{v(t)\}$ der Verteilungsdichte der Verweilzeit T_v. Es gilt

$$\mathcal{L}\mathcal{S}\{V(t)\} = (1/s) \cdot \mathcal{L}\{V(t)\} \tag{17.3}$$

und somit

$$V^*(s) = (1/s) \cdot \mathcal{L}\{V(t)\} . \tag{17.4}$$

Als nächstes wird ein analoges kontinuierliches Signalübertragungsglied betrachtet (s. Abb. 17.1; vgl. [REI], [BER2]). In Abb. 17.1 werden mit x das analoge Eingangssignal und mit y das analoge Ausgangssignal bezeichnet. Das Übertragungsglied selbst wird als Block eingetragen. Es besitzt die Übertragungsfunktion $G^*(s)$, die im Block angegeben ist.

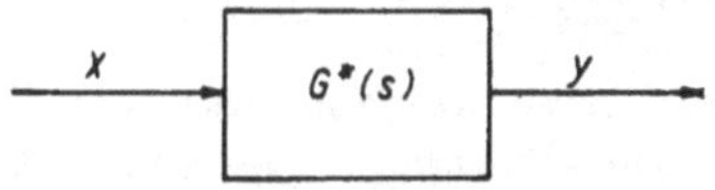

Abb. 17.1. Darstellung eines analogen Signalübertragungsgliedes

Einem Übertragungsglied werden neben der Übertragungsfunktion noch die Gewichtsfunktion $g(t)$ und die Übergangsfunktion $G(t)$ zugeordnet. Die Gewichtsfunktion ist die Impulsantwortfunktion, d. h. der zeitliche Verlauf des Ausgangssignals y bei Eingabe eines Einheitsimpulses auf den Eingang x.

Die Übergangsfunktion ist die Sprungantwortfunktion, d. h. der zeitliche Verlauf des Ausgangssignals y bei Eingabe eines Einheitssprungs auf den Eingang x. Aus der Regelungstechnik ist bekannt, daß die Übertragungsfunktion $G^*(s)$ die LAPLACE-Transformierte der Gewichtsfunktion $g(t)$ ist

$$G^*(s) = \mathcal{L}\{g(t)\} . \tag{17.5}$$

Außerdem gilt für die LAPLACE-Transformierte der Übergangsfunktion $G(t)$

$$\mathcal{L}\{G(t)\} = (1/s) \cdot G^*(s) . \tag{17.6}$$

Auf der Grundlage der obigen Eigenschaften für den Verweilzeitblock und für das Übertragungsglied können Ähnlichkeiten festgestellt werden. Wir können der Verteilungsfunktion im Zeitbereich $V(t)$ eines Verweilzeitblockes die Übergangsfunktion $G(t)$ eines entsprechenden Übertragungsgliedes zuordnen, d. h.

$$V(t) = G(t) . \tag{17.7}$$

Diese Zuordnung wird anschaulich, wenn man die graphische Darstellung der Verteilungsfunktion $V(t)$ mit der der Übergangsfunktion einer bestimmten Klasse von Übertragungsgliedern vergleicht (s. [REI], [KRA]).

Eine Verteilungsfunktion $V(t)$ strebt für $t \to \infty$ gegen den Wert 1. Bei Übertragungsfunktionen gilt diese Eigenschaft nur für Proportionalitätsglieder (s. REI]). Außerdem schließen wir unter den Übertragungsfunktionen diejenigen von Schwingungsgliedern aus, weil Verteilungsfunktionen nicht größer als 1 werden können.

Aus dem Vergleich der Beziehungen (17.4) mit (17.6) und (17.2) mit (17.5) ergibt sich folgender Satz:

Ähnlichkeitssatz

Wenn wir die Verteilungsfunktion $V(t)$ eines Verweilzeitblockes der Übergangsfunktion $G(t)$ eines Übertragungsgliedes gleichsetzen

$$V(t) = G(t) , \tag{17.8}$$

dann können wir die Verteilungsdichtefunktion $v(t)$ des Verweilzeitblockes der Gewichtsfunktion $g(t)$ des Übertragungsgliedes und die Verteilungsfunktion im Bildbereich $V^*(s)$ des Verweilzeitblockes der Übertragungsfunktion $G^*(s)$ des Übertragungsgliedes gleichsetzen

$$v(t) = g(t) , \tag{17.9}$$

$$V^*(s) = G^*(s) . \tag{17.10}$$

Es gelten auch beide Umkehrungen dieser Aussage.

17.2. Rationale Verweilzeitblöcke

In der Regelungstechnik werden vorwiegend rationale Übertragungsglieder betrachtet. Dabei werden als rationale Übertragungsglieder solche bezeichnet, deren Übertragungsfunktion eine rationale Funktion ist (s. [REI]). In Anlehnung an diese Bezeichnung nennen wir einen Verweilzeitblock, dessen Verteilungsfunktion im Bildbereich $V^*(s)$ eine rationale Funktion ist, rationalen Verweilzeitblock.

Für Übertragungsglieder sind drei Formen der Darstellung rationaler Übertragungsfunktionen üblich

— die Polynomform
— die Pol-Nullstellen-Form und
— die Zeitkonstantenform.

Dementsprechend können wir auch für die Darstellung rationaler Verteilungsfunktionen im Bildbereich diese drei Formen wählen.

Für die Polynomform gilt der Ansatz

$$V^*(s) = \frac{b_m s^m + \dots + b_1 s + b_0}{s^n + a_{n-1} s^{n-1} + \dots + a_0}. \tag{17.11}$$

Wenn die Pole und Nullstellen der rationalen Funktion auf der rechten Seite von (17.11) bekannt sind, dann erhält man aus (17.11)

$$V^*(s) = K \frac{(s - s_{D1})(s - s_{D2}) \dots (s - s_{Dm})}{(s - s_1)(s - s_2) \dots (s - s_n)}. \tag{17.12}$$

Dabei sind s_{Di} $(i = 1, 2, \dots, m)$ die Nullstellen und s_j $(j = 1, 2, \dots, n)$ die Pole der rationalen Funktion.

Bei der Betrachtung einer rationalen Verteilungsfunktion gibt es keine Pole und Nullstellen im Ursprung, und alle Pole und Nullstellen sind reell. Das folgt aus der Eigenschaft der Verteilungsfunktion, welche die Klasse der ähnlichen Übertragungsglieder auf Proportionalitätsglieder beschränkt und Schwingungsglieder ausschließt.

Auf der Grundlage der Pol-Nullstellen-Form (17.12) können wir für die Zeitkonstantenform schreiben

$$V^*(s) = K_T \frac{(1 + sT_{D1})(1 + sT_{D2}) \dots (1 + sT_{Dm})}{(1 + sT_1)(1 + sT_2) \dots (1 + sT_n)}, \tag{17.13}$$

wobei die Zeitkonstanten T_{Di} $(i = 1, 2, \dots, m)$ und T_j $(j = 1, 2, \dots, n)$ aus den Polen und Nullstellen mit Hilfe von

$$T_{Di} = -(1/s_{Di}) \qquad (i = 1, 2, \dots, m) \tag{17.14}$$

$$T_j = -(1/s_j) \qquad (j = 1, 2, \dots, n) \tag{17.15}$$

berechenbar sind.

Die Zeitkonstanten T_{Di} des Zählers heißen Vorhaltzeitkonstanten und die Zeitkonstanten des Nenners T_j Trägheitszeitkonstanten. Für den Übertragungsfaktor gilt

$$K_T = K \frac{\prod_{i=1}^{m} (-s_{Di})}{\prod_{j=1}^{n} (-s_j)}. \tag{17.16}$$

Der Erwartungswert und die Dispersion für eine rationale Verteilungsfunktion ergeben sich aus der Zeitkonstantenform (17.13) mit

$$E(T_v) = \sum_{j=1}^{n} T_j - \sum_{i=1}^{m} T_{Di} \tag{17.17}$$

und

$$D(T_v) = \sum_{j=1}^{n} T_j^2 - \sum_{i=1}^{m} T_{Di}^2 . \tag{17.18}$$

Die Rücktransformation der Verteilungsfunktion in den Zeitbereich aus der Pol-Nullstellen-Form und der Zeitkonstantenform kann mit Hilfe der Partialbruchzerlegung realisiert werden.

17.3. Grundtypen von Verweilzeitblöcken

In Anlehnung an die kontinuierlichen Übertragungsglieder können wir einige Grundtypen von Verweilzeitblöcken und ihre Korrespondenzen der LAPLACE-STIELTJES-Transformation angeben. Bei Verweilzeitblöcken ist es außerdem zweckmäßig, die beiden ersten wahrscheinlichkeitstheoretischen Momente Erwartungswert und Dispersion der Verweilzeit hinzuzufügen.
Dabei kann man als rationale Grundtypen

— den Trägheitsblock erster Ordnung mit

$$V^*(s) = \frac{1}{1 + sT} \tag{17.19}$$

— den Trägheitsblock zweiter Ordnung mit

$$V^*(s) = \frac{1}{(1 + sT_1)(1 + sT_2)} \tag{17.20}$$

— den Trägheitsblock n-ter Ordnung mit

$$V^*(s) = \frac{1}{(1 + sT)^n} \tag{17.21}$$

— den Trägheitsblock erster Ordnung mit Vorhalt, wobei

$$V^*(s) = \frac{1 + sT_D}{1 + sT} \tag{17.22}$$

gilt, betrachten.

Außerdem sind für die Betrachtung von Verweilzeitmodellen noch zwei transzendente Verweilzeitblöcke interessant

— der Totzeitblock mit

$$V^*(s) = e^{-sT_t} \quad \text{und} \tag{17.23}$$

— der Halteblock mit

$$V^*(s) = \frac{1 - e^{-sT}}{s} . \tag{17.24}$$

Für diese 6 Grundtypen von Verweilzeitblöcken sind in der Tabelle 17.1 die Verteilungsfunktionen im Zeitbereich, die Erwartungswerte und die Dispersionen angegeben. Wir erkennen, daß der Trägheitsblock erster Ordnung eine Exponentialverteilung und der Trägheitsblock n-ter Ordnung eine ERLANG-Verteilung n-ter Ordnung besitzen. Der Totzeitblock hat eine konstante Verweilzeit, und für den Halteblock ergibt sich eine Gleichverteilung der Verweilzeit. Interessant ist auch, daß die Wartezeit-

Tabelle 17.1. Gebräuchliche Korrespondenzen der LAPLACE-STIELTJES-Transformation der Verteilungsfunktionen für Grundtypen von Verweilzeitblöcken

$V^*(s)$	$V(t)$	$E(T_v)$	$D(T_v)$
$\frac{1}{1+Ts}$	$1 - e^{-(t/T)}$	T	T^2
$\frac{1}{(1+T_1 s)(1+T_2 s)}$	$1 - \frac{T_1}{T_1 - T_2} e^{-(t/T_1)} + \frac{T_2}{T_1 - T_2} e^{-(t/T_2)}$	$T_1 + T_2$	$T_1^2 + T_2^2$
$\frac{1}{(1+Ts)^n}$	$1 - e^{-(t/T)} \sum_{i=1}^{n-1} \frac{(t/T)^i}{i!}$	nT	nT^2
$\frac{1+T_D s}{1+Ts}$	$1 + (T_D/T - 1) \cdot e^{-(t/T)}$	$T - T_D$	$T^2 - T_D^2$
e^{-sT_t}	0 bei $t < T_t$ 1 bei $t \geqq T_t$	T_t	0
$\frac{1-e^{-sT}}{s}$	0 bei $t < 0$ $1/T$ bei $0 \leqq t \leqq T$ 1 bei $t > T$	$T/2$	$T^2/12$

verteilungsfunktion eines M/M/1-Bedienungsmodells durch einen Trägheitsblock mit Vorhalt entsprechend Formel (17.22) beschrieben werden kann. Die Zeitkonstanten T und T_D können dabei durch Vergleich mit der Formel (12.52) bestimmt werden.

17.4. Approximation der Verteilungsfunktionen eines Verweilzeitblockes

Für die Verweilzeitanalyse ist die Approximation von Verteilungsfunktionen sehr bedeutsam. Dabei geht es um

- die Approximation komplizierter analytischer Verteilungsfunktionen durch einfachere und
- die Approximation von empirischen Verteilungsfunktionen, die durch Simulation oder durch Systemmessungen gewonnen wurden.

Gewöhnlich werden die zu approximierenden Verteilungsfunktionen durch analytische Funktionen mit zwei Parametern unter Gleichsetzung des Erwartungswertes und der Dispersion (bzw. der Standardabweichung) angenähert (s. [LIP1], [MAR]). In [MAR] wird dabei für Reaktionszeitverteilungen die Gammaverteilung zur Approximation empfohlen. Die Gammaverteilung ist bekanntlich eine Verallgemeinerung der ERLANG-Verteilung, indem für die Ordnung nicht nur ganzzahlige Werte k zugelassen werden. Die Gammaverteilung ist für die Approximation von Verteilungsfunktionen geeignet, deren normierte Dispersion

$$d(T_v) = \frac{D(T_v)}{E^2(T_v)} \tag{17.25}$$

in den Grenzen

$$0 \leqq d(T_v) \leqq 1 \tag{17.26}$$

liegt. Für die Approximation von Verteilungsfunktionen, deren normierte Dispersion größer als 1 ist, eignet sich die Gammaverteilung nicht. Die Nutzung der ER-

LANG-Verteilung für die Approximation ist ungünstig, weil ihre normierte Dispersion durch

$$d(T_v) = \frac{1}{k} \tag{17.27}$$

gegeben ist, wobei k die Ordnung der ERLANG-Verteilung ist. Es können nicht alle Zwischenwerte der normierten Dispersion zwischen 0 und 1 durch die Formel (17.27) erreicht werden, wenn k ganzzahlig ist. Der Gammaverteilung mit nicht ganzzahligem k entspricht andererseits keine rationale Funktion im Bildbereich, so daß die Vorteile der Transformation in den Bildbereich bei Ansatz einer Gammaverteilung nicht zum Tragen kommen.

Die Klasse der rationalen Funktionen für die Verteilungsfunktion im Bildbereich bietet eine bessere Möglichkeit der Approximation. Aus den Formeln (17.17) und (17.18) ergibt sich für die rationale Verteilungsfunktion die normierte Dispersion

$$d(T_v) = \frac{\sum_{j=1}^{n} T_j^2 - \sum_{i=1}^{m} T_{Di}^2}{\sum_{j=1}^{n} T_j - \sum_{i=1}^{m} T_{Di}}. \tag{17.28}$$

Wenn die normierte Dispersion gleich 1 ist, können wir aus der Klasse der rationalen Funktionen den Trägheitsblock erster Ordnung entsprechend Gleichung (17.19) ansetzen (s. Tabelle 17.1). Für die Approximation von Verteilungsfunktionen mit einer normierten Dispersion zwischen 0 und 1 sind Trägheitsglieder ohne Vorhalt geeignet. Dabei muß die Ordnung des Trägheitsgliedes umso höher gewählt werden, je näher $d(T_v)$ bei 0 liegt. Damit alle Zwischenwerte zwischen 0 und 1 erreichbar sind, müssen mindestens zwei verschiedene Zeitkonstanten angesetzt werden. Wir können z. B. ansetzen

$$V^*(s) = \frac{1}{(1 + sT_1)(1 + sT_2)^n}. \tag{17.29}$$

Den in dieser Formel vorhandenen dritten Parameter kann man dadurch festlegen, daß man für n immer die niedrigste Ordnung wählt, mit der die vorgegebene normierte Dispersion auf der Grundlage von (17.29) erfaßbar ist.

Für Verweilzeitblöcke, deren Verteilungsfunktion eine normierte Dispersion

$$d(T_v) > 1 \tag{17.30}$$

besitzt, müssen Verweilzeitblöcke mit Vorhalt genutzt werden. Wichtig ist hierbei, daß mit Hilfe rationaler Funktionen überhaupt Verteilungsfunktionen approximiert werden können, deren normierte Dispersion größer als 1 ist.

Wir zeigen das am Beispiel des Trägheitsblocks erster Ordnung mit Vorhalt. Für diesen ergibt sich die normierte Dispersion

$$d(T_v) = \frac{1 + \gamma}{1 - \gamma}, \tag{17.31}$$

wobei die Bezeichnung

$$\gamma = (T_D/T) \tag{17.32}$$

eingeführt wurde. Damit für die Verteilungsfunktion (17.22) der Charakter einer Verteilungsfunktion erhalten bleibt, muß die Ungeichung

$$0 \leqq \gamma < 1 \tag{17.33}$$

eingehalten werden. Daraus folgt sofort

$$d(T_v) \geqq 1 . \tag{17.34}$$

Wir betrachten noch eine Approximationsmöglichkeit für die Näherung der Verteilungsfunktion der Wartezeit. Dabei wird von der Eigenschaft der Wartezeitverteilung ausgegangen, daß diese für $t = 0$ einen Wert ungleich 0 hat. Das bedeutet, mit einer bestimmten Wahrscheinlichkeit ungleich 0 brauchen die Forderungen nicht zu warten. Aus [LIP1] ist bekannt, daß für eine breite Klasse von Einknotenbedienungsmodellen (auch für solche mit relativen Prioritäten und für solche mit nichtpoissonschem Eingangsstrom) der Näherungsansatz

$$W(t) = 1 - P\{T_w > 0\} \exp\left[-\frac{P\{T_w > 0\}}{E(T_w)} \cdot t\right] \tag{17.35}$$

gilt. Dabei ist $P\{T_w > 0\}$ die Wahrscheinlichkeit dafür, daß die Forderungen am Eingang in der Warteschlange warten müssen. Für einen POISSONschen Eingangsstrom ergibt sich

$$P\{T_w > 0\} = \varrho \tag{17.36}$$

und somit

$$W(t) = 1 - \varrho \exp\left[-\frac{\varrho}{E(T_w)} \cdot t\right]. \tag{17.37}$$

Im Bildbereich gilt die Verteilungsfunktion (17.22) mit

$$T = \frac{1-\varrho}{\varrho} \cdot E(T_w) , \tag{17.38}$$

$$T_D = \frac{E(T_w)}{\varrho} . \tag{17.39}$$

Weiter unten wird mit dieser Approximation der Wartezeitverteilung gearbeitet.

17.5. Darstellung von Verweilzeitsystemen durch kontinuierliche Signalübertragungssysteme

Im Abschnitt 16. wurde gezeigt, wie für elementare Kopplungsformen eines Verweilzeitmodells die Gesamtverteilungsfunktionen aus den Verteilungsfunktionen der elementaren Verweilzeitblöcke bestimmt werden können. Dabei traten bei der Parallelkopplung Probleme der Realisierung der LAPLACE-STIELTJES-Transformation und vor allem der Rücktransformation auf. Im Abschnitt 17.3. wurden die Korrespondenzen der LAPLACE-STIELTJES-Transformation angegeben. Außerdem wurde im Abschnitt 17.2. vermerkt, daß für rationale Verweilzeitblöcke die Rücktransformation durch Partialbruchzerlegung unterstützt werden kann. Die oben genannten Probleme der Umtransformation können also mit den bisher erarbeiteten Methoden bis zu einem gewissen Grade gelöst werden.

Der dabei auftretende Wechsel zwischen Zeitbereich und Bildbereich ist unbequem. Deshalb erhebt sich die Frage, ob es nicht einen Weg gibt, bei dem die Realisierung dieses Wechsels nicht nötig ist. Es zeigt sich, daß ein solcher Weg existiert. Dieser besteht darin, daß wir für das betrachtete Verweilzeitmodell das entsprechende Signalübertragungssystem erstellen und letzteres untersuchen. Diese Untersuchung kann mit Hilfe eines Analogrechners durchgeführt werden.

Wir zeigen jetzt, wie die Analyse des Verweilzeitmodells durch die Behandlung eines kontinuierlichen Übertragungssystems ersetzt werden kann. Dazu betrachten wir die Überführungsmöglichkeit der verschiedenen elementaren Kopplungsformen eines Verweilzeitmodells in entsprechende Abschnitte eines kontinuierlichen Übertragungssystems. Nachfolgend werden dabei nur Übertragungssysteme behandelt, deren Eingangssignale Einheitssprünge und deren Ausgangssignale die gesuchten Verteilungsfunktionen $V(t)$ sind. Für diese Übertragungssysteme wird der Signalflußplan dargestellt. In den Übertragungsblöcken des Signalflußplanes werden die entsprechenden Übertragungsfunktionen $V^*(s)$ im Bildbereich angegeben. Die $V^*(s)$ sind dabei die LAPLACE-Transformierten des Übertragungsgliedes. Dafür wird die Formel (17.4) genutzt und beachtet, daß der Einheitssprung am Eingang die LAPLACE-Transformierte $1/s$ besitzt.

Wir betrachten als erstes die Serienkopplung von zwei Verweilzeitblöcken. In diesem Fall gelten die Abb. 10.2a und die Formel (16.1). Ein Signalübertragungssystem mit dem Signalflußplan der Abb. 17.2 liefert bei einem Sprungeingangssignal das gewünschte Ausgangssignal im Zeitbereich.

Bei der Verzweigungskopplung gelten die Abb. 10.2b und die Formel (16.2). Dementsprechend erhalten wir den Signalflußplan in Abb. 17.3, der als Ausgangssignal bei einem Sprungeingang die gewünschte Verteilungsfunktion $V(t)$ am Ausgang erzeugt.

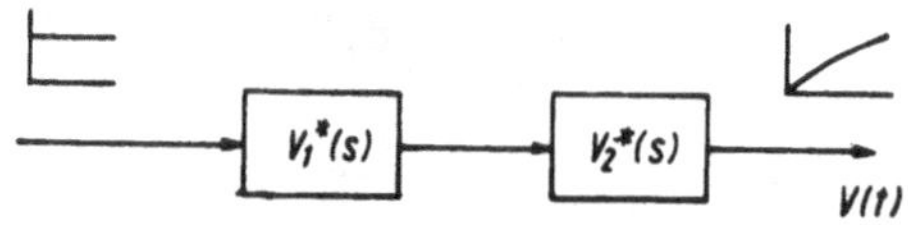

Abb. 17.2. Signalflußplan für die Serienkopplung

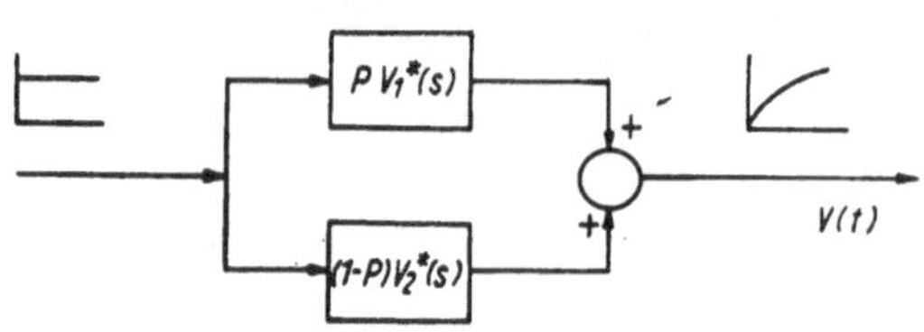

Abb. 17.3. Signalflußplan für die Verzweigungskopplung

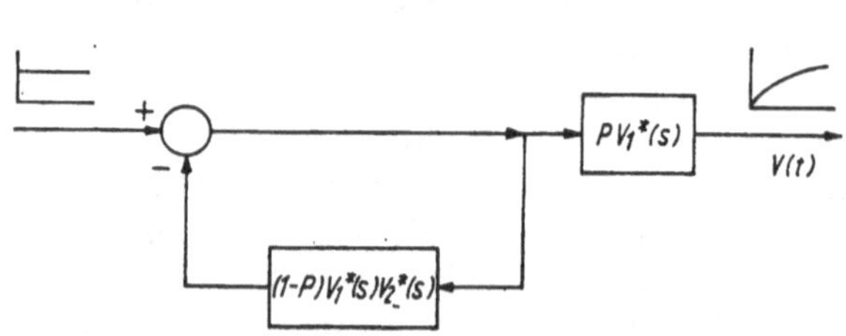

Abb. 17.4. Signalflußplan für die Schleifenkopplung

Wir betrachten als nächstes die Schleifenkopplung, und zwar mit den Wahrscheinlichkeiten P_i ($i = 1, 2, \ldots$) entsprechend Formel (16.5). Dabei gelten die Abb. 10.2c und die Formel (16.6). Der entsprechende Signalflußplan, der als Ausgangssignal die gewünschte Verteilungsfunktion bereitstellt, ist in Abb. 17.4 dargestellt.

Wir gehen zur Behandlung der einfachen Parallelkopplung über. Dabei ist zu beachten, daß es vor allem diese elementare Kopplungsform ist, die beim Verweilzeitmodell zur Realisierung der Transformation aus dem Zeitbereich in den Bildbereich und zurück führte. Im Signalflußplan ist die Bestimmung der Gesamtverweilzeit ohne Umtransformation lösbar. Wir betrachten den Forderungslaufplan für die einfache Parallelkopplung in Abb. 16.1. Der diesem Forderungslaufplan zugeordnete Signalflußplan ergibt sich in der Abb. 17.5. Tatsächlich werden jeweils an den Ausgängen

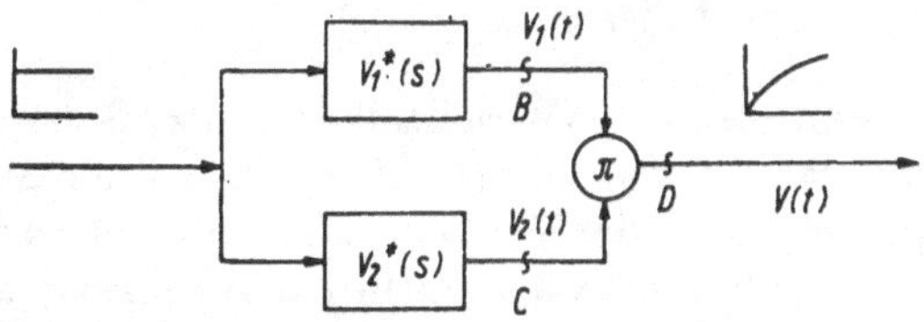

Abb. 17.5. Signalflußplan für eine einfache Parallelkopplung (π — Signalmultiplizierer)

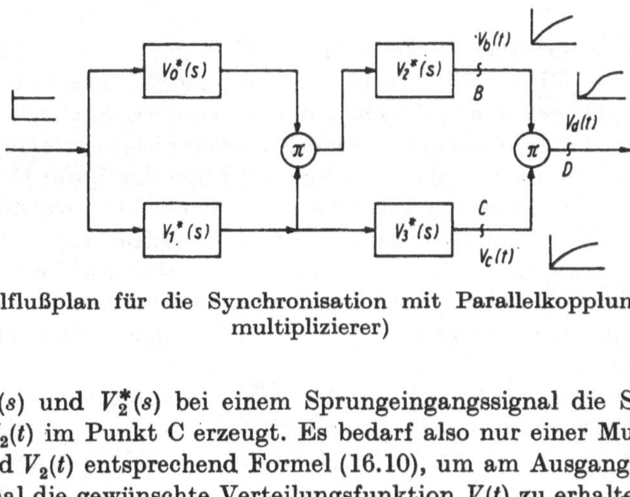

Abb. 17.6. Signalflußplan für die Synchronisation mit Parallelkopplung (π — Signalmultiplizierer)

der Glieder $V_1^*(s)$ und $V_2^*(s)$ bei einem Sprungeingangssignal die Signale $V_1(t)$ im Punkt B und $V_2(t)$ im Punkt C erzeugt. Es bedarf also nur einer Multiplikation der Signale $V_1(t)$ und $V_2(t)$ entsprechend Formel (16.10), um am Ausgang D des Gesamtsystems als Signal die gewünschte Verteilungsfunktion $V(t)$ zu erhalten.

Als letztes betrachten wir die Synchronisation mit Parallelkopplung. In diesem Fall gilt die Abb. 16.4b. Analog zur einfachen Parallelkopplung erhalten wir den Signalflußplan in Abb. 17.6, der als Ausgangssignale an der Stelle B die Verteilungsfunktion $V_b(t)$, an der Stelle C die Verteilungsfunktion $V_c(t)$ und an der Stelle D die Verteilungsfunktion $V_d(t)$ bereitstellt.

Insgesamt haben wir durch den Übergang vom Verweilzeitmodell zum Übertragungssystem die Möglichkeit der unmittelbaren Bestimmung der Gesamtverweilzeit im Zeitbereich für beliebige aus den elementaren Kopplungsformen aufgebaute Verweilzeitmodelle geschaffen. Dabei führen Verweilzeitmodelle, die nur mit Hilfe der Kopplungsformen der sequentiellen Abarbeitung Serienkopplung, Verzweigungskopplung und Schleifenkopplung aufgebaut sind, zu linearen Übertragungssystemen. Dementsprechend nennen wir die Verweilzeitmodelle der sequentiellen Abarbeitung auch lineare Verweilzeitmodelle. In die Signalflußpläne zur Bestimmung der Verweilzeitverteilung gelangen Nichtlinearitäten in Form von Multiplikationsgliedern bei der Parallelkopplung. Dementsprechend können wir Verweilzeitmodelle, die Parallelkopplungen enthalten, als nichtlineare Verweilzeitmodelle bezeichnen.

17.6. Diskontinuierliche Verweilzeitmodelle

Häufig besitzt die Verteilungsfunktion eines Verweilzeitblockes die diskrete Form

$$V^*(s) = \sum_{i=1}^{\infty} P_i \cdot e^{-shi} . \tag{17.40}$$

Derartige Verteilungsfunktionen der Verweilzeit treten z. B. bei Schleifenkopplungen mit konstanten elementaren Verweilzeiten auf. Auch bei der Simulation werden die gemessenen Verteilungsfunktionen der Verweilzeit gewöhnlich so dargestellt (s. Formel (11.9)). Bei einer Verteilungsfunktion der Form (17.40) nimmt auch die Zufallsgröße T_v nur diskrete Werte an. Da T_v eine Zeit ist, nennen wir sie diskontinuierliche Verweilzeit und $V^*(s)$ nach (17.40) diskontinuierliche Verteilungsfunktion im Bildbereich. Einen Verweilzeitblock mit diskontinuierlicher Verweilzeit bezeichnen wir als diskontinuierlich.

Zwischen diskontinuierlichen Verweilzeitblöcken und diskontinuierlichen Übertragungsgliedern (s. [BER2]) sind die für die kontinuierlichen Systeme herausgearbeiteten Ähnlichkeiten ebenfalls vorhanden. Wir setzen diese Ähnlichkeiten voraus und betrachten bei Bedarf den diskontinuierlichen Verweilzeitblock als diskontinuierliches Übertragungsglied. Wenn wir die Verteilungsfunktion der Form (17.40) behandeln, dann können wir diese als ein diskontinuierliches Signal $V(hi)$ am Ausgang eines diskontinuierlichen Übertragungsglieds ansehen. Wir betrachten nur noch diskrete Zeitpunkte t im Zeitabstand h. Hierfür läßt sich im Zeitbereich eine diskontinuierliche Funktion darstellen, die die Laplace-Transformierte der Form (17.40) hat. Wenn wir den Diskretisierungszeitabstand h weglassen, dann können wir auch von den Zeitpunkten i sprechen.

Für die Behandlung diskontinuierlicher Übertragungssysteme hat sich die z-Transformation durchgesetzt (s. z. B. [BER2]). Wenn $g(i)$ eine diskontinuierliche Zeitfunktion mit den Zeitpunkten i ist, dann gilt für die z-Transformierte $G^*(z)$ der Ansatz

$$G^*(z) = \sum_{i=1}^{\infty} z^{-i} \cdot g(i) . \tag{17.41}$$

Man kann aus dem s-Bildbereich der Gleichung (17.40) in den z-Bildbereich durch Einsetzen des Ausdrucks

$$z = e^{sh} \tag{17.42}$$

in (17.40) gelangen. Als Ergebnis erhält man den Ansatz für die diskontinuierliche Verteilungsfunktion im z-Bildbereich

$$V^*(z) = \sum_{i=1}^{\infty} z^{-i} \cdot v(i) , \tag{17.43}$$

wobei die Bezeichnung $v(i)$ eingeführt wurde mit

$$v(i) = P_i \,. \tag{17.44}$$

Dieser Ansatz (17.43) für die diskontinuierliche Verteilungsfunktion entspricht der Beziehung (17.2) für die kontinuierliche Verteilungsfunktion. Die Einzelwahrscheinlichkeiten P_i treten in ihrer Gesamtheit an die Stelle der Verteilungsdichtefunktion der kontinuierlichen Verteilung. Somit ist $v(i)$ die Ersatzfunktion für die Verteilungsdichte und kann beim Übergang zum diskontinuierlichen Übertragungssystem der diskontinuierlichen Gewichtsfunktion $g(i)$ gleichgesetzt werden.

Die diskontinuierliche Verteilungsfunktion im z-Bildbereich hat in der Formel (17.43) die Form eines Summenausdrucks mit unendlich vielen Summanden. Für ausgewählte diskontinuierliche Verteilungsfunktionen der Verweilzeit besteht die Möglichkeit zu einer gebrochen-rationalen Funktion von z für $V^*(z)$ zu gelangen. Für diese ausgewählte Klasse von Verweilzeitblöcken kann man im z-Bildbereich die diskontinuierliche Verteilungsfunktion in der Form

$$V^*(z) = \frac{a_0 + a_1 z^{-1} + \dots + a_r z^{-r}}{1 + b_1 z^{-1} + \dots + b_s z^{-s}} \tag{17.45}$$

(s. [BER2]) erhalten.

Beim Übergang aus dem z-Bildbereich in den Zeitbereich ergibt sich für die diskontinuierliche Verteilungsfunktion eine Differenzengleichung. Wir führen den Verschiebeoperator E als diskontinuierlichen Signaloperator im Zeitbereich ein. Dazu betrachten wir ein diskontinuierliches Übertragungsglied, an dessen Eingang das Signal $x(i)$ ansteht und dessen Ausgang das Signal

$$y(i) = x(i-1) \tag{17.46}$$

erzeugt. Wir können den Verschiebeoperator formal einführen, indem wir ansetzen

$$x(i+1) = \mathrm{E} \cdot x(i) \,. \tag{17.47}$$

Für das Übertragungsglied mit dem Ausgang (17.46) ergibt sich dann

$$y(i) = \mathrm{E}^{-1}\, x(i) \,. \tag{17.48}$$

Es kann nachgewiesen werden (s. z. B. [KRAS]), daß der Übergang von (17.45) in den Zeitbereich durch formales Ersetzen von z durch E möglich ist. Dabei erhalten wir die Differenzengleichung

$$V(i) = b_1 V(i-1) + \dots + b_s V(i-s) + a_0 x(i) + a_1 x(i-1) + \dots + a_r x(i-r) \,. \tag{17.49}$$

In diesem Ausdruck sind $x(i)$ das Eingangssignal und $V(i)$ das Ausgangssignal des Übertragungssystems zum Zeitpunkt i. Für das Eingangssignal muß dabei die Sprungfunktion

$$x(i) = \begin{cases} 0 & \text{für } i < 0 \\ 1 & \text{für } i \geqq 0 \end{cases} \tag{17.50}$$

angesetzt werden.

Aus den obigen Betrachtungen ergibt sich die Möglichkeit, diskontinuierliche Verweilzeitverteilungen $V(i)$ im z-Bildbereich darzustellen und mit Hilfe rationaler Funktionen von z zu beschreiben. Die Rücktransformation bereitet keine Schwierigkeiten.

Mit Hilfe der Beziehungen (17.49) und (17.50) können die einzelnen Werte $V(i)$ im Zeitbereich rekursiv berechnet werden.

Für die beiden ersten wahrscheinlichkeitstheoretischen Anfangsmomente von T_v gelten definitionsgemäß die Ausdrücke

$$E(T_v) = h \cdot \sum_{i=1}^{\infty} v(i) \cdot i \tag{17.51}$$

und

$$E(T_v^2) = h^2 \cdot \sum_{i=1}^{\infty} v(i) \cdot i^2 \,. \tag{17.52}$$

Unter Nutzung der Beziehung (17.43) können aus diesen beiden Ausdrücken für die beiden Anfangsmomente die Formeln

$$E(T_v) = -h \cdot \left[\frac{\mathrm{d}V^*(z)}{\mathrm{d}z}\right]_{z=1} \tag{17.53}$$

und

$$E(T_v^2) = h^2 \cdot \left[\frac{\mathrm{d}^2V^*(z)}{\mathrm{d}z^2} + \frac{\mathrm{d}V^*(z)}{\mathrm{d}z}\right]_{z=1} \tag{17.54}$$

gewonnen werden. Diese Formeln sind auch auf die allgemeine Form (17.45) anwendbar.

Beispiel: Wir betrachten eine Schleifenkopplung mit

$$\left.\begin{aligned} V_1^*(s) &= \mathrm{e}^{-sh} \\ V_2^*(s) &= 1 \end{aligned}\right\} \tag{17.55}$$

(s. Formel (16.6)). Der Signalflußplan für das entsprechende Übertragungssystem ist in Abb. 17.4 vorhanden. Aus der Formel (16.7) erhalten wir unter Nutzung der Annahmen (17.55)

$$V^*(s) = \frac{P \cdot \mathrm{e}^{-sh}}{1 - (1 - P)\,\mathrm{e}^{-sh}} \,. \tag{17.56}$$

Der formale Übergang in den z-Bildbereich führt zu

$$V^*(z) = \frac{Pz^{-1}}{1 - (1 - P)\,z^{-1}} \,. \tag{17.57}$$

Die Rücktransformation über den Verschiebeoperator führt zur Differenzengleichung

$$V(i) = (1 - P) \cdot V(i - 1) + P \cdot x(i - 1) \qquad (i = 1, 2, \ldots) \,. \tag{17.58}$$

Unter Nutzung der Formel (17.52) und des Anfangswertes $V(-1) = 0$ kann daraus die Berechnung der $V(i)$ $(i = 1, 2, \ldots)$ erfolgen. Wir erhalten

$$V(i) = P \sum_{j=1}^{j-1} (1 - P)^j \,. \tag{17.59}$$

Aus (17.57) erhalten wir unter Hinzuziehung von (17.53) und (17.54) den Erwartungswert

$$E(T_v) = h/P \tag{17.60}$$

und die Dispersion

$$D(T_v) = h^2 \cdot \frac{(1 - P)}{P^2} \,. \tag{17.61}$$

F. Effektivitätsanalyse einer Prozeßrechenanlage als Bedienungsnetz

18. UNTERSUCHUNG DES PROZESSRECHNERS ALS BEDIENUNGSNETZ MIT UNBEGRENZTEN BEDIENUNGSRESSOURCEN

18.1. Annahmen und ihre Konsequenzen

In den Abschnitten 16. und 17. haben wir untersucht, wie die Gesamtverweilzeit in einer PRA auf der Grundlage des Forderungslaufplanes bestimmt werden kann. Dabei haben wir nicht behandelt, wie die Verweilzeitverteilungen der elementaren Verweilzeitblöcke gewonnen werden. Diese wurden in den obigen Betrachtungen als bekannt vorausgesetzt. Jetzt wollen wir die Bestimmung der Verweilzeitverteilungen der elementaren Verweilzeitblöcke in Bedienungsnetzen in die Analyse mit einbeziehen. Wegen der komplizierten Zusammenhänge in Bedienungsnetzen, gehen wir hierbei schrittweise vor.

Als erstes untersuchen wir in diesem Abschnitt 18. ein Bedienungsnetz mit unbegrenzten Bedienungsressourcen, das nach der Kurzsymbolik $G/G/\infty$-Bedienungsnetz heißt. Ein Bedienungsnetz mit unbegrenzten Bedienungsressourcen ist besonders für die Analyse von PRA mit wenig ausgelasteten Bedienungsressourcen geeignet. Dabei können auch PRA mit nichtpoissonschen Eingangsströmen behandelt werden. Wenn wir voraussetzen, daß die PRA unbegrenzte Bedienungsressourcen für die Bedienung der Echtzeitaufträge besitzt, dann ordnen wir jedem AP und jedem IAK eine Bedienungsanlage zu und nehmen für jede dieser Bedienungsanlagen eine unbegrenzte Kanalzahl an.

Sicher sind solche Annahmen praktisch nicht realisierbar. Sie entsprechen aber durchaus Annahmen, die in klassischen Wissenschaftsdisziplinen große Erfolge gebracht haben. Eine derartige Annahme ist z. B. in der Mechanik die Beschränkung auf einen Massepunkt mit der Ausdehnung 0. Die hier auf der Grundlage der Annahme unbegrenzter Bedienungsressourcen erzielten Ergebnisse, liefern für viele praktisch vorkommende Anwendungen von PRA ebenfalls eine gute Näherung.

Ein Bedienungsnetz mit unbegrenzten Bedienungsressourcen kann als stochastischer Entscheidungsnetzplan im Sinne der Netzplantheorie (s. z. B. [GOL], [REN]) aufgefaßt werden. Wir greifen hier allerdings nicht auf den in der Netzplantheorie verwendeten mathematischen Apparat zurück, sondern benutzen den Apparat der LAPLACE-STIELTJES-Transformation. Das geschieht vor allem aus Gründen der einheitlichen Darstellung in dieser Arbeit.

Welche Konsequenzen folgen nun aus der Annahme unbegrenzter Bedienungsressourcen? Die wichtigste Konsequenz besteht darin, daß alle Forderungen sofort bedient werden und alle Wartezeiten verschwinden. Somit gilt

$$W_i^*(s) = 1 \qquad (i = 1, 2, \dots, n) \tag{18.1}$$

und

$$V_i^*(s) = B_i^*(s) \qquad (i = 1, 2, \dots, n) \tag{18.2}$$

für alle Bedienungsanlagen.

Eine Leistungsanalyse ist für dieses Modell nicht möglich und sie ist auch gar nicht vorgesehen.

Prioritätsdisziplinen haben keinen Einfluß, weil die Bedienung jeder Forderung sofort mit ihrer Ankunft ohne jegliche Unterbrechung erfolgt. Es besteht somit keine Notwendigkeit der Entscheidung über die Bedienungsreihenfolge.

Die Ankunftsströme haben für das Modell mit unbegrenzten Bedienungsressourcen keinen Einfluß, denn alle Verweilzeiten sind gleich den entsprechenden Bedienungszeiten unabhängig vom Charakter des Ankunftsstromes.

Für ein beliebiges Einknotenbedienungsmodell kann der Erwartungswert der Verweilzeit $E(T_v)$ gleich der Summe der Erwartungswerte der Bedienungszeit $E(T_b)$ und der Wartezeit $E(T_w)$ gesetzt werden

$$E(T_v) = E(T_b) + E(T_w) , \tag{18.3}$$

und für alle linearen Verweilzeitmodelle (s. Abschnitt 18.) ergibt sich der Erwartungswert der Gesamtverweilzeit durch eine Linearkombination der Verweilzeiten der elementaren Verweilzeitblöcke.

Somit können die Bedienungszeitanteile und die Wartezeitanteile des Erwartungswertes der Verweilzeit für das Gesamtsystem getrennt berechnet werden. Es gilt das Superpositionsprinzip. Das bedeutet, daß der durch das G/G/∞-Bedienungsmodell bestimmte Erwartungswert der Gesamtverweilzeit als Bedienungszeitanteil für Modelle mit Wartezeiten ungleich 0 genutzt werden kann. Häufig ist dabei zweckmäßig, nur für die am stärksten ausgelasteten Bedienungsressourcen zusätzlich zum G/G/∞-Modell die Wartezeiten zu berechnen.

Die gegenseitige Störung der Forderungen, die durch die Begrenzung der Bedienungsressourcen entsteht, fällt beim G/G/∞-Modell fort. Das drückt sich in der verschwindenden Wartezeit aus. Unter Nutzung der Formel (18.2) kann hier also sofort zur Bestimmung der Gesamtverweilzeit übergegangen werden, da die Bedienungszeitverteilungen bekannt sind. Eine gesonderte Behandlung der einzelnen Bedienungsanlagen entfällt beim G/G/∞-Modell.

Wir betrachten in den Abschnitten 18.2. und 18.3. das Bedienungsnetz mit unbegrenzten Bedienungsressourcen unter Nutzung von zwei Grundverteilungen für die elementaren Verweilzeitblöcke

— exponentielle Bedienungszeitverteilungen und

— konstante Bedienungszeiten.

Außerdem wird im Abschnitt 18.4. anhand eines Anwendungsbeispiels noch eine Erweiterung des G/G/∞-Modells vorgenommen. Diese Erweiterung geht davon aus, daß bei PRA-Anwendungen häufig der Prozessor wenig ausgelastet ist, während die IAK relativ stark ausgelastet sind. Unter diesen Umständen kann man alle AP als Bedienungsabschnitte mit unbegrenzten Bedienungsressourcen ansehen, während die IAK als isolierte Einknotenbedienungsmodelle angenommen werden, so wie sie im Abschnitt D. behandelt wurden. Dabei muß darauf geachtet werden, daß die Ankunftsströme der isolierten Einknotenmodelle den geforderten Voraussetzungen entsprechen.

18.2. Zur Bestimmung der Verweilzeitverteilung bei exponentiellen Bedienungszeitverteilungen der elementaren Verweilzeitblöcke

Analyse der elementaren Kopplungsformen

Bei exponentiellen Bedienungszeitverteilungen der elementaren Verweilzeitblöcke gilt

$$V_i^*(s) = B_i^*(s) = \frac{1}{1 + E(T_{bi})\, s} \qquad (i = 1, 2, \dots, n)\,. \tag{18.4}$$

Wir betrachten nachfolgend für die elementaren Kopplungsformen die Verweilzeitverteilung. Dabei kommen wir mit $i = 1, 2$ aus.

Für die Verweilzeitverteilung bei *Serienkopplung* $V_s^*(s)$ erhalten wir unter Nutzung der Formel (16.1) die rationale Funktion

$$V_s^*(s) = \frac{1}{[1 + E(T_{b1})\, s] \cdot [1 + E(T_{b2})\, s]} \tag{18.5}$$

mit den beiden Polen $s_1 = -\big(1/E(T_{b1})\big)$ und $s_2 = -\big(1/E(T_{b2})\big)$. Die entsprechende Verteilungsfunktion im Zeitbereich $V_s^*(s)$ und die beiden ersten Momente ergeben sich aus der Tabelle 17.1.

Für die Verweilzeitverteilung der *Verzweigungskopplung* $V_v^*(s)$ erhält man anhand der Formel (16.2) die rationale Funktion

$$V_v^*(s) = \frac{1 + [E(T_{b1})\,(1 - P) + E(T_{b2})\, P]\, s}{[1 + E(T_{b1})\, s]\,[1 + E(T_{b2})\, s]} \tag{18.6}$$

mit den Polen $s_1 = -\big(1/E(T_{b1})\big)$, $s_2 = -\big(1/E(T_{b2})\big)$ und der Nullstelle $s_D = -\big(1/((1 - P)\, E(T_{b1}) + PE(T_{b2}))\big)$. Die entsprechende Verteilungsfunktion im Zeitbereich ergibt sich mit Hilfe von

$$V_v(t) = V_s(t) + [E(T_{b1})\,(1 - P) + E(T_{b2})\, P] \cdot \frac{\mathrm{d}V_s(t)}{\mathrm{d}t}\,, \tag{18.7}$$

wobei $V_s(t)$ der Verteilungsfunktion im Bildbereich (18.5) entspricht. Dabei ist wieder die Tabelle 17.1 zu Gewinnung von $V_s(t)$ im Zeitbereich zu nutzen. Für den Erwartungswert folgt

$$E(T_{vv}) = PE(T_{b1}) + (1 - P)\, E(T_{b2})\,. \tag{18.8}$$

Bei der Betrachtung der *Schleifenkopplung* gilt für die exponentiellen Bedienungszeitverteilungen der elementaren Verweilzeitblöcke die Gesamtverweilzeitverteilung

$$V_L^*(s) = \sum_{i=1}^{\infty} \frac{1}{[1 + E(T_{b1})\, s]^i\, [1 + E(T_{b2})\, s]^{i-1}}\,. \tag{18.9}$$

Wenn in jedem Forderungsdurchlauf durch den Verweilzeitblock die Wahrscheinlichkeit für das Verlassen der Schleife P ist, dann gilt für P_i der Ausdruck (16.5). Daraus folgt

$$V_L^*(s) = \frac{P \cdot [1 + E(T_{b2})\, s]}{[1 + E(T_{b1})\, s]\,[1 + E(T_{b2})\, s] - (1 - P)}\,. \tag{18.10}$$

Diese rationale Verteilungsfunktion besitzt die Nullstelle $s_D = -(1/E(T_{b2}))$. Die beiden Pole dieser Verteilungsfunktion können durch Lösung der sich aus dem Nullsetzen des Nennerpolynoms ergebenden quadratischen Gleichung ohne Schwierigkeiten bestimmt werden, so daß ein Ansatz der Form

$$V_L^*(s) = K \frac{1 + E(T_{b2})\, s}{(1 + T_1 s)(1 + T_2 s)} \tag{18.11}$$

möglich ist.

Ähnliche Verhältnisse, wie bei der Schleifenkopplung erhalten wir für den Abschnitt ABi der *Parallelschleife* (s. Abschnitt 16.1).

Für die *einfache Parallelkopplung* betrachten wir die gemeinsame Verteilungsfunktion des Abschnittes AD (s. Abb. 16.1). In diesem Fall ergibt sich unter Nutzung von (16.10) im Zeitbereich

$$V_p(t) = \{1 - e^{-[t/E(T_{b1})]}\} + \{1 - e^{-[t/E(T_{b2})]}\} - \{1 - e^{-t[(1/E(T_{b1})) + (1/E(T_{b2}))]}\} \tag{18.12}$$

und im Bildbereich

$$V_p^*(s) = \frac{1}{1 + E(T_{b1})\, s} + \frac{1}{1 + E(T_{b2})\, s} - \frac{1}{1 + \dfrac{E(T_{b1})\, E(T_{b2})}{E(T_{b1}) + E(T_{b2})}\, s}. \tag{18.13}$$

Daraus folgt die rationale Verteilungsfunktion

$$V_p^*(s) = \frac{1 + \dfrac{2E(T_{b1})\, E(T_{b2})}{E(T_{b1}) + E(T_{b2})}\, s}{[1 + E(T_{b1})\, s] \cdot [1 + E(T_{b2})\, s] \cdot \left[1 + \dfrac{E(T_{b1})\, E(T_{b2})}{E(T_{b1}) + E(T_{b2})}\, s\right]} \tag{18.14}$$

mit den Polen $s_1 = -1/E(T_{b1})$, $s_2 = -1/E(T_{b2})$, $s_3 = -\dfrac{E(T_{b1}) + E(T_{b2})}{E(T_{b1})\, E(T_{b2})}$ und der Nullstelle $s_D = -E(T_{b1}) + E(T_{b2})/2E(T_{b1})\, E(T_{b2})$. Die ersten wahrscheinlichkeitstheoretischen Momente können mit Hilfe der Formel (18.14) bestimmt werden.

Ähnliche Verhältnisse wie bei der einfachen Parallelkopplung, erhalten wir bei der *Synchronisation mit Parallelkopplung*.

Beispiel: Paralleleler IAK mit Synchronisation im direkten Blockverkehr

Wir wollen an einem Beispiel eines typischen Abschnittes des Forderungslaufplanes einer PRA zeigen, wie die Gesamtverweilzeitverteilung bestimmt werden kann. Dabei geht es an dieser Stelle nicht um die Durchführung der konkreten Berechnungen bis zu den numerischen Ergebnissen, sondern um das Aufzeigen des Berechnungswegs. Wir betrachten einen IAK mit Synchronisation im direkten Blockverkehr. In Abb. 16.7 ist der entsprechende Forderungslaufplan für die Verweilzeitanalyse dargestellt. Für die Untersuchung muß die Formel (16.43) genutzt werden. Durch Einsetzen der exponentiellen Bedienungszeitverteilungen erhalten wir die rationale Verteilungsfunktion

$$V^*(s) = \frac{P[1 + E(T_{b3})\, s] \cdot [1 + E(T_{b5})\, s] \cdot [1 + E(T_{b6})\, s] + (1 - P)\,[1 + E(T_{b2})\, s]}{\prod\limits_{i=1}^{6} [1 + E(T_{bi})\, s]} \tag{18.15}$$

mit den 6 Polen $s_i = -1/E(T_{bi})$ $(i = 1, 2, \dots, 6)$ und 3 Nullstellen, die aus dem Zählerpolynom bestimmt werden müssen. Auf dieser Grundlage können auch der Erwartungswert und die Dispersion ermittelt werden. Aus (18.15) ersehen wir, daß man hier im Ergebnis eine Verteilungsfunktion für die Gesamtverweilzeit eine gebrochen-rationale Funktion höherer Ordnung erhält, für die Methoden der Rücktransformation in den Zeitbereich existieren.

18.3. Zur Bestimmung der Verweilzeitverteilung bei konstanten Bedienungszeiten für die elementaren Verweilzeitblöcke

Analyse der elementaren Kopplungsformen

Bei konstanten Bedienungszeiten für die elementaren Verweilzeitblöcke gilt

$$V_i^*(s) = B_i^*(s) = e^{-sT_{bi}} \qquad (i = 1, 2, \dots, n) . \tag{18.16}$$

Wir betrachten auch hier wieder die elementaren Kopplungsformen. Für die Verweilzeit der *Serienkopplung* erhalten wir unter Nutzung der Formel (16.1) die Verteilungsfunktion

$$V_s^*(s) = e^{-s(T_{b1}+T_{b2})} \tag{18.17}$$

mit den wahrscheinlichkeitstheoretischen Momenten

$$E(T_{vs}) = T_{b1} + T_{b2} \tag{18.18}$$

und

$$D(T_{vs}) = 0 . \tag{18.19}$$

Wenn wir für die Bedienungszeiten

$$T_{b1} = h \cdot j \tag{18.20}$$

und

$$T_{b2} = h \cdot k \tag{18.21}$$

mit ganzzahligen j und k ansetzen, dann ergibt sich im z-Bildbereich

$$V_s^*(z) = z^{-(j+k)} \tag{18.22}$$

und im Zeitbereich

$$V_s(i) = x(i - j - k) . \tag{18.23}$$

Für die Verweilzeit der *Verzweigungskopplung* erhält man anhand der Formel (16.2) die Verteilungsfunktion

$$V_v^*(s) = P \cdot e^{-sT_{b1}} + (1 - P) \cdot e^{-sT_{b2}} \tag{18.24}$$

mit dem Erwartungswert

$$E(T_{vv}) = P \cdot T_{b1} + (1 - P) \cdot T_{b2} \tag{18.25}$$

und der Dispersion

$$D(T_{vv}) = P(1 - P) \cdot (T_{b1} - T_{b2})^2 . \tag{18.26}$$

Die entsprechende Form der Verteilungsfunktion im Zeitbereich ist in Abb. 10.1 dargestellt. Wir sehen, daß in diesem Fall die zusammengesetzte Verweilzeit eine Verteilungsfunktion besitzt, deren Dispersion nicht gleich 0 ist. Wir nutzen wieder die Ansätze (18.20) und (18.21) für die diskontinuierlichen Bedienungszeiten und erhalten im z-Bildbereich

$$V_v^*(z) = P \cdot z^{-j} + (1 - P) \cdot z^{-k} \tag{18.27}$$

und im Zeitbereich

$$V_v(i) = P \cdot x(i - j) + (1 - P) \cdot x(i - k) . \tag{18.28}$$

Bei der Betrachtung der *Schleifenkopplung* erhalten wir für konstante Bedienungszeiten der elementaren Verweilzeitblöcke die Verweilzeitverteilung nach der Formel (16.6)

$$V_l^*(s) = P\, \mathrm{e}^{-sT_{b1}} \sum_{i=1}^{\infty} [(1 - P)\, \mathrm{e}^{-s(T_{b1} + T_{b2})}]^{i-1} . \tag{18.29}$$

Den Summenausdruck können wir im Zeitbereich als diskrete Approximation der Exponentialverteilung ansehen. Andererseits kann der Summenausdruck als geometrische Reihe aufgefaßt werden, für die bei

$$|(1 - P)\, \mathrm{e}^{-s(T_{b1} + T_{b2})}| < 1 \tag{18.30}$$

gilt

$$V_l^*(s) = \frac{P\, \mathrm{e}^{-sT_{b1}}}{1 - (1 - P)\, \mathrm{e}^{-s(T_{b1} + T_{b2})}} . \tag{18.31}$$

Unter Nutzung von (18.20) und (18.21) ergibt sich die Verteilungsfunktion im z-Bildbereich

$$V_l^*(z) = \frac{Pz^{-j}}{1 - (1 - P)\, z^{-(j+k)}} \tag{18.32}$$

und daraus im Zeitbereich

$$V_l(i) = (1 - P)\, V_l(i - j - k) + Px(i - j) . \tag{18.33}$$

Bei der *einfachen Parallelkopplung* betrachten wir die gemeinsame Verteilungsfunktion der beiden parallelen Abschnitte nach der Spaltung (s. Abb. 16.1). Für konstante Bedienungszeiten der elementaren Verweilzeitblöcke erhalten wir nach Formel (16.10) eine Überlagerung der beiden Sprungfunktionen $B_1(t)$ und $B_2(t)$ mit den Werten T_{b1} und T_{b2} als Sprungstellen (s. Abb. 9.3). Im Bildbereich gilt dabei

$$B_1^*(s) = \mathrm{e}^{-sT_{b1}} , \tag{18.34}$$

$$B_2^*(s) = \mathrm{e}^{-sT_{b2}} . \tag{18.35}$$

Unter Nutzung von (18.20) und (18.21) gilt im z-Bildbereich

$$\left.\begin{aligned} B_1^*(z) &= z^{-j} , \\ B_2^*(z) &= z^{-k} \end{aligned}\right\} \tag{18.36}$$

und im diskontinuierlichen Zeitbereich

$$\left.\begin{aligned} B_1(i) &= x(i - j) , \\ B_2(i) &= x(i - k) . \end{aligned}\right\} \tag{18.37}$$

Die Gesamtverweilzeit im Zeitbereich besitzt somit die nichtlineare Rekursionsformel

$$V_p(i) = x(i - j) \cdot x(i - k) . \tag{18.38}$$

Allerdings läßt sich in unserem konkreten Fall mit konstanten Bedienungszeiten der parallelen Abschnitte die Verweilzeitverteilung leichter bestimmen, wenn der Sprungcharakter der beiden Verteilungsfunktionen $B_1(t)$ und $B_2(t)$ unmittelbar berücksichtigt wird. Als Verweilzeitverteilung $V_p^*(s)$ ergibt sich dabei die Bedienungszeitverteilung, deren T_{bi} $(i = 1, 2)$ größer als das andere T_{bi} ist. Folglich gilt

$$V_p^*(s) = \begin{cases} e^{-sT_{b1}}, & \text{wenn } T_{b1} \geqq T_{b2}, \\ e^{-sT_{b2}}, & \text{wenn } T_{b2} \leqq T_{b1}. \end{cases} \tag{18.39}$$

Beispiel 1: Paralleler IAK mit Synchronisation im direkten Blockverkehr

Wir betrachten auch bei konstanten Bedienungszeiten für die elementaren Verweilzeitblöcke das Beispiel eines parallelen IAK im direkten Blockverkehr. Es gilt wieder der Forderungslaufplan entsprechend Abb. 16.7, und für die Analyse wird die Formel (16.43) verwendet. Wir erhalten die Verteilungsfunktion der Gesamtverweilzeit

$$V^*(s) = P \cdot e^{-s(T_{b1}+T_{b4}+T_{b2})} + (1 - P) \cdot e^{-s(T_{b1}+T_{b4}+T_{b3}+T_{b5}+T_{b6})} \tag{18.40}$$

und die beiden wahrscheinlichkeitstheoretischen Momente

$$E(T_v) = T_{b1} + T_{b4} + PT_{b2} + (1 - P)(T_{b3} + T_{b5} + T_{b6}), \tag{18.41}$$

$$D(T_v) = P(1 - P)(T_{b2} - T_{b3} - T_{b5} - T_{b6})^2. \tag{18.42}$$

Eine Rolle spielt für die Verteilungsfunktion (18.40) noch, ob

$$T_{b2} \geqq T_{b3} + T_{b5} + T_{b6} \tag{18.43}$$

oder

$$T_{b2} < T_{b3} + T_{b5} + T_{b6} \tag{18.44}$$

gilt. Praktisch ist meist die Ungleichung (18.44) erfüllt, weil die Übertragungszeiten des Informationsaustauschs meist größer sind als die Programmlaufzeiten. Die Verteilungsfunktion (18.40) hat im Zeitbereich die Form der Abb. 10.1.

Beispiel 2: Synchronisation der Forderungsläufe von 2 AP

Wir gehen als nächstes zur Behandlung der Synchronisation der Forderungsläufe von 2 AP über. Hierbei gilt der Forderungslaufplan in Abb. 16.6, und die Formeln (16.32) und (16.36) können für die Berechnung der Gesamtverweilzeitverteilung des Abschnittes AB genutzt werden. Wir nehmen an, daß die Verweilzeitverteilungen $V_3^*(s)$ bis $V_7^*(s)$ bereits über Schleifenkopplungen aus elementaren konstanten Laufzeiten gewonnen wurden. Insgesamt setzen wir in unserem Beispiel an

$$V_1^*(s) = V_2^*(s) = V_4^*(s) = V_6^*(s) = 1 \tag{18.45}$$

$$V_3^*(s) = \frac{P_3\, e^{-sT_{b31}}}{1 - (1 - P_3)\, e^{-s(T_{b31}+T_{b32})}} \tag{18.46}$$

$$V_5^*(s) = e^{-sT_{b5}} \tag{18.47}$$

$$V_7^*(s) = \frac{P_7\, e^{-sT_{b71}}}{1 - (1 - P_7)\, e^{-s(T_{b71}+T_{b72})}}. \tag{18.48}$$

Auf dieser Grundlage erhalten wir unter Nutzung von (18.20) und f18.21) im z-Bildbereich

$$V_3(z) = \frac{P_3 z^{-j_3}}{1 - (1 - P_3)\, z^{-(j_3+k_3)}} \tag{18.49}$$

$$V_5(z) = z^{-j_5} \tag{18.50}$$

$$V_7(z) = \frac{P_7 z^{-j_7}}{1 - (1 - P_7)\, z^{-(j_7+k_7)}}\,. \tag{18.51}$$

Daraus ergeben sich im diskontinuierlichen Zeitbereich die Rekursionsformeln

$$V_3(i) = (1 - P_3)\, V_3(i - j_3 - k_3) + P_3 x(i - j_3) \tag{18.52}$$

$$V_7(i) = (1 - P_7)\, V_7(i - j_7 - k_7) + P_7 x(i - j_7) \tag{18.53}$$

$$V_{3,7}(i) = V_3(i) \cdot V_7(i) \tag{18.54}$$

$$V_{\mathrm{b}}(i) = V_{3,7}(i - j_5) \tag{18.55}$$

für die schrittweise Berechnung der Gesamtverweilzeitverteilung. Dabei müssen noch (17.50) und die Anfangswerte $V_3(-1) = 0$ und $V_7(-1) = 0$ genutzt werden. Dieses Beispiel zeigt, wie mit Hilfe der z-Transformation Rekursionsformeln für die Berechnung der Verteilungsfunktion im Zeitbereich gewonnen werden können.

18.4. Anwendungsbeispiel für die Meßwerterfassung und -verarbeitung

Wir betrachten das universelle Meßwerterfassungs- und Verarbeitungssystem UNIMEP. In Abb. 4.2 wurden der Algorithmennetzplan und in Abb. 15.1 der Forderungslaufplan für dieses System angegeben. Im Abschnitt 15.2. erfolgte auch die Erläuterung der Funktionen von UNIMEP.

Verweilzeitverteilung

Wenn wir im Forderungslaufplan für alle Bedienungsblöcke Verweilzeitblöcke annehmen und alle Belegungs- und Freigabeblöcke weglassen, dann erhalten wir den Forderungslaufplan in Abb. 18.1a. Durch Öffnen der Parallelschleife bezüglich der Blöcke $V_3^*(s)$ und $V_4^*(s)$ ergibt sich schließlich der Forderungslaufplan in Abb. 18.1b. Für diesen Forderungslaufplan erhalten wir über den Betrachtungsabschnitt AB die allgemeine Beziehung der Verweilzeitverteilung

$$V_{\mathrm{u}}^*(s) = V_1^*(s) \cdot V_2^*(s) \cdot V_5^*(s) \cdot V_6^*(s) \cdot \sum_{i=1}^{\infty} P_i \cdot [V_3^*(s) \cdot V_4^*(s)]^i\,, \tag{18.56}$$

wobei P_i die Wahrscheinlichkeit dafür ist, daß $(i - 1)$ Meßwerte in einem Grundzyklus T_{G} erfaßt werden. Wenn wir das Gesetze der Meßwerterfassung entsprechend Abb. 10.5a annehmen und für alle Verweilzeitblöcke konstante Bedienungszeiten ansetzen, dann ergibt sich nach Formel (10.38)

$$V_{\mathrm{u}}^*(s) = \mathrm{e}^{-s(T_{\mathrm{b}1}+T_{\mathrm{b}2}+T_{\mathrm{b}5}+T_{\mathrm{b}6})} \cdot \sum_{j=1}^{5} P_j \cdot \mathrm{e}^{-snj(T_{\mathrm{b}3}+T_{\mathrm{b}4})}\,, \tag{18.57}$$

wobei die Werte für P_i den Beziehungen (10.39) und (10.40) entnommen werden können.

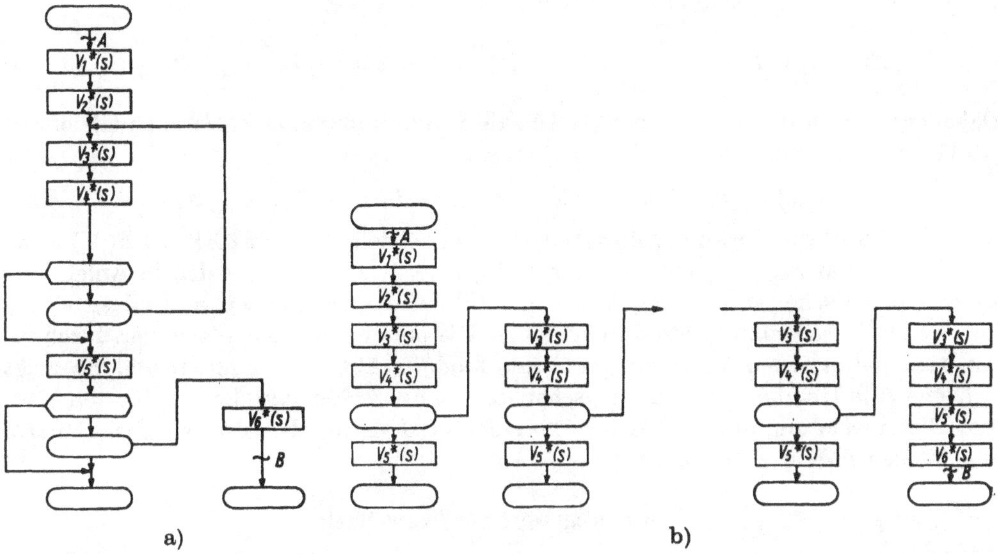

Abb. 18.1. Forderungslaufpläne für die Bestimmung der Verweilzeitverteilung bei UNIMEP

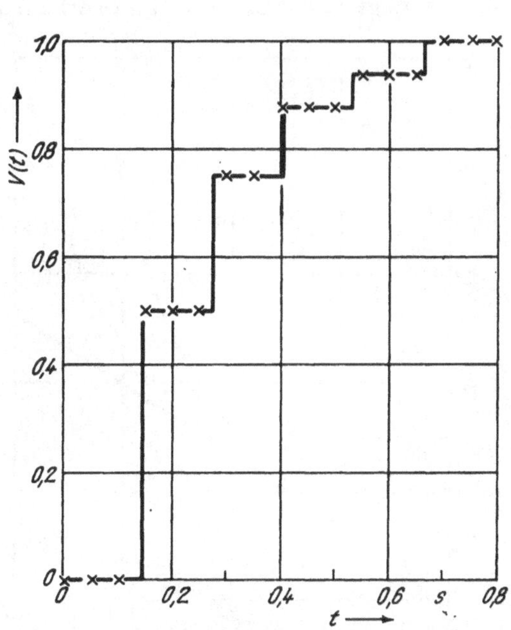

Abb. 18.2. Verteilungsfunktion der Verweilzeit für das Meßwerterfassungs- und Verarbeitungssystem UNIMEP bei kleiner Auslastung des Informationsaustauschkanals ($\eta_{\text{AER}} = 0{,}228$; $T_{\text{G}} = 1$ s; $E(M) = 38$; Theorie G/G/∞-Modell ——; Simulation: ×)

Die Verteilungsfunktion (18.57) hat den Erwartungswert

$$E(T_{vu}) = T_{b1} + T_{b2} + T_{b5} + T_{b6} + n \cdot (T_{b3} + T_{b4}) \cdot \sum_{j=1}^{5} P_j \cdot j\,. \qquad (18.58)$$

Dabei ergibt sich die mittlere Meßstellenzahl pro Grundzyklus $E(M)$ nach Gleichung (10.41), so daß auch gilt

$$E(T_{vu}) = T_{b1} + T_{b2} + T_{b5} + T_{b6} + (T_{b3} + T_{b4}) \cdot E(M)\,. \qquad (18.59)$$

In Abb. 18.2 ist die Verteilungsfunktion der Verweilzeit für UNIMEP bei $E(M) = 38$ und $T_G = 1$ s angegeben. Die Werte von T_{bi} $(i = 1, 2, \ldots, 6)$ wurden in Anlehnung an eine praktische Anwendung festgelegt. Neben der theoretischen Analyse wurde für UNIMEP eine Simulation durchgeführt. Die entsprechenden Werte der durch Simulation gewonnenen Verteilungsfunktion sind in Abb. 18.2 eingetragen. Es zeigt sich eine gute Übereinstimmung zwischen den theoretischen und den simulierten Werten. Die Auslastungsgrade sind im untersuchten Fall für den Prozessor $\eta_v = 0{,}023$ und für den IAK $\eta_{AER} = 0{,}228$.

Erwartungswert der Verweilzeit

Wir betrachten als nächstes den Erwartungswert der Verweilzeit $E(T_{vu})$, und zwar für ein breites Spektrum des Verkehrswertes $\varrho = \lambda E(T_{vu})$. Dabei variieren wir die Größen T_G und $E(M)$. Zum Vergleich zu den theoretischen Ergebnissen werden wieder die Simulationsergebnisse herangezogen. In Abb. 18.3 wurden für $T_G = 1$ s der Vergleich für verschiedene $E(M)$ und in Abb. 18.4 für $E(M) = 38$ der Vergleich für verschiedene T_G angestellt. Es zeigt sich bei $T_G = 1$ s oberhalb $E(M) = 100$ und bei

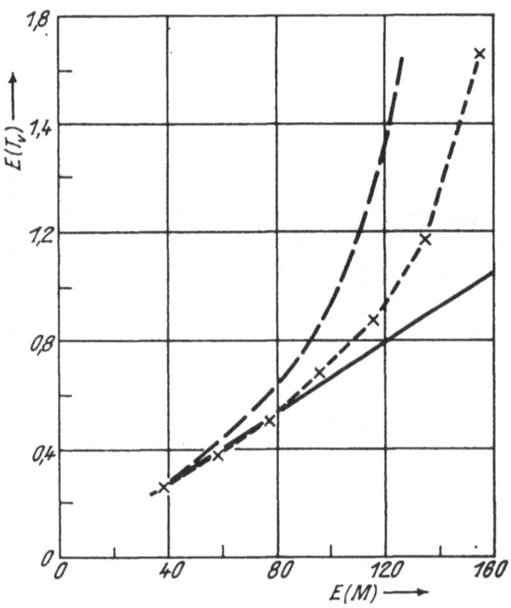

Abb. 18.3. Einfluß der mittleren Meßstellenzahl pro Grundzyklus auf die mittlere Verweilzeit bei UNIMEP ($T_G = 1$ s; Theorie: G/G/∞-Modell: ———, D/M/1-Korrektur: — — —; Simulation: —×—)

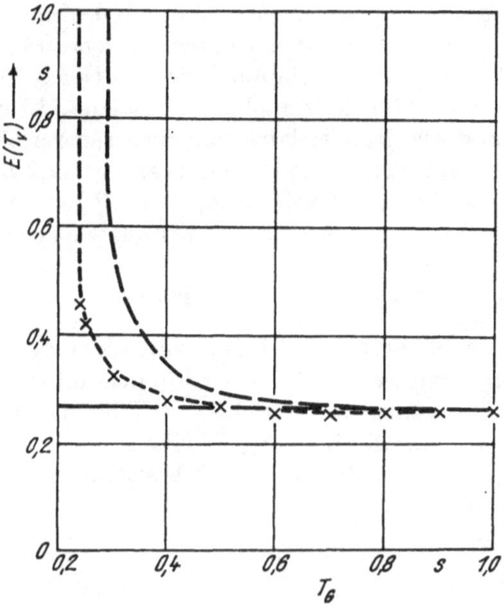

Abb. 18.4. Einfluß des Ankunftszeitabstandes der Echtzeitaufträge auf die mittlere Verweilzeit bei UNIMEP ($E(M) = 38$; Theorie: G/G/∞-Modell: ———, D/M/1-Korrektur: — — —; Simulation: —×—)

$E(M) = 38$ unterhalb $T_G = 0{,}5$ s eine deutliche Differenz zwischen den theoretischen und den Simulationsergebnissen. Diese Grenzen von $E(M)$ und T_G entsprechen etwa Werten von $\eta_v = 0{,}045 \ldots 0{,}05$ und $\eta_{AER} = 0{,}5 \ldots 0{,}6$. Daraus kann geschlossen werden, daß die Erhöhung der Verweilzeit gegenüber der Theorie des G/G/∞-Mo-

Tabelle 18.1. Verweilzeitcharakteristiken des AER-Blockes anhand der Simulation

T_G in s	$E(M)$	$E(T_{vAER})$ in s	(T_{vAER}) in s
1	38	60,0	0,0
	58	60,0	0,1
	77	63,2	13,2
	96	66,5	18,3
	116	71,7	23,2
	135	82,5	29,8
	155	102,9	41,1
1,0	38	60,0	0,0
0,9		60,0	0,0
0,8		60,0	0,0
0,7		60,0	0,1
0,6		60,4	4,7
0,5		63,6	14,0
0,4		66,4	18,1
0,3		77,8	26,6
0,25		101,2	39,6
0,24		111,6	42,3
0,23		299,2	108,6

dells oberhalb der angegebenen Grenzen, wie sie durch die Simulationsergebnisse ausgewiesen wird, durch Wartezeiten vor dem Informationsaustauschkanal AER entsteht. Das wurde auch durch die Bestimmung der mittleren Verweilzeit der Forderungen im AER-Block mit Hilfe der Simulation bestätigt. In der Tabelle 18.1 sind die Erwartungswerte und die Standardabweichungen für die Verweilzeiten der Forderungen im AER-Block angegeben. Wir finden bestätigt, daß bei $T_G = 1$ s oberhalb von $E(M) = 100$ und bei $E(M) = 38$ unterhalb von $T_G = 0{,}5$ s eine deutliche Abweichung der mittleren Verweilzeit von der Bedienungszeit des IAK auftritt.

Verbesserung der Theorie

Wenn die Wartezeiten beim System UNIMEP vor allem durch die Warteschlange vor dem IAK entstehen, dann ist es naheliegend für diesen Bedienungsknoten, auf die Annahme unendlicher Ressourcen zu verzichten und für diesen IAK ein Einknotenbedienungsmodell anzusetzen. Die Leistungsfähigkeit G des Systems UNIMEP wird also durch die Leistungsfähigkeit des IAK AER bestimmt und liegt für den betrachteten Anwendungsfall bei

$$G = \frac{1}{0{,}06 \cdot E(M)} . \tag{18.60}$$

Der IAK AER besitzt unter dieser Bedingung den Auslastungsgrad $\eta_{AER} = 1$, und zwischen der Grundzykluszeit T_G und der mittleren Meßstellenzahl $E(M)$ besteht an der Grenze der Durchsatzrate G der Zusammenhang

$$0{,}06 \frac{E(M)_{max}}{T_{G\,min}} = 1 . \tag{18.61}$$

Demgegenüber beträgt der Auslastungsgrad des Prozessors an der Grenze der Durchsatzrate der PRA unter den gegebenen Bedingungen

$$\eta_{V\,max} = \frac{0{,}0152 + 0{,}00294 \cdot T_{G\,min}}{T_{G\,min}} . \tag{18.62}$$

In der Tabelle 18.2 sind für verschiedene Werte von $T_{G\,min}$ die Auslastungsgrade des Prozessors an der Grenze der Durchsatzrate G angegeben. Da keine Austragungen von AP im System UNIMEP auftreten, sind die Auslastungsgrade der AP kleiner als der des Prozessors. Das Modell mit unbegrenzten Bedienungsressourcen kann somit für den Prozessor beibehalten werden. Insgesamt behandeln wir jetzt also ein Modell, in dem für alle Forderungslaufplanabschnitte des Prozessors die Verweilzeit durch die Bedienungszeiten repräsentiert wird, während für den IAK ein Einknotenbedienungsmodell angesetzt wird. Dabei erhebt sich die Frage, wie die Ankunftszeitabstände und die Bedienungszeiten für dieses Einknotenbedienungsmodell verteilt sind. Durch Simulation des Systems UNIMEP wurden für ein breites Spektrum von $E(M)$ und T_G die Erwartungswerte $E(T_{aAER})$ und die Standardabweichung $\sigma(T_{aAER})$ der Ankunftszeitabstände am Eingang des AER-Blockes, genauer an der mit C in Abb. 4.2

Tabelle 18.2. Auslastungsgrade der ZVE bei maximalem Auftragsdurchsatz

$T_{G\,min}$ in s	0,2	0,4	0,6	0,8	1,0
$\eta_{ZVE\,max}$	0,079	0,041	0,028	0,022	0,018

Tabelle 18.3. Zur Bestimmung der Ankunftszeitverteilung am Eingang des AER-Blockes

T_G in s	$E(M)$	$E(T_{aAER})$ in s	$\sigma(T_{aAER})$ in s	η_{AER}
1	38	1,00000	0,00012	0,228
	58	1,00000	0,00012	0,348
	77	1,00000	0,00014	0,462
	96	1,00000	0,00069	0,575
	116	1,00000	0,00014	0,696
	135	1,00000	0,00069	0,810
	155	1,00000	0,00017	0,930
1,0	38	1,00000	0,00012	0,228
0,9		0,90000	0,00028	0,254
0,8		0,80000	0,00006	0,285
0,7		0,70000	0,00035	0,326
0,6		0,60000	0,00009	0,380
0,5		0,50000	0,00017	0,457
0,4		0,40000	0,00019	0,570
0,3		0,30000	0,00025	0,760
0,25		0,25000	0.00024	0,913
0,24		0,24000	0,00011	0,950
0,23		0,23000	0,00030	0,991

gekennzeichneten Stelle des Algorithmennetzplanes, bestimmt. In der Tabelle 18.3 sind die gemessenen Werte von $E(T_{aAER})$ und $\sigma(T_{aAER})$ zusammengestellt. Zum Vergleich sind die entsprechenden Auslastungsgrade des IAK AER mit angegeben. Es zeigt sich, daß die Standardabweichung praktisch verschwindet. Somit kann der Ankunftsstrom am Eingang des AER-Blockes als regelmäßiger Ereignisstrom angenommen werden mit

$$A^*_{AER}(s) = e^{-sE(T_{aAER})} . \tag{18.63}$$

Wir betrachten nunmehr die Verteilungsfunktion der Bedienungszeit des IAK AER. Dabei beachten wir die Abb. 10.4b und die Formeln (10.38), (10.39) und (10.40). Daraus ergibt sich unter Berücksichtigung der Schleifenkopplung im Abschnitt 18.3., daß man beim angenommenen Meßwerterfassungsgesetz die Verteilungsfunktion nach Gleichung (10.38) als grobe diskrete Approximation der Exponentialverteilung ansehen kann. Deshalb setzen wir näherungsweise an

$$B^*_{AER}(s) \approx \frac{1}{1 + E(T_{bAER})\, s} . \tag{18.64}$$

Der Erwartungswert $E(T_{aAER})$ kann dabei unter Nutzung der exakten Bedienungszeitverteilung

$$B^*_{AER}(s) = \sum_{j=1}^{5} P_j \cdot e^{-snT_{b3}j} \tag{18.65}$$

mit P_j nach (10.39) und (10.40) ermittelt werden. Es ergibt sich

$$E(T_{bAER}) = n \cdot T_{b3} \cdot \sum_{j=1}^{5} P_j \cdot j = n \cdot E(M) \cdot T_{b3} . \tag{18.66}$$

In Abb. 18.5 werden die beiden Verteilungsfunktionen verglichen. Trotz des ähnlichen Verlaufs der beiden Verteilungsfunktionen ist die Approximation durch die Expo-

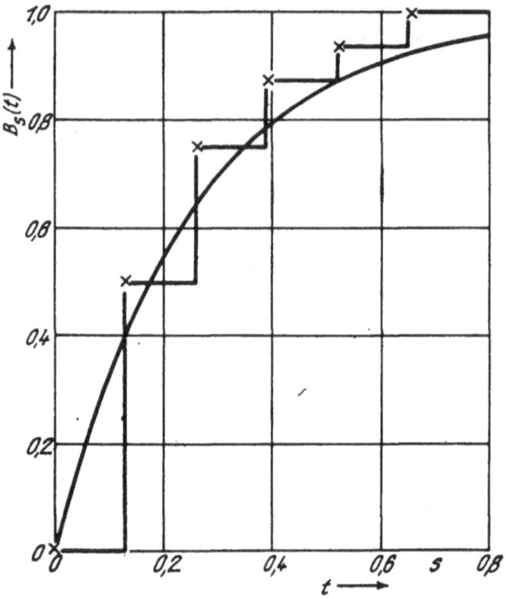

Abb. 18.5. Zur Approximation der Bedienungszeitverteilung für die Meßwerterfassung durch eine Exponentialverteilung (Bedienungszeitverteilung der Meßwerterfassung: ——×— ; Exponentialverteilung: ———)

nentialverteilung nicht besonders gut, weil sich in beiden Fällen die normierten Dispersionen stark unterscheiden. Die Verteilungsfunktion (18.64) besitzt die normierte Dispersion $d(T_b) = 1$ und die Verteilungsfunktion (18.65) $d(T_b) = 0{,}385$. Wir müßten also eigentlich ein D/G/1-Modell heranziehen, was leider nicht verfügbar ist. Beim D/M/1-Modell sind gegenüber dem D/G/1-Modell mit der Bedienungszeitverteilung (18.65) überhöhte Erwartungswerte der Warte- und Verweilzeit zu erwarten. Wir nutzen hier trotzdem die Korrektur mit dem D/M/1-Modell für den IAK, weil dieses Modell bezüglich des Einflusses des Verkehrswertes qualitativ besser ist als das reine G/G/∞-Modell. Bei den konkreten Auswertungen nutzen wir die Formeln aus dem Abschnitt 12.2. für dieses Modell.

Für die Verteilungsfunktion der Verweilzeit des Gesamtsystems UNIMEP können wir auf der Grundlage der obigen Betrachtungen den korrigierten Ansatz machen

$$V_k^*(s) = V_u^*(s) \cdot W_{AER}^*(s) \,. \tag{18.67}$$

Dabei kann $V_u(s)$ aus der Formel (18.57) benutzt werden, und für $W_{AER}^*(s)$ gilt nach (12.15)

$$W_{AER}^*(s) = \frac{q_0[1 + E(T_{bAER})\, s]}{q_0 + E(T_{bAER})\, s} \,. \tag{18.68}$$

In dieser Formel muß q_0 durch Lösung der Gleichungen (12.13) für die entsprechenden ϱ_{AER} bestimmt werden.

Für den Erwartungswert der Gesamtverweilzeit von UNIMEP kann angesetzt werden

$$E(T_v) = E(T_{vu}) + E(T_{wAER}) \tag{18.69}$$

mit

$$E(T_{\mathrm{wAER}}) = \frac{1 - q_0}{q_0} E(T_{\mathrm{bAER}}) \tag{18.70}$$

(s. Formel (12.20)). In Abb. 18.6 wurde der Vergleich für die Verweilzeitverteilung zwischen dem korrigierten theoretischen Ansatz (18.67) und den Simulationsergebnissen bei $E(M) = 38$ und $T_G = 0{,}3$ s angestellt. Der entsprechende Auslastungsgrad des IAK ist $\eta_{\mathrm{AER}} = 0{,}776$. Die korrigierten Werte für den Erwartungswert $E(T_v)$ wur-

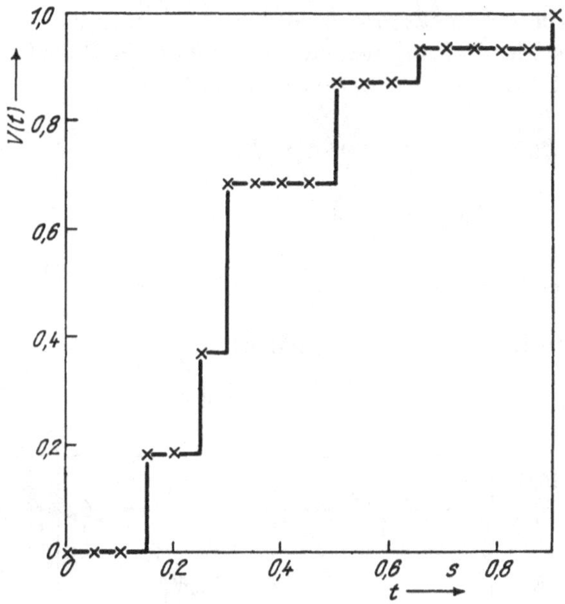

Abb. 18.6. Verteilungsfunktion der Verweilzeit für das Meßwerterfassungs- und Verarbeitungssystem UNIMEP bei großer Auslastung des Informationsaustauschkanals ($\eta_{\mathrm{AER}} = 0{,}776$; $T_G = 0{,}3$ s; $E(M) = 38$; Theorie: ——; Simulation: ×)

den in die Abb. 18.3 und 18.4 unter der Bezeichnung Theorie mit D/M/1-Korrektur eingetragen. Die Theorie mit D/M/1-Korrektur liefert, wie erwartet, in beiden Abbildungen in den interessanten Bereichen überhöhte Werte gegenüber der Simulation. Aber die Tendenz der Erhöhung der mittleren Verweilzeit bei großen Werten von η_{AER} wird durch die D/M/1-Korrektur trotz des relativ großen Fehlers der Näherung besser widergespiegelt als durch das unkorrigierte G/G/∞-Modell.

Bestimmung der Reaktionszeitcharakteristiken

Wir gehen zur Bestimmung der Reaktionszeitcharakteristiken des Systems UNIMEP bei der zeitzyklischen Überwachung von Prozeßereignissen über. Dazu erinnern wir uns daran, daß sich die Reaktionszeit T_r als Summe der Ereignisentdeckungszeit T_e und der Restverweilzeit ergibt (s. Abb. 2.3)

$$T_r = T_e + T_{\mathrm{vm}} . \tag{18.71}$$

Für die Verteilungsfunktion der Reaktionszeit folgt daraus die Formel

$$R^*(s) = E^*(s) \cdot V_m^*(s) . \tag{18.72}$$

Dabei sind $E^*(s)$ die Verteilungsfunktion der Ereignisentdeckungszeit und $V_m^*(s)$ die Verteilungsfunktion der Restverweilzeit. Die Verteilungsfunktion der Ereignisentdeckungszeit wurde bereits im Abschnitt 12.2. für die zeitzyklische Überwachung als Gleichverteilung bestimmt (s. Formel (12.30) und Abb. 12.3). Die Restverweilzeit können wir durch Aufspaltung der Verweilzeitverteilung $V_u^*(s)$ bzw. $V_k^*(s)$ gewinnen. Wir betrachten hier nur die Formel (18.57) für $V_u^*(s)$. Bei dieser Untersuchung wird angenommen, daß die k-te Meßwerterfassung innerhalb eines Grundzyklus den Meßwert erfaßt, der zur Entdeckung des zu überwachenden Prozeßereignisses führt. In diesem Fall erhalten wir als Restverweilzeitverteilung

$$V_m^*(s) = e^{-s(T_{b5}+T_{b6})} \cdot \sum_{j=1}^{5} P_j \cdot e^{-s(T_{b3}+T_{b4})\,(nj-k)} . \tag{18.73}$$

Der entsprechende Erwartungswert ist

$$E(T_{vm}) = T_{b5} + T_{b6} + \sum_{j=1}^{5} P_j \cdot (T_{b3} + T_{b4}) \cdot (nj - k) . \tag{18.74}$$

Wenn wir $k = 1$ annehmen, dann gilt genähert

$$E(T_{vm}) \approx E(T_v) . \tag{18.75}$$

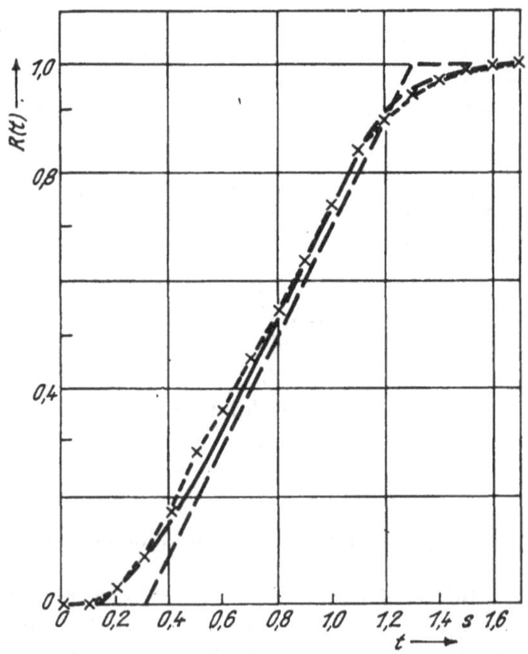

Abb. 18.7. Verteilungsfunktion der Reaktionszeit für das Meßwerterfassungs- und Verarbeitungssystem UNIMEP ($T_G = 1$ s; $E(M) = 38$; Theorie: G/G/∞-Modell: ———, Grobapproximation : — —; Simulation: —×—)

In Abb. 18.7 ist für $E(M) = 38$ und $T_G = 1$ s die Verteilungsfunktion der Reaktionszeit anhand des G/G/∞-Modells und aus der Simulation dargestellt. Wenn wir für die Restverweilzeit die Grobapproximation durch eine konstante Verweilzeit mit dem Wert $E(T_{vm})$ vornehmen, dann ergibt sich der Ansatz

$$R^*(s) = \frac{1 - e^{-sT_G}}{s} \cdot e^{-sE(T_{vm})} . \quad (18.76)$$

Das Ergebnis dieser Formel für die Werte $E(M) = 38$ und $T_G = 1$ s ist in der Abb. 18.7 gestrichelt eingetragen. Aus der guten Übereinstimmung mit den exakten Ergebnissen und mit der Simulation folgt, daß für kleine η_{AER} die Verteilungsfunktion der Ereignisentdeckungszeit bestimmend für die Verteilungsfunktion der Reaktionszeit ist. Das Bild ändert sich bei großen η_{AER}. Unter dieser Bedingung wird die Verteilungsfunktion der Reaktionszeit stärker durch die Verteilungsfunktion der Verweilzeit bestimmt. Es gilt in diesem Fall

$$R_k^*(s) = \frac{1 - e^{-sT_G}}{s} \cdot V_u^*(s) \cdot W_{AER}^*(s) \quad (18.77)$$

und

$$E(T_{rk}) = E(T_e) + E(T_{vu}) + E(T_{wAER}) \quad (18.78)$$

mit $E(T_e)$ nach Formel (12.30), $E(T_{vu})$ nach Formel (18.58) und $E(T_{wAER})$ nach Formel (18.70). Durch Auswertung von $E(T_{rk})$ erhalten wir die in den Abbildungen 18.8

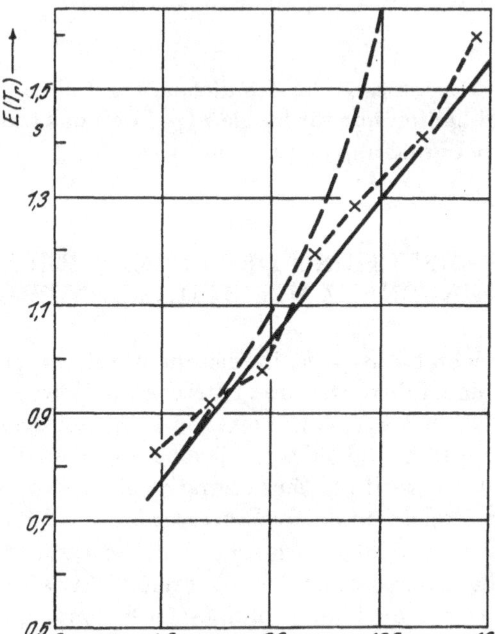

Abb. 18.8. Einfluß der mittleren Meßstellenzahl pro Grundzyklus auf die die mittlere Reaktionszeit bei UNIMEP ($T_G = 1$ s; Theorie: G/G/∞-Modell: ———, D/M/1-Korrektur: — —; Simulation: —×—)

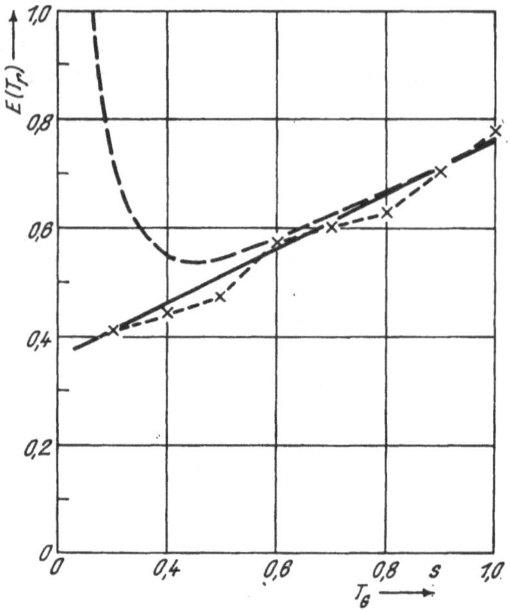

Abb. 18.9. Einfluß des Ankunftszeitabstandes der Echtzeitaufträge auf die mittlere Reaktionszeit bei UNIMEP ($E(M) = 38$; Theorie: G/G/∞-Modell: ——— , D/M/1-Korrektur: — — ; Simulation: —×—)

und 18.9 dargestellten Ergebnisse. Die Simulationsergebnisse, die mit in die Abbildung eingezeichnet sind, gelten nur für kleine η_{AER}, weil das bei der Simulation angewandte Meßverfahren bei großen η_{AER} ungenau wird.

19. UNTERSUCHUNG DES PROZESSRECHNERS ALS BEDIENUNGSNETZ MIT MEHREREN PROZESSOREN

Im Gegensatz zum Abschnitt 18. wird in diesem Abschnitt eine Beschränkung der Bedienungsressourcen eingeführt. Dadurch entstehen im Prozeßrechner Wartezeiten. Wir nehmen dabei an, daß jedes AP einen eigenen Prozessor besitzen soll. Das hat zur Folge, daß jeder parallele IAK und jedes AP je einem Einkanalbedienungsknoten entsprechen. Im Abschnitt 20. wird die Zuordnung je eines Prozessors zu je einem AP fallen gelassen und zum Modell mit einem Prozessor für alle AP übergegangen.

Mit der Anwendung von Mehrprozessorsystemen, die durch die Einführung der Mikroprozessoren in die Prozeßrechentechnik ermöglicht wird, gewinnt ein Modell mit mehreren Prozessoren unmittelbare praktische Bedeutung. Bei den gegenwärtig sich im breiten Einsatz befindlichen Prozeßrechnern mit je einem Prozessor kann dieses Modell mit mehreren Prozessoren für erste eingeschränkte Untersuchungen der Einsatzvorbereitung verwendet werden. Man behandelt hier nur die parallelen IAK und die Informationsaustausch auslösenden bzw. die sich an den Informationsaustausch anschließenden AP als Einkanalbedienungsanlagen.

Das Bedienungsnetz mit mehreren Prozessoren bildet die logische Zwischenstufe zwischen dem Bedienungsnetz mit unbegrenzten Bedienungsressourcen und dem Bedienungsnetz mit einem Prozessor. Das Mehrprozessormodell liefert in reiner Form Effekte, die beim Einprozessormodell mit zusätzlichen Effekten überlagert auftreten.

19.1. Modelle der Bedienungsanlagen des Bedienungsnetzes

Wir unterscheiden beim Mehrprozessormodell folgende zwei Klassen von Bedienungsanlagen

— Bedienungsanlagen für die Informationsverarbeitung, welche die den AP zugeordneten Prozessoren repräsentieren, und
— Bedienungsanlagen für den parallelen Informationsaustausch, welche die parallelen Informationsaustauschkanäle repräsentieren.

Bedienungsanlagen für die Informationsverarbeitung

Wir setzen voraus, daß das an erster Stelle in einem Auftragsstrom stehende AP die niedrigste Priorität besitzt. Dann können wir alle durch Forderungen dieses Auftragstroms, die jeweils vor und hinter entsprechenden parallelen IAK liegen, zu einem Ersatz-AP zusammenfassen (s. Abschnitt 14.3.). Dementsprechend ordnen wir auch diesem Ersatz-AP den Prozessor zu. Somit entspricht ein Bedienungsknoten vom Verarbeitungstyp meist mehreren AP, die ohne Unterbrechung hintereinander durchlaufen werden. Dadurch wird die Zahl der Prozessoren wesentlich kleiner als die Zahl der AP.

Wir schließen die Zeitsynchronisation eines AP und die Synchronisation der Forderungsläufe von zwei AP aus.

Für AP, die an der Synchronisation der Forderungsläufe eines AP und eines parallelen IAK beteiligt sind, wird in Übereinstimmung mit den im Abschnitt 15.4. aufgestellten Forderungen angenommen, daß ihre Programmlaufzeiten vernachlässigbar klein sind und sie eine hohe Priorität besitzen. Unter diesen Umständen wird dieses AP im Bedienungsnetz vernachlässigt, und sein Warteraum wird mit zum Warteraum des entsprechenden IAK zugeschlagen.

Bedienungsanlagen für den parallelen Informationsaustausch

Für den sequentiellen Informationsaustausch braucht ebenso wie im Abschnitt D. auch hier keine Bedienungsanlage angenommen zu werden. Im Abschnitt 6.6. wurde für den parallelen Informationsaustausch betrachtet

— der Informationsaustausch mit anschließender Anmeldung eines AP (s. Abb. 6.7)
— der Informationsaustausch mit Synchronisation der Forderungsläufe des AP und des IAK (s. Abb. 6.8).

Beim Informationsaustausch mit anschließender Anmeldung eines AP kann dem IAK ohne weiteres ein Einkanalbedienungsknoten zugeordnet werden. Die Trennung zu den vor- und nachgeschalteten AP ist deutlich zu erkennen.

Beim Informationsaustausch mit Synchronisation der Forderungsläufe des PA und des IAK wird, unter den oben getroffenen Voraussetzungen, das AP vernachlässigt bzw. das AP zum entsprechenden IAK zugeschlagen. Dabei entspricht dem IAK ein Einkanalbedienungsknoten. Ebenso kann das beim programmierten Blockverkehr (s. Abb. 6.9) auftretende UBP vernachlässigt werden.

Der gesamte Prozeßrechner enthält in dem hier angenommenen Modell als Bedienungsknoten Prozessoren und IAK, die jeweils einen Kanal besitzen.

Annahmen bezüglich aller Bedienungsanlagen

Zur Vereinfachung der Untersuchungen werden für alle q Bedienungsanlagen M/M/1-Wartesysteme angenommen. Es gilt somit

$$A_i^*(s) = \frac{1}{1 + E(T_{bi})\, s} \qquad (i = 1, 2, \dots, q), \tag{19.1}$$

$$B_i^*(s) = \frac{1}{1 + E(T_{ai})\, s} \qquad (i = 1, 2, \dots, q). \tag{19.2}$$

Dabei ist q die Zahl der im Prozeßrechner vorhandenen Bedienungsanlagen. Wenn m die Zahl der Prozessoren und n die Zahl der parallelen IAK sind, dann gilt

$$q = m + n. \tag{19.3}$$

Wir bezeichnen in Übereinstimmung mit Abschnitt 5.1. die Bedienungsknoten mit Ri (i = 1, 2, ..., q). Jeder Bedienungsknoten Ri kann mehrere Ankunftsströme mit den Ankunftsstromintensitäten λ_{ij} ($j = 1, 2, \dots, n_i$) besitzen. Das ist in Abb. 10.4 bildlich dargestellt. Es gilt dabei

$$\lambda_i = \sum_{j=1}^{n_i} \lambda_{ij}, \tag{19.4}$$

$$P_{ij} = \lambda_{ij}/\lambda_i \qquad (i = 1, 2, \dots, q;\ j = 1, 2, \dots, n_i). \tag{19.5}$$

19.2. Bedienungsnetze mit mehreren Prozessoren

Auf der Grundlage der oben eingeführten und im Abschnitt 8.1. untersuchten Bedienungsanlagen können wir nunmehr ein Bedienungsnetz analysieren, das aus solchen Bedienungsanlagen besteht. Die Kopplung der Bedienungsanlagen erfolgt dabei grundsätzlich über Forderungsströme.

Derartige Bedienungsnetze wurden bereits in der Literatur behandelt (s. insbesondere [CON], [KAU], [BUSA] und [NOW]). Allerdings wird in diesen Veröffentlichungen die Verteilungsfunktion der Verweilzeit nicht untersucht. Letzteres ist der Hauptinhalt dieses Abschnittes.

Die wichtigsten Ergebnisse aus der Literatur sind der Satz über den Ausgangsstrom eines M/M/1-Wartesystems und der Dekompositionssatz von JACKSON. Diese beiden Ergebnisse werden hier in der bei [CON] angegebenen Form ohne Beweis angeführt.

Ausgangsstrom eines M/M/1-Wartesystems

Wir setzen in unserem Bedienungsnetz für alle Bedienungsanlagen POISSONsche Eingangsströme voraus. In den inneren Bedienungsanlagen wird der Eingangsstrom durch den Ausgangsstrom einer davor liegenden Bedienungsanlage bestimmt. Aus diesem Grund ist es wichtig, wann der Ausgangsstrom einer Bedienungsanlage ein

POISSONscher Strom ist. Wir bezeichnen die Abstände zwischen zwei benachbarten Zeitpunkten des Bedienungsabschlusses der Forderungen mit T_c, die Verteilungsfunktion von T_c mit $C(t)$ und die zugeordnete LAPLACE-STIELTJES-Transformierte mit $C^*(s)$. Die entsprechenden Größen für den Eingangsstrom sind bekanntlich T_a, $A(t)$ $A^*(s)$ und für die Bedienungszeit T_b, $B(t)$ und $B^*(s)$.

Satz

Es seien T_a und T_b unabhängige Zufallsgrößen. Außerdem gelte die Ungleichung

$$\varrho = \lambda E(T_b) < 1 \tag{19.6}$$

mit $\lambda = 1/E(T_a)$ und $\mu = 1/E(T_b)$. Für ein Einkanalbedienungssystem sind unter diesen Bedingungen im stationären Betrieb die Abstände zwischen den benachbarten Bedienungsabschlüssen T_c in ihrer Gesamtheit unabhängig und haben die Verteilungsfunktion

$$C(t) = 1 - e^{-\lambda t}\,, \qquad t \geqq 0\,, \tag{19.7}$$

dann und nur dann, wenn die Verteilungsfunktionen

$$A(t) = 1 - e^{-\lambda t}\,, \qquad t \geqq 0\,, \tag{19.8}$$

und

$$B(t) = 1 - e^{-\mu t}\,, \qquad t \geqq 0 \tag{19.9}$$

sind und die nächste zu bedienende Forderung nicht von den Bedienungszeiten der wartenden Forderungen abhängt.

Dekomposition der Bedienungsanlagen eines Bedienungsnetzes

Das wichtigste analytische Instrument für die Untersuchung von Bedienungsnetzen ist der Dekompositionssatz von JACKSON (s. [CON]), der die hinreichende Bedingung angibt, bei deren Einhaltung ein vermaschtes Bedienungsnetz ohne innere Quellen als eine Gesamtheit stochastisch unabhängiger Bedienungssysteme aufgefaßt werden kann.

Dekompositionssatz von Jackson

1. Wenn alle Eingangsströme des Bedienungsnetzes POISSONsche Ströme sind,
2. wenn alle Übergänge der Forderungen von einer Bedienungsanlage zu einer anderen durch eine Matrix der Übergangswahrscheinlichkeiten bestimmt wird,
3. wenn alle Bedienungszeiten exponentiell verteilt sind, wobei die Bedienungsintensität von der in der Bedienungsanlage befindlichen Zahl der Forderungen abhängen darf,
4. wenn die Bedienungsreihenfolge der Forderungen in jeder Bedienungsanlage nicht von der Bedienungsdauer und nicht vom Forderungslauf durch die verschiedenen Bedienungsanlagen abhängt,

dann arbeitet jede Bedienungsanlage im wahrscheinlichkeitstheoretischen Sinne als unabhängiges System.

Auf der Grundlage dieses Dekompositionssatzes können wir also alle Bedienungsanlagen unseres Bedienungsnetzes unabhängig voneinander untersuchen, ohne daß dadurch ein Fehler entsteht. Bezüglich der Intensitäten der Ankunftsströme kann dabei die Intensitätsanalyse des Abschnittes 16.2. herangezogen werden.

Für die einzelnen M/M/1-Wartesysteme Ri erhalten wir unter Berücksichtigung des Dekompositionssatzes von JACKSON aus den Ergebnissen des Abschnittes 12.3. die exponentielle Verweilzeitverteilung (s. Formel (12.51))

$$V_i^*(s) = \frac{1}{1 + E(T_{vi})\, s} \qquad (i = 1, 2, \dots, q)\,, \tag{19.10}$$

wobei der Erwartungswert der Verweilzeit durch

$$E(T_{vi}) = \frac{E(T_{bi})}{1 - \varrho_i} \qquad (i = 1, 2, \dots, q) \tag{19.11}$$

mit

$$\varrho_i = \lambda_i \cdot E(T_{bi}) \qquad (i = 1, 2, \dots, q) \tag{19.12}$$

bestimmt wird. Auf dieser Grundlage kann man jetzt die Gesamtverweilzeitverteilungen der Echtzeitauftragsströme, die durch ein Bedienungsnetz mit M/M/1-Wartesystemen bedient werden, ermitteln.

Wir betrachten die beiden Kopplungsformen Serienkopplung und einfache Parallelkopplung und außerdem ein lineares Bedienungsnetz.

19.3. Serienkopplung von mehreren Prozessoren

Allgemeine Formeln

Als erstes behandeln wir die Serienkopplung von q Bedienungsanlagen. Die Verteilungsfunktion der Summenverweilzeit in diesem System ist

$$V^*(s) = \frac{1}{\prod_{i=1}^{q} [1 + E(T_{vi})\, \mathrm{s}]}\,. \tag{19.13}$$

Es handelt sich hier um eine rationale Verteilungsfunktion mit Trägheitscharakter. Der Erwartungswert der Gesamtverweilzeit ergibt sich nach (17.17) zu

$$E(T_v) = \sum_{i=1}^{q} E(T_{vi}) = \sum_{i=1}^{q} \frac{E(T_{bi})}{(1 - \varrho_i)} \tag{19.14}$$

und die Dispersion nach (17.18) zu

$$D(T_v) = \sum_{i=1}^{q} E^2(T_{vi}) = \sum_{i=1}^{q} \frac{E^2(T_{bi})}{(1 - \varrho_i)^2}\,. \tag{19.15}$$

Für die Serienkopplung von zwei M/M/1-Wartesystemen können wir sofort die Verteilungsfunktion im Zeitbereich nach der Tabelle 17.1 angeben. Es gilt

$$V(t) = \begin{cases} 1 - \dfrac{E(T_{v1})}{E(T_{v1}) - E(T_{v2})}\, \mathrm{e}^{-t/E(T_{v1})} + \dfrac{E(T_{v2})}{E(T_{v1}) + E(T_{v2})}\, \mathrm{e}^{-t/E(T_{v2})} \\ \qquad\qquad\qquad\qquad \text{für } E(T_{v1}) \neq E(T_{v2})\,, \\ 1 - t/E(T_{v1}) \cdot \mathrm{e}^{-t/E(T_{v1})} \qquad \text{für } E(T_{v1}) = E(T_{v2})\,. \end{cases} \tag{19.16}$$

Der Erwartungswert ist in diesem Fall

$$E(T_v) = \frac{E(T_{b1})}{1 - \varrho_1} + \frac{E(T_{b2})}{1 - \varrho_2}, \tag{19.17}$$

und für den Verweilzeitfaktor ergibt sich

$$F = \frac{b_1}{1 - \varrho b_1} + \frac{1 - b_1}{1 - \varrho(1 - b_1)}, \tag{19.18}$$

wenn wir

$$b_1 = \frac{E(T_{b1})}{E(T_b)} \tag{19.19}$$

und den Gesamtverkehrswert

$$\varrho = \Lambda \cdot E(T_b) \tag{19.20}$$

einführen.

Die normierte Dispersion ist für das System mit zwei M/M/1-Wartesystemen

$$d(T_v) = c_1^2 + (1 - c_1)^2, \tag{19.21}$$

wobei die Bezeichnung

$$c_1 = \frac{E(T_{v1})}{E(T_v)} \tag{19.22}$$

gilt. Dabei kann c_1 als Funktion von b_1 und ϱ unter Nutzung von (19.17), (19.19) und (19.20) mit

$$c_1 = \frac{b_1[1 - (1 - b_1)\,\varrho]}{b_1[1 - (1 - b_1)\,\varrho] + (1 - b_1)\,(1 - b_1\varrho)} \tag{19.23}$$

aufgestellt werden.

Aus der Leistungsanalyse im Abschnitt 15. ist bekannt, daß die Leistungsfähigkeit des Prozeßrechners bei q seriell gekoppelten Bedienungsanlagen durch

$$G = \text{Min}\left\{\frac{1}{E(T_{bi})}\,;\ i = 1, 2, \ldots, q\right\} \tag{19.24}$$

bestimmt ist.

Optimale Aufteilung der mittleren Bedienungszeit auf die einzelnen Bedienungsknoten vom Standpunkt der Leistungsfähigkeit

Uns interessiert jetzt die Frage, wie die mittlere Gesamtbedienungszeit $E(T_b)$ auf die einzelnen Bedienungsknoten aufzuteilen ist, damit der Betrieb des Prozeßrechners optimal wird. Diese Aufgabenstellung hat unmittelbare praktische Bedeutung, wenn alle Bedienungsknoten ZVE sind. In diesem Fall kann prinzipiell die mittlere Bedienungszeit auch auf die einzelnen Knoten aufgeteilt werden. Für die mittlere Gesamtbedienungszeit gilt

$$E(T_b) = \sum_{i=1}^{q} E(T_{bi}), \tag{19.25}$$

wenn q Prozessoren in Serie geschaltet sind. Man kann für diese Untersuchung die beiden Optimierungskriterien heranziehen

— maximale Leistungsfähigkeit G

— minimale mittlere Verweilzeit $E(T_v)$ der Aufträge

bei vorgegebener Gesamtbedienungszeit $E(T_b)$. Wir betrachten diese beiden Kriterien nacheinander.

Aus der Formel (19.24) folgt, daß die Leistungsfähigkeit G durch den Bedienungsknoten bestimmt ist, der die größte mittlere Bedienungszeit besitzt. Dieser Bedienungsknoten ist auch die Schwachstelle des Prozeßrechners. Wenn alle Bedienungsknoten die gleichen mittleren Bedienungszeiten besitzen, d. h., wenn

$$E(T_{bi}) = E(T_b)/q \tag{19.26}$$

gilt, dann werden alle Bedienungsknoten beim gleichen Wert von ϱ voll ausgelastet. Diese Aufteilung (19.26) ist vom Standpunkt der maximalen Leistungsfähigkeit die optimale, denn jede andere Aufteilung führt zu mindestens einem $E(T_{bi})$, für das

$$E(T_{bi}) > E(T_b)/q \tag{19.27}$$

gilt, und somit zu einer kleineren Leistungsfähigkeit G.

Wir zeigen diese Aussage noch deutlicher am Beispiel eines Systems mit zwei Prozessoren. In diesem Fall gilt

$$G = \text{Min}\left\{\frac{1}{E(T_{b1})}, \frac{1}{E(T_{b2})}\right\} \tag{19.28}$$

und

$$E(T_b) = E(T_{b1}) + E(T_{b2}) \,. \tag{19.29}$$

Wir führen die dimensionslose Variable

$$b_1 = \frac{E(T_{b1})}{E(T_b)} \tag{19.30}$$

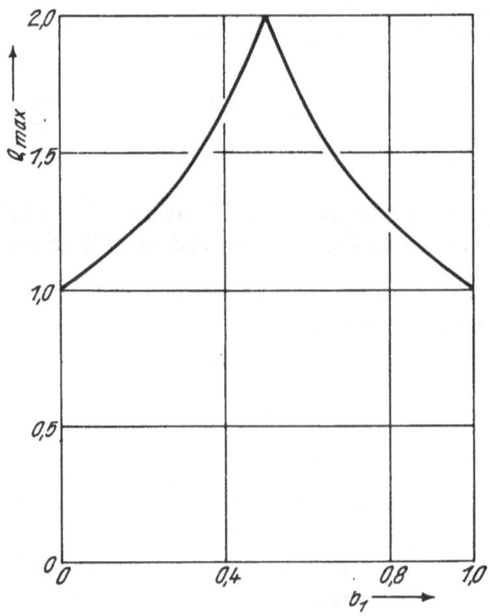

Abb. 19.1. Einfluß des relativen Bedienungszeitanteils b_1 auf den maximalen Verkehrswert bei zwei seriell gekoppelten M/M/1-Bedienungsanlagen

ein. Außerdem gilt für den Gesamtverkehrswert

$$\varrho = \Lambda \cdot E(T_b) \tag{19.31}$$

und für den maximalen Verkehrswert

$$\varrho_{\max} = G \cdot E(T_b)\,. \tag{19.32}$$

Der maximale Verkehrswert kann als dimensionsloses Äquivalent zur Leistungsfähigkeit genutzt werden. Auf dieser Grundlage ergibt sich

$$\varrho_{\max} = \mathrm{Min}\left\{\frac{1}{b_1}, \frac{1}{1-b_1}\right\}. \tag{19.33}$$

In Abb. 19.1 ist die Abhängigkeit $\varrho_{\max}$ von b_1 dargestellt. Es zeigt sich bei $b_1 = 1/2$, d. h. bei Erfüllung der Bedingung (19.26), ein deutliches Maximum des maximalen Verkehrswertes und damit auch der Leistungsfähigkeit des Mehrprozessorsystems.

Optimale Aufteilung der mittleren Bedienungszeit auf die einzelnen Prozessoren vom Standpunkt der minimalen Verweilzeit

Wir betrachten als nächstes, wie mit Hilfe einer geeigneten Aufteilung der mittleren Bedienungszeit das zweite Kriterium minimale mittlere Verweilzeit $E(T_v)$ der Aufträge erfüllt wird. Aus Gründen der Überschaubarkeit beschränken wir uns hier auf 2 Prozessoren.

In diesem Fall kann sofort das relative Minimum von F bezüglich b_1 anhand der Formel (19.18) bestimmt werden. Es ergibt sich

$$b_{1\,\mathrm{opt}} = 1/2 \tag{19.34}$$

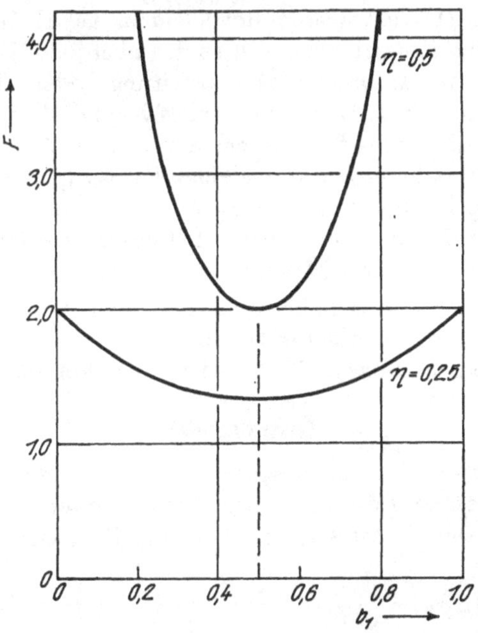

Abb. 19.2. Zur optimalen Wahl des relativen Bedienungszeitanteils b_1 bei zwei seriell gekoppelten M/M/1-Bedienungsanlagen

und

$$F_{\min} = \frac{1}{1 - (\varrho/2)} = \frac{1}{1 - \eta}, \tag{19.35}$$

wenn mit η der Auslastungsgrad des Gesamtsystems bezeichnet wird, der bei 2 Prozessoren ist

$$\eta = \varrho/2 . \tag{19.36}$$

Um die Empfindlichkeit von F gegenüber Abweichungen von b_1 vom Optimalwert zu erkennen, wurde in Abb. 19.2 für $\eta = 0{,}25$ und $\eta = 0{,}5$ die Abhängigkeit des Verweilzeitfaktors F von b_1 aufgetragen. Mit größerem η zeigt sich eine stärkere Empfindlichkeit.

Die obigen Ergebnisse beweisen, daß durch gleichmäßige Aufteilung der mittleren Bedienungszeit auf die Prozessoren gleichzeitig sowohl die Leistungsfähigkeit als auch der Verweilzeitfaktor zum Optimum gebracht werden können.

19.4. Zur Optimierung eines linearen Bedienungsnetzes von M/M/1-Wartesystemen

Im Abschnitt 17. wurde der Begriff lineares Verweilzeitmodell eingeführt. Dabei wurde festgelegt, daß Verweilzeitmodelle ohne Parallelkopplungen linear genannt werden. In Anlehnung an diese Bezeichnung heißt ein Bedienungsnetz ohne Parallelkopplungen lineares Bedienungsnetz.

In diesem Abschnitt untersuchen wir ein lineares Bedienungsnetz, in dem die Bedienung prioritätsfrei an den einzelnen Bedienungsknoten realisiert ist. Jede Bedienungsanlage ist ein M/M/1-Wartesystem mit je einem Kanal. Wir nehmen an, daß die q Bedienungsanlagen in ν Klassen eingeteilt sind, wobei jede Klasse für eine Form der Rechnerfunktionen (z. B. Informationsverarbeitung oder Informationsaustausch einer bestimmten Form, wie z. B. Analogwerterfassung über AER) vorgesehen ist. Wir bezeichnen mit k die laufende Nummer der Klasse ($k = 1, 2, \dots, \nu$), mit j die laufende Nummer des Bedienungsknotens einer Klasse ($j = 1, 2, ,,, , q_k$) und mit q_k die Zahl der Bedienungsknoten in der Klasse k.

Für die Optimierung des Prozeßrechners als lineares Bedienungsnetz von M/M/1-Wartesystemen können folgende Aufgaben genannt werden

— Lastausgleich zwischen den Bedienungsknoten einer Klasse
— Ressourcenausgleich zwischen den Klassen und
— Optimaler Gesamtauslastungsgrad bezüglich eines komplexen Gütemaßes.

Lastausgleich

Wir behandeln als erstes den Lastausgleich zwischen den Bedienungsknoten der Klasse k. Dabei wird zunächst die Leistungsfähigkeit untersucht. Für die Gesamtheit der Bedienungsknoten der Klasse k ist die Leistungsfähigkeit

$$G_k = \mathrm{Min}\left\{\frac{1}{\alpha_{kj} E(T_{\mathrm{b}kj})}\ ;\ j = 1, 2, \dots, q_k\right\} \quad (k = 1, 2, \dots, \nu)\,. \tag{19.37}$$

Dabei sind α_{kj} der Intensitätsübertragungsfaktor für den j-ten Knoten der Klasse k und $E(T_{\mathrm{b}kj})$ der Erwartungswert für die Bedienungszeit dieses Knotens. Die Ankunftsrate am Eingang des j-ten Knotens der Klasse k wird mit

$$\lambda_{kj} = \alpha_{kj} \cdot \lambda_k \tag{19.38}$$

angesetzt, der Verkehrswert aller Knoten der Klasse k mit

$$\varrho_k = \lambda_k \cdot E(T_{bk}) \tag{19.39}$$

und der Auslastungsgrad aller Knoten der Klasse k mit

$$\eta_k = \varrho_k/q_k \,. \tag{19.40}$$

Wir führen für den relativen Bedienungszeitanteil des Knotens j der Klasse k die Bezeichnung

$$b_{kj} = \alpha_{kj} \cdot \frac{E(T_{bkj})}{E(T_{bk})} \tag{19.41}$$

ein, wobei gilt

$$E(T_{bk}) = \sum_{j=1}^{q_k} \alpha_{kj} \cdot E(T_{bkj}) \,. \tag{19.42}$$

Auf dieser Grundlage ergibt sich

$$G_k = \mathrm{Min}\left\{\frac{1}{b_{kj}E(T_{bk})}\,;\; j = 1, 2, \dots, q_k\right\} \qquad (k = 1, 2, \dots, \nu)\,. \tag{19.43}$$

Die Größe G_k wird maximal, wenn die b_{kj} der Klasse k optimal mit

$$b_{kj\,\mathrm{opt}} = 1/q_k \qquad (j = 1, 2, \dots, q_k; \quad k = 1, 2, \dots,) \tag{19.44}$$

angesetzt werden. In diesem Fall ist

$$G_{k\,\max} = q_k/E(T_{bk}) \qquad (k = 1, 2, \dots, \nu)\,. \tag{19.45}$$

Die durch den Ausdruck (19.44) beschriebene Aufteilung der relativen Bedienungszeiten auf die einzelnen Bedienungsknoten ist tatsächlich die günstigste bezüglich G_k, denn jede andere Aufteilung führt zu mindestens einen Wert von $1/b_{kj} \cdot E(T_{bkj})$, der kleiner als $q_k/E(T_{bk})$ ist und damit zu einer kleineren Leistungsfähigkeit führt. Dieses Ergebnis für die optimale Leistungsfähigkeit ist auch für nichtlineare Bedienungsnetze richtig, weil in den obigen Betrachtungen die Linearität des Bedienungsnetzes als Bedingung nicht benötigt wurde.

Bei einem linearen Bedienungsnetz von M/M/1-Wartesystemen gilt für den Gesamtverweilzeitfaktor

$$F = \frac{1}{E(T_b)} \sum_{k=1}^{\nu} \varepsilon_k \sum_{j=1}^{q_k} \alpha_{kj} \cdot \frac{E(T_{bkj})}{1 - \lambda_{kj}E(T_{bkj})} \tag{19.46}$$

oder, wenn wir mit

$$F_k = \frac{1}{E(T_{bk})} \sum_{j=1}^{q_k} \alpha_{kj} \cdot \frac{E(T_{bkj})}{1 - \lambda_{kj}E(T_{bkj})} \tag{19.47}$$

den Verweilzeitfaktor der Klasse k einführen,

$$F = \sum_{k=1}^{v} F_k \varepsilon_k \frac{E(T_{bk})}{E(T_b)} \,. \tag{19.48}$$

Wir gehen jetzt zur Betrachtung des Verweilzeitfaktors einer Klasse F_k über, für den umgeformt gilt

$$F_k = \sum_{j=1}^{q} \frac{b_{kj}}{1 - b_{kj}\varrho_k}. \tag{19.49}$$

Wenn wir die b_{kj} ($j = 1, 2, \dots, q_k$; $k = 1, 2, \dots, \nu$) so wählen, daß F_k minimal wird, dann erhalten wir als optimales b_{kj}

$$b_{kj\,\mathrm{opt}} = 1/q_k \tag{19.50}$$

und

$$F_{k\,\min} = \frac{1}{1 - \eta_k}. \tag{19.51}$$

Die obigen Untersuchungen brachten drei wichtige Ergebnisse, die wir verbal formulieren:

— Der Lastausgleich in Richtung gleicher Auslastung aller Bedienungsknoten der Klasse k führt sowohl bezüglich der Leistungsfähigkeit G_k als auch bezüglich des Verweilfaktors F_k zum Optimum.
— Die maximale Leistungsfähigkeit $G_{k\,\max}$ steigt mit wachsender Zahl der Bedienungsknoten der Klasse k linear an.
— Der minimale Verweilzeitfaktor $F_{k\,\min}$ nimmt eine Abhängigkeit vom Gesamtauslastungsgrad η_k der Klasse k an, die mit der entsprechenden Abhängigkeit des Einkanal-M/M/1-Wartesystems genau übereinstimmt.

Ressourcenausgleich

Wir gehen zur Behandlung des Ressourcenausgleichs zwischen den verschiedenen Klassen über und beziehen alle k Klassen in die Untersuchung ein. Dabei wird vorausgesetzt, daß der Lastausgleich zwischen den Bedienungsknoten jeder Klasse bereits realisiert ist. Es gelten also die Beziehungen (19.44) und (19.51). Für die Leistungsfähigkeit des Gesamtsystems gilt dann der Ansatz

$$G = \mathrm{Min}\left\{\frac{q_k}{\varepsilon_k E(T_{\mathrm{b}k})}\ ;\ k = 1, 2, \dots, \nu\right\}. \tag{19.52}$$

Wir führen

$$b_k = \varepsilon_k \cdot \frac{E(T_{\mathrm{b}k})}{E(T_{\mathrm{b}})} \tag{19.53}$$

mit

$$E(T_{\mathrm{b}}) = \sum_{k=1}^{\nu} \varepsilon_k \cdot E(T_{\mathrm{b}k}) \tag{19.54}$$

ein und erhalten

$$G = \mathrm{Min}\left\{\frac{q_k}{b_k E(T_{\mathrm{b}})}\ ;\ k = 1, 2, \dots, \nu\right\}. \tag{19.55}$$

Wenn die Bezeichnung

$$\varkappa_k = q_k/q \tag{19.56}$$

gilt, dann führt die Optimierung der $\varkappa_k$ ($k = 1, 2, \dots \nu$) zu

$$\varkappa_{k\,\mathrm{opt}} = b_k \tag{19.57}$$

und

$$G_{\max} = q/E(T_{\mathrm{b}})\,. \tag{19.58}$$

Für den Verweilzeitfaktor des Gesamtsystems F erhalten wir unter Nutzung von (19.51)

$$F = \sum_{k=1}^{\nu} \frac{b_k}{1 - (b_k\eta/\varkappa_k)}. \tag{19.59}$$

wobei die Gesamtauslastung des Systems

$$\eta = \varrho/q \tag{19.60}$$

ist. Die Optimierung von F bezüglich aller $\varkappa_k$ führt zu

$$\varkappa_{k\,\mathrm{opt}} = b_k \tag{19.61}$$

und

$$F_{\min} = \frac{1}{1-\eta}. \tag{19.62}$$

Auch beim Ressourcenausgleich haben wir wieder drei wichtige Ergebnisse erhalten, die verbal ausgedrückt lauten:

— Der Ressourcenausgleich in Richtung gleicher Belastung aller Klassen führt sowohl bezüglich der Leistungsfähigkeit G als auch bezüglich des Verweilzeitfaktors F zum Optimum.
— Die maximale Leistungsfähigkeit $G_{\max}$ steigt mit wachsender Zahl an Bedienungsknoten q linear an.
— Der minimale Verweilzeitfaktor $F_{\min}$ nimmt eine Abhängigkeit vom Gesamtauslastungsgrad η des Systems an, die mit der entsprechenden Abhängigkeit des Einkanal-M/M/1-Wartesystems genau übereinstimmt.

Insgesamt wird durch den Lastausgleich und den Ressourcenausgleich gleichzeitig eine Optimierung der Leistungsfähigkeit und des Verweilzeitfaktors erreicht.

Optimales Gütemaß

Wir führen das Gütemaß

$$Q = \eta/F \tag{19.63}$$

ein, das sowohl die Leistungsfähigkeit als auch den Verweilzeitfaktor des Prozeßrechners erfaßt. Außerdem setzen wir voraus, daß bereits der Lastausgleich und der Ressourcenausgleich mit $b_{kj} = 1/q_k$ $(j = 1, 2, \ldots, q_k;\ k = 1, 2, \ldots,)$ und $\varkappa_k = b_k$ $(k = 1, 2, \ldots,)$ durchgeführt wurden. Unter diesen Umständen gilt

$$Q = \eta(1-\eta), \tag{19.64}$$

und der maximale Wert von Q liegt bei

$$\eta_{\mathrm{opt}} = 0{,}5 \tag{19.65}$$

und

$$Q_{\max} = 0{,}25. \tag{19.66}$$

Nach dem Gütemaß Q liegt also die optimale Auslastung, die den Kompromiß zwischen der maximalen Leistungsfähigkeit und dem minimalen Verweilzeitfaktor darstellt, bei einer 50-prozentigen Gesamtauslastung des Prozeßrechners.

19.5. Optimale Aufteilung der mittleren Bedienungszeit auf zwei Prozessoren bei einfacher Parallelkopplung

In Abb. 19.3 ist die einfache Parallelkopplung von zwei Prozessoren als Forderungslaufplan angegeben. Die einfache Parallelkopplung führt bekanntlich zu einem nichtlinearen Bedienungsnetz, und die für lineare Bedienungsnetze erzielten Ergebnisse des Abschnittes 19.4 sind nicht einfach übernehmbar.

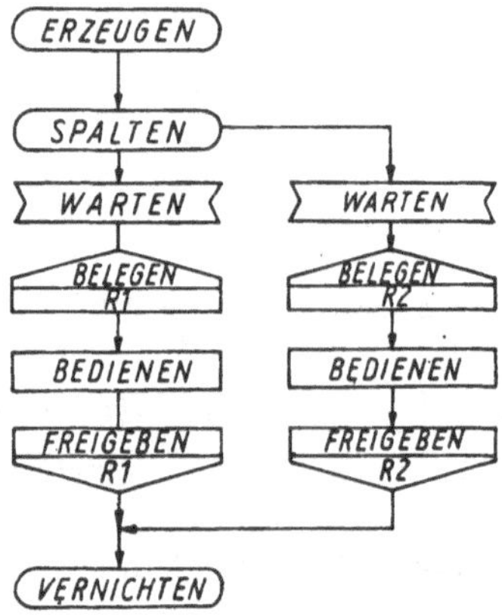

Abb. 19.3. Forderungslaufplan für die einfache Parallelkopplung von zwei Prozessoren

Wir betrachten für dieses Beispiel die optimale Aufteilung der mittleren Bedienungszeit auf die beiden Prozessoren. Bezüglich der Leistungsfähigkeit gilt wieder

$$G = \mathrm{Min}\left\{\frac{1}{E(T_{\mathrm{b1}})}, \frac{1}{E(T_{\mathrm{b2}})}\right\}. \tag{19.67}$$

Demzufolge ist auch (19.33) richtig, und wir erhalten bei $b_1 = 0{,}5$, d. h. bei gleicher Aufteilung der mittleren Bedienungszeit auf die beiden Prozessoren, den maximalen Auftragsdurchsatz. Ebenso ist für diesen Fall die Abb. 19.1 verwendbar.

Die Verteilungsfunktion der Verweilzeit $V_{\mathrm{p}}(s)$ für die einfache Parallelkopplung ergibt sich in Anlehnung an die Formel (18.14) als rationale Funktion

$$V_{\mathrm{p}}(s) = \frac{1 + \dfrac{2E(T_{\mathrm{v1}})\,E(T_{\mathrm{v2}})}{E(T_{\mathrm{v1}}) + E(T_{\mathrm{v2}})}\,s}{[1 + E(T_{\mathrm{v1}})\,s]\,[1 + E(T_{\mathrm{v2}})\,s]\left[1 + \dfrac{E(T_{\mathrm{v1}})\,E(T_{\mathrm{v2}})}{E(T_{\mathrm{v1}}) + E(T_{\mathrm{v2}})}\,s\right]}. \tag{19.68}$$

Aus dieser Formel kann durch Differentiation und Nullsetzen von s der Erwartungswert $E(T_{\mathrm{vp}})$ bestimmt werden. Wir erhalten

$$E(T_{\mathrm{vp}}) = E(T_{\mathrm{v1}}) + E(T_{\mathrm{v2}}) - \frac{E(T_{\mathrm{v1}})\,E(T_{\mathrm{v2}})}{E(T_{\mathrm{v1}}) + E(T_{\mathrm{v2}})}. \tag{19.69}$$

Wenn man

$$E(T_{\mathrm{b}}) = E(T_{\mathrm{b1}}) + E(T_{\mathrm{b2}})$$

als Gesamtbedienungszeit ansetzt, den Verkehrswert ϱ nach (19.31) und b_1 nach (19.30) einführt, dann ergibt sich

$$E_p(s) = \frac{E(T_{vp})}{E(T_b)} = \frac{b_1}{1 - b_1} + \frac{1 - b_1}{1 - (1 - b_1)} - \frac{b_1(1 - b_1)}{1 - 2b_1(1 - b_1)} . \qquad (19.70)$$

Für diesen Ausdruck erhalten wir bei

$$b_{1\,\mathrm{opt}} = 1/2 \qquad (19.71)$$

ein relatives Minimum mit

$$F_{\mathrm{p\,min}} = (3/4) \cdot \frac{1}{1 - (\varrho/2)} . \qquad (19.72)$$

Der Auslastungsgrad des Gesamtsystems η ist bei 2 Prozessoren bereits mit der Formel (19.36) gegeben. Folglich gilt auch

$$F_{\mathrm{p\,min}} = (3/4) \cdot \frac{1}{1 - \eta} . \qquad (19.73)$$

In Abb. 19.4 ist für $\varrho = 0{,}5$ und $\varrho = 1$ die Abhängigkeit des Verweilzeitfaktors F_p von b_1 aufgetragen. Daraus ist ersichtlich, daß die Verhältnisse bei der einfachen Parallelkopplung qualitativ völlig mit denen bei der Serienkopplung übereinstimmen. Wir können also auch hier wieder die Aussage treffen, daß durch Lastausgleich zwischen den beiden Prozessoren gleichzeitig die Leistungsfähigkeit erhöht und die mittlere Verweilzeit verringert werden können.

Ein Vergleich der Formeln (19.71) und (19.72) mit der Formel (19.35) für die Serienkopplung von 2 Prozessoren zeigt, daß sich der Verweilzeitfaktor bei der Parallel-

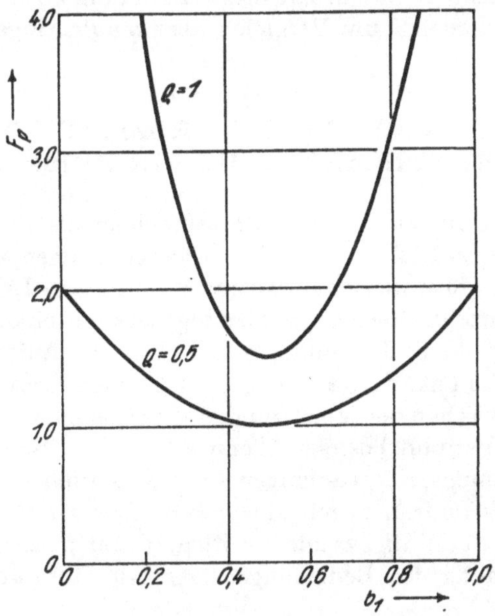

Abb. 19.4. Zur optimalen Wahl des relativen Bedienungszeitanteils b_1 bei einfacher Parallelkopplung von zwei M/M/1-Bedienungsanlagen

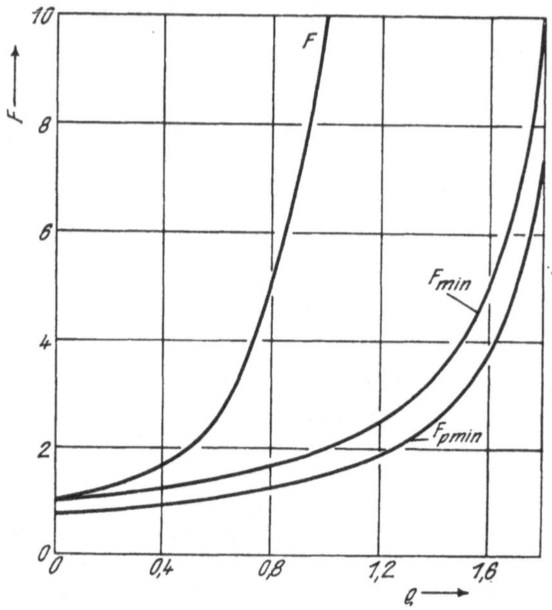

Abb. 19.5. Vergleich des Verkehrswerteinflusses auf den minimalen Verweilzeitfaktor (M/M/1-Bedienungsmodell: F; Serienkopplung: $F_{\min}$; Parallelkopplung: $F_{\mathrm{p\,min}}$)

kopplung gegenüber der Serienkopplung auf 75% verringert. In der Abb. 19.5 sind die sich aus diesen Formeln ergebenden Verweilzeitfaktoren in Abhängigkeit vom Verkehrswert dargestellt. Außerdem enthält diese Abbildung noch den Verweilzeitfaktor des M/M/1-Bedienungsmodells zum Vergleich über ϱ aufgetragen.

20. UNTERSUCHUNG DES PROZESSRECHNERS ALS BEDIENUNGSNETZ MIT EINEM PROZESSOR

In diesem Abschnitt behandeln wir den Prozeßrechner als ein Bedienungsnetz, das aus einem Prozessor und L IAK besteht. Es wird angenommen, daß L Auftragsströme zu unterscheiden sind, wobei in jedem Auftragsstrom je ein IAK vorhanden ist. Repräsentativ für den Prozeßrechner als Bedienungsnetz mit einem Prozessor wird eine Variante betrachtet, die keine Kopplungen zwischen den Auftragsströmen besitzt.

Diese Variante enthält L Auftragsströme, L IAK, einen Prozessor und $m = 2L$ AP. Wir nehmen an, daß zwischen den Forderungen verschiedener AP Ai (i = 1, 2, ... , m) die relative Prioritätsdisziplin besteht. Wenn alle Ankunftsströme als Poissonsche Ströme und alle Bedienungszeitverteilungen als exponentiell angesehen werden, dann kann auch für das Bedienungsnetz mit einem Prozessor der Dekompositionssatz von Jackson (s. Abschnitt 19.2) angewendet werden. Unter diesen Bedingungen ist die vollständige Untersuchung des Bedienungsnetzes mit Hilfe analytischer Methoden möglich.

Wir führen für dieses Bedienungsnetz Untersuchungen zur Leistungsanalyse und zur Verweilzeitanalyse durch.

Zur Leistungsanalyse

Beim L-Stromsystem mit L IAK, einen Prozessor und $m = 2L$ AP gilt für die Leistungsfähigkeit der Ansatz

$$G = \text{Min}\left\{\frac{1}{\sum_{k=1}^{L} P_k[E(T_{b1k}) + E(T_{b2k})]}, \frac{1}{P_j E(T_{b0j})}; j = 1, 2, \ldots, L\right\} \tag{20.1}$$

mit

$$P_j = \Lambda_k/\Lambda \qquad (j = 1, 2, \ldots, L). \tag{20.2}$$

Wir führen die Bezeichnungen

$$b_{0j} = \frac{P_j E(T_{b0j})}{E(T_b)} \qquad (j = 1, 2, \ldots, L), \tag{20.3}$$

$$b_1 = \frac{\sum_{k=1}^{L} P_k[E(T_{b1k}) + E(T_{b2k})]}{E(T_b)} \tag{20.4}$$

ein, wobei

$$E(T_b) = \sum_{k=1}^{L} P_k[E(T_{b0k}) + E(T_{b1k}) + E(T_{b2k})] \tag{20.5}$$

ist. Das Maximum der Leistungsfähigkeit liegt dann bei

$$b_{1\,\text{opt}} = b_{0j} = \frac{1}{L+1} \qquad (j = 1, 2, \ldots, L), \tag{20.6}$$

$$G_{\max} = \frac{L+1}{E(T_b)}, \tag{20.7}$$

d. h., das Streben nach Lastausgleich nimmt hier die Form (20.6) und (20.7) an.

Ansätze für die Verweilzeitanalyse

Zunächst werden die einzelnen Bedienungsanlagen getrennt als Einknotenbedienungssysteme analysiert. Die Analyse wird für die IAK als M/M/1-Bedienungsmodelle ohne Prioritäten und für den Prozessor als M/M/1-Bedienungsmodell mit relativer Prioritätsdisziplin zwischen den Forderungen verschiedener AP durchgeführt. Zu beachten ist in diesem Zusammenhang, daß jede Forderung eines Stromes im ersten AP eine andere Priorität als im zweiten AP besitzt. Nach der Untersuchung der einzelnen Bedienungsanlagen erfolgt die Behandlung des Gesamtsystems als Bedienungsnetz.

Bei der Zuordnung der Prioritäten zu den AP werden die im Abschnitt 14. gemachten Vorschläge, die Prioritäten zwischen AP verschiedener Ströme nicht zu mischen und in jedem Strom dem ersten AP die niedrigste Priorität zuzuordnen, befolgt.

Wir betrachten die Verweilzeitverteilung des j-ten Auftragsstromes

$$V_j^*(s) = V_{1j}^*(s) \cdot V_{0j}^*(s) \cdot V_{2j}^*(s) \qquad (j = 1, 2, \ldots, L). \tag{20.8}$$

Dabei sind

$V_{1j}^*(s)$ — die Verweilzeitverteilung der Forderungen in der ersten Bedienungsphase durch das niederrangigste AP A1j

$V_{2j}^*(s)$ — die Verweilzeitverteilung der Forderungen in der letzten Bedienungsphase durch das höherrangige AP A2j

$V_{0j}^*(s)$ — die Verweilzeitverteilung der Forderungen im IAK Ik.

Für die Bestimmung der Verweilzeitverteilung $V_{0j}^*(s)$ im IAK Ik steht das im Abschnitt 12.3. behandelte M/M/1-Bedienungsmodell ohne Prioritäten zur Verfügung.

Dabei gilt für die Verweilzeitverteilung des IAK Ik

$$V_{0j}(s) = \frac{1}{1 + E(T_{\mathrm{v}0j})\, s} \qquad (j = 1, 2, \dots, L) \tag{20.9}$$

mit dem Erwartungswert

$$E(T_{\mathrm{v}0j}) = \frac{E(T_{\mathrm{b}0j})}{1 - \Lambda_j E(T_{\mathrm{b}0j})} \qquad (j = 1, 2, \dots, L)\,. \tag{20.10}$$

Hierbei sind Λ_j die Intensität des Eingangsstromes und $E(T_{\mathrm{b}0j})$ die mittlere Bedienungszeit des IAK Ik.

Für die beiden Verweilzeitverteilungen des Prozessors $V_{1j}^*(s)$ und $V_{2j}^*(s)$ muß ein Prioritätsmodell des Prozessors aus dem Abschnitt 13. herangezogen werden.

Approximation der Verweilzeitverteilungen der AP bei relativer Prioritätsdisziplin

Wie die Formel (13.11) für die relative Prioritätsdisziplin und die Formel (13.50) und (13.52) für die programmierte Prioritätsdisziplin zeigen, gehen in die Ausdrücke der Wartezeitverteilung für diese Bedienungsdisziplinen die Verteilungsfunktionen der Beschäftigungszeit ein. Diese sind nur über die Funktionalgleichung (13.2) bestimmbar. Auch bei der absoluten Prioritätsdisziplin haben wir keinen geschlossenen Ausdruck für die Wartezeitverteilung erhalten.

Zur Weiterverwendung der Wartezeitverteilungen von Prioritätssystemen in Bedienungsnetzen ist es günstig, für diese Wartezeitverteilungen geschlossene Ausdrücke zu erhalten. Wir nutzen die Ergebnisse von Kolin (s. z. B. [KOL], [LIP1], [LIP2], [KOS]; vgl. auch Abschnitt 17.4.), der für eine breite Klasse von Einknotenbedienungssystemen die Formeln (17.35) bzw. (17.37) als gute Approximation der Wartezeitverteilung im Zeitbereich erhalten hat. Unter diesen Bedingungen erhalten wir im Bildbereich eine Wartezeitverteilung der Form (17.22) mit den Ausdrücken (17.38) und (17.39) für die Bestimmung der Zeitkonstanten T und T_{D}. Wir betrachten hier die AP Aij (i = 1, 2,; j = 1, 2, ..., L). Bei exponentieller Verteilungsfunktion der Bedienungszeit erhalten wir dann die Verweilzeitverteilung

$$V_{ij}^*(s) = \frac{1 + T_{\mathrm{D}ij} s}{(1 + T_{ij} s)\,[1 + E(T_{\mathrm{b}ij})\, s]} \qquad (j = 1, 2; j = 1, 2, \dots, L)\,. \tag{20.11}$$

Für den Erwartungswert der Verweilzeit ergibt sich

$$E(T_{\mathrm{v}ij}) = E(T_{\mathrm{b}ij}) + T_{ij} - T_{\mathrm{D}ij} \tag{20.12}$$

und für die Dispersion

$$D(T_{\mathrm{v}ij}) = E^2(T_{\mathrm{b}ij}) + T_{ij}^2 - T_{\mathrm{D}ij}^2\,. \tag{20.13}$$

In die Gleichung (20.11) sind dabei die Ausdrücke

$$\left.\begin{aligned} T_{\mathrm{D}ij} &= \frac{1-\varrho}{\varrho} E(T_{\mathrm{w}ij}) \\ T_{ij} &= (1/\varrho)\, E(T_{\mathrm{w}ij}) \end{aligned}\right\} \quad (i = 1, 2; j = 1, 2, \dots, L) \tag{20.14}$$

einzusetzen. Unter Nutzung des Verweilzeitfaktors F_{ij} ergibt sich für die normierte Dispersion der dimensionslose Ausdruck

$$d(T_{\mathrm{v}ij}) = \frac{2-\varrho}{\varrho} (F_{ij} - 1)^2 + 2F_{ij}^2 \qquad (i = 1, 2; j = 1, 2, \dots, L)\,. \tag{20.15}$$

Da wir in (20.11) ein Trägheitsglied zweiter Ordnung mit Vorhalt haben, kann die normierte Dispersion auch größer als 1 werden. Das bestätigt die Auswertung der Formel (20.15).

Für die Verteilungsfunktionen (20.11) führen wir die Rücktransformation in den Zeitbereich durch. Dabei wird mit $V_{ij0}(s)$ die Verteilungsfunktion (20.11) bei $T_\mathrm{D} = 0$ bezeichnet; das ist die Verteilungsfunktion eines Trägheitsblockes 2-ter Ordnung. Im Zeitbereich besitzt dieser Trägheitsblock die Verteilungsfunktion

$$V_{ij0}(t) = 1 - \frac{T_{ij}}{T_{ij} - E(T_{\mathrm{b}ij})} \mathrm{e}^{-t/T_{ij}} + \frac{E(T_{\mathrm{b}ij})}{T_{ij} - E(T_{\mathrm{b}ij})} \mathrm{e}^{-t/E(T_{\mathrm{b}ij})}$$

$$(i = 1, 2; j = 1, 2, \dots, L) \tag{20.16}$$

(s. Tabelle 17.1). Daraus können die Verteilungsfunktionen der Verweilzeiten $V_{ij}(t)$ für die AP A1j und A2j mit Hilfe der Beziehungen

$$V_{ij}(t) = V_{ij0}(t) + T_\mathrm{D} \cdot \frac{\mathrm{d}V_{ij0}(t)}{\mathrm{d}t} \qquad (i = 1, 2; j = 1, 2, \dots, L) \tag{20.17}$$

bestimmt werden. Wenn wir die dimensionslosen Größen

$$\left.\begin{aligned} t/E(T_{\mathrm{b}ij}) &= \Theta_{ij} \\ T_{ij}/E(T_{\mathrm{b}ij}) &= \tau_{ij} \\ T_{ij}/E(T_{\mathrm{b}ij} &= \tau_{\mathrm{D}ij} \end{aligned}\right\} \quad (i = 1, 2; j = 1, 2, \dots, L) \tag{20.18}$$

einführen, dann ergeben sich die dimensionslosen Verteilungsfunktionen der Verweilzeit

$$V_{ij}(\Theta) = 1 - \frac{\tau_{\mathrm{D}ij} - \tau_{ij}}{1 - \tau_{ij}} \mathrm{e}^{-\Theta_{ij}/\tau_{ij}} + \frac{1 - \tau_{\mathrm{D}ij}}{1 - \tau_{ij}} \mathrm{e}^{-\Theta_{ij}} \qquad (i = 1, 2; j = 1, 2, \dots, L)\,. \tag{20.19}$$

Zur Überprüfung der Approximation (17.37) für die Wartezeitverteilung in unserem System mit relativer Prioritätsdisziplin wurde das System mit einem Auftragsstrom ($L = 1$) simuliert. Der Vergleich zwischen theoretischen und Simulationsergebnissen wurde für die Standardabweichungen $\sigma(T_{\mathrm{v}1})$ und $\sigma(T_{\mathrm{v}2})$ der beiden AP A1 und A2 in den Abbildungen 20.1 und 20.2 durchgeführt. Für einen großen Bereich des Gesamtverkehrswertes ϱ zeigt sich eine gute Übereinstimmung. Bei diesem Vergleich ist zu beachten, daß bei der Approximation (17.37) die Erwartungswerte exakt angenommen werden. Die approximierten Verweilzeitverteilungen der beiden AP A1 und A2 wur-

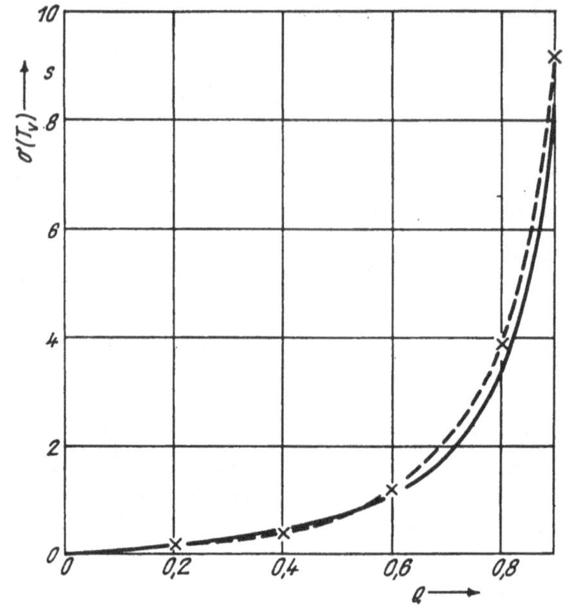

Abb. 20.1. Vergleich der durch Approximation gewonnenen Standardabweichung der Verweilzeit mit der Simulation bei relativer Prioritätsdisziplin (AP A1; Approximation: ———; Simulation: —×—)

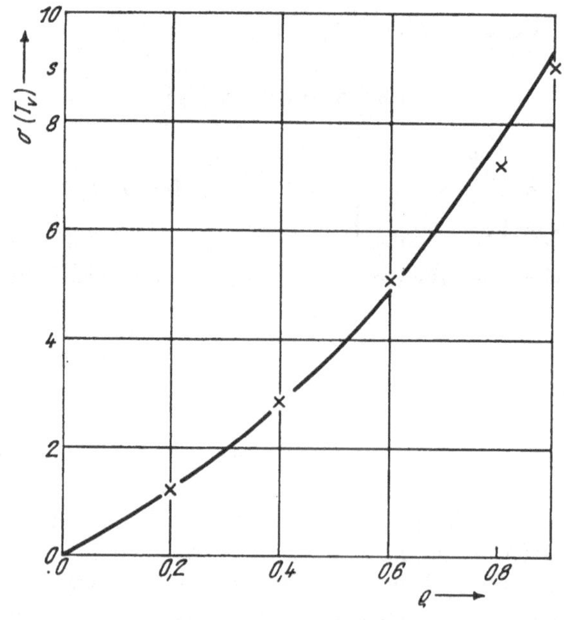

Abb. 20.2. Vergleich der durch Approximation gewonnenen Standardabweichung der Verweilzeit mit der Simulation bei relativer Prioritätsdisziplin (AP A2; Approximation: ———; Simulation: —×—)

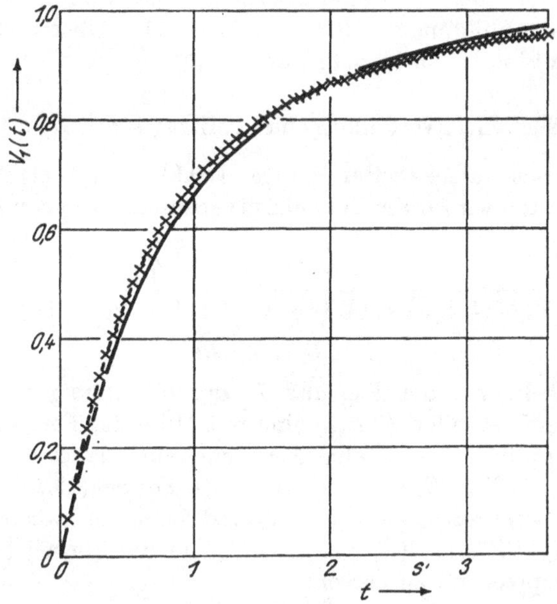

Abb. 20.3. Vergleich der durch Approximation gewonnenen theoretischen Verteilungsfunktion der Verweilzeit des AP A1 mit Simulationsergebnissen bei relativer Prioritätsdisziplin (Approximation: ———; Simulation: –×–×–×–×–)

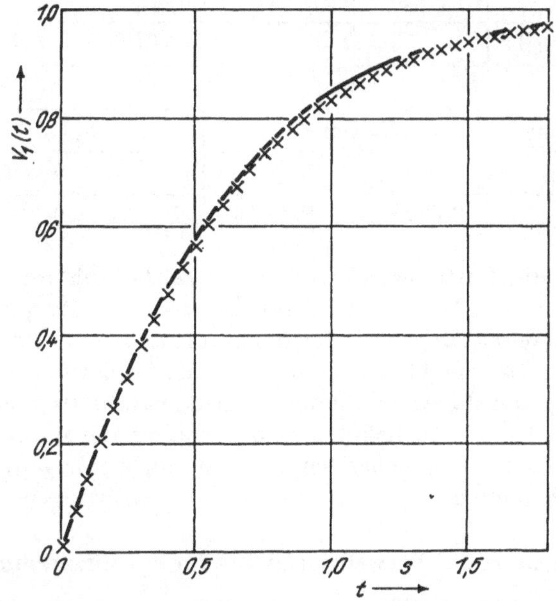

Abb. 20.4. Vergleich der durch Approximation gewonnenen theoretischen Verteilungsfunktion der Verweilzeit des AP A2 mit Simulationsergebnissen bei relativer Prioritätsdisziplin (Approximation: ———; Simulation: –×–×–×–)

den für das Einstromsystem mit Simulationsergebnissen verglichen. Die Ergebnisse finden sich in den Abbildungen 20.3 und 20.4. Die Übereinstimmung zwischen Approximation und Simulation ist sehr gut.

Verweilzeitverteilung eines Auftragsstromes

Wenn wir die Ausdrücke aus den Beziehungen (20.9) und (20.11) in die Formel (20.8) einsetzen, dann erhalten wir für die Verweilzeitverteilung des j-ten Auftragsstromes im Bildbereich

$$V_j^*(s) = \frac{(1 + T_{D1j}s)\,(1 + T_{D2j}\,s]}{(1 + T_{1j}s)\,(1 + T_{2j}s)\,[1 + E(T_{b1j})s]\,[1 + E(T_{b2j})\,s]\,[1 + E(T_{b0j})\,s]}$$
$$(j = 1, 2, \ldots, L)\,. \tag{20.20}$$

In diesem Ausdruck können die T_{Dij} und T_{ij} durch Nutzung von (20.14) bestimmt werden. Die dabei auftretenden $E(T_{wij})$ sind mit Hilfe der Formel (13.12) für die relative Prioritätsdisziplin zu ermitteln. Allerdings sind dabei entsprechende Zuordnungen für λ_h, λ_k, λ_n, $E(T_{bh})$, $E(T_{bk})$ und $E(T_{bn})$ (s. Formel (13.12)) zu den $E(T_{wij})$ erforderlich. Für ein Zweistromsystem ($L = 2$) sind die in der Tabelle 20.1 angegebenen Werte für λ_h, λ_k, λ_n, $E(T_{bh})$, $E(T_{bk})$ und $E(Z_{bn})$ in die Formel (13.12) einzusetzen, um die $E(T_{wij})$ entsprechend zu berechnen.

Tabelle 20.1. Zur Bestimmung der Erwartungswerte der Verweilzeiten der einzelnen AP bei 2 Auftragsströmen

	$E(T_{v11})$	$E(T_{v12})$	$E(T_{v21})$	$E(T_{v22})$
λ_h	Λ_1	0	Λ	Λ_1
$E(T_{bh})$	$E(T_{b12})$	0	$P_1E(T_{b1}) + P_2E(T_{b22})$	$E(T_{b1})$
λ_k	Λ_1	Λ_1	Λ_2	Λ_2
$E(T_{bk})$	$E(T_{b11})$	$E(T_{b12})$	$E(T_{b21})$	$E(T_{b22})$
λ_n	Λ_2	Λ	0	Λ_2
$E(T_{bn})$	$E(T_{b2})$	$P_1E(T_{b11}) + P_2E(T_{b2})$	0	$E(T_{b21})$

Prinzipiell kann die Verteilungsfunktion im Zeitbereich mit Hilfe der Partialbruchzerlegung der rationalen Funktion auf der rechten Seite von (20.20) gewonnen werden. Aber das bereitet einigen Umformungsaufwand. Zweckmäßiger ist in diesem Fall die Betrachtung des Signalübertragungssystems, das der Formel (20.20) entspricht (s. Abschnitt 17.5.), und die Nachbildung dieses Signalübertragungssystems auf dem Analogrechner. Man kann natürlich auch ein Verfahren der numerischen Integration der dem Signalflußplan entsprechenden Differentialgleichungen, z. B. das Runge-Kutta-Verfahren, benutzen.

Bestimmung des Verweilzeitfaktors für ein Einstrommodell

Wir wollen jetzt den Verweilzeitfaktor für ein Einstrommodell angeben. Hierbei muß zunächst bemerkt werden, daß auf diesen die Approximation keinen Einfluß hat, weil in unserem Approximationsansatz der Verteilungsfunktion exakte Erwartungswerte der Wartezeit genutzt werden. Wir führen die dimensionslosen Größen

$$b_1 = \frac{E(T_{b1})}{E(T_b)}, \tag{20.21}$$

$$b_{11} = \frac{E(T_{b11})}{E(T_b)} \tag{20.22}$$

ein, wobei $E(T_b)$ der Erwartungswert der Gesamtverweilzeit, $E(T_{b11})$ der Erwartungswert der Verweilzeit des AP A1 und $E(T_{b1})$ der Erwartungs- der Verweilzeit in den beiden AP A1 und A2 sind. Unter Nutzung von (20.21) und (20.22) erhalten wir den Verweilzeitfaktor für das Einstromsystem

$$F = \frac{\varrho[b_{11}^2 + (b_1 - b_{11})^2]}{(1 - \varrho b_1)[1 - \varrho(b_1 - b_{11})]} + b_1 + \frac{\varrho[b_{11}^2 + (b_1 - b_{11})^2]}{1 - \varrho(b_1 - b_{11})} + \frac{1 - b_1}{1 - \varrho(1 - b_1)}. \tag{20.23}$$

Hierbei gelten folgende Bedingungen für die drei unabhängigen Einflußgrößen ϱ, b_1 und b_{11}

$$\left.\begin{array}{l} 0 \leqq \varrho < 2 \\ 0 \leqq b_1 \leqq 1 \\ 0 \leqq b_{11} \leqq b_1 . \end{array}\right\} \tag{20.24}$$

Die Formel (20.23) wurde für $b_1 = 0{,}5$ ausgewertet, und in Abb. 20.5 sind die Ergebnisse dargestellt. Bei der Wahl von b_1 wurde davon ausgegangen, daß bei $b_1 = 0{,}5$ die Leistungsfähigkeit des Prozeßrechners maximal ist. Aus der Abb. 20.5 ist ersichtlich, daß der Verweilzeitfaktor F bezüglich b_{11} ein relatives Minimum besitzt. Bei kleineren ϱ ist die Kurve $F = F(b_{11})$ aber sehr flach. Wenn man $b_{11} = 0{,}25$ wählt, dann liegt man nicht weit vom Minimalwert für F entfernt.

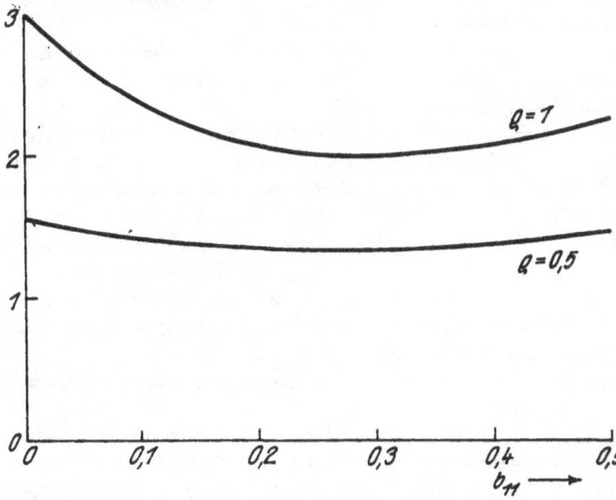

Abb. 20.5. Verweilzeitfaktor für das Gesamtsystem bei einem Bedienungsnetz mit einer ZVE (Einstromsystem; relative Prioritätsdisziplin; $b_1 = 0{,}5$)

Literaturverzeichnis

[AWE] AWEN, O. I., und JA. A. KOGAN (Авен, О. И. и Я. А. Коган): Математические модели сложных вычислительных систем [обзор]. Автоматика и телемеханика [1971] 109—127.

[BAN] BANDEMER, H., und A. BELLMANN, W. JUNG, K. RICHTER: Optimale Versuchsplanung (Reihe WTB). Akademie-Verlag, Berlin 1973.

[BER1] BERGHOLZ, G.: Zur Bestimmung der Reaktionszeit von Prozeßrechenanlagen. msr **19** (1976) 4, 129—133.

[BER2] BERGHOLZ, G.: Digitale Simulation analoger Übertragungssysteme. Verlag Die Wirtschaft, Berlin 1972.

[BER3] BERGHOLZ, G., und D. HORN: Prozeßrechentechnik (Lehrwerk für das Ingenieurfernstudium Baustein 3850-01). Institut für Fachschulwesen der DDR, Karl-Marx-Stadt 1973.

[BER 4] BERGHOLZ, G.: Modell für die Untersuchung des Echtzeitverhaltens eines Prozeßrechners. XVIII Internat. Wiss. Kolloquium der TH Ilmenau 1973, Bd. **B3**, S. 129—132.

[BER5] BERGHOLZ, G.: Modell für die Untersuchung des Echtzeitverhaltens eines Prozeßrechners. msr **18** (1975) 4, 134—137.

[BER6] BERGHOLZ, G.: Echtzeitmodell für den Informationsaustausch zwischen der Zentraleinheit und der Peripherie eines Prozeßrechners. msr **18** (1975) 11, 386—389.

[BER7] BERGHOLZ, G.: Zur Analyse des Echtzeitbetriebs von Prozeßrechnersystemen. ZfR-Informationen, Akademie der Wissenschaften der DDR Zentrum für Rechentechnik (1977) 01.77, 36—48.

[BER8] BERGHOLZ, G., M. GÜNTHER, W. REICHEL und G. SAELTZER: Rechnergestützte Gestaltung von Prozeßrechner-Anwendungssystemen. msr **18** (1975) 5 und 9, 190—192 und 332—335.

[BER9] BERGHOLZ, G.: Zur Ermittlung der Forderungsstromintensitäten in einem Echtzeitoperationssystem für Prozeßrechenanlagen. Wiss. Z. Techn. Univers. Dresden **24** (1975) 3/4, 563—570.

[BER10] BERGHOLZ, G.: Zur Analyse der Multiprogrammbearbeitung in einer Prozeßrechenanlage. Rechentechnik/Datenverarbeitung **12** (1975) Beiheft 3, 61—66.

[BER11] BERGHOLZ, G.: Analyse der Steuerung des Multiprogrammbetriebs von PRA. Arbeitsbericht TU Dresden Sektion Informationsverarbeitung 1976. .

[BER12] BERGHOLZ, G.: Zur Beschreibung des Echtzeitoperationssystems eines Prozeßrechners durch Bedienungsmodelle. ZfR-Informationen, Akademie der Wissenschaften der DDR Zentrum für Rechentechnik (1974) C-74.08.

[BEI] BEIZER, B.: The Architecture and Engineering of Digital Computer Complexes. Plenum Press, New York aund London 1971.
Байцер, Б.: Архитектура вычислительных комплексов. Издательство Мир Москва, 1974.

[BES] BESSNER, G.: PROTOS, Programmsystem zur Protokollierung im Echtzeitbetrieb. Anwenderinformation des VEB Kombinat Robotron, Dresden 1974.

[BRO] BRONSCHTEJN, O. I., und I. M. DUCHOWNIJ (Бронштейн, О. И. и И. М. Духовный): Модели приоритетного обслуживания в информационно-вычислительных систем. Издательство Наука, Москва 1976.

[BUSA] BUSACKER, R. G., und T. L. SAATY: Endliche Graphen und Netzwerke. Verlag R. Oldenbourg, München und Wien 1968.

[BUSL] BUSLENKO, N. P.: Modellierung komplizierter Systeme. Verlag Die Wirtschaft, Berlin 1972.

[CHE] Chetagurow, Ja. A. (Хетагуров, Я. А.): Мультипроцессорные вычислительные системы. Издательство Энергия, Москва 1971.

[COF] Coffman, G. E. Jr., and P. J. Denning: Operating Systems Theory. Prentice-Hall Inc., Englewood Cliffs New Jersey 1973.

[CON] Conway, R. B., W. L. Maxwell and L. W. Miller: Scheduling Theory. Adisson-Wesley, Massetts 1967.
Конвей, Р. Б. и В. Л, Максвелл, Л. В. Миллер: Теория расписаний. Издательство Наука, Москва 1975.

[COL] Colin, A. J. T.: Betriebssysteme. BSB BG Teubner Verglagsgesellschaft, Leipzig 1973.

[DAH] Dahl, O.-J., und B. Myhrhang, K. Nygaard: SIMULA 67 Common Base Language. Norwegian Computing Center, Publication No S-2, Oslo 1968.
Дал, У. и Б. Мюхаут, К. Нюгорд: Симула — 67 универсальний язык программирования. Издательство Мир, Москва 1969.

[DAR] Halbautomatisches Datenerfassungssystem daro 1600, Systembeschreibung, Heft 1. VEB Kombinat Zentronik, Sömmerda 1975.

[DEN] Dennis, J. B., and E. C. van Horn: Programming semantics for multprogrammed computations. Communications of the ACM 9 (1966) 3, 143—155.
Деннис, Дж. Б. и Э. Ван Хорн: Семантика программирования для мультипрограммных вычислений. Сборник статей мультипрограммирование и разделение времени. Издательство Мир, Москва 1970.

[DIE] Dienhold, V., und G. Lunze, Betriebssysteme von Prozeßrechnern, Lehrbriefe für das Hochschulfernstudium, 1. Lehrbrief. Verlag Technik, Berlin 1974.

[DON] Donat, S.: Beschreibung des Standardprogramms UNIMEP (Systemunterlagendokumentation Rechnerfamilie 4000). VEB Kombinat Robotron, Dresden 1973.

[EGI] Egipko, W. M., und I. A. Pogosjan: (Египко, В. М. и И. А. Погосян): Вопросы теории проектирования систем автоматизации экспериментов. Издательство Наукова думка, Киев 1973.

[ENS] Enslow, P. H.: Multiprocessors and Parallel Processing. John Wiley & Sons, New York London Sydney Toronto 1974.
Энслоу, Ф. Г.: Мультипроцессорные системы и паралельные вычисления. Издательство Мир, Москва 1976.

[ESK1] ESKO 4000, Echtzeitsteuerprogrammsystem PRS 4000, Systemunterlagen-Dokumentation. VEB Kombinat Robotron, Dresden 1972.

[ESK2] ESKO 4200, Echtzeitsteuerprogrammsystem KRS 4200, Systemunterlagen-Information. VEB Kombinat Robotron, Dresden 1972.

[ESP] ESPO, Echtzeitsteuerprogrammsystem PRS 4000, Systemunterlagen-Dokumentation. VEB Kombinat Robotron, Dresden 1972.

[GAG] Gagelmann, H.: Steuerung von Chargenprozessen durch Prozeßrechner. msr 15 (1972) 11, 395—399.

[GNE1] Gnedenko, B. M., und I. N. Kowalenko: Einführung in die Bedienungstheorie. Akademie-Verlag, Berlin 1974.

[GNE2] Gnedenko, B. W., E. A. Danieljan, B. N. Dimitrow, G. P. Klimow und W. F. Matwejew (Гнеденко, В. В. и Э. А. Данилян, Б. Н. Димитров, Г. П. Климов, В. Ф. Матвеев): Приоритетные системы обслуживания. Издательство Московского Университета, Москва 1973.

[GLU] Gluschkow, W. M., und A. A. Barabanow, L. A. Kalinowskij, S. D. Michinowski, E. L. Rabinowitsch (Глушков, В. М. и А. А. Барабанов, Л. А. Калиновский, С. Д. Михиновский, Е. Л. Рабинович): Вычислительные машины с расвитыми системами интерпретации. Издательство Наукова Думка, Киев 1970.

[GOL] Golenko, D. I.: Statistische Methoden der Netzplantechnik. BSB B. G. Teubner Verlagsgesellschaft, Leipzig 1972.

[GOR] Gordon, G.: Systemsimulation. R. Oldenbourg Verlag, München und Wien 1972.

[GRA] Grässler, L., und H. Hetzer: Die Rechenerfamilie ROBOTRON 4000. msr 15 ap (1972) 2, 31—34.

[GRI] GRIETHE, W., und G. BERGHOLZ: Zur Bewertung der Effektivität des Prozeßrechnereinsatzes im VEB Kalibetrieb Zielitz (1. interner Zwischenbericht). TU Dresden Sektion Informationsverarbeitung, Dresden 1977.

[HAN] HANSEN, P. B.: Operating System Principles. Prentice-Hall Inc., New Jersey 1973.

[HEI] HEINOLD, H., und H. JUNGCLAUSSEN: LEDA — Ein EDV-Anwendungssystem für den Hochschulunterricht. Wiss. Z. Techn. Univers. Dresden **23** (1974) 3/4, 697—702.

[HER] HERZOG, U., und P. KÜHN, A. ZEH: Klassifizierung und Analyse von Verkehrsmodellen für das Ablaufgeschehen in Rechnersystemen. Mitteilung aus dem Institut für Nachrichtenvermittlung und Dyatenverarbeitung Universität Stuttgart 1972.

[HET] HETZER, H.: Zur Entwicklung des Rechnersystems ROBOTRON 4201. Rechentechnik/Datenverarbeitung **12** (1975) Beiheft 3, 4—12.

[JAH1] JAHN, K. u. a.: Beschreibung des Demonstrationsprogrammsystems „Rechnergestützte Patientenüberwachung" (Forschungsbericht). VEB Kombinat Robotron, ZFT, Dresden 1973.

[JAH2] JAHN, K., und D. FISCHER: Automatisierung in medizinischen Labors mittels Kleinrechnereinsatz. Rechentechnik/Datenverarbeitung **12** (1975) Beiheft 3, 345—47.

[JAI] JAISWAL, N. K.: Priority Queues. Academic Press, New York and London 1968.
Джейсуол, Н. К.: Очереди с приоритетами. Издательство Мир, Москва 1973.

[JAK] JAKOWLEW, E. I. (Яковлев, Е. И.): Машинная имитация. Издательство Наука, Москва 1975.

[KAP] KAPLIK K.: Prozeßrechnereinsatz (in Schriftenreihe Programmierung und Nutzung von Rechenanlagen, Teil 6). Verlag Die Wirtschaft, Berlin 1972.

[KAR] KARLIN, S.: A First Course in Stochastik Processes. Academic Press, New York and London 1968.
Карлин, С: Основы теории случайных процессов. Издательство Мир, Москва 1971.

[KAT] KATZAN, H. JR.: Operating Systems A Pragmatic Approach. Van Norstrand Reinhold Company, New York Cincinnati Toronto London and Melbourne 1973.
Катцан, Г.: Операционные системы. Издательство Мир, Москва 1976.

[KAU] KAUFMAN, A., et R. CRUON: Les phénomènes d'attente Theorie et applications. Dunod, Paris 1961.
Кофман, А. и Р. Крюон: Массовое обслуживание, теория и приложения. Издательство Мир, Москва 1965.

[KLE] KLEINROCK, L.: Ausgewählte analytische Ergebnisse über Teilnehmersysteme (Sammelband Systemprogrammierung, Beihefte zur Zeitschrift Elektronische Rechenanlagen). R. Oldenbourg Verlag, München Wien 1972.

[KOL] KOLIN, K. K., und W. W. LIPAJEW (Колин, К. К. и В. В. Липаев): Проектирование алгоритмов управляющих ЦВМ. Издательство Советское радио, Мосвка 1970.

[KOE] KÖNIG, D., und D. STOYAN: Methoden der Bedienungstheorie Reihe WTB. Akademie-Verlag, Berlin 1976.

[KOS] KOSUB, W. M.: (Козуб, В. М.): Системы прерывания ЦВМ. Издательство Советское радио, Москва 1976.

[KOT] KOTTE, B., und W. GRIETHE, B. SÄNGER: Prozeßrechnereinsatz im Kalibetrieb Zielitz. Rechentechnik/Datenverarbeitung **12** (1975) Beiheft 3, 32—37.

[KRA] KRAMPE, H., und J. KUBAT, W. RUNGE: Bedienungsmodelle. Verlag Die Wirtschaft, Berlin 1974.

[KRAS] KRASSOWSKIJ, A. A., und G. S. POSPELOW (Красовский, А. А. и Г. С. Поспелов): Основы автоматики и технической кибернетики. Государственное энергетическое издательство, Москва и Ленинград 1962.

[KRAY] KRAYL, H., und F. J. NEUHOLD, C. UNGER: Grundlagen der Betriebssysteme (Sammlung Göschen). De Gruyter, Berlin-West und New York 1975.

[KÜM] KÜMMERLE, K.: Charakteristische Größen zur Beschreibung der Leistungsfähigkeit und Effektivität von EDV-Anlagen. Elektronische Rechenanlagen **14** (1972) 1, 12—18.

[KUS1] Kussl, V.: Technik der Prozeßdatenverarbeitung. Verlag Technik, Berlin 1973.

[KUS2] Kussl, V.: Programmieren von Prozeßrechnern. VDI-Verlag, Düsseldorf 1975.

[KUSI] Kusin, L. T. (Кузин, Л. Т.): Основы кибернетики том 1. Математические основы кибернетики. Издательство энергия, Москва 1973.

[KUSM] Kusmin, I. W., und N. T. Beresjuk, K. K. Furmanow (Кузьмин, И. В. и Н. Т. Березюк, К. К. Фурманов): Синтез вычислительных алгоритмов управления и контроля. Издательство Техника, Киев 1975.

[KUCK] Kuck, C.: Programmsysteme für Realzeitrechner. R. Oldenbourg Verlag, München und Wien 1972.

[LIP1] Lipajew, W. W., und K. K. Kolin, L. A. Serebrowskij (Липаев, В. В. и К. К. Колин, Л. А. Серебровский): Математическое обеспечение управляющих ЦВМ. Издательство Советское радио, Москва 1972.

[LIP2] Lipajew, W. W., und S. F. Jaschkow (Липаев, В. В. и С. Ф. Яшков): Эффективность методов организации вычислительного процесса в АСУ. Издательство Статистика, Москва 1975.

[LOE 1] Löffler, H.: Analytische Rechnernetzmodelle (Als Manuskript gedruckt). Technische Universität Dresden 1977.

[LOE2] Löffler, H., und P. Tschernokoschew: Das Zweiphasenbedienungssystem mit Blockierung BS (∞, s). Wiss. Z. Techn. Univers. Dresden **26** (1977) 2, 349—353.

[MAR] Martin, J.: System Analysis for Data Transmission. Prentice-Hall, Inc., Englewood Cliffs and New Jersey 1972.
Мартин, Дж.: Системный анализ передачи данных. Издательство Мир, Москва 1975.

[MAT] Matschulin, W. W., und A. P. Pjatibratow (Мачулин, В. В. и А. П. Пятибратов): Эффективность систем обработка информации. Издательство Советское радио, Москва 1972.

[NAL] Nalimow, W. W. (Налимов, В. В.): Теория эксперимента. Издательство Наука, Москва 1971.

[NAY] Naylor, R. H.: Computer Simulation Experiments with Models of Economic Systems. John Wiley & Sons, Inc., New York London Sydney Toronto 1971.
Нейлов, Т.: Машинные имитационные эксперименты с моделями экономических систем. Издательство Мир, Москва 1975.

[NOW] Nowikow, O. A., und S. I. Petuchow (Новиков, О. А. и С. И. Петухов): Прикладные вопросы теории массового обслуживания. Издательство Издательство Советское радио, Москва 1969.

[OWT] Owtscharow, L. A. (Овчаров, Л. А.): Прикладные задачи теории массового обслуживания. Издательство Машиностроение, Москва 1969.

[OSS] Osswald, B.: Leistungsvermögensanalyse von Datenverarbeitungsanlagen. S. Toecke-Mittler-Verlag, Darmstadt 1973.

[PEA] Prozeßeingabe- und Prozeßausgabeeinrichtung PEA 4000 (Kundeninformation No. 2.5). VEB Kombinat Robotron, Dresden 1971.

[POLJ] Poljak, Ju. G. (Поляк, Ю. Г.): Вероятностное моделирование на электронных вычислительных машинах. Издательство Советское радио, Москва 1971.

[POLZ] Polze, C.: Mehrfachzugriff, Time-sharing, Dialogbetrieb (Reihe Automatisierungstechnik). Verlag Technik, Berlin 1974.

[POS] Pospelov, D. A.: Rechnersysteme. BSB B. G. Teubner Verlagsgesellschaft, Leipzig 1975.

[REI] Reinisch, K.: Kybernetische Grundlagen und Beschreibung kontinuierlicher Systeme. Verlag Technik, Berlin 1974.

[REN] Renger, K.: Entscheidungsnetzpläne-Instrumentarium der modernen Wissenschaftsorganisation. Rechentechnik/Datenverarbeitung 7 (1970) Heft 10.

[RICH] Richter, F., und G. Bergholz: Statistische Analyse der Ankunftsprozesse in einem rechnergestützten Lehr- und Datensystem (Interner Zwischenbericht) TU Dresden, Sektion Informationsverarbeitung, Dresden 1977.

[SAA] Saaty, T. L.: Elements of Queueing Theory. Mc Graw Hill Book Company, Inc., New York Toronto London 1961.

Саати, Т. Л.: Элементы теории массового обслуживания и её приложения. Издательство Советское радио, Москва 1971.

[SACK] Sackman, H.: Man-Computer problem solving. Auerbach Publisher inc., Princeton New York Philadelphia London 1970.
Сакман, Г.: Решение задач в системе человек-ЭВМ. Издательство Мир, Москва 1973.

[SAI] Saitschenko, Ju. P. (Зайченко, Ю. П.): Исследование операций. Издательство Вище Школа, Киев 1975.

[SCHEF] Scheffler, E.: Einführung in die Praxis der statistischen Versuchsplanung. Deutscher Verlag für Grundstoffindustrie, Leipzig 1974.

[SCHE] Scherr, A.: An Analysis of Time-shared Computer Systems (Research Monograph No 36). The Mit Press, Cambridge Massusets 1967.
Шерр, А.: Анализ вычислительных систем с разделением времени. Издательство Мир, Москва 1970.

[SCHU] Schumacher, H. J.: Lösungsmöglichkeiten für die Weiterentwicklung der Prozeßsteuerung der Tandemwalzstraße. Forschungsbericht des ZFT Robotron, Dresden 1973.

[SHD] Shdanow, B. S. (Жданов, В. С.): Статистические методы проектрирования автоматизированных систем централизованного контроля и управления. Издательство Энегрия, Москва 1976.

[SIM] VOPS SIMDIS — Verfahrensorientiertes Programmiersystem für diskrete Systemsimulation (DOS/ES Anwenderhandbuch). VEB Kombinat Robotron, Dresden 1974.

[SOL] Solowjow, G. N. und W. D. Nikitin (Соловьев, Г. Н. и В. Д. Никитин): Операционные системы цифровых вычислительных машин. Издательство Машинострoеные, Москва 1977.

[STA] Stahn, H.: Stand und Entwicklung automatisierter Systeme technologischer Prozesse (ASUTP). Die Technik **30** (1975) 10, 620—628.

[STI] Stimler, S.: Leistungsbewertung, Leistungsmessung und Leistungsverbesserung von Datenverarbeitungsanlagen. R. Oldenbourg Verlag, München und Wien 1976.

[TIM] Timofejew, W. B. und G. A. Koslik, A. F. Kulakow (Тимофеев, Б. Б. и Г. А. Козлик, А. Ф. Кулаков): Алгоритмизация в автоматизированных системах управления. Издательство Техника, Киев 1972. (Dt. Übersetzung: Algorithmierung in automatisierten Leitungssystemen, Akademie-Verlag, Berlin 1976).

[TRA] Trachtengerz, E. A. (Трахтенгерц, Э. А.): Программное обеспечение автоматизированных систем управления. Издательство Статистика, Москва 1974.

[TSCH] Tschernokoschew, P.: Analytische Behandlung serieller Bedienungsprobleme in Multirechnersystemen und Rechnernetzwerken unter besonderer Berücksichtigung des Blockierungseffektes (Dissertation). TU Dresden Fakultät für Elektrotechnik und Elektronik 1976.

[WEN] Wentzel, E. S. (Венцель, Е. С.): Исследование операций. Издательство Советское радио, Москва 1972.

[WER] Einsatz des Kleinrechnersystems KRS 4200 zur rechnerintegrierten Steuerung von Werkzeugmaschinen (Kundeninformation No 1.4.). VEB Kombinat Robotron, Dresden 1972.

[WIL] Wilenkin, S. Ja. und E. A. Trachtengerz (Виленкин, С. Я. и Э. А. Трахтенгерц): Математическое обеспечение управляющих вычислительных машин. Издательство Энергия, Москва 1972.

[WOR] Woronow, A. A. und Ju. B. Tschistjakow (Воронов, А. А. и Ю. В. Чистяков): Аналитические методы выбора технических средств АСУ. Издательство Наука, Мозсква 1976.

Symbolverzeichnis

Ai	Applikationsprogramm Nr i (i = 1, 2, ... , m)
A_i	Belegungszustand des Applikationsprogrammes Ai
$A(t)$	Verteilungsfunktion der Ankunftszeitabstände des Ankunftsstromes
Bl	Transienter Hauptspeicherbereich Nr l (l = 1, 2, ... , p)
$B(t)$	Verteilungsfunktion der Bedienungszeit
$C(t)$	Verteilungsfunktion der Ankunftszeitabstände des Ausgangsstromes
$D(T)$	Dispersion (Streuung) der Zufallsgröße T
$d(T)$	normierte Dispersion der Zufallsgröße T
Ei	Echtzeitauftrag Nr i
EZ_j	Existenzzustand der Forderung Fj
$E(t)$	Verteilungsfunktion der Ereignisentdeckungszeit
F	Verweilzeitfaktor
Fj	Forderung Nr j
F_z	Zeitfaktor für den Echtzeitbetrieb
$F^*(s)$	Laplace-Stieltjes-Transformierte der Verteilungsfunktion $F(t)$
G	Leistungsfähigkeit des Prozeßrechners
G_i	Leistungsfähigkeit der Bedienungsressource Ri
$G(t)$	Übergangsfunktion
$g(t)$	Gewichtsfunktion
$G^*(s)$	Übertragungsfunktion
Ik	Informationsaustauschkanal Nr. k (k = 1, 2, ... , n)
I_k	Belegungszustand des Informationsaustauschkanals Ik
L	Zahl der Auftragsströme
$N(t)$	Verteilungsfunktion der Aktivitätszeit
P_e	Echtzeitwahrscheinlichkeit
$Q(t)$	Verteilungsfunktion der Quellverweilzeit
Ri	Bedienungsressource Nr i (i = 1, 2, ... , q)
R_i	Belegungszustand der Bedienungsressource Ri
$R(t)$	Verteilungsfunktion der Reaktionszeit
T_a	Ankunftszeitabstand des Ankunftsstromes
T_b	Bedienungszeit
T_c	Ankunftszeitabstand des Ausgangsstromes
T_e	Ereignisentdeckungszeit
T_h	Beschäftigungszeit
T_l	Belegungszeit
T_m	Anfangsverweilzeit
T_n	Aktivitätszeit
T_q	Quellverweilzeit
T_r	Reaktionszeit

T_s	Auftragsverschiebungszeit
T_u	Zwischenwartezeit und Verdrängungszeit
T_v	Verweilzeit
T_w	Wartezeit
T_x	Verzögerungszeit
T_z	Aussetzzeit
T_{rz}	Zulässige Reaktionszeit
Uk	Warteraum vor dem Informationsaustauschkanal Ik
U_k	Austauschzustand (des Warteraums Uk)
$U(t)$	Verteilungsfunktion der Zwischenwartezeit und der Verdrängungszeit
Vi	Prozessor Nr. i
$V(t)$	Verteilungsfunktion der Verweilzeit
$W(t)$	Verteilungsfunktion der Wartezeit
Xi	Austragungsschalter für das Applikationsprogramm Ai
X_i	Austragungszustand (des Austragungsschalters Xi)
Y	Bearbeitungszustand des Prozessors
Zi	Warteraum vor dem Applikationsprogramm Ai
Z_i	Anmeldungszustand (des Warteraumes Xi)
α_{ik}	Intensitätsübertragungskoeffizient eines Algorithmus
β	Beschäftigungskoeffizient
γ	Quellverweilintensität
Λ	Ankunftsstromintensität der Echtzeitaufträge
λ	Ankunftsstromintensität der Forderungen
ε_{ji}	Intensitätsübertragungskoeffizient des Eingangsstroms der Bedienungsressource Ri zum Rechnereingangsstrom j
η_i	Auslastungsgrad der Bedienungsressource Ri
μ	Bedienungsintensität
ϱ	Verkehrswert
$\sigma(T)$	Standardabweichung der Zufallsgröße T

Sachwortverzeichnis

Adäquatheit 72
Aktivieren 49
Aktivitätszeit 131
Algorithmennetz 26
Algorithmus 17
analytische Untersuchungen 72
Anfangsverweilzeit 6
Anfangswartezeit 131
Ankunfsstrom 75
Ankunfszeitabstand 4
Ankunftszeitpunkt 2
Anmeldung 16, 39
Anmeldungszustand 52
Anschlußsteuereinheit 18
Applikationsprogramm 12
Arbeitsspeicher 11
Auftragsquelle 2
Auftragssenke 2
Auftragsstrom 2
Auftragsverschiebungszeit 7
Auftragsverweilzeit 4
Ausgangsstrom 62
Auslastungsgrad 163
Aussetzen 34
Austragung 55
Austragungsschalter 48
Austragungszustand 57
Austauschforderung 30

Basisauftrag 3
Basisprozeß 35
Basissystem 1
Bearbeitungszustand 52
Bedienen 36
Bedienungsanlage 62
Bedienungsdisziplin 49
Bedienungsintensität 85
Bedienungskanal 62
Bedienungsknoten 62
Bedienungsnetz 62
Bedienungsressource 33
Bedienungssystem 73
—, offenes 73
—, geschlossenes 73
Bedienungszeit 85
Belegen 37
Belegungszeit 163
Belegungszustand 33
Beschäftigungskoeffizient 112
Beschäftigungszeit 125
Bewertungsgröße 69, 105
Bildbereich 199
Blockverkehr
—, direkter 21
—, programmierter 21

Dekompositionssatz 221
direkter Speicherkanal 19
Dispersion
—, normierte 193
Durchsatzrate 71

Echtzeitaufgabe 4
Echtzeitauftrag 3
—, regelmäßiger 3
—, stochastischer 3
Echtzeitauftragsstrom 2
Echtzeitbedingung 11
Echtzeitbetrieb 8, 12
Echtzeitoperationssystem 12
Echtzeitwahrscheinlichkeit 71
Effektivitätsanalyse 72
Einflußfaktor 69
Eingangsstrom 62
Einkanal-Bedienungsmodell 65
Einphasen-Bedienungsmodell 65
Einrichtung 101
Einzelwortverkehr 21
Entdeckungszeitpunkt 6
Entscheidungsnetzplan 201
Entschlüsseln 49
Entschlüsselungszustand 58
Ereignisentdeckungszeit 6
Ereignisstrom 80
Erfassungszeitpunkt 6
Ergodizität 81
Erledigungszeitpunkt 2
Erwartungswert 105
Erzeugen 34
Existenzzustand 33
externer Speicher 12
externspeicherresident 24

Fehlermeldung 14
Fertigmeldung 14

Forderung 18
Forderungslaufplan 34
Forderungsquelle 62
Forderungssenke 62
Forderungsverband 29
Forderungszustand 34
Fortsetzen 34
Freigeben 36

Gerätetechnische Komponente 11
Gewichtsfunktion 190
Grenzwert 80
Gütemaß 229

Halteblock 102
Häufigkeitstabelle 108
Hauptprogramm 12
Hauptspeicher 11
hauptspeicherresident 24
hauptspeichertransient 25

Informationsaustausch 18
—, paralleler 22
—, sequentieller 22
Informationsaustauschkanal 18
Informationssystem 1
Intensität des Ankunfsstromes 72
Intensitätsübertragung 168
Intensitätsübertragungskoeffizient 166

Kanalsteuereinheit 12
Klassenbreite 109
Konfiguration, gerätetechnische 12
Korrespondenz 193

LAPLACE-STIELTJES-Transformierte 76
Lastausgleich 226
Laufzeit 86
Laufzeitverteilung 86
Laufzustand 34
Leistung 71
Leistungsanalyse 163
Leistungsfähigkeit 164, 165
logischer Schalter 101

Mehrphasen-Bedienungsmodell 65
Mehrphasenbedienungssystem 62
Mehrstromsystem 4
Meßgröße 80
Meß- und Stellperipherie 21
Modelle, stochastische 61
Momente, wahrscheinlichkeitstheoretische 205
Multiplexkanal 20
Multiprogrammbetrieb 12

Netzplantheorie 201
Netze, stochastische 63

Operationsblock 35

Parallelkopplung 179
Parallelschleife 179
Peripherie 11
Prioritätsdisziplin 125
—, absolute 125
—, programmierte 131
—, relative 125
Prioritätszuordnung, optimale 143, 158
Programmauslagerung 45
programmierter Kanal 19
Programmlauf 13
Programmschleife 87
programmtechnische Komponente 11
Prozeß 17
Prozeßbedienperipherie 21
Prozeßereignis 5
Prozeßperipherie 12
Prozeßrechner 1
Prozessor 11

Quellverweilzeit 83

Reaktionsauftrag 3
Reaktionszeit 5
Reaktionszeitanalyse 177
Reaktionszeitpunkt 5
Reaktionszeitverteilung 115
Rechnermodell 61
Rechnerprozeß 35
resident 24
Ressource 11
Ressourcenausgleich 128
Ressourcenzustand 104
Restverweilzeit 49
Rücktransformation 205
Rufprogramm 12

Sättigungszahl 112
Schätzwert 105
Schleifenkopplung 178
Selektorkanal 20
sequentielle Abarbeitung 178
Serienanordnung 87
Serienkopplung 178
Signalflußplan 196
Signalübertragungsglied 189
Signalübertragungssystem 195
Simulation 95
Simulationsversuchsplan 107
Simulationsuntersuchungen 72
Simultanbetrieb 12
Spalten 36
Speicher, externer 12
Standardabweichung 105
Stationarität 83
Statistische Analyse 105

Steuerprogramm 12
Steuerprogrammruf 21
Steuerprogrammsystem 19
Steuerressource 33
Steuerrufprogramm 12
Steuerungsalgorithmus 49
Stichprobenumfang 108
Stromintensität 168
Synchronisation 40, 179
Systemelement 32
Systemmessungen 72

Totzeitblock 192
Trägheitsblock 192
transient 24

Übergangsfunktion 190
Übertragungsblock 19
Übertragungsfunktion 189
Übertragungswort 19
Unterbrechung 14
Unterbrechungsbehandlungsprogramm 12
Unterbrechungsmeldung 15
Unterbrechungssignal 2
Unterbrechungssystem 13
Unterprogramm 12

Verarbeitungsalgorithmus 17
Verarbeitungsforderung 12, 17
Verarbeitungsprogamm 12
Verdichtungsauftrag 3
Verdrängen 34
Verkehrswert 65, 118
Vernichten 34
Verschiebeoperator 199
Verteilungsdichtefunktion 189
Verteilungsfunktion 105
Verteilungsfunktion im Bildbereich 189
Verweilzeit 5
Verweilzeitanalyse 177
Verweilzeitblock 177
—, rationaler 190
Verweilzeitfaktor 112
Verweilzeitintensität 83
Verweilzeitmodell 177
Verweilzeitverteilung 118, 179
Verzweigen 33
Verzweigung 87
Verzweigungskopplung 178

Warteeinrichtung 51
Warten 36
Warteraum 48
Warteschlange 101
Wartezeit 113, 141

Zeitbereich 199
Zeitfaktor 120
Zeitgeberauftrag 3
Zentraleinheit 11
Zentrale Verarbeitungseinheit 11
z-Transformierte 198
Zufallsprozeß, ereignisorientierter 98
Zustand 32
Zustandsoperation 35
Zwischenwartezeit 131

FSC
www.fsc.org
MIX
Papier | Fördert gute Waldnutzung
FSC® C083411

Zeitfracht Medien GmbH
Ferdinand-Jühlke-Straße 7
99095 Erfurt, Deutschland
produktsicherheit@kolibri360.de